普通高等教育电气工程与自动化类系列教材

电气控制与 PLC

第 2 版

主　编　熊幸明

副主编　刘湘澧　陈　艳　张　丹

参　编　张文希　黄建科　石成钢

　　　　高岳民　唐　进　谢明华

本书配有电子课件及习题答案

机械工业出版社

本书从工程实际应用和便于教学的角度出发，主要介绍了电气控制技术及系统设计、日本三菱 FX_{2N} 系列超小型可编程序控制器（PLC）的原理及应用、FX_{3U} 系列可编程序控制器新增功能。全书分为 10 章，包括常用低压电器、电气控制基本环节和典型线路分析、电气控制系统设计、可编程序控制器的组成与工作原理、可编程序控制器的基本指令、可编程序控制器的功能指令、可编程序控制器的特殊功能模块、可编程序控制器控制系统的设计与应用、可编程序控制器的联网与通信、FX_{3U} 系列可编程序控制器介绍，章后均附有适量的思考题和习题。

本书可作为高等工科院校电气类、自动化类、机械工程等相近专业的教材，也可供电气控制领域的工程技术人员参考。

本书配有免费电子课件，欢迎选用本书作教材的老师发邮件到 jinacmp@163.com 索取，或登录 www.cmpedu.com 注册下载。

图书在版编目（CIP）数据

电气控制与 PLC/熊幸明主编. —2 版. —北京：机械工业出版社，2017.6（2024.6 重印）

普通高等教育电气工程与自动化类系列教材

ISBN 978-7-111-56681-6

Ⅰ.①电… Ⅱ.①熊… Ⅲ.①电气控制-高等学校-教材②可编程序控制器-高等学校-教材 Ⅳ.①TM571.2②TM571.6

中国版本图书馆 CIP 数据核字（2017）第 086813 号

机械工业出版社（北京市百万庄大街 22 号 邮政编码 100037）
策划编辑：吉 玲 责任编辑：吉 玲 刘丽敏
责任校对：刘 岚 封面设计：张 静
责任印制：邰 敏
唐山三艺印务有限公司印刷
2024 年 6 月第 2 版第 14 次印刷
184mm×260mm · 22.5 印张 · 562 千字
标准书号：ISBN 978-7-111-56681-6
定价：59.80 元

电话服务 网络服务
客服电话：010-88361066 机 工 官 网：www.cmpbook.com
　　　　　010-88379833 机 工 官 博：weibo.com/cmp1952
　　　　　010-68326294 金 书 网：www.golden-book.com
封底无防伪标均为盗版 机工教育服务网：www.cmpedu.com

前　言

　　本书出版后，承蒙各兄弟院校的支持和厚爱，已修订和重印多次。根据党的二十大报告"推动新型工业化，加快建设制造强国""推动制造业高端化、智能化、绿色化发展"的精神，本次修订在内容上作了较大更新。例如，在电气控制部分，精简和删除了一些不常用的电动机起动控制内容，增加了"新型智能断路器"和"智能交流接触器"的介绍，以反映我国电气控制技术的进步和科研成果；在 PLC 部分，仍以 FX_{2N} 系列为基础，删除了一些不常用的功能指令介绍和应用实例，加强了 PLC 的联网通信。专门增加第 10 章，介绍 FX_{3U} 系列 PLC，以适应 PLC 技术发展和当前各高校实验设备升级过渡的需要。

　　本书在内容处理上，既注意反映电气控制领域的最新技术，又注意应用型本科学生的知识结构，强调理论联系实际，注重学生分析和解决实际问题的能力、工程设计能力和创新能力的培养，具有很强的实用性。本书具有保证基础、体现先进、加强应用的特点。

　　全书分为两部分。第一部分为电气控制技术，共三章，主要介绍常用低压电器的结构、原理和用途，电气控制线路的基本环节及典型生产机械电气控制线路分析，电气控制系统设计的一般原则与方法以及元器件的选择；第二部分为 PLC 应用技术，共七章，以当今最具特色、极有代表性的日本三菱 FX_{2N} 系列、FX_{3U} 系列为目标机型，介绍了 PLC 的组成及工作原理、基本指令和功能指令、特殊功能模块、可编程序控制系统的设计及应用实例、可编程序控制器的联网及其通信方法，以培养学生应用 PLC 设计电气控制系统的能力。

　　本书在教学使用过程中，可根据专业特点和课时安排选取教学内容。每章末尾附有适量的思考题和习题，供学生课后训练。

　　本书由熊幸明担任主编，刘湘澧、陈艳、张丹担任副主编。其中，前言、绪论、第 1 章由熊幸明编写；第 2 章由张丹编写；第 3 章由唐进、黄建科编写；第 4 章由张文希编写；第 5、6 章由陈艳编写；第 7 章由刘湘澧、高岳民编写；第 8 章由谢明华编写；第 9、10 章由刘湘澧编写；附录由石成钢编写。在本书编写过程中得到了长沙学院（原长沙大学）的大力支持，在此表示衷心的感谢。

　　由于编者水平有限，书中难免有缺点和错误之处，恳请读者批评指正。

编　者

目　　录

绪　　论

1. 电气控制技术的发展概况

电气控制技术是以各类电动机为动力的传动装置与系统为研究对象，以实现生产过程自动化为目标的控制技术。电气控制系统是其中的主干部分，在国民经济各行业中的许多部门得到广泛应用，是实现工业生产自动化的重要技术手段。

随着科学技术的不断发展、生产工艺的不断改进，特别是计算机技术的应用，新型控制策略的出现，不断改变着电气控制技术的面貌。在控制方法上，从手动控制发展到自动控制；在控制功能上，从简单控制发展到智能化控制；在操作上，从笨重的手工操作发展到信息化处理；在控制原理上，从单一的有触头硬接线继电器逻辑控制系统发展到以微处理器或微型计算机为中心的网络化自动控制系统。现代电气控制技术综合应用了计算机技术、微电子技术、检测技术、自动控制技术、智能技术、通信技术、网络技术等先进的科学技术成果。

作为生产机械动力源的电动机，经历了漫长的发展过程。20世纪初，电动机直接取代蒸汽机。开始是成组拖动，用一台电动机通过中间机构（天轴）实现能量分配与传递，拖动多台生产机械，这种拖动方式的电气控制线路简单，但机构复杂，能量损耗大，生产灵活性差，不适应现代化生产的需要。20世纪20年代，出现了单电机拖动，即由一台电动机拖动一台生产机械，相对成组拖动，机械设备的结构简化，传动效率提高，灵活性增大。这种拖动方式在一些机床中至今仍在使用。随着生产发展及自动化程度的提高，又出现了多台电动机分别拖动各运动机构的多电机拖动方式，进一步简化了机械结构，提高了传动效率，而且使机械的各运动部分能够选择最合理的运动速度，缩短了工时，也便于分别控制。

继电-接触器控制系统至今仍是许多生产机械设备广泛采用的基本电气控制形式，也是学习各种先进电气控制的基础。它主要由继电器、接触器、按钮、行程开关等组成，由于其控制方式是断续的，故称为断续控制系统。它具有控制简单、方便实用、价格低廉、易于维护、抗干扰能力强等优点。但由于其接线方式固定、灵活性差，难以适应复杂和程序可变的控制对象的需要，且工作频率低、触点易损坏、可靠性差。

以软件手段实现各种控制功能、以微处理器为核心的可编程序控制器（Programmable Logic Controller，PLC），是20世纪60年代诞生并开始发展起来的一种新型工业控制装置。它具有通用性强、可靠性高、能适应恶劣的工业环境、指令系统简单易学、易于掌握、体积小、现场安装方便等优点，广泛应用于冶金、采矿、建材、机械制造、石油、化工、汽车、

2

电力、造纸、纺织、装卸、环保等行业。我国的 PLC 研制虽然起步较晚，但发展很快。如亿维自动化、汇川、信捷电气、英威腾、和利时、伟创等品牌的市场份额正逐年增加，逐步取代国外进口品牌，实现自主可控。

在自动化领域，可编程序控制器与 CAD/CAM、工业机器人并称为加工业自动化的三大支柱，其应用日益广泛。可编程序控制器技术是以硬接线的继电-接触器控制为基础，逐步发展为既有逻辑控制、定时、计数，又有运算、数据处理、模拟量调节、联网通信等功能的控制装置。它可通过数字量或者模拟量的输入、输出满足各种类型机械控制的需要。可编程序控制器及有关外部设备，均按既易于与工业控制系统连成一个整体，又易于扩充其功能的原则设计。可编程序控制器已成为生产机械设备中开关量控制的主要电气控制装置。

数控技术在电气自动控制中占有十分重要的地位，它综合了计算机、自动控制、伺服驱动、精密检测与新型机械结构等多方面的最新技术成就。随着微电子技术和机、电、光、仪一体化等交叉学科的发展，数控技术也得到了飞速的发展。在机械制造、电气控制及自动控制领域相继出现了具有自动更换刀具功能的数控加工中心机床（MC）、由计算机控制与管理多台数控机床和数控加工中心完成多品种多工序产品加工的直接数字控制（DDC）系统、柔性制造系统（FMS）、计算机集成制造系统（SIMS），综合运用计算机辅助设计（CAD）、计算机辅助制造（CAM）、集散控制系统（DCS）、智能机器人和智能制造等高新技术，形成了从产品设计与制造的智能化生产的完整体系，将自动控制和自动制造技术推进到更高的水平。

2. 本课程的性质和任务

"电气控制与 PLC" 是电气工程、自动化、机电一体化等专业的一门实用性很强的专业课。由于电气控制技术的应用领域很广，本课程主要介绍机械制造过程中所用生产设备的电气控制原理、线路、设计方法和可编程序控制器的工作原理、指令、编程方法、系统设计、联网通信以及在生产机械中的应用等有关知识。现在 PLC 控制系统应用十分普遍，已成为实现工业自动化的重要手段，所以本课程的教学重点是可编程序控制器控制系统。但这并不意味着继电-接触器控制系统就不重要了，它仍然是机械设备最常用的电气控制方式，而且控制系统所用的低压电器正在向小型化、智能化发展，出现了功能多样的电子式、智能化电器，使继电-接触器控制系统性能不断提高，因此，它在今后的电气控制技术中仍占有相当重要的地位，也是学习和掌握 PLC 应用技术所必需的基础。

通过本门课程的学习，学生应达到下列基本要求：

1）熟悉常用控制电器的结构、工作原理、用途，了解其型号规格并能正确选用。

2）熟悉电气控制线路的基本环节，具备阅读和分析电气控制线路的能力。

3）具有对不太复杂的电气控制系统进行改造和设计的能力。

4）熟悉可编程序控制器的基本工作原理，能根据生产工艺过程和控制要求正确选型。

5）掌握可编程序控制器基本指令及其使用方法。

6）熟悉可编程序控制器功能指令及其使用方法。

7）了解可编程序控制器的网络和通信方法。

8）掌握可编程序控制器实际应用程序的设计方法和步骤，初步具备一定的工程设计能力。

第 **1** 章

常用低压电器

低压电器[⊖]分为配电电器和控制电器两大类，其用途是对供电、用电系统进行开关、变换、检测、控制和保护。配电电器主要用于低压配电系统和动力回路，常用的有刀开关、转换开关、熔断器、断路器等；控制电器主要用于电力传输系统和电气自动控制系统中，常用的有主令电器、接触器、继电器、起动器、控制器、电阻器、变阻器、电磁铁等。本章主要介绍常用接触器、继电器、熔断器、主令电器、低压开关类电器等的结构、原理、用途及应用，对近年发展迅速的智能化电器也做简要介绍。

1.1 电器基本知识

1.1.1 低压电器分类

低压电器的种类很多，其功能多样，用途广泛，结构各异。分类方法也有多种，按用途可分为以下几种。

1) 低压配电电器：用于供、配电系统中，进行电能输送和分配的电器。如刀开关、熔断器、低压断路器等。要求分断能力强、限流效果好、动稳定及热稳定性能好。

2) 低压控制电器：用于各种控制电路和控制系统的电器。如按钮、接触器、继电器、热继电器、转换开关、熔断器、电磁阀等。要求有一定的通断能力、操作频率高、电气和机械寿命长。

3) 低压主令电器：用于发送控制指令的电器。如按钮、主令开关、行程开关、主令控制器、转换开关等。要求操作频率高、电气和机械寿命长、抗冲击等。

4) 低压保护电器：用于对电路及用电设备进行保护的电器。如熔断器、热继电器、电压继电器、电流继电器等。要求可靠性高、反应灵敏、具有一定的通断能力。

5) 低压执行电器：用于完成某种动作或传送功能的电器。如电磁铁、电磁离合器等。

6) 可通信电器：带有计算机接口和通信接口，可与计算机网络连接的电器。如智能化断路器、智能化接触器及电动机控制器等。

上述电器还可按使用场合分为一般工业用电器、特殊工矿用电器、航空用电器、船舶用电器、建筑用电器、农用电器等；按操作方式分为手动电器、自动电器；按工作原理分为电

磁式电器、非电量控制电器等，其中电磁式电器是低压电器中应用最广泛、结构最典型的一种。

1.1.2 电磁式电器的结构及工作原理

电器一般都具有感受、执行两个基本组成部分。感受部分接收外界输入信号，通过转换、放大、判断做出有规律的反应，使执行部分动作，实现控制目的。对于有触头的电磁式电器，感受部分是电磁机构，执行部分是触头系统。

1. 电磁机构

电磁机构由吸引线圈（励磁线圈）和磁路两个部分组成。磁路包括铁心、衔铁和空气隙。吸引线圈通以一定的电压或电流，产生磁场及吸力，通过空气隙转换成机械能，从而带动衔铁运动使触头动作，实现电路的分断和接通。图1-1是几种常用的电磁机构结构示意图。由图可见，衔铁可以直动，也可以绕某一支点转动。根据衔铁相对铁心的运动方式，电磁机构有直动式（见图1-1a、b、c）和拍合式两种，拍合式又有衔铁沿棱角转动（见图1-1d）和衔铁沿轴转动（见图1-1e）两种。

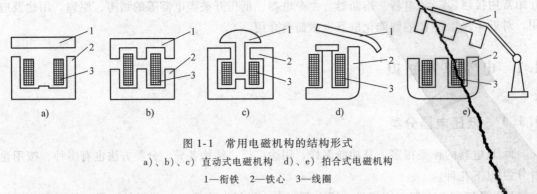

图1-1 常用电磁机构的结构形式
a)、b)、c) 直动式电磁机构 d)、e) 拍合式电磁机构
1—衔铁 2—铁心 3—线圈

吸引线圈用以将电能转换为磁能，按通入电流种类不同分为交流电磁线圈和直流电磁线圈。对于交流电磁线圈，为了减小因磁滞和涡流损耗造成的能量损失和温升，铁心和衔铁用硅钢片叠成，且线圈做成有骨架、短而厚的矮胖型。对于直流电磁线圈，铁心和衔铁可用整块电工软钢做成，线圈一般做成无骨架、高而薄的瘦高型，且与铁心接触，以利散热。

根据线圈在电路中的连接方式，又有串联线圈和并联线圈之分。串联线圈又称电流线圈，特点是导线粗、匝数少、阻抗小。并联线圈又称电压线圈，特点是导线细、匝数多、阻抗较大。

2. 电磁机构的工作原理

电磁机构的工作特性常用反力特性和吸力特性来表达。电磁机构使衔铁释放（复位）的力与气隙的关系曲线称为反力特性；电磁机构使衔铁吸合的力与气隙的关系曲线称为吸力特性。

（1）反力特性

电磁机构使衔铁释放的力一般是利用弹簧的反力，由于弹簧反力与其机械变形的位移量x成正比，其反力特性可写成

$$F_f = K_1 x \tag{1-1}$$

式中，K_1 为弹簧的倔强系数。考虑到常开触头闭合时超行程机构的弹力作用，电磁机构的反力特性如图 1-2a 所示。其中 δ_1 为电磁机构气隙的初始值，δ_2 为动、静触头开始接触时的气隙长度。由于超行程机构的弹力作用，反力特性在 δ_2 处有一突变。

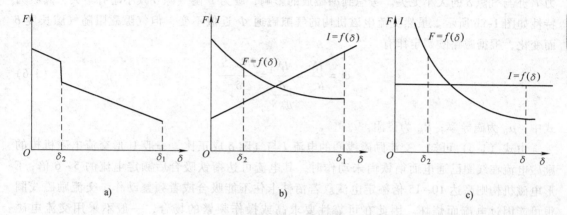

图 1-2　电磁机构的反力特性与吸力特性

a）反力特性　b）交流电磁机构吸力特性　c）直流电磁机构吸力特性

（2）吸力特性

电磁机构的吸力与很多因素有关，当铁心与衔铁端面互相平行，且气隙 δ 较小时，吸力可按下式求得

$$F = 4 \times 10^5 B^2 S \tag{1-2}$$

式中　F——电磁吸力（N）；

B——气隙磁感应强度（T）；

S——吸力处端面积（m^2）。

当端面积 S 为常数时，吸力 F 与 B^2 成正比，也可认为 F 与磁通 Φ^2 成正比，反比于端面积 S，即

$$F \propto \frac{\Phi^2}{S} \tag{1-3}$$

电磁机构的吸力特性反映的是其电磁吸力与气隙的关系。励磁电流种类不同，其吸力特性也不一样，下面分别进行讨论。

1）交流电磁机构的吸力特性。交流电磁机构吸引线圈的电阻比其感抗值要小得多，则

$$U \approx E = 4.44 f \Phi N \tag{1-4}$$

$$\Phi = \frac{U}{4.44 f N} \tag{1-5}$$

式中　U——线圈电压（V）；

E——线圈感应电动势（V）；

f——线圈电压频率（Hz）；

Φ——气隙磁通（Wb）；

N——线圈匝数。

当外加电压 U、频率 f、线圈匝数 N 为常数时，气隙磁通 Φ 亦为常数，由式（1-3）可知，此时电磁吸力 F 平均值为常数。这是因为交流励磁时，电压、磁通均随时间按正弦规律变化，电磁吸力也做周期性变化。由于线圈外加电压 U 与气隙 δ 的变化无关，所以其吸力 F 亦与气隙 δ 的大小无关。考虑到漏磁通的影响，吸力 F 随气隙 δ 减小略有增大，其吸力特性如图 1-2b 所示。虽然交流电磁机构的气隙磁通 Φ 近似不变，但气隙磁阻随气隙长度 δ 而变化，根据磁路欧姆定律有

$$\Phi = \frac{IN}{R_m} = \frac{IN}{\dfrac{\delta}{\mu_0 S}} = \frac{IN\mu_0 S}{\delta} \tag{1-6}$$

式中，μ_0 为磁导率；R_m 为磁阻。

由式（1-6）可知，交流励磁线圈的电流 I 与气隙 δ 成正比。一般 U 形交流电磁机构的励磁电流在线圈已通电而衔铁尚未动作时，其电流可达衔铁吸合后额定电流的 5~6 倍；E 形电磁机构则高达 10~15 倍额定电流。若衔铁卡住不能吸合或者频繁动作，交流励磁线圈很可能因过电流而烧坏。因此在可靠性要求高或操作频繁的场合，一般不采用交流电磁机构。

2）直流电磁机构的吸力特性。直流电磁机构由直流电流励磁，稳态时，磁路对电路无影响，因此可认为励磁电流不受磁路气隙变化的影响，其磁动势 IN 不受磁路气隙变化的影响。由式（1-3）和式（1-6）知

$$F \propto \Phi^2 \propto \left(\frac{1}{\delta}\right)^2 \tag{1-7}$$

可见，直流电磁机构的吸力 F 与气隙 δ 的二次方成反比，其吸力特性如图 1-2c 所示。表明衔铁吸合前后吸力变化很大，气隙越小，吸力越大。由于衔铁吸合前后励磁线圈的电流不变，所以直流电磁机构适用于动作频繁的场合，且吸合后电磁吸力大，工作可靠性好。

必须注意，当直流电磁机构的励磁线圈断电时，由于电磁感应，将会在线圈中产生很大反电动势，此反电动势可达线圈额定电压的 10~20 倍，使线圈因过电压而损坏。为此，常在励磁线圈上并联一个由电阻和硅二极管组成的放电回路。正常励磁时，二极管处于截止状态，放电回路不起作用，而当励磁线圈断电时，放电回路使原先储存于磁场中的能量消耗在电阻上，不致产生过电压。放电电阻的阻值通常为线圈直流电阻的 6~8 倍。

3）剩磁的吸力特性。由于铁磁物质有剩磁，它使电磁机构的励磁线圈断电后仍有一定的磁性吸力存在，剩磁的吸力随气隙 δ 增大而减小。剩磁的吸力特性如图 1-3 曲线 4 所示。

（3）吸力特性与反力特性的配合

电磁机构欲使衔铁吸合，应在整个吸合过程中，使吸力始终大于反力。但吸力也不能过大，否则会影响电器的机械寿命。反映在特性图上，就是保证吸力特性在反力特性的上方且尽可能靠近。在衔铁释放时，其反力特性必须大于剩磁吸力，以保证衔铁可靠释放。所以在特性图上，电磁机构的反力特性必须介于电磁吸力特性和剩磁吸力特性之间，如图 1-3 所示。

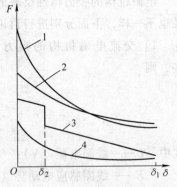

图 1-3 吸力特性与反力特性

1—直流吸力特性 2—交流吸力特性
3—反力特性 4—剩磁吸力特性

（4）交流电磁机构短路环的作用

对于交流电磁机构，线圈通以交流电流，气隙磁感应强度 B 按正弦规律变化，由式 (1-2) 知，其电磁吸力 F 是一个周期函数，可分解成直流分量和 2ω 频率的正弦分量。虽然磁感应强度 B 是正、负交变的，但电磁吸力 F 总是正的。在磁通每次过零时，即 $t=0$、$\pi/2$、T（T 为磁通的周期）时，吸力为零。此时，弹簧反力大于电磁吸力，衔铁释放。而在 $\pi/2 \sim T$ 之间，吸力又大于反力，衔铁又被吸合。这样，在电源频率为 f 时，电磁机构出现频率为 $2f$ 的持续抖动和撞击，发出噪声，并容易损坏铁心。

为了避免衔铁振动，通常在铁心端面上开一小槽，在槽内嵌入一个铜质的分磁环或称短路环，如图 1-4 所示。它将端面 S 分成两部分，即环内部分 S_1 和环外部分 S_2，短路环仅包围主磁通 Φ 的一部分。这样，铁心端面处有两个不同相位的磁通 Φ_1 和 Φ_2，它们分别产生电磁吸力 F_1 和 F_2，电磁机构的总吸力 F 为 F_1 与 F_2 之和。只要总吸力始终大于反力，衔铁的振动现象就会消除。

（5）电磁机构的输入—输出特性

将电磁机构励磁线圈的电压（或电流）作为输入量 x，衔铁的位置为输出量 y，则衔铁位置（吸合与释放）与励磁线圈的电压（或电流）的关系称为电磁机构的输入—输出特性，通常称为"继电特性"。

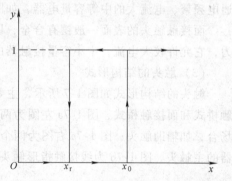

图 1-4 交流电磁机构的短路环

若将衔铁处于吸合位置记作 $y=1$，释放位置记作 $y=0$。由上面分析可知，当吸力特性处于反力特性上方时，衔铁被吸合；当吸力特性处于反力特性下方时，衔铁被释放。若使吸力特性处于反力特性上方的最小输入量用 x_0 表示，一般称其为电磁机构的动作值；使吸力特性处于反力特性下方的最大输入量用 x_r 表示，称为电磁机构的复归值。

电磁机构的输入—输出特性如图 1-5 所示。当输入量 $x<x_0$ 时，衔铁不动作，输出量 $y=0$；当 $x=x_0$ 时，衔铁吸合，输出量 y 从 "0" 跃变为 "1"；进一步增大输入量使 $x>x_0$，输出量仍为 $y=1$。当输入量 x 从 x_0 减小时，在 $x>x_r$ 的过程中，虽然吸力特性向下降低，但因衔铁吸合状态下的吸力仍比反力大，衔铁不会释放，输出量 $y=1$。当 $x=x_r$ 时，因吸力小于反力，衔铁才释放，输出量由 "1" 突变为 "0"；再减小输入量，输出量仍为 "0"。可见，电磁机构的输入—输出特性或 "继电特性" 为一矩形曲线。

图 1-5 电磁机构的继电特性

电磁机构的继电特性是继电器的重要特性，其动作值与复归值是继电器的动作参数。

1.1.3 电器的触头系统与电弧

1. 电器的触头系统

（1）触头的接触电阻

触头亦称触点，是电器的主要执行部分，起接通和分断电路的作用。因此，要求触头导电导热性能良好，通常用铜、银、镍及其合金材料制成，有的是在铜触头表面上镀锡、银或镍。由于铜的表面容易氧化生成一层氧化铜，增大触头的接触电阻，使触头损耗增大，所以，有些特殊用途的电器如微型继电器和小容量电器，触头采用银质材料制成。

触头闭合且有工作电流通过时的状态称为电接触状态，电接触状态时触头之间的电阻称为接触电阻，其大小直接影响电路工作情况。接触电阻大，电流流过触头时会造成较大的电压降落，对弱电控制系统影响尤为严重。另外，电流流过触头时电阻损耗大，将使触头发热而致温度升高，严重时可使触头熔焊，造成电气系统事故。触头接触电阻大小主要与触头的接触形式、接触压力、触头材料及触头表面状况等有关。

（2）触头的接触形式

触头的接触形式有点接触、线接触和面接触三种，如图1-6所示。

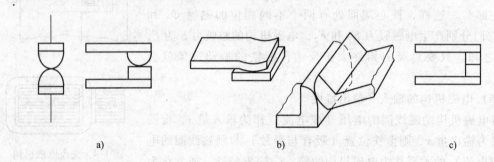

a)　　　　　　　　　　b)　　　　　　　　　　c)

图1-6　触头的接触形式

a）点接触　b）线接触　c）面接触

点接触由两个半球形触头或一个半球形与一个平面形触头构成，常用于小电流的电器中，如继电器触头、接触器的辅助触头等，如图1-6a所示。

线接触常做成指形触头结构，其接触区是一条直线，触头通断时产生滚动接触，适用于通电频繁、电流大的中等容量电器，如图1-6b所示。

面接触触头的表面一般镶有合金，以减小触头接触电阻，提高触头的抗熔焊、抗磨损能力，它允许较大电流，中小容量接触器的主触头多采用这种结构，如图1-6c所示。

（3）触头的结构形式

触头的结构形式如图1-7所示，主要有桥式触头和指形触头两种。桥式触头又分为点接触桥式和面接触桥式，图1-7a左图为两个点接触的桥式触头，适用于电流不大且压力小的场合，如辅助触头；图1-7a右图为两个面接触的桥式触头，适用于大电流的控制，如接触器的主触头。图1-7b为线接触指形触头，其接触区域为一直线，在触头闭合时产生滚动接

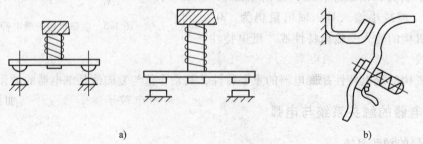

a)　　　　　　　　　　　　　　　　b)

图1-7　触头的结构形式

a）桥式触头　b）指形触头

触，适用于动作频繁、电流大的场合，如作为接触器主触头用。

为使触头接触更紧密，减小接触电阻，消除开始接触时产生的有害振动，桥式触头或指形触头都安装有压力弹簧，随着触头的闭合加大触头间的互压力。此外，选用电阻率小的材料或改善触头表面状况，避免触头表面氧化膜形成，也可减小触头接触电阻。

按其原始状态，触头可分为常开触头和常闭触头。原始状态（线圈未通电）时断开，线圈通电后闭合的触头叫常开触头（动合触头）。原始状态闭合，线圈通电后断开的触头叫常闭触头（动断触头）。线圈断电后所有触头回复到原始状态。按所控制的电路，触头可分为主触头和辅助触头。主触头用于接通或断开主电路，允许通过较大电流；辅助触头用于接通或断开控制电路，只允许通过较小的电流。

2. 电弧的产生及灭弧方法

（1）电弧的产生

在自然环境中开断电路时，如果被开断电路的电流（电压）超过某一数值（根据触头材料不同，其值在 0.25～1A，12～20V 之间），触头间隙中就会产生电弧。电弧实际上是触头间气体在强电场作用下产生的放电现象。在动、静触头脱离接触时，强电场使触头间隙中气体游离，产生大量的电子和离子，并做定向运动，使绝缘的气体变成了导体。电流通过这个游离区时所消耗的电能转换成热能和光能，产生高温并发出强光，烧损触头金属表面，降低电器寿命，延长电路分断时间，甚至不能断开，造成严重事故。

电弧的产生主要经历以下四个物理过程：

1）强电场放射。触头在通电状态下开始分离时，其间隙很小，电路电压全部降落在很小的间隙上，强电场将触头阴极表面的自由电子拉出到气隙中，使间隙气体中存在较多的电子，这种现象称为强电场放射。

2）撞击电离。触头间隙中的自由电子在电场作用下加速运动，获得动能撞击气体原子，将气体原子分裂成电子和正离子，使触头间隙中气体电荷越来越多，这种现象称为撞击电离。

3）热电子发射。撞击电离产生的正离子向阴极运动，撞击阴极使其温度升高，并使阴极中电子动能增加，当阴极温度达到一定时，一部分电子从阴极表面逸出，再参与撞击电离。这种由于高温使电极发射电子的现象称为热电子发射。

4）高温游离。当电弧温度达到或超过 3000℃ 时，气体分子发生强烈的不规则运动造成相互碰撞，使中性分子游离成电子和正离子。这种因高温使分子撞击所产生的游离称为高温游离。

可见，在触头分断过程中，上面四个过程引起电离的原因是不同的。刚开始分断时，首先是强电场放射。触头完全打开时，维持电弧主要靠撞击电离、热电子发射和高温游离，其中以高温游离作用最大。伴随着电离的进行，也存在消电离（正负带电粒子相互结合成为中性粒子）作用。电离和消电离作用同时存在，当消电离速度大于电离速度时，电弧就会熄灭。因此，通过降低电场强度、冷却电弧，或将电弧挤入绝缘的窄缝迅速导出电弧内部热量，减小离子的运动速度，降低温度，可加强正、负带电粒子的复合过程，加速电弧的熄灭。

（2）灭弧方法

1）电动力灭弧。当触头断开电路时，在断口处产生电弧，电弧电流在断口处产生磁场。根据左手定则，电弧电流将受到指向外侧的电动力 F 的作用，使电弧向外运动并拉长，电弧热量在拉长的过程中散发冷却而迅速熄灭，其原理如图1-8所示。

此外，桥式触头还具有将一个电弧分成两段削弱电弧的作用，这种灭弧方法常用于小容量交流接触器中。

2）纵缝灭弧。采用一个纵缝灭弧装置来完成灭弧任务，如图1-9所示。灭弧罩内有一条纵缝，下宽上窄。下宽便于放置触头，上窄有利于电弧压缩，并和灭弧室壁有很好的接触。当触头分断时，电弧被外界磁场或电动力横吹进入缝内，其热量传递给室壁而迅速冷却熄灭。

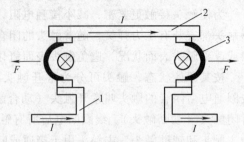

图1-8 双断口电动力灭弧

1—静触头 2—动触头 3—电弧

3）栅片灭弧。栅片灭弧装置的结构及原理如图1-10所示，主要由灭弧栅和灭弧罩组成。灭弧栅用镀铜的薄铁片制成，各栅片之间互相绝缘。灭弧罩用陶土或石棉水泥制成。当触头分断电路时，在动触头与静触头间产生电弧，电弧产生磁场。由于薄铁片的磁阻比空气小得多，因此，电弧上部的磁通容易通过灭弧栅形成闭合磁路，使得电弧上部的磁通很稀疏，而下部的磁通则很密。这种上稀下密的磁场分布对电弧产生向上运动的力，将电弧拉到灭弧栅片当中。栅片将电弧分割成若干短弧，一方面使栅片间的电弧电压低于燃弧电压，另一方面栅片将电弧的热量散发，使电弧迅速熄灭。

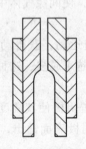

图1-9 纵缝灭弧装置

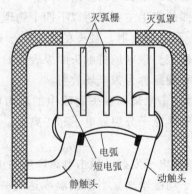

图1-10 栅片灭弧装置

4）磁吹灭弧。利用电弧在磁场中受力将电弧拉长，并使电弧在冷却的灭弧罩窄缝中运动，产生强烈的消电离作用，将电弧熄灭，其原理如图1-11所示。

图1-11a中，导磁体（软钢）固定于薄钢板a和b之间，在它上面绕有与触头电路串联的线圈（吹弧线圈）。电流I通过线圈产生磁通$\varPhi$，根据右手螺旋定则可知，该磁通从导磁体通过导磁夹片b、两夹片间隙到达夹片a，在触头间隙中形成磁场。图1-11b中"+"号表示$\varPhi$方向为进入纸面。触头间隙中的电弧也产生一个磁场，该磁场在电弧上侧的方向为从纸面出来，用"⊙"符号表示它与线圈产生的磁场方向相反。而在电弧下侧的磁场方向进入纸面，用"⊕"符号表示，与线圈的磁场方向相同。这样，两个磁场在电弧下侧方向相同（叠加），在电弧上侧方向相反（相减）。弧柱下侧磁场强于上侧磁场，电弧受力方向为F所指方向。在F作用下，电弧吹离触头，经引弧角进入灭弧罩而很快熄灭。

这种灭弧装置利用电弧电流本身灭弧，电弧电流越大，吹弧能力也越强，广泛应用于直流灭弧装置中。

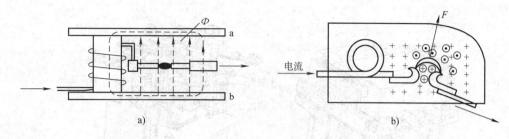

图 1-11　磁吹灭弧原理

1.2　电磁式接触器

接触器是通过电磁机构动作，频繁地接通和分断交、直流主电路的中远距离操纵电器。按其主触头通过电流种类的不同，分为交流接触器和直流接触器。由于其控制容量大，且具有低电压保护功能，在电气设备中应用十分广泛。

接触器的图形符号和文字符号如图 1-12 所示。

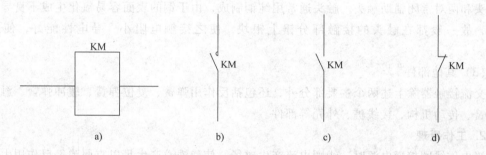

图 1-12　接触器的图形、文字符号

a）线圈　b）主触头　c）常开辅助触头　d）常闭辅助触头

1.2.1　接触器的结构及工作原理

1. 交流接触器的外形及结构

交流接触器主要由电磁系统、触头系统、灭弧装置等部分组成，其外形及结构如图1-13所示。

（1）电磁系统

交流接触器的电磁系统由线圈、静铁心、动铁心（衔铁）等组成，其作用是操纵触头的闭合与分断。

交流接触器的铁心一般用硅钢片叠压铆成，以减少交变磁场在铁心中产生的涡流及磁滞损耗，避免铁心过热。通常在铁心上装有一个短路铜环（又称减振环），以减少接触器吸合时产生的振动和噪声。

（2）触头系统

接触器的触头按功能分为主触头和辅助触头两类。主触头用于接通和分断电流较大的主电路，体积较大，一般由三对常开触头组成；辅助触头用于接通和分断小电流的控制电路，体积较小，有常开和常闭两种。如 CJ0—20 系列交流接触器有三对常开主触头、两对常开辅

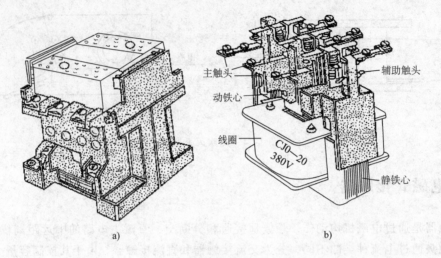

图 1-13　交流接触器的外形及结构
a）外形　b）结构

助触头和两对常闭辅助触头。触头通常用纯铜制成，由于铜的表面容易氧化生成不良导体氧化铜，故一般都在触头的接触部分镶上银块，使之接触电阻小，导电性能好，使用寿命长。

（3）其他部件

交流接触器除上述两个主要部分外，还包括反作用弹簧、复位弹簧、缓冲弹簧、触头压力弹簧、传动机构、接线桩、外壳等部件。

2. 工作原理

当电磁线圈接通电源时，线圈电流产生磁场，使静铁心产生足以克服弹簧反作用力的吸力，将动铁心向下吸合，使常开主触头和常开辅助触头闭合，常闭辅助触头断开。主触头将主电路接通，辅助触头则接通或分断与之相连的控制电路。当线圈断电时，静铁心吸力消失，动铁心在反力弹簧的作用下复位，各触头也随之复位，将有关的电路分断。

1.2.2　常用典型交流接触器介绍

1. 空气电磁式交流接触器

空气电磁式交流接触器的产品系列、品种最多，应用最为广泛，其结构和工作原理基本相同，典型产品有 CJ20、CJ21、CJ26、CJ29、CJ35、CJ40、NC、B、LC1—D、3TB、3TF 系列等。其中 CJ20 是 20 世纪 80 年代国内统一设计的产品，CJ40 是在 CJ20 基础上于 20 世纪 90 年代更新设计的产品。CJ21 是引进德国芬纳尔公司技术生产的产品，3TB 和 3TF 是引进德国西门子公司技术生产的产品，B 系列是引进德国 ABB 公司技术生产的产品，LC1—D 是引进法国 TE 公司技术生产的产品。此外，还有 CJ12、CJ15、CJ24 等系列大功率重任务交流接触器以及许多国外进口或独资生产的品牌，如法国施耐德、美国 GE、英国 GEC、日本三菱等。

2. 切换电容器接触器

切换电容器接触器专用于低压无功补偿设备中投入或切除并联电容器组，以调整用电系统的功率因数。它带有抑制浪涌装置，能有效抑制接通电容器组时出现的合闸涌流对电容的冲击和开断时的过电压。常用产品有 CJ16、CJ19、CJ41、CJX4、CJX2A、LC1—D、6C 系列等。

3. 真空交流接触器

真空交流接触器以真空为灭弧介质，其主触头密封在真空开关管（又称真空灭弧室）内。由于熄弧过程是在密封的真空容器中完成的，电弧和炽热的气体不会向外界喷溅，所以开断性能稳定，不会污染环境，特别适用于条件恶劣的危险环境中。常用的产品有 CKJ、EVS 系列等。

4. 智能化接触器

智能化接触器的主要特征是装有智能化电磁系统，并具有与数据总线及与其他设备之间相互通信的功能，本身还具有对运行工况自动识别、控制和执行的能力。

国产智能化接触器发展很快，目前主要有宏发股份、正泰电器、德力西电气、天水二一三、天正电气、良信电器等公司生产。国外主要有日本富士电机公司的 NewSC 系列、美国西屋公司的 A 系列、ABB 公司的 AF 系列智能化接触器等品牌。

1.2.3　接触器主要技术参数

接触器的主要技术参数有极数、电流种类、额定工作电压、额定工作电流或额定功率、额定通断能力、线圈额定电压、允许操作频率、机械寿命和电寿命等。其中：

极数有两极、三极、四极之分。

根据接通与断开主电路电流种类，分为交流接触器和直流接触器。

额定工作电压指主触头所在电路的电源电压，直流接触器有 110V、220V、440V、660V，交流接触器有 127V、220V、380V、500V、660V。

额定工作电流指主触头正常工作电流值，直流接触器有 40A、80A、100A、150A、250A、400A、600A，交流接触器有 10A、20A、40A、60A、100A、150A、250A、400A、600A。

额定通断能力指主触头在规定条件下能可靠接通和分断的电流值。

线圈额定电压指电磁吸引线圈正常工作电压值，如交流线圈有 127V、220V、380V，直流线圈有 110V、220V、440V。

允许操作频率指每小时可实现的最高操作次数，交、直流接触器有 600 次/h、1200 次/h。

部分 CJ0、CJ10 系列交流接触器的主要技术数据见表 1-1。

表 1-1　CJ0、CJ10 系列交流接触器的主要技术数据

型　号	触头额定电压/V	主触头额定电流/A	辅助触头额定电流/A	可控电动机最大功率/kW			额定操作频率/(次/h)	吸引线圈电压/V	线圈功率/(V·A)	
				127V	220V	380V			起动	吸持
CJ0—10		10		1.5	2.5	4			77	14
CJ0—20		20		3	5.5	10	1200		156	33
CJ0—40		40		6	11	20			280	33
CJ0—75		75		13	22	40		交流 36,110, 127,220, 380	660	55
CJ10—10	500	10	5		2.2	4			65	11
CJ10—20		20			5.5	10			140	22
CJ10—40		40			11	20	600		230	32
CJ10—60		60			17	30			495	70
CJ10—100		100			29	50				

3TB 型交流接触器的主要技术数据见表 1-2。

表 1-2 3TB 型交流接触器的主要技术数据

型号	约定发热电流/A	380V 时额定工作电流/A	660V 时额定工作电流/A	可控电动机功率/kW		在 AC-3 使用类别下的操作频率和电寿命/次		在 AC-4 使用类别下电寿命数据		
				380V	660V	操作频率 $750h^{-1}$	操作频率 $1200h^{-1}$	可控电动机功率/kW		电寿命/次 操作频率 $300h^{-1}$
								380V	660V	
3TB40	22	9	7.2	4	5.5		1.2×10^{6}	1.4	2.4	
3TB41	22	12	9.5	5.5	7.5		1.2×10^{6}	1.9	3.3	
3TB42	35	16	13.5	7.5	11		1.2×10^{6}	3.5	6	2×10^{5}
3TB43	35	22	13.5	11	11		1.2×10^{6}	4	6.6	
3TB44	55	32	18	15	15	1.2×10^{6}		7.5	11	

1.2.4　直流接触器

直流接触器主要用于直流电力线路中，远距离接通与分断电路及直流电动机的频繁起动、停止、反转或反接制动控制，以及 CD 系列电磁操作机构合闸线圈或频繁接通和断开起重电磁铁、电磁阀、离合器和电磁线圈等。常用产品有 CZ18、CZ21、CZ22 和 CZ0 等。

直流接触器的结构、工作原理与交流接触器基本相同，其结构如图 1-14 所示。它主要由线圈、铁心、衔铁、触头、灭弧装置等组成。不同的是除触头电流和线圈电源为直流外，其触头大都采用滚动接触的指形触头，辅助触头采用点接触的桥式触头，铁心采用整块铸钢或铸铁制成，线圈做成长而薄的圆筒状。为保证衔铁能可靠释放，磁路中通常夹有非磁性垫片，以减小剩磁影响。

直流接触器的主触头在断开直流大电流时，也会产生强烈的电弧，由于直流电弧的特殊性，通常采用磁吹式灭弧。

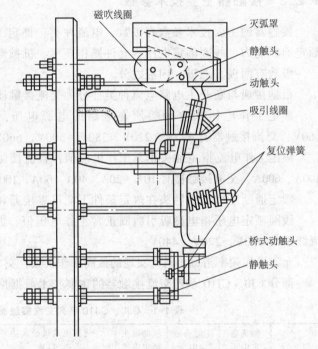

图 1-14　直流接触器结构示意图

1.3　继电器

继电器是一种利用电流、电压、时间、温度和速度等信号的变化，在控制系统中控制其他电器动作，或在主电路中作为保护用电器的控制元件。由于继电器的触头一般用在控制电路中，而控制电路的功率不大，因此对继电器触头的额定电流与转换能力要求不高，一般不采用灭弧装置。

继电器的种类很多。按输入信号的不同，有温度（热）继电器、电流继电器、电压继电器、时间继电器、压力继电器、速度继电器、中间继电器等。按动作原理可分为电磁式继电器、磁电式继电器、感应式继电器、电动式继电器、温度继电器、光电式继电器、压电式继电器、时间继电器等。

1.3.1　继电器的结构原理

任何一种继电器，不论它们的动作原理、结构形式、使用场合如何变化，都具有两个基本结构：一是能反映外界输入信号的感应机构；二是对被控电路实现通断控制的执行机构。感应机构由变换机构和比较机构组成，变换机构将输入的电量或非电量变换成适合执行机构动作的某种特定物理量，如电磁式继电器中的铁心和线圈，能将输入的电压或电流信号变换为电磁力；比较机构用于对输入量的大小进行判断，当输入量达到规定值时才发出命令使执行机构动作，如电磁式继电器中的返回弹簧，由于事先的压缩产生了一定预压力，使得只有当电磁力大于此力时触头系统才动作。至于执行机构，对有触头继电器则是触头的吸合、释放动作，对无触头半导体继电器则是晶体管的截止、饱和两种状态，都能实现对电路的通、断控制。

继电器的特性称为输入—输出特性，如图 1-5 所示。

继电器的动作参数可根据使用要求进行整定。为反映继电器吸力特性与反力特性配合的紧密程度，引入返回系数概念，即继电器复归值 I_r 与动作值 I_c 的比值。

$$K_I = \frac{I_r}{I_c} \tag{1-8}$$

式中　K_I——电流返回系数；

　　　I_r——复归电流（A）；

　　　I_c——动作电流（A）。

同理，电压返回系数 K_U 为

$$K_U = \frac{U_r}{U_c} \tag{1-9}$$

式中　U_r——复归电压（V）；

　　　U_c——动作电压（V）。

电磁式继电器的结构和工作原理与电磁式接触器相似，也是由电磁机构和触头系统组成，但无灭弧装置。另外，还有改变继电器动作参数的调节装置，如调节螺母和非磁性垫片等。

1.3.2　电压继电器

电磁式电压继电器的线圈并联在电路中，用来反映电路电压的高低，其触头动作与线圈电压大小直接有关，在电力拖动控制系统中起电压保护和控制作用。按吸合电压相对额定电压大小分为过电压继电器和欠电压继电器。

1. 过电压继电器

过电压继电器在电路中用于过电压保护。当线圈为额定电压 U_N 时，衔铁不吸合，线圈电压高于其额定电压时，衔铁才吸合动作。过电压继电器的释放值小于动作值，其电压返回系数 $K_U<1$。

由于直流电路一般不会出现过电压，所以只有交流过电压继电器，其吸合电压调节范围为 $U_0=(1.05\sim1.2)U_N$。

2. 欠电压继电器

欠电压继电器又称零电压继电器,用于电路的欠电压或零电压保护。以交流为例,电路正常工作时,继电器吸合。当电路电压降低到 $(0.1 \sim 0.35) U_N$ 时,继电器释放,对电路实现欠电压保护。

零电压继电器是当电路电压降低到 $(0.05 \sim 0.25) U_N$ 时释放,对电路实现零电压保护。欠电压继电器的图形、文字符号如图1-15所示。

1.3.3 电流继电器

电磁式电流继电器的线圈串接在电路中,用来反映电路电流的大小,其触头动作与否与线圈电流大小直接有关。按线圈电流种类分为交流电流继电器与直流电流继电器;按吸合电流大小分为过电流继电器和欠电流继电器。

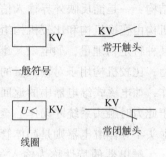

图1-15 欠电压继电器的
图形、文字符号

1. 过电流继电器

过电流继电器主要用于频繁、重载起动场合作为电动机的过载和短路保护。常用的过电流继电器有JT4、JL12及JL14等系列。

JT4系列为交流通用继电器,即加上不同的线圈或阻尼圈后便可作为电流继电器、电压继电器或中间继电器使用。JT4系列过电流继电器的外形结构和动作原理如图1-16所示,它由线圈、圆柱静铁心、衔铁、触头系统及反作用弹簧等组成。

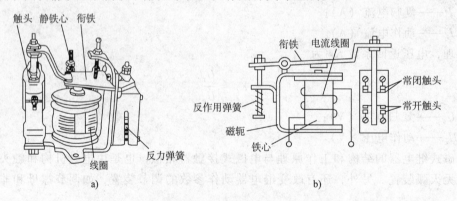

图1-16 JT4系列过电流继电器的外形结构及动作原理
a) 外形结构 b) 动作原理

过电流继电器的线圈串接在主电路中,当通过线圈的电流为额定值 I_N 时,它所产生的电磁吸力不足以克服反作用弹簧力,常闭触头保持闭合状态;当通过线圈的电流超过整定值后,电磁吸力大于反作用弹簧力,铁心吸引衔铁使常闭触头分断,切断控制回路,使负载得到保护。调节反作用弹簧力,可整定继电器动作电流。这种过电流继电器是瞬时动作的,常用于桥式起重机电路中。为避免它在起动电流较大的情况下误动作,通常把动作电流整定在起动电流的 $1.1 \sim 1.3$ 倍,只能用作短路保护。

过电流继电器的图形、文字符号如图1-17所示。

通常,交流过电流继电器的吸合电流为 $I_0 = (1.1 \sim 3.5) I_N$,直流过电流继电器的吸合电流为 $I_0 = (0.75 \sim 3) I_N$。由于过电流继电器在出现过电流时衔铁吸合动作,并切断电路,故过电流继电器无释放电流值。

2. 欠电流继电器

正常工作时，继电器线圈流过负载额定电流，衔铁吸合动作；当负载电流降低至继电器释放电流时，衔铁释放，带动触头复原。欠电流继电器在电路中起欠电流保护作用，常用其常开触头进行保护。当继电器欠电流释放时，常开触头断开控制电路。

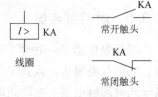

图 1-17 过电流继电器的图形、文字符号

在直流电路中，负载电流的降低或消失，往往会导致严重后果。如直流电动机的励磁电流过小会使电动机超速，甚至"飞车"。因此，在励磁电路中设置直流欠电流继电器进行保护。

直流欠电流继电器的吸合电流 $I_0 = (0.3 \sim 0.65)I_N$，释放电流 $I_r = (0.1 \sim 0.2)I_N$。

1.3.4 中间继电器

电磁式中间继电器实质上是一种电磁式电压继电器，其特点是触头数量较多，在电路中起增加触头数量以及信号的放大、传递作用，有时也代替接触器控制额定电流不超过 5A 的电动机系统。

常用的交流中间继电器有 JZ7 系列，直流中间继电器有 JZ12 系列，交、直流两用的中间继电器有 JZ8 系列。

JZ7 系列中间继电器的外形及结构如图1-18所示。它主要由线圈、静铁心、动铁心、触头系统、反作用弹簧及复位弹簧等组成。它有 8 对触头，可组成 4 对常开、4 对常闭，或6对常开、2 对常闭，或 8 对常开三种形式。

中间继电器的工作原理与小型交流接触器基本相同，只是它的触头没有主、辅之分，每对触头允许通过的电流大小相同，触头容量与接触器的辅助触头差不多，其额定电流一般为 5A。

中间继电器的图形、文字符号如图 1-19所示。

JZ7 系列中间继电器的主要技术数据见表1-3。

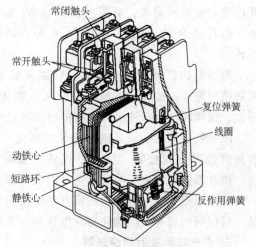

图 1-18 JZ7 系列中间继电器的外形及结构

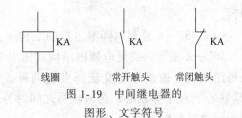

图 1-19 中间继电器的图形、文字符号

表 1-3 JZ7 系列中间继电器的主要技术数据

型号	额定电压/V		吸引线圈电压/V	额定电流/A	触头数量/副		最高操作频率/(次/h)	机械寿命(万次)	电寿命(万次)
	交流	直流			常开	常闭			
JZ7—22			36,127,220,380,500		2	2			
JZ7—41			36,127,220,380,500		4	1			
JZ7—44	500	440	12,36,127,220,380,500	5	4	4	1200	300	100
JZ7—62			12,36,127,220,380,500		6	2			
JZ7—80			12,36,127,220,380,500		8	0			

1.3.5 时间继电器

时间继电器是一种利用电磁原理或机械动作原理来延迟触头闭合或分断的自动控制电器。它的种类很多，按其工作原理可分为直流电磁式时间继电器、空气阻尼式时间继电器、电子式时间继电器、电动式时间继电器等，本节介绍前面三种。

1. 直流电磁式时间继电器

直流电磁式时间继电器是在电磁式电压继电器铁心上加一个阻尼铜套后构成，如图1-20所示。当线圈接通电源时，在阻尼铜套内产生感应电动势，流过感应电流。感应电流产生的磁通阻碍穿过铜套内的原磁通变化，对原磁通起阻尼作用，使磁路中的原磁通增加缓慢，达到吸合磁通值的时间加长，衔铁吸合时间后延，触头延时动作。由于线圈通电前，衔铁处于打开位置，磁路气隙大，磁阻大，磁通小，阻尼作用也小，衔铁吸合的延时只有0.1~0.5s，延时作用可不计。

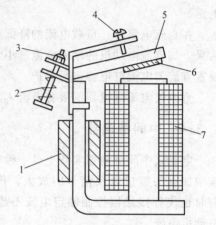

图1-20 直流电磁式时间继电器结构示意图

1—阻尼套筒 2—释放弹簧 3—调节螺母
4—调节螺钉 5—衔铁 6—非磁性垫片
7—电磁线圈

但当衔铁已处于吸合位置，在断开线圈电源时，因磁路气隙小，磁阻小，磁通变化大，铜套的阻尼作用大，线圈断电后衔铁延时释放的时间可达0.3~5s。

改变铁心与衔铁间非磁性垫片的厚薄（粗调）或改变释放弹簧的松紧（细调）可调节延时时间的长短。垫片厚则延时短，垫片薄则延时长；释放弹簧紧则延时短，释放弹簧松则延时长。

直流电磁式时间继电器的特点是结构简单、寿命长、允许操作频率高，但延时准确度较低、延时时间较短，仅能获得断电延时，常用产品有JT3、JT18等系列。

2. 空气阻尼式时间继电器

空气阻尼式时间继电器在机床中应用最多，其型号主要有JS7—A系列。根据触头的延时特点，可分为通电延时（如JS7—1A和JS7—2A）与断电延时（如JS7—3A和JS7—4A）两种。

（1）JS7—A系列时间继电器的结构

JS7—A系列时间继电器的结构如图1-21所示，它主要由电磁机构、延时机构、工作触头等组成。电磁机构有交流、直流两种，延时方式有通电延时型和断电延时型。当衔铁（动铁心）位于静铁心和延时机构之间时为通电延时型；当静铁心位于衔铁和延时机构之间时为断电延时型。

（2）JS7—A系列时间继电器的工作原理

1）通电延时型时间继电器。图1-21a所示为通电延时型时间继电器的结构图。当线圈1通电时，产生磁场，衔铁3克服反力弹簧阻力与铁心吸合，活塞杆6在塔形弹簧8作用下带动活塞12及橡皮膜10向上移动，橡皮膜下方空气室空气变得稀薄形成负压，活塞杆只能缓慢移动，其移动速度由进气孔气隙大小来决定。经一段延时后，活塞杆通过杠杆7压动微动开关15，使其触头动作，起到通电延时作用。

当线圈断电时，衔铁释放，橡皮膜下方空气室内的空气通过活塞肩部所形成的单向阀迅

a)
b)

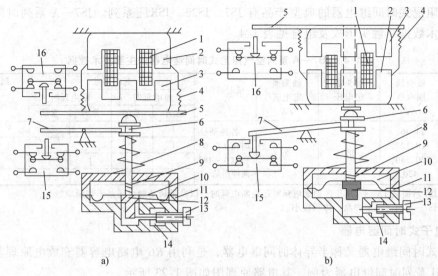

图 1-21　JS7—A 系列时间继电器的结构

a）通电延时型　b）断电延时型

1—线圈　2—铁心　3—衔铁　4—反力弹簧　5—推板　6—活塞杆　7—杠杆　8—塔形弹簧　9—弱弹簧　10—橡皮膜　11—空气室壁　12—活塞　13—调节螺钉　14—进气孔　15、16—微动开关

速排出，使活塞杆、杠杆、微动开关等迅速复位。从线圈得电到触头动作的一段时间即为时间继电器的延时时间，延时长短通过调节螺钉 13 调节进气孔气隙大小来改变。

2）断电延时型时间继电器。将图 1-21a 所示通电延时型时间继电器的电磁铁翻转 180°安装，即变成图 1-21b 所示的断电延时型时间继电器。它的动作原理与通电延时型时间继电器基本相似，在此不再赘述，读者可自行分析。

空气阻尼式时间继电器结构简单、价格低廉、延时范围较大（0.4~180s），但延时误差较大，难以精确地整定延时时间，常用于对延时精度要求不高的场合。

日本生产的一种空气阻尼式时间继电器，其体积比 JS7 系列小 50%以上，延时时间可达几十分钟，延时精度为±10%。

时间继电器的图形及文字符号如图 1-22 所示。

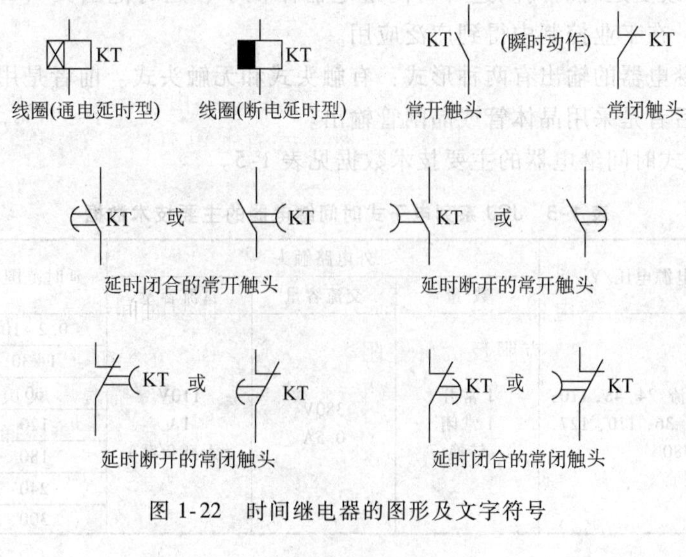

KT
线圈(通电延时型)
KT
线圈(断电延时型)
KT
(瞬时动作)
KT
常开触头
常闭触头
KT 或 KT
延时闭合的常开触头
KT 或
延时断开的常开触头
KT 或 KT
延时断开的常闭触头
KT 或 KT
延时闭合的常闭触头

图 1-22　时间继电器的图形及文字符号

空气阻尼式时间继电器的典型产品有 JS7、JS23、JSK□系列。JS7—A 系列时间继电器的主要技术数据、触头形式及组合见表 1-4。

表 1-4　JS7—A 系列空气阻尼式时间继电器的主要技术数据

型号	吸引线圈电压/V	触头额定电压/V	触头额定电流/A	延时范围/s	延时触头				瞬动触头	
					通电延时		断电延时		常开	常闭
					常开	常闭	常开	常闭		
JS7—1A	24,36,			各种型号均有 0.4~60 和 0.4~180 两种产品	1	1				
JS7—2A	110,127,	380	5		1	1			1	1
JS7—3A	220,380,						1	1		
JS7—4A	420						1	1	1	1

注：1. JS7 后面之 1A~4A 用于区别通电延时还是断电延时，以及带瞬动触头还是不带瞬动触头。
　　2. JS7—A 为改进型产品，体积较小。

3. 电子式时间继电器

电子式时间继电器又称半导体时间继电器，是利用 RC 电路电容器充放电原理实现延时的。以 JSJ 系列时间继电器为例，其电路原理图如图 1-23 所示。

电路有两个电源：主电源由变压器二次侧的 18V 电压经整流、滤波获得；辅助电源由变压器二次侧的 12V 电压经整流、滤波获得。当变压器接通电源时，晶体管 VT_1 导通，VT_2 截止，继电器 KA 线圈中电流很小，KA 不动作。两个电源经可调电阻 RP、R、KA 常闭触头向电容 C 充电，a 点电位逐渐升高。当 a 点电位高于 b 点电位时，VT_1 截止，VT_2 导通，VT_2 集电极电流流过继电器 KA 的线圈，KA 动作，输出控制信号。图 1-23 中，KA 的常闭触头断开充电电路，常开触头闭合将电容放电，为下次工作做好准备。

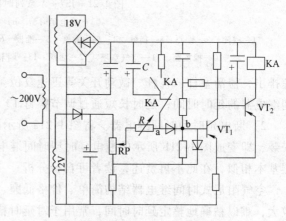

图 1-23　JSJ 型电子式时间继电器原理图

调节 RP，可改变延时时间。这种时间继电器体积小、延时范围大（0.2~300s）、延时精度高、寿命长，在工业控制中得到广泛应用。

电子式时间继电器的输出有两种形式：有触头式和无触头式。前者是用晶体管驱动小型电磁式继电器，后者是采用晶体管或晶闸管输出。

JSJ 系列电子式时间继电器的主要技术数据见表 1-5。

表 1-5　JSJ 系列电子式时间继电器的主要技术数据

型　号	电源电压/V	外电路触头			延时范围/s	延时误差
		数　量	交流容量	直流容量		
JSJ—10					0.2~10	
JSJ—30					1~30	±3%
JSJ—1	直流 24,48,110;	1 常开	380V	110V	60	
JSJ—2	交流 36,110,127,	1 常闭	0.5A	1A	120	
JSJ—3	220,380	转换		（无感负载）	180	
JSJ—4					240	±6%
JSJ—5					300	

电子式时间继电器的新产品有 JS14A 系列、JS14P 系列、JS20 系列等。JS14P 系列为拨码式时间继电器。新产品共同的特点是体积小、延时精度高、触头输出容量大、工作寿命长且稳定可靠、产品规格全、安装方便等。

1.3.6　热继电器

热继电器是利用电流流过发热元件产生热量使检测元件受热弯曲，进而推动机构动作的一种保护电器。由于发热元件具有热惯性，故不能用于瞬时过载保护，更不能作为短路保护，只能用于电动机或其他用电设备的长期过载保护。

1. 热继电器的主要技术要求

（1）应具有合理可靠的保护特性

热继电器主要用作电动机的长期过载保护。电动机的过载特性如图 1-24 曲线 1 所示，为反时限特性，因此要求热继电器也具有形同电动机过载特性的反时限特性。

图 1-24 曲线 2 为流过热继电器发热元件的电流与热继电器触头动作时间的关系曲线，称为热继电器的保护特性，其位置居于电动机过载特性之下并相邻近。这样，当发生过载时，热继电器在电动机尚未达到其允许过载值之前动作，切断电动机电源，实现过载保护。图中曲线画成曲带，是考虑各种误差影响的结果，误差越大，带越宽。

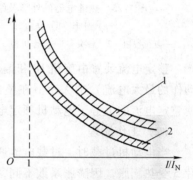

图 1-24　热继电器保护特性与电动机过载特性的配合

（2）具有一定的温度补偿

为避免环境温度变化引起双金属片弯曲而带来的误差，应引入温度补偿装置。

（3）动作电流可方便调节

为减少热继电器热元件的规格，热继电器动作电流应可在热元件额定电流 66%～100% 的范围内调节。

（4）有手动复位与自动复位功能

热继电器保护动作后，可在其后 2min 内按下手动复位按钮进行复位，或在 5min 内可靠地自动复位。

2. 双金属片热继电器的结构及工作原理

（1）外形及结构

双金属片热继电器的外形及结构如图 1-25 所示，由热元件、触头、动作机构、复位按钮和整定电流装置五部分组成。

热元件由双金属片及绕在双金属片外面的电阻丝组成，双金属片由两种热膨胀系数不同的金属片复合而成。使用时，将电阻丝直接串联在异步电动机的电路上，如图 1-26 中的 1—1′ 及 2—2′ 所示。热元件有两相结构和三相结构两种。

热继电器有两副触头，由一个公共动触头 12、一个常开触头 14 和一个常闭触头 13 组成。图 1-25a 中，31 为公共动触头 12 的接线柱，33 为常开触头 14 的接线柱，32 为常闭触头 13 的接线柱。

动作机构由导板 6、补偿双金属片 7、推杆 10、杠杆 12、拉簧 15 等组成。

复位按钮 16 是热继电器动作后进行手动复位的按钮。

22

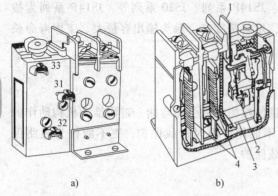

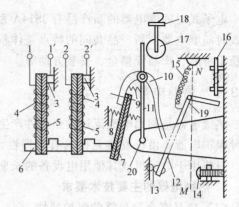

图 1-25　热继电器的外形及结构

a）外形　b）结构

1—复位按钮　2—触头　3—动作机构　4—热元件

图 1-26　热继电器动作原理图

整定电流装置由旋钮 18 和偏心轮 17 组成，通过它们来调节整定电流（热继电器长期不动作的最大电流）的大小。在整定电流调节旋钮上刻有整定电流的标尺，旋动调节旋钮，使整定电流的值等于电动机额定电流即可。

（2）工作原理

当电动机过载时，过载电流通过串联在定子电路中的电阻丝 4，使之发热过量，双金属片 5 受热膨胀，因膨胀系数不同，膨胀系数较大的左边一片的下端向右弯曲，通过导板 6 推动补偿双金属片 7 使推杆 10 绕轴转动，带动杠杆 12 使它绕轴 19 转动，将常闭触头 13 断开。常闭触头 13 通常串联在接触器的线圈电路中，当它断开时，接触器的线圈断电，主触头释放，使电动机脱离电源得到保护。

3. 具有断相保护的热继电器

三相异步电动机运行时，若发生一相断路，电动机各相绕组的电流将发生变化，其变化情况与电动机三相绕组的接法有关。对于星形联结的电动机，由于相电流等于线电流，当电源一相断路时，其他两相的电流将过载，因此，采用普通两相或三相热继电器就可保护。而对于三角形联结的电动机，正常情况下线电流是相电流的 $\sqrt{3}$ 倍，热元件串接在电动机电源进线中，按电动机额定电流即线电流整定。当一相断路（见图 1-27），且电动机仅为额定负载的 58% 时，流过跨接于全电压下的一相绕组的相电流 I_{P3} 等于 1.15 倍额定相电流，而流过串联的两相绕组的电流 I_{P1}、I_{P2} 仅为额定相电流的 58%。此时未断线相的线电流正好等于额定线电流，热继电器不动作，但全电压下的那一相绕组中的电流已达 1.15 倍额定相电流，绕组内的电流已超过额定值，有烧毁的危险。所以，三角形联结的电动机必须采用带断相保护的热继电器作为过载保护。

带断相保护的热继电器采用差动式断相保护机构，其原理如图 1-28 所示。差动机构由上导板 1、下导板 2 及装有顶头 4 的杠杆 3 组成，用转轴连接。其中，图 1-28a 为未通电时导板的位置；图 1-28b 为热元件流过正常工作电流的位置，此时三相双金属片受热向左弯曲，下导板向左移动一小段距离，顶头

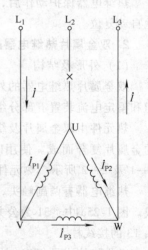

图 1-27　电动机三角形联结
U 相断路时的电流情况

4 尚未碰到补偿双金属片 5，热继电器不动作；图 1-28c 为三相同时过载，三相双金属片同时向左弯曲，推动下导板向左移动，顶头 4 碰到补偿双金属片，使热继电器动作；图 1-28d 为 W 相断路时的情况，W 相双金属片冷却，端部向右弯曲，推动上导板右移，另外两相双金属片仍受热，端部向左弯曲，推动下导板继续向左移动。上、下导板的一右一左移动，产生差动作用，通过杠杆放大，迅速推动补偿双金属片，使热继电器动作。

差动作用使热继电器在断相故障时加速动作，保护了电动机。

常用热继电器有 JR20、JRS1、JR9、JR14、JR15、JR16 等系列，引进产品有 3UA、T、LR1—D 等系列。

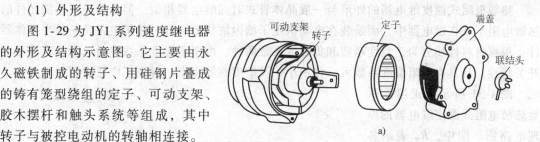

图 1-28　差动式断相保护机构及工作原理

1.3.7　信号继电器

信号继电器是指输入非电信号，且当非电信号达到一定值时才动作的电器，常用的有速度继电器、温度继电器、液位继电器等。

1. 速度继电器

速度继电器又称反接制动继电器，其作用是与接触器配合，对笼型异步电动机进行反接制动控制。

（1）外形及结构

图 1-29 为 JY1 系列速度继电器的外形及结构示意图。它主要由永久磁铁制成的转子、用硅钢片叠成的铸有笼型绕组的定子、可动支架、胶木摆杆和触头系统等组成，其中转子与被控电动机的转轴相连接。

（2）工作原理

由于速度继电器与被控电动机同轴连接，电动机制动时惯性旋转，带动速度继电器的转子一起转动。该转子的旋转磁场在速度继电器定子绕组中感应出电动势和电流，由左手定则可以确定。此时，定子受到与转子转向相同的电磁转矩的作用，使定子和转子沿着同一方向转动。定子上固定的胶木摆杆也随着转动，推动簧片（端部有动触头）与静触头闭合（按轴的转动方向而定）。静触头又起挡块作用，限制

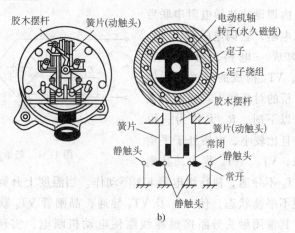

图 1-29　JY1 系列速度继电器的外形及结构

a）外形　b）结构

胶木摆杆继续转动。因此，转子转动时，定子只能转过一个不大的角度。当转子转速接近于零（低于 100r/min）时，胶木摆杆恢复原来状态，触头断开，切断电动机的反接制动电路。

速度继电器的动作转速一般不低于 300r/min，复位转速约在 100r/min 以下。使用时，应将速度继电器的转子与被控电动机同轴连接，而将其触头（一般用常开触头）串联在控制电路中，通过控制接触器来实现反接制动。

速度继电器的图形符号和文字符号如图 1-30 所示。

常用的速度继电器有 JY1、JFZ0 系列。JY1 系列可在 700～3600r/min 范围内可靠工作。JFZ0—1 型适用于 300～1000r/min；JFZ0—2 型适用于 1000～3600/min。它们都有两对常开、常闭触头。

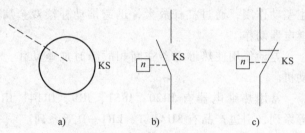

图 1-30 速度继电器的图形、文字符号
a）转子 b）常开触头 c）常闭触头

2. 温度继电器

温度继电器是一种可埋设在电动机发热部位，如定子槽内、绕组端部等，直接反映该处发热情况的过热保护元件。无论是电动机出现过电流引起温度升高，还是其他原因引起电动机温度升高，它都能起到保护作用。

温度继电器大体上有两种类型，一种是双金属片式温度继电器，另一种是热敏电阻式温度继电器。前者的工作原理与热继电器相似，在此不再重复，下面介绍热敏电阻式温度继电器。

热敏电阻式温度继电器的外形与一般晶体管式时间继电器相似。但作为温度感测元件的热敏电阻不装在继电器中，而是装在电动机定子槽内或绕组端部。热敏电阻是一种半导体器件，根据材料性质分为正温度系数和负温度系数两种。由于正温度系数热敏电阻具有明显的开关特性，且具有电阻温度系数大、体积小、灵敏度高等优点，得到了广泛应用和发展。

图 1-31 所示为正温度系数热敏电阻式温度继电器的原理电路图。图中，R_T 表示各绕组内埋设的热敏电阻串联后的总电阻，它同电阻 R_7、R_4、R_6 构成一电桥，由晶体管 VT_2、VT_3 构成的开关电桥接在电桥的对角线上。当温度在 65℃ 以下时，R_T 大体为一恒值，且比较小，电桥处于平衡状态，VT_2、VT_3 截止，晶闸

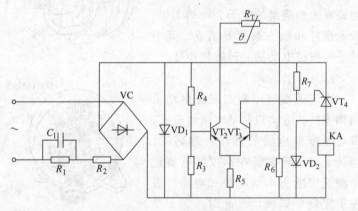

图 1-31 热敏电阻式温度继电器原理电路图

管 VT_4 不导通，执行继电器 KA 不动作。当温度上升到动作温度时，R_T 的阻值剧增，电桥出现不平衡状态，使 VT_2 及 VT_3 导通，晶闸管 VT_4 获得门极电流也导通，KA 线圈得电吸合，其常闭触头分断接触器线圈使电动机断电，实现了电动机的过热保护。当温度下降至返回温度时，R_T 阻值锐减，电桥恢复平衡使 VT_4 关断，继电器 KA 线圈断电而使衔铁释放。

3. 液位继电器

液位继电器是根据液体液面高低使触头动作的继电器，常用于锅炉和水柜中控制水泵电动机的起动和停止。

图1-32为液位继电器的结构示意图。它由浮筒及相连的磁钢、与动触头相连的磁钢以及两个静触头组成。浮筒置于锅炉或水柜中，当水位降低到极限值时，浮筒下落使磁钢绕支点A上翘。由于磁钢同性相斥，动触头的磁钢端被斥下落，通过支点B使触头1—1接通，2—2断开。触头1—1接通控制水泵电动机的接触器线圈，电动机工作，向锅炉供水，液面上升。反之，当水位升高到上限位置时，浮筒上浮，触头2—2接通，1—1断开，水泵电动机停止。显然，液位的高低是由液位继电器的安装位置决定的。

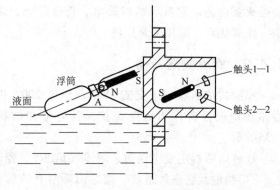

图1-32　液位继电器结构示意图

1.4　熔断器

熔断器是一种利用热效应原理工作的电流保护电器，广泛应用于低压配电系统和控制电路中，是电工技术中应用最普遍的短路保护器件。

熔断器串接于被保护电路中，当电路发生短路或过电流时，通过熔体的电流使其发热，当达到熔体金属熔化温度时就会自行熔断。这期间伴随着燃弧和熄弧过程，随之切断故障电路，起到保护作用。

熔断器的产品系列、种类很多，常用产品有RC系列插入式熔断器、RL系列螺旋式熔断器、R系列玻璃管式熔断器、RM系列无填料封闭管式熔断器、RT系列填料封闭管式熔断器、RLS/RST/RS系列半导体器件保护用快速熔断器等。

1.4.1　熔断器的保护特性

熔断器的主要特性为熔断器的保护特性，又称安秒特性，即熔断器的熔断时间t与熔断电流I的关系曲线，如图1-33所示。图中I_{min}为最小熔化电流或称临界电流，即通过熔体的电流小于此值时不会熔断，所以选择的熔体额定电流I_N应小于I_{min}。通常，$I_{min}/I_N \approx$ 1.5~2，称为熔化系数，该系数反映熔断器在过载时的保护特性。若要使熔断器能保护小过载电流，则熔化系数应小些；若要避免电动机起动时的短时过电流，熔化系数应大些。

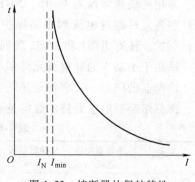

图1-33　熔断器的保护特性

1.4.2　插入式熔断器

插入式熔断器主要用于380V三相电路和220V单相电路作为短路保护，其外形及结构如图 1-34 所示。

这种熔断器主要由瓷座、瓷盖、静触头、动触头、熔丝等组成，瓷座中部有一个空腔，与瓷盖的凸出部分组成灭弧室。60A 以上的在空腔中垫有编织石棉层，加强灭弧功能。它具有结构简单、价格低廉、熔丝更换方便等优点，应用非常广泛。

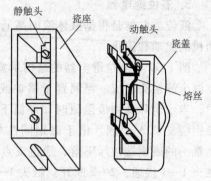

图 1-34 RC1 插入式熔断器的结构

1.4.3 螺旋式熔断器

螺旋式熔断器用于交流 380V、电流 200A 以内的线路和用电设备作为短路保护，其外形和结构如图 1-35 所示。

这种熔断器主要由瓷帽、熔体（熔芯）、瓷套、上/下接线桩及底座等组成。熔芯内除装有熔丝外，还填有灭弧的石英砂。熔芯上盖中心装有标有红色的熔断指示器，当熔丝熔断时，指示器脱出，从瓷盖上的玻璃窗口可检查熔芯是否完好。它具有体积小、结构紧凑、熔断快、分断能力强、熔丝更换方便、使用安全可靠、熔丝熔断后能自动指示等优点，在机床电路中广泛使用。

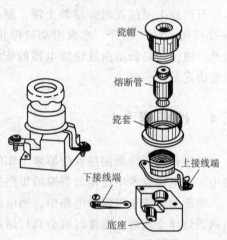

图 1-35 螺旋式熔断器的结构

1.4.4 半导体器件保护熔断器

半导体器件保护熔断器是一种快速熔断器。由于半导体器件的过电流能力极低，只能在极短时间（数毫秒至数十毫秒）内承受过电流。而一般熔断器的熔断时间是以秒计的，不能用来保护半导体器件，所以，必须采用能迅速动作的半导体熔断器，这种熔断器采用以银片冲制的有 V 形深槽的变截面熔体。

常用的快速熔断器有 RS、NGT 和 CS 系列等。RS0 系列用于大功率硅整流元件的过电流和短路保护，RS3 系列用于晶闸管的过电流和短路保护。还有 RLS1 和 RLS2 系列的螺旋式快速熔断器，其熔体为银丝，适用于小功率的硅整流元件和晶闸管的短路和过电流保护。

熔断器的图形、文字符号如图 1-36 所示。

部分熔断器的主要技术数据见表 1-6。

FU

图 1-36 熔断器的
图形、文字符号

表 1-6 部分熔断器的主要技术数据

型 号	熔断器额定电流/A	额定电压/V	熔体额定电流/A	额定分断电流/kA
RC1A—5	5	380	1,2,3,5	300(cos φ = 0.4)
RC1A—10	10	380	2,4,6,8,10	500(cos φ = 0.4)
RC1A—15	15	380	6,10,12,15	500(cos φ = 0.4)
RC1A—30	30	380	15,20,25,30	1500(cos φ = 0.4)
RC1A—60	60	380	30,40,50,60	3000(cos φ = 0.4)
RC1A—100	100	380	60,80,100	3000(cos φ = 0.4)
RC1A—200	200	380	100,120,150,200	3000(cos φ = 0.4)

（续）

型　号	熔断器额定电流/A	额定电压/V	熔体额定电流/A	额定分断电流/kA
RL1—15	15	380	2,4,5,10,15	25($\cos \varphi = 0.35$)
RL1—60	60	380	20,25,30,35,40,50,60	25($\cos \varphi = 0.35$)
RL1—100	100	380	60,80,100	50($\cos \varphi = 0.25$)
RL1—200	200	380	100,125,150,200	50($\cos \varphi = 0.25$)
RS3—50	50	500	10,15,30,50	50($\cos \varphi = 0.3$)
RS3—100	100	500	80,100	50($\cos \varphi = 0.5$)
RS3—200	200	500	150,200	50($\cos \varphi = 0.5$)

1.5 主令电器

　　主令电器是自动控制系统中用于发送或转换控制指令的电器，利用它控制接触器、继电器或其他电器，使电路接通或分断来实现对设备的自动控制。常用的主令电器有控制按钮、行程开关、接近开关、万能转换开关、凸轮控制器、主令控制器等。

1.5.1 控制按钮

　　控制按钮是一种用于短时接通或分断小电流电路的手动控制电器。在控制电路中，通过它发出"指令"控制接触器、继电器等电器，再由它们去控制主电路的通断。

　　控制按钮的外形和结构如图 1-37 所示，主要由按钮帽、复位弹簧、常开触头、常闭触头、接线柱、外壳等组成。它的图形符号和文字符号如图 1-38 所示。

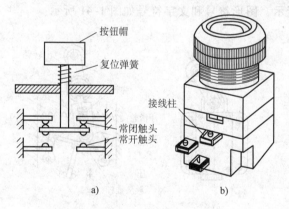

图 1-37　控制按钮的结构及外形
a）结构　b）外形

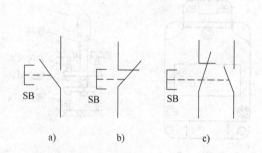

图 1-38　控制按钮的图形符号和文字符号
a）起动按钮　b）停止按钮　c）复合按钮

　　为了标明各个按钮的作用，避免误操作，通常将按钮帽做成不同的颜色，有红、绿、黑、黄、蓝、白等，如红色表示停止，绿色表示起动等。按钮的种类很多，常用的有 LA10、LA18、LA19，LA20、LAY3、LAY6、NP1 等系列。其中，LA18 系列按钮是积木式结构，触头数目可按需要拼装，结构形式有揿按式、紧急式、钥匙式和旋钮式；LA19 系列在按钮内装有信号灯，除作为控制电路的主令电器使用外，还可兼作信号指示灯使用。LA 系列按钮的主要技术数据见表 1-7。

表 1-7 LA 系列按钮的主要技术数据

型 号	规 格	结构形式	触头对数		按 钮	
			常开	常闭	钮数	颜 色
LA18—22		元件	2	2	1	红或绿或黑或白
LA18—22J		元件(紧急式)	2	2	1	红
LA18—44J		元件(紧急式)	4	4	1	红
LA18—66J		元件(紧急式)	6	6	1	红
LA18—22Y		元件(钥匙式)	2	2	1	黑
LA18—44Y		元件(钥匙式)	4	4	1	黑
LA18—22X	500V,	元件(旋钮式)	2	2	1	黑
LA18—44X	5A	元件(旋钮式)	4	4	1	黑
LA18—66X		元件(旋钮式)	6	6	1	黑
LA19—11J		元件(紧急式)	1	1	1	红
LA19—11D		元件(带指示灯)	1	1	1	红或绿或黄或蓝或白
LA19—11DJ		元件(紧急式带指示灯)	1	1	1	红
LA20—11D		元件(带指示灯)	1	1	1	红或绿或黄或蓝或白
LA20—22D		元件(带指示灯)	2	2	1	红或绿或黄或蓝或白

1.5.2 行程开关

行程开关又称限位开关或位置开关,其作用与控制按钮相同,只是触头的动作不是靠手动操作,而是利用机械运动部件的碰撞使触头动作来接通或分断电路,从而限制机械运动的行程、位置或改变其运动状态,达到自动控制之目的。

为了适应机械对行程开关的碰撞,行程开关有多种构造形式,常用的有直动式(按钮式)、滚轮式(旋转式)。其中滚轮式又有单滚轮式和双滚轮式两种。直动式和滚轮式行程开关的外形和结构分别如图 1-39、图1-40所示,图形符号和文字符号如图 1-41 所示。

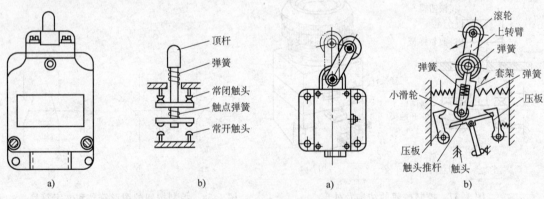

图 1-39 直动式行程开关
a) 外形 b) 结构

图 1-40 滚轮式行程开关
a) 外形 b) 结构

各种系列的行程开关其基本结构相同,区别仅在于使行程开关动作的传动装置和动作速度不同。直动式行程开关触头的分合速度取决于挡块移动速度。当挡块移动速度低于 0.4m/min 时,触头切断太慢,易受电弧烧灼,这时应采用有盘形弹簧机构能瞬时动作的滚轮式行程开关,或采用更为灵敏、轻巧的微动开关。

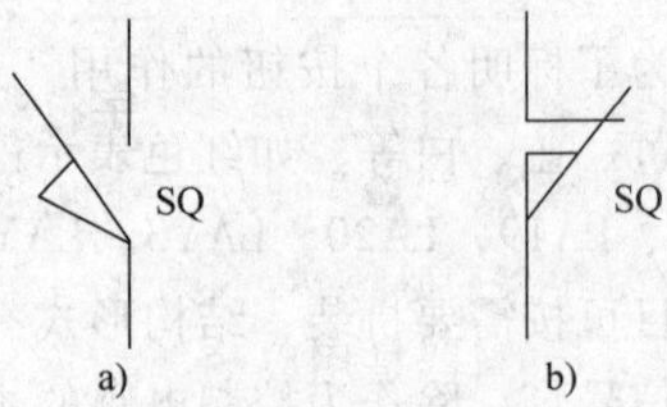

国产行程开关主要有 LX19、LXK3、LXW、WL、

图 1-41 行程开关的图形符号和文字符号
a) 常开触头 b) 常闭触头

3SE3 和 JLXK 等系列。其中 3SE3 系列是引进德国西门子公司技术生产的，有开启式、保护式两大类。动作方式有瞬动型和蠕动型，头部结构有直动、滚轮直动、杠杆、单轮、双轮、滚轮摆杆可调、杠杆可调和弹簧杆等。该系列开关规格全、外形结构多样、拆装方便、使用灵活、动作可靠、技术性能优良。

3SE3 系列行程开关的主要技术数据见表 1-8。

表 1-8　3SE3 系列行程开关的主要技术数据

额定绝缘电压/V		最大工作电压/V（同极性）	额定发热电流/A	机械寿命/次	电寿命/次			推杆上测量的重复动作精度/mm	保护等级
交流	直流				$U_e = 220V$ $I_e = 1A$	$U_e = 220V$ $I_e = 0.5A$	$U_e = 220V$ $I_e = 10A$		
500	600	500	10	$30×10^6$	$5×10^6$	$10×10^6$	$10×10^4$	0.02	IP67

1.5.3　凸轮控制器与主令控制器

1. 凸轮控制器

凸轮控制器用于起重设备和其他电力拖动装置，以控制电动机的起动、正反转、调速和制动。其结构如图 1-42 所示，主要由手柄、定位机构、转轴、凸轮和触头组成。

转动手柄时，转轴带动凸轮一起转动。当转到某一位置时，凸轮顶动滚子，克服弹簧压力使动触头顺时针方向转动，脱离静触头而分断电路。在转轴上叠装不同形状的凸轮，可使若干个触头组按规定的顺序接通或分断。

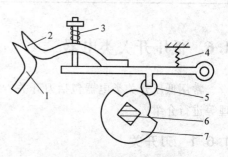

图 1-42　凸轮控制器的结构
1—静触头　2—动触头　3—触头弹簧
4—弹簧　5—滚子　6—方轴　7—凸轮

国内生产的有 KT10、KT14 等系列交流凸轮控制器和 KTZ2 系列直流凸轮控制器。KT14 系列凸轮控制器的技术参数见表 1-9。

表 1-9　KT14 系列凸轮控制器的技术参数

型号	额定电流/A	位置数		转子最大电流/A	最大功率/kW	额定操作频率/（次/h）	最大工作周期/min
		左	右				
KT14—25J/1		5	5	32	11		
KT14—25J/2	25	5	5	2×32	2×5.5	600	10
KT14—25J/3		1	1	32	5.5		
KT14—60J/1		5	5	80	30		
KT14—60J/2	60	5	5	2×32	2×11	600	10
KT14—60J/4		5	5	2×80	2×30		

凸轮控制器的图形、文字符号如图 1-43 所示。图中每根竖的虚线表示手柄的一个位置，虚线上的黑点"●"表示手柄在该位置时，上面这一副触头接通。

2. 主令控制器

主令控制器是用以频繁切换复杂的多回路控制电路的主令电器，在控制系统中发布命令，通过接触器来实现对电动机的起动、制动、调速和反转控制。

主令控制器的结构和凸轮控制器相似，只是触头的额定电流较小，其图形和文字符号与凸轮控制器相同。

常用的主令控制器有 LK14、LK15、LK16、LK17 等系列，属于有触头主令控制器。还有一种无触头主令控制器，主要有 WLK 系列，可输出模拟量的主令信号。LK14 系列主令控制器的主要技术数据见表 1-10。

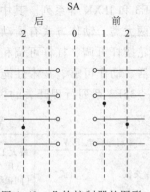

图 1-43 凸轮控制器的图形、文字符号

表 1-10 LK14 系列主令控制器的主要技术数据

型 号	额定电压/V	额定电流/A	控制电路数	外形尺寸/mm
LK14—12/90 LK14—12/96 LK14—12/97	380	15	12	227×220×300

1.6 低压开关类电器

常用低压开关类电器包括刀开关、组合开关、低压断路器三类，下面分别对其结构、原理等进行介绍。

1.6.1 刀开关

常用的刀开关主要有开启式负荷开关（也称胶盖闸刀开关）、封闭式负荷开关（也称铁壳开关）。

1. 开启式负荷开关

开启式负荷开关广泛用作照明电路和小容量（5.5kW 及以下）动力电路不频繁起动的控制开关，其外形及结构如图 1-44 所示。刀开关的图形、文字符号如图 1-45 所示。

开启式负荷开关具有结构简单，价格低廉，安装、使用、维修方便的优点，常用的有 HK 系列。HK1 系列开启式负荷开关的主要技术数据见表 1-11。

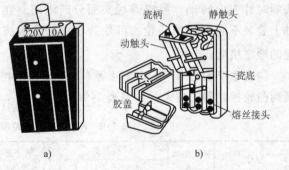

图 1-44 开启式负荷开关的外形及结构
a）双极外形 b）三极结构

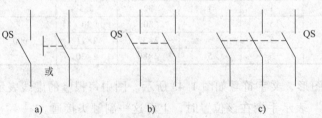

图 1-45 刀开关的图形、文字符号
a）单极 b）双极 c）三极

2. 封闭式负荷开关

封闭式负荷开关可不频繁地接通和分断负荷电路，也可用作 15kW 以下电动机不频繁起

表 1-11　HK1 系列开启式负荷开关的主要技术数据

额定电流/A	极数	额定电压/V	可控制电动机最大容量/kW		触刀极限分断能力/A（cosφ=0.6）	熔丝极限分断能力/A	配用熔丝规格			
							熔丝成分			熔丝直径/mm
			220V	380V			W_{pb}	W_{sn}	W_{sb}	
15	2	220			30	500	98%	1%	1%	1.45~1.59
30					60	1000				2.30~2.52
60					90	1500				3.36~4.00
15	3	380	1.5	2.2	30	500	98%	1%	1%	1.45~1.59
30			3.0	4.0	60	1000				2.30~2.52
60			4.4	5.5	90	1500				3.36~4.00

动的控制开关，其基本结构如图 1-46 所示。它的铸铁壳内装有由刀片和夹座组成的触头系统、熔断器和速断弹簧，30A 以上的还装有灭弧罩。封闭式负荷开关具有操作方便、使用安全、通断性能好的优点，常用的有 HH 系列。

1.6.2　组合开关

组合开关由多节触头组合而成，是一种手动控制电器。它可用作电源引入开关，也可用作 5.5kW 以下电动机的直接起动、停止、反转和调速控制开关，主要用于机床控制电路中。

组合开关的外形及结构如图 1-47 所示。它的内部有三对静触头，分别用三层绝缘板相

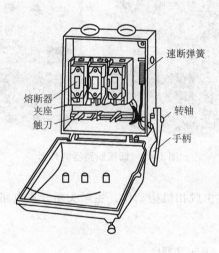

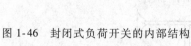

图 1-46　封闭式负荷开关的内部结构

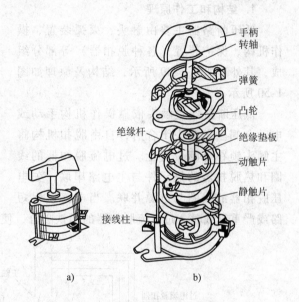

图 1-47　组合开关的外形及结构
a）外形　b）结构

隔，各自附有连接线路的接线柱。三个动触头相互绝缘，与各自的静触头相对应，套在共同的绝缘杆上，绝缘杆的一端装有操作手柄，转动手柄，即可完成三组触头间的开合或切换。开关内装有速断弹簧，以提高触头的分断速度。组合开关的图形、文字符号如图 1-48 所示。

组合开关具有体积小、寿命长、结构简单、操作方

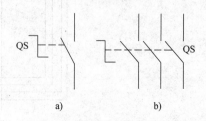

图 1-48　组合开关的图形、文字符号
a）单极　b）三极

便、灭弧性能较好等优点，常用的有 HZ 系列。HZ10 系列组合开关的主要技术数据见表 1-12。

表 1-12　HZ10 系列组合开关的主要技术数据

型　号	额定电压/V	额定电流/A	极数	极限操作电流/A		可控制电动机最大容量和额定电流		额定电压及额定电流下的通断次数			
				接通	分断	容量/kW	额定电流/A	AC $\cos\varphi$		直流时间常数/s	
								≥0.8	≥0.3	≤0.0025	≤0.01
HZ10—10	DC 220，AC 380	6	单极	94	62	3	7	20000	10000	20000	10000
		10									
HZ10—25		25	2，3	155	108	5.5	12				
HZ10—60		60									
HZ10—100		100						10000	5000	10000	5000

1.6.3　低压断路器

低压断路器又称自动空气开关或自动开关，用于低压电路中分断和接通负荷电路，控制电动机的运行和停止。它具有过载、短路、失压保护等功能，能自动切断故障电路，保护用电设备的安全。按其结构形式，可分为万能框架式、塑壳式和模数式三种。

1. 结构和工作原理

低压断路器主要由触头、灭弧装置、操作机构、保护装置（各种脱扣器）等部分组成，其外形如图 1-49 所示，结构及原理如图 1-50 所示。

低压断路器主触头依靠操作机构手动或电动合闸。主触头闭合后，自由脱扣机构将主触头锁在合闸位置上。过电流脱扣器的线圈和热脱扣器的热元件与主电路串联，欠电压脱扣器的线圈与电源并联。当电路发生短

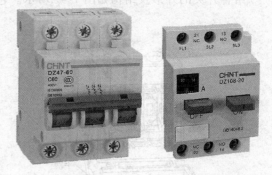

图 1-49　低压断路器的外形

路或严重过载时，过电流脱扣器的衔铁吸合，使自由脱扣机构动作，主触头断开主电路。当

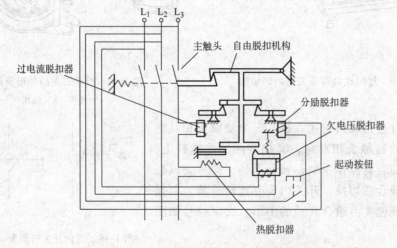

图 1-50　低压断路器的结构及原理示意图

电路过载时，热脱扣器的热元件发热使双金属片弯曲变形，顶动自由脱扣机构动作。当电路欠电压时，欠电压脱扣器的衔铁释放，也使自由脱扣机构动作。分励脱扣器则用作远距离分断电路。

2. 万能框架式断路器

万能框架式断路器由具有绝缘衬垫的框架结构底座将所有的构件组装在一起，主要用于配电网络的总开关和保护。这种断路器的容量较大，可装设较多的脱扣器，辅助触头的数量也较多，极限通断能力较高的还采用储能操作机构，以提高通断速度，主要产品有 DW10、DW15 等系列。

3. 塑壳式断路器

塑壳式断路器通过用模压绝缘材料制成的封闭型外壳将所有构件组装在一起，用于电动机及照明系统的控制、供电线路的保护等。其接线方式分为板前接线和板后接线两种，大容量产品的操作机构采用储能式，小容量（50A 以下）则常采用非储能式闭合，操作方式多为手柄扳动式，主要产品有 DZ5、DZ10、DZ15、DZ20 等系列。

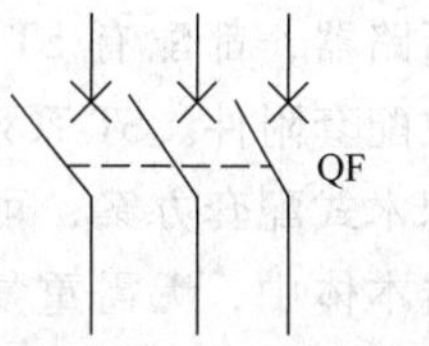

图 1-51 低压断路器的图形、文字符号

低压断路器的图形、文字符号如图 1-51 所示。

DZ15 系列断路器的主要技术数据见表 1-13。

表 1-13 DZ15 系列断路器的主要技术数据

型　　号	壳架额定电流/A	额定电压/V	极　　数	脱扣器额定电流/A	额定短路通断能力/kA	电气、机械寿命/次
DZ15—40/1901	40	220	1	6,10,16,20,25,32,40	3($\cos\varphi = 0.9$)	15000
DZ15—40/2901		380	2			
DZ15—40/3901 3902			3			
DZ15—40/4901			4			
DZ15—63/1901	63	220	1	10,16,20,25,32,40,50,63	5($\cos\varphi = 0.7$)	10000
DZ15—63/2901		380	2			
DZ15—63/3901 3902			3			
DZ15—63/4901			4			

*1.7 智能电器介绍

所谓智能电器，是指在某一方面或整体上具有人工智能的电器元件或系统。随着现代信息技术的飞速发展，智能化成为工业装置的发展趋势。在智能电器领域，各种开关电器、控制电器和保护电器在配电和用电系统、供电小区或智能大厦的电气设备等方面得到广泛应用，以实现监测、控制及保护等方面的自动化和智能化。本节以智能断路器、智能接触器、可编程序通用逻辑控制继电器为例对智能电器做一简单介绍。

1.7.1 智能断路器

智能断路器通常有框架式和塑料外壳式两种。框架式主要用于智能化自动配电系统中的主断路器，塑料外壳式主要用于配电网络中分配电能和作为线路及电源设备的控制与保护，亦可用作三相笼型异步电动机的控制。智能断路器的特征是采用了以微处理器或单片机为核心的智能控制器（智能脱扣器），它不仅具备普通断路器的各种保护功能，同时还具备实时显示电路中的各种电气参数（电流、电压、功率、功率因数等），对电路进行在线监视、自行调节、测量、试验、自诊断、可通信等功能；能对各种保护功能的动作参数进行显示、设定和修改；保护电路动作时的故障参数能够存储在非易失存储器中以便查询。

1. 智能控制器的外形及结构

国产 DW45、DW40、DW914（AH）、DW18（AE—S）、DW48、DW19（3WE）、DW17（ME）等智能框架断路器和智能塑壳断路器，都配有 ST 系列智能控制器及配套附件。ST 系列智能控制器采用积木式配套方案，可直接安装于断路器本体中，无需重复二次接线，可多种方案任意组合，性能指标达到 20世纪 90 年代国际先进水平，其外形结构如图 1-52 所示。其中 ST100 系列配套框架式断路器，ST110 系列可配套多种塑壳式断路器，ST 型显示模块可安装于抽屉柜的抽屉面板或柜门上，以方便监视断路器的运行及故障状态，通过 ST 型手持编程器可进行各种参数的设定，配用 ST—DP 型通信接口模块可联网通信。

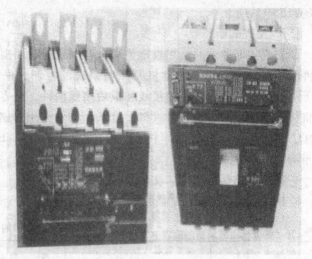

图 1-52 ST 系列智能控制器的外形结构示例

2. 智能控制器的组成及工作原理

智能断路器的核心部件是智能脱扣控制器，它由开关电源、CPU（单片机）及其外围电路、信号采样与滤波放大电路、自动量程切换电路、锁相环频率跟踪电路、漏电保护电路、显示与操作面板、功能选择开关、RS-485 串行通信接口和 E^2PROM 所组成。系统的组成与原理框图如图 1-53 所示。使用高性能的87C552 单片机作为 CPU，可以对三相四线的电路参数进行独立地实时检测，并根据用户的需要显示有关的电路参数（电压、电流、功率和功率因数等）。该装置具有常规的三段电流热模拟保护功能，以及过电压、欠电压、漏电和断相保护功能，可对配电线路或电动机等电器进行有效的和可靠的保护。

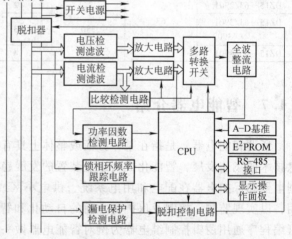

图 1-53 智能控制器的组成及原理框图

开关电源直接由 380V 电网供电，提供控制器所需的多组电源。电流与电压信号经滤波与放大电路处理后，经由多路转换开关，再进行全波整流后送入 CPU 进行 A-D 转换。CPU对采样信号进行处理后得到各个电压、电流的有效值，自动量程切换电路根据输入信号的大小自动将 A-D 输入端切换至不同的放大信号输出端。当任何一路电流超过设定值时，比较器输出过量程控制信号，多路转换开关即自动接通较低放大倍数的输出信号。

锁相环频率跟踪电路以电压信号作为基准，对其进行 20 倍频后送给 CPU 作为采样定时信号。当交流电频率有漂移时，采样定时信号能够自动跟踪频率的变化，以确保对每个交流电周期采样 20 次。功率因数测量电路将电压与电流信号整形后送给 CPU，CPU 利用定时器 T2 自动采样两者的相位差计数，经过换算后即可得到功率因数。

CPU 通过上述的采样电路得到各个电路参数后，在显示操作面板上将这些参数显示出来，用户可以通过操作按键选择所显示的参数。平时则显示最大电流。CPU 还对各路电压和电流信号进行规定的检测。电压过高或过低时发出过电压、欠电压脱扣信号。当断相功能有效时，若三相电流不平衡超过设定值，发出断相脱扣信号，同时对各相电流进行检测，根据设定的参数实施三段式（瞬动、短延时、长延时）电流热模拟保护。

漏电保护电路为独立的硬件检测电路，当发生漏电时该电路送出漏电保护脱扣信号。该电路还有漏电模拟试验输入，以对该电路的有效性进行人工检测。利用特殊的按键组合与功能选择开关可以给用户提供多种参数的选择，如过电压保护点选择、欠电压保护点选择、断相保护功能是否有效、保护动作延时时间等。

RS-485 串行通信接口提供与其他计算机的通信手段，可以藉此组成多级监控网络。

3. 新型智能断路器介绍

图 1-54 为国内自行研发的一种新型智能断路器组成示意图。

新型智能断路器在现有断路器的基础上引入了智能控制单元，其由数据采集、智能识别和调节装置三个基本模块构成。图 1-54 中实线部分为现有断路器和变电站的有关结构和相互关联。智能识别模块是智能控制单元的核心，由微处理器构成的微机控制系统能根据操作前所采集到的电网信息和主控制室发出的操作信号，自动地识别操作时断路器所处的电网工作状态，根据对断路器仿真分析的结果决定出合适的分合闸运动特性，并对执行机构发出调节信息，待

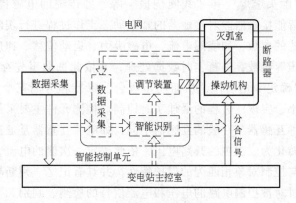

图 1-54　新型智能断路器组成示意图

调节完成后再发出分合闸信号；数据采集模块主要由新型传感器组成，随时把电网的数据以数字信号的形式提供给智能识别模块，以进行处理分析；执行机构由能接收定量控制信息的部件和驱动执行器组成，用来调整操动机构的参数，以便改变每次操作时的运动特性。此外，还可根据需要加装显示模块、通信模块以及各种检测模块，以扩大智能操作断路器的智能化功能。

智能断路器机构位于断路器正面，采用五连杆的自由脱扣器机构，并设计成储能形式。智能断路器在使用过程中，机构总是处于预储能位置，只要断路器一接到合闸命令，断路器就能立即瞬时闭合，由预储能的释放按钮或合闸电磁铁来完成。电动传动机构自成一体，储

能轴与主轴之间通过凹凸形楔口活动连接，装拆方便。

国内最新研制的 GLW2—252/T4000—50 型集成式智能隔离断路器具有先进、可靠、集成、低碳、环保等优点，具备智能变电站所需的测量数字化、控制网络化、状态可视化、功能一体化和信息互动化等功能。它集成了接地开关、纯光纤电流互感器、智能化模块、实时在线监测装置，大大简化了系统的设计和接线方式，优化了检修策略，减少了占地面积及电力设备使用量，简化了电站设计，降低了设备故障率。它的研制成功打破了国外长期技术垄断，填补了国内开关领域的技术空白，为国家电网建设提供了强有力的支撑。

1.7.2 智能接触器

智能接触器的主要特征是装有智能化电磁系统，并具有与数据总线及其他设备之间相互通信的功能，其本身还具有对运行工况自动识别、控制和执行的能力。

智能接触器一般由基本系列的电磁接触器及附件构成。附件包括智能控制模块、辅助触头组、机械联锁装置、报警模块、测量显示模块、通信接口模块等，所有智能化功能都集成在一块以微处理器或单片机为核心的控制板上。从外形结构上看，与传统产品不同的是智能接触器在出线端位置增加了一块带中央处理器及测量线圈的机电一体化的电路板。

1. 智能化电磁系统

智能接触器的核心是具有智能化控制的电磁系统，对接触器的电磁系统进行动态控制。由接触器的工作原理可见，其工作过程可分为吸合过程、保持过程、分断过程三部分，是一个变化规律十分复杂的动态过程。电磁系统的动作质量依赖于控制电源电压、阻尼机构和反力弹簧等，并不可避免地存在不同程度的动、静铁心的"撞击""弹跳"等现象，甚至造成"触头熔焊"和"线圈烧损"等，即传统的电磁接触器的动作具有被动的"不确定"性。智能接触器能对接触器的整个动态工作过程进行实时控制，根据动作过程中检测到的电磁系统的参数，如线圈电流、电磁吸力、运动位移、速度和加速度、正常吸合门槛电压和释放电压等参数，进行实时数据处理，并依此选取事先存储在控制芯片中的相应控制方案以实现"确定"的动作，从而同步吸合、保持和分断三个过程，保证触头开断过程的电弧能量最小，实现三过程的最佳实时控制。检测元件主要采用高精度的电压互感器和电流互感器，这种互感器与一般的互感器不同，如电流互感器是通过测量一次电流周围产生的磁通量并使之转化为二次侧的开路电压，依此确定一次侧的电流，再通过计算得出 I_2 及 I_2t 值，从而获取与控制对象相匹配的保护特性，并具有记忆、判断功能，能够自动调整与优化保护特性。经过对被控制电路的电压和电流信号的检测、判别和变换过程，实现对接触器电磁线圈的智能控制，并可实现过载、断相或三相不平衡、短路、接地故障等保护功能。

2. 双向通信与控制接口

智能接触器能通过通信接口直接与自动控制系统的通信网络相连，通过数据总线可输出工作状态参数、负载数据和报警信息等，还可接收上位计算机及 PLC 的控制指令，其通信接口可与当前工业上应用的大多数低压电器数据通信协议兼容。

3. 新型智能接触器介绍

目前智能接触器的产品有日本富士电机公司的 NewSC 系列交流接触器、美国西屋公司的 "A" 系列智能接触器、ABB 公司的 AF 系列智能接触器、金钟-默勒公司的 DIL—M 系列智能接触器。国内也有不少厂家将微处理器、单片机作为控制器，研制开发了各种交、直流智能接触器。

（1）新型智能直流接触器

新型智能直流接触器的控制原理框图如图1-55所示。通过单片机系统对接触器进行控制，当控制电压高于$70\%U_e$且小于$115\%U_e$时，单片机发出信号给主控回路1，强励磁起动回路接通，线圈得电，进入吸合过程动态控制程序，在触头闭合前一小段时间内给可控电力电子器件发出驱动信号，可控电力电子器件先导通，主回路接通，接着直流接触器触头闭合，最后可控电力电子器件退出运行，接触器实现无弧吸合。触头闭合后，单片机发出信号给主控回路2，保持回路接通，同时去除主控回路1的信号，强励磁起动回路退出工作，接触器保持低电压小电流。

当控制电压低于$50\%U_e$时，则去除主控回路2的信号，而后延时

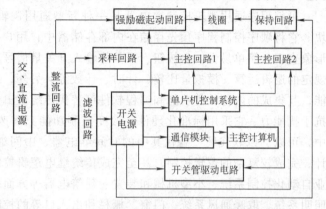

图1-55 新型智能直流接触器的控制原理框图

一段时间，在触头断开前一小段时间内先给可控电力电子器件发出驱动信号，可控电力电子器件导通，而后接触器触头断开，主电路电流转移至可控电力电子器件上，最后去除其驱动信号，可控电力电子器件退出运行，接触器实现无弧分断。

（2）密闭充气式智能交流接触器

图1-56所示为国内自行研制的一种新型智能交流接触器的外观。密闭充气式宽电压智能接触器还填补了国内技术空白，并且在世界上处于领先地位。

LKYC9系列智能交流接触器采用密闭电磁直动式结构，电磁系统完全被封闭在密封腔内，密封腔内充入特殊气体，动作过程只通过磁场与腔内作用，完全克服了物理连接使用波纹管所造成的折叠损耗，接触器的机械寿命大大提高。将电磁机械系统与电子控制系统组合在一个腔体内，所有保护控制连线在腔体内一次完成，使用时无需连接任何控制连线即具备保护功能。用4位拨码开关改变电流整定值的大小和延时动作时间的长短，拨码开关全部接通为1111，反之为0000。1111时电流整定值为最小值，动作为最短，反之为最大值。灭弧室采用全封闭充气工艺，主辅触桥和可动铁心均封闭在腔体内。这不但使该产品的灭弧性能大大提高，同时也隔离了触桥在释放时产生的电火花对外界可燃气体的引爆。在有可能产生腐蚀性气体、高粉尘的场合使用，更有其独到之处。

图1-56 LKYC9系列智能
交流接触器的外观

该系列接触器具有电动机综合保护器的功能，即断相、断线、热过载、反时限过电流、堵转和三相电流不平衡等保护功能。除此之外，Z—2系列还具备延时起动、本机直接起停、电动机绕组保护等功能，可以使被保护设备工作在最佳保护状态，时限和电流均可任意整定。它主要用于交流50Hz和60Hz、额定电压400V（380V）和690V（660V）、额定电流在

20~630A 的电路中，供远距离接通和分断电路，并可替代热过载继电器、电动机保护器、单独组成电磁起动器、电磁过载开关等，用以保护可能发生过载的电路。

1.7.3 可编程序通用逻辑控制继电器

可编程序通用逻辑控制继电器是一种新型通用逻辑控制继电器，亦称通用逻辑控制模块。它将顺序控制程序预先存储在内部存储器中，用户程序采用梯形图或功能图语言编程，形象直观、简单易懂。由按钮、开关等输入开关量信号，通过顺序执行程序对输入信号进行规定的逻辑运算、模拟量比较、计时、计数等。另外，还有参数显示、通信、仿真运行等功能，其集成的内部软件功能和编程软件可替代传统逻辑控制器件及继电器电路，具有很强的抗干扰能力。它采用标准化硬件，改变控制功能只需改变程序即可。在继电逻辑控制系统中，可以"以软代硬"替代其中的时间继电器、中间继电器、计数器等，从而简化线路设计，完成较复杂的逻辑控制，甚至完成传统继电逻辑控制方式无法实现的功能。因此，在工业自动化控制系统、小型机械和装置、建筑电器等方面获得广泛应用。在智能建筑中适用于照明系统、取暖通风系统、门窗、栅栏和出入口等的控制。

常用的可编程序通用逻辑控制继电器主要有德国西门子公司的"LOGO!"、金钟-默勒公司的"easy"和日本松下公司的可选模式控制器——控制小灵通和存储式继电器等，前两种的基本型的外形大致相同，如图 1-57 所示。用户程序仅用四个编程键即可输入，并可通过显示屏观察输入状态。西门子公司的"LOGO!"采用功能图语言（功能块）输入程序，也可通过 PC 用梯形图语言编程。金钟-默勒公司的"easy"用梯形图语言输入程序。控制小灵通则是在其内部固定了 16 种控制模式，用户根据需要选择相应控制模式即可。

1. 可编程序通用逻辑控制继电器（模块）的特点

1）编程操作简单，只需接通电源就可在本机上直接编程。

2）编程语言简单易懂，用编程接点、线圈或功能块连接起来就可实现所需的功能，就像用导线连接中间继电器、时间继电器一样直观且简单方便。

3）参数显示、设置方便，可直接在显示面板上设置、更改和显示参数。

4）带负载能力强，输出端能承受 10A（电阻性负载）、3A（感性负载）电流。

5）具有 AS—I 通信功能，它可以作为远程 I/O 使用。

图 1-57 可编程序通用逻辑
控制继电器的外形

2. "LOGO!"功能简介

"LOGO!"是西门子公司推出的通用逻辑控制模块，于 1996 年投放市场，有基本型和经济型两种，图 1-58 为基本型"LOGO! 12/24RC"的外部结构示意图。它集成了控制器、操作面板和带背景灯的显示模块、电源、扩展模块接口、存储器、电池卡、计算机电缆的接口、可选文本显示器模块（TD）的接口、预先配置的标准功能（如接通断开延时、脉冲继电器和软键）、定时器、数字量和模拟量标志、输入/输出等部件，具有 8 种基本功能和 26 种特殊功能，能代替很多定时器、继电器、时钟和接触器所实现的功能，取代数以万计的继电器设备。

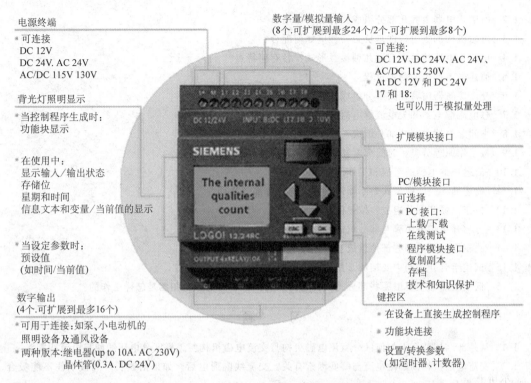

电源终端

* 可连接
  DC 12V
  DC 24V、AC 24V
  AC/DC 115V 130V

背光灯照明显示

* 当控制程序生成时:
  功能块显示

* 在使用中:
  显示输入/输出状态
  存储位
  星期和时间
  信息文本和变量/当前值的显示

* 当设定参数时:
  预设值
  (如时间/当前值)

数字输出
(4个.可扩展到最多16个)

* 可用于连接:如泵、小电动机的
  照明设备及通风设备
* 两种版本:继电器(up to 10A. AC 230V)
  晶体管(0.3A. DC 24V)

数字量/模拟量输入
(8个.可扩展到最多24个/2个.可扩展到最多8个)

* 可连接:
  DC 12V、DC 24V、AC 24V、
  AC/DC 115 230V
* At DC 12V 和 DC 24V
  17 和 18:
    也可以用于模拟量处理

扩展模块接口

PC/模块接口
可选

* PC 接口:
  上载/下载
  在线测试
* 程序模块接口
  复制副本
  存档
  技术和知识保护

键控区

* 在设备上直接生成控制程序
* 功能块连接
* 设置/转换参数
  (如定时器、计数器)

图 1-58　LOGO! 12/24RC 外部结构示意图

　　由于"LOGO!"体积小,基本型的宽度仅 72mm,因而使控制柜的体积变得更小,而且随时能够扩展其功能。"LOGO!"易于安装,几乎不需要任何接线,而且编程十分简单。同时它还具有抗振性及很强的电磁兼容性(EMC),完全符合各项工业标准,能够应用于各种气候条件。

　　"LOGO!"的出现填补了继电器与 PLC 之间的技术空间,并提供了简单灵活、得心应手的解决方案。用户可以随心所欲地设计程序,轻松完成各种控制任务。但"LOGO!"不是 PLC,本身不具备数学运算功能,而它在很多方面优于 PLC。"LOGO!"本身集成了编程能力,只需使用"LOGO!"面板上的键盘与屏幕,就可轻松编写控制程序并可随时修改程序以及调整参数设置。同时"LOGO!"也不是继电器,但其优于传统的继电器,它的外部接线很简单,只需要连接输入和输出,由于内部集成了多种继电器功能,通过小小的一台"LOGO!"就可实现复杂的继电器控制任务。

　　"LOGO!"的应用非常广泛,如在小型通用机械设备,楼宇及家庭的温度、鱼缸、门、窗、报警,暖通空调中如太阳能、水压控制、换热控制,加药装置、除湿、药品包装、净水、污水、消防,公共设施中路灯、广告牌,电源、电源监控、电动机起动方面的应用等。尤其是在一些简单系统、单机设备上应用"LOGO!",其性价比非常高。

　　使用"LOGO! Soft Comfort"轻松软件可简单快速地编写程序,只需通过选择、拖拽相关的功能,然后连线,就可简单轻松地创建梯形图或功能块图,而且可以利用离线模拟在 PC 中进行调试,也可以连接硬件进行在线操作调试。

思　考　题

1.1　常用低压电器怎样分类? 它们各有哪些用途?

1.2 电磁式电器由哪几部分组成？各有何作用？

1.3 电磁机构的吸力特性与反力特性应如何配合？

1.4 电磁式电器的触头有哪几种接触形式？各有何特点？

1.5 简述电弧产生的物理过程。

1.6 交流接触器由哪几大部分组成？说明各部分的作用。

1.7 过电流继电器和欠电流继电器有什么作用？

1.8 中间继电器由哪几部分组成？它在电路中主要起什么作用？

1.9 按工作原理分类，时间继电器可分为哪几种类型？各有何特点？

1.10 简述热继电器的组成和工作原理。

1.11 简述插入式、螺旋式熔断器的基本结构及各部分作用。

1.12 按钮由哪几部分组成？按钮的作用是什么？

1.13 行程开关主要由哪几部分组成？它有什么作用？

1.14 凸轮控制器由哪些部件组成？简述其动作原理。

1.15 试述组合开关的主要结构及用途。

1.16 低压断路器主要由哪些部分构成？它的热脱扣器、失电压脱扣器是怎样工作的？

习　　题

1.1 从外部结构特征上如何区分直流电磁机构与交流电磁机构？怎样区分电压线圈与电流线圈？

1.2 交流电磁机构的励磁电流与哪些因素有关？交流线圈通电后，如果衔铁长时间被卡住不能吸合，会产生什么后果？

1.3 为保证电磁机构可靠吸合和释放，它的吸力特性与反力特性应如何配合？

1.4 单相交流电磁机构为什么要设置短路环？它的作用是什么？三相交流电磁铁要不要装设短路环？

1.5 交流电磁线圈误接入直流电源，直流电磁线圈误接入交流电源，会发生什么问题？为什么？

1.6 两个110V的交流电磁线圈能否串联接到220V的交流电源上使用？为什么？

1.7 低压电器常用的灭弧方法有哪些？相应的灭弧装置又有哪些？

1.8 电压继电器、电流继电器各在电路中起什么作用？其线圈如何接入电路？

1.9 过电流继电器由哪几部分组成？简述其保护动作的原理。

1.10 中间继电器与接触器有何异同？

1.11 空气阻尼式时间继电器主要由哪几部分组成？说明其延时原理。

1.12 速度继电器主要由哪几部分组成？简述其工作原理。

1.13 简述图1-31所示热敏电阻式温度继电器工作原理。

1.14 在电气控制线路中，既装设熔断器，又装设热继电器，各起什么作用？能否互相代用？

1.15 从结构和功能上比较接触器和低压断路器的区别。

第 2 章

电气控制基本环节和典型线路分析

电气控制线路是将各种有触头的继电器、接触器、按钮、行程开关等电器元件，按一定方式连接起来组成的。其作用是实现对电力拖动系统的起动、反向、制动和调速等运行性能的控制，实现对拖动系统的保护，满足生产工艺要求，实现生产加工自动化。

任何复杂的电气设备或系统都是由基本控制线路组成的。本章主要介绍组成电气控制线路的基本环节和典型控制线路，由浅入深、由易到难，逐步掌握电气控制线路的分析阅读方法。

2.1 电气控制系统图

电气控制系统图包括电气原理图、电气布置图、电气安装接线图。为了表达电气控制系统的结构、原理，便于进行电器元件的安装、调整、使用和维修，绘制电气控制系统图时，应根据简明易懂的原则，使用统一规定的电气图形符号和文字符号进行绘制。

2.1.1 常用电气图形符号和文字符号

电气控制线路图是电气工程技术的通用语言。为了便于交流与沟通，相关部门参照国际电工委员会（IEC）颁布的有关文件，制定了我国电气设备的有关标准，采用新的图形和文字符号及回路标号，颁布了 GB/T 4728—1996~2009《电气简图用图形符号》、GB/T 6988.1~4—2008《电气技术用文件的编制》、GB/T 7159—1987《电气技术中的文字符号制定通则》、GB/T 6988.6—1993《控制系统功能图表的绘制》，并按照相关的电气制图要求来绘制电气控制系统图。

常用电气图形、文字符号的新旧对照见表 2-1。

表 2-1　常用电气图形、文字符号新旧对照表

名　称	新标准		旧标准		名　称		新标准		旧标准	
	图形符号	文字符号	图形符号	文字符号			图形符号	文字符号	图形符号	文字符号
一般三极电源开关		QS		K	位置开关	常开触头		SQ		XK
低压断路器		QF		UZ		常闭触头				
						复合触头				

（续）

名 称		新标准		旧标准		名 称		新标准	文字符号	旧标准	文字符号
		图形符号	文字符号	图形符号	文字符号			图形符号		图形符号	
熔断器			FU		RD	时间继电器	常闭延时断开触头		KT		SJ
按钮	起动		SB		QA		常闭延时闭合触头				
	停止				TA		常开延时断开触头				
	复合				AN	热继电器	热元件		FR		RJ
接触器	线圈		KM		C		常闭触头				
	主触头					继电器	中间继电器线圈		KA		ZJ
	常开辅助触头						欠电压继电器线圈		KV		QYJ
	常闭辅助触头						过电流继电器线圈	$I>$	KA		GLJ
速度继电器	常开触头	$n>$	KS	$n>$	SDJ		常开触头		相应继电器符号		相应继电器符号
	常闭触头	n		$n>$			常闭触头				
时间继电器	线圈		KT		SJ		欠电流继电器线圈	$I<$	KA	与新标准相同	QLJ
	常开延时闭合触头										

（续）

名　称	新标准		旧标准		名　称	新标准		旧标准	
	图形符号	文字符号	图形符号	文字符号		图形符号	文字符号	图形符号	文字符号
转换开关		SA	与新标准相同	HK	复励直流电动机	M	M		ZD
制动电磁铁		YB		DT	直流发电机	G	G	F	ZF
电磁离合器		YC		CH	三相笼型异步电动机	M 3~			
电位器		RP	与新标准相同	W	三相绕线转子异步电动机	M 3~	M		D
桥式整流装置		VC		ZL	单相变压器				B
照明灯		EL		ZD	整流变压器		T		ZLB
信号灯		HL		XD	照明变压器				ZB
电阻器		R		R	控制电路电源用变压器		TC		B
接插器		XS		CZ	三相自耦变压器		T		ZOB
电磁铁		YA		DT	半导体二极管		VD		D
电磁吸盘		YH		DX	PNP型三极管				T
直流串励电动机	M				NPN型三极管		VT		T
直流并励电动机	M	M		ZD	晶闸管（阴极侧受控）				SCR
他励直流电动机	M								

43

2.1.2 电气原理图

电气原理图表示电路的工作原理、各电器元件的作用和相互关系，而不考虑电路元器件的实际安装位置和实际连线情况。

绘制电气原理图应遵循以下原则：

1）电气控制线路分为主电路和控制电路。从电源到电动机的这部分电路为主电路，通过强电流，用粗实线绘出；由按钮、继电器触头、接触器辅助触头、线圈等组成的控制电路，通过弱电流，用细实线绘出。一般主电路画在左侧，控制电路画在右侧。

2）采用电器元件展开图的画法。同一电器元件的各导电部件（如线圈和触头）常常不画在一起，但需用同一文字符号标明。多个同一种类的电器元件，可在文字符号后面加上数字序号下标，如 SB_1、SB_2 等。

3）所有电器元件的触头均按"平常"状态绘出。对按钮、行程开关类电器，是指没有受到外力作用时的触头状态；对继电器、接触器等，是指线圈没有通电时的触头状态。

4）主电路标号由文字符号和数字组成。文字符号用以标明主电路中元件或线路的主要特征，数字标号用以区别电路不同线段。三相交流电源引入线采用 L_1、L_2、L_3 标号，电源开关之后的三相主电路分别标 U、V、W。如 U_{11} 表示电动机第一相的第一个接点代号，U_{21} 为第一相的第二个接点代号，依此类推。

5）控制电路由三位或三位以下数字组成。交流控制电路的标号一般以主要压降元件（如线圈）为分界，横排时，左侧用奇数，右侧用偶数；竖排时，上面用奇数，下面用偶数。直流控制电路中，电源正极按奇数标号，负极按偶数标号。

图 2-1 为三相笼型异步电动机起动、停止控制线路的电气原理图。

2.1.3 电器元件布置图

电器元件布置图表示电气原理图中各元器件的实际安装位置，按实际情况分别绘制，如电气控制箱中的电器元件布置图、控制面板图等。电器元件布置图是控制设备生产及维护的技术文件，布置电器元件应注意下面几点。

1）体积大和较重的元、器件应安装在电器安装板的下方，发热元件应安装在电器安装板的上方。

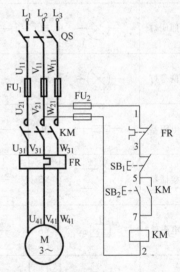

图 2-1 三相异步电动机起动、停止控制线路

2）电器元件的布置应考虑整齐、美观、对称。外形尺寸与结构类似、电路联系紧密的电器应安装在一起，以利安装和配线。

3）需经常维护、检修、调整的电器元件安装位置不宜过高或过低。

4）电器元件布置不宜过密，应留一定间距。如用走线槽，应加大各排电器间距，以利布线和维修。

5）强电、弱电应分开，弱电应有屏蔽措施，防止外界干扰。

电器元件布置图根据电器元件的外形尺寸绘出，并标明各元件间距尺寸。控制盘内电器元件与盘外电器元件的连接应经过端子排，在电器元件布置图中应画出接线端子排并按一定顺序标出接线号。

2.1.4 电气安装接线图

电气安装接线图表示电器元件在设备中的实际安装位置和实际接线情况。各电器元件的安装位置是由设备的结构和工作要求决定的，如电动机要与被拖动的机械部件在一起，行程开关应安放在获取信号的地方，操作元件应放在操作方便的地方，一般电器元件应放在电气控制柜内。

绘制电气安装接线图应遵循以下原则：

1）各电器元件用规定的图形符号绘制，同一电器元件的各部件必须画在一起。各电器元件在图中的位置应与实际安装位置一致。

2）不在同一控制柜或配电屏上的电器元件的电气连接必须通过端子排进行。各电器元件的文字符号及端子排的编号应与原理图一致，并按原理图的接线进行连接。

3）走向相同的多根导线可用单线表示。

4）画连接导线时，应标明导线的规格、型号、根数和穿线管的尺寸。

三相异步电动机起动、停止控制线路的安装接线图如图2-2所示。

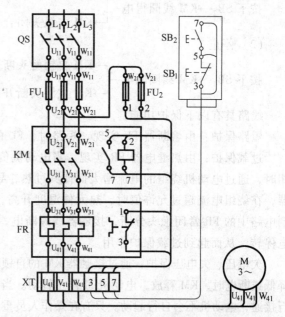

图 2-2　三相异步电动机起动、停止
控制线路安装接线图

2.2　三相异步电动机的起动控制

2.2.1　直接起动

三相异步电动机的起动分为直接起动和减压起动。直接起动时，电源电压全部加在定子绕组上，电动机的起动电流达到额定电流的4~7倍，容量较大的电动机的起动电流对电网具有大的冲击，影响其他用电设备的正常运行。因此，这种起动方式主要用于小容量电动机的起动。

1. 刀开关直接起动

图2-3所示为采用刀开关直接起动电动机的控制线路。冷却泵、小型台钻、砂轮机的电动机一般都采用这种起动控制方式。

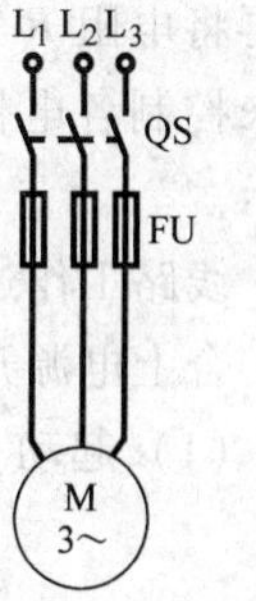

2. 三相异步电动机单向运转控制

图2-1所示为一台三相异步电动机的单向运转控制线路。由图可见，这是一个具有自锁和过载保护功能的单向运转控制线路。主电路由电源隔离开关 QS、熔断器 FU₁、接触器 KM 的主触头、热继电器 FR 的发热元件、电动机 M 组成。控制电路由熔断器 FU₂、接触器 KM 的常开辅助触头和线圈、停止按钮 SB₁、起动按钮 SB₂、热继电器 FR 的常闭

图 2-3　刀开关直接
起动控制线路

触头组成。

线路工作过程如下：

合上电源开关 QS。

（1）起动

按下 SB$_2$→KM 线圈得电—┌→KM 自锁触头闭合；

└→KM 主触头闭合→电动机 M 通电起动运行。

（2）停止

按下 SB$_1$→KM 线圈断电—┌→KM 自锁触头断开—┐

└→KM 主触头断开————┴→主电路断电，电动机 M 停转。

线路具有以下保护功能：

短路保护：由熔断器 FU 实现。短路时，FU 的熔体熔断，切断电路，起保护作用。

过载保护：由热继电器 FR 实现。当电动机负载过重、频繁起动或频繁正反转、电源断相时，通过电动机绕组的电流增大而使其过热，导致绝缘老化甚至烧毁电动机。有了热继电器，在绕组电流超过允许值时，热元件温度升高，烘烤双金属片使其弯曲变形，将串联在控制电路中的 FR 常闭触头分断，接触器线圈断电，其主触头释放，切断主电路，使电动机断电停转，从而起到过载保护作用。

欠电压、失电压保护：通过接触器 KM 的自锁环节实现。当电源电压由于某种原因而严重降低或断电时，KM 释放，电动机 M 停止转动。当电源电压恢复正常时，KM 线圈电源不能自行接通，电动机不会自行起动。只有在操作人员重新按下起动按钮后，电动机才能起动。

2.2.2 减压起动

电动机直接起动控制线路简单、经济、操作方便。但对于容量较大的电动机来说，由于起动电流大，电网电压波动大，必须采用减压起动的方法限制起动电流。

所谓减压起动，是在起动时将电源电压适当降低，再加到电动机定子绕组上，起动完毕再将电压恢复到额定值运行，以减小起动电流对电网和电动机本身的冲击。

笼型异步电动机常用的减压起动方法有定子绕组串电阻减压起动、丫-△换接减压起动、自耦变压器减压起动等。

1. 定子绕组串电阻减压起动

起动时，在三相定子电路上串接电阻 R，使加在电动机绕组上的电压降低，起动完成后再将电阻 R 短接，电动机加额定电压正常运行。这种起动方式利用时间继电器延时动作来控制各电器元件的先后顺序动作，称为按时间原则的控制。典型控制线路如图 2-4 所示。

线路工作过程如下：

合上电源开关 QS。

（1）起动

按下 SB$_2$→KM$_1$ 线圈得电—┌→KM$_1$ 自锁触头闭合；

├→KM$_1$ 主触头闭合→电动机串联电阻 R 后起动；

└→KM$_1$ 常开触头闭合→KT 线圈得电$\xrightarrow{\text{延时}}$KM$_2$ 线圈。

$$得电\begin{cases} \rightarrow KM_2\ 自锁触头闭合; \\ \rightarrow KM_2\ 主触头闭合(短接电阻\ R)\rightarrow 电动机\ M\ 全压运行; \\ \rightarrow KM_2\ 常闭触头断开\rightarrow KM_1 、 KT\ 线圈断电释放。 \end{cases}$$

（2）停止

按下 $SB_1\rightarrow KM_2$ 线圈断电释放→M 断电停止。

起动电阻 R 一般采用 ZX1、ZX2 系列铸铁电阻，功率大，能够通过较大电流，三相电路中每相所串电阻值相等。

定子绕组串电阻减压起动不受电动机接线形式限制，线路简单。中小型机床常用这种方法限制点动调整时电动机的起动电流，如 C650 型车床、T68 型卧式镗床、T612 型卧式镗床等。

2. Ｙ（星形）-△（三角形）减压起动

Ｙ（星形）-△（三角形）减压起动控制线路如图 2-5 所示，也是按时间原则控制。这种起动方法只适用于正常工作时定子绕组做三角形联结的电动机。起动时，先将定子绕组接成星形，使每相绕组电压为额定电压的 $1/\sqrt{3}$，起动完成再恢复成三角形联结，使电动机在额定电压下运行。它的优点是起动设备成本低，方法简单，容易操作，但起动转矩只有额定转矩的 1/3。

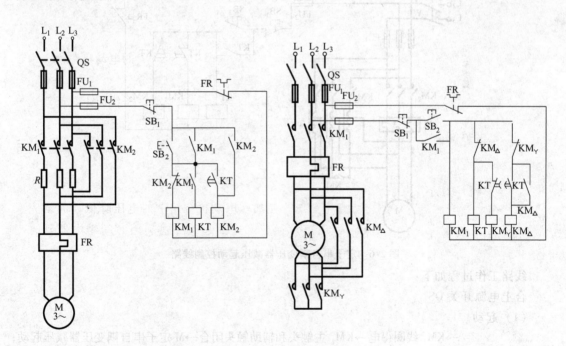

图 2-4　定子绕组串电阻起动控制线路　　　　图 2-5　Ｙ-△减压起动控制线路

线路工作过程如下：

合上电源开关 QS。

（1）起动

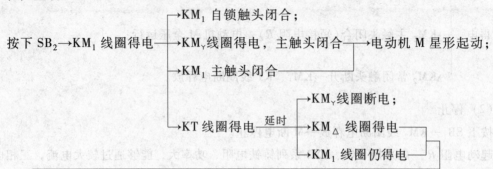

→电动机 M 接成三角形运行。

（2）停止

按下 SB₁→KM₁、KM△ 线圈断电释放→M 断电停止。

KM△ 与 KMγ 的动断触头保证接触器 KM△ 与 KMγ 不能同时得电，避免电源短路。KM△ 的常闭触头同时使时间继电器 KT 断电。

3. 自耦变压器减压起动

自耦变压器减压起动方式依靠自耦变压器的降压作用来限制电动机的起动电流。起动时，自耦变压器二次侧与电动机相连，定子绕组得到的电压是自耦变压器的二次电压，起动完毕，将自耦变压器切除，电动机直接接电源，进入全电压运行。控制线路如图 2-6 所示。

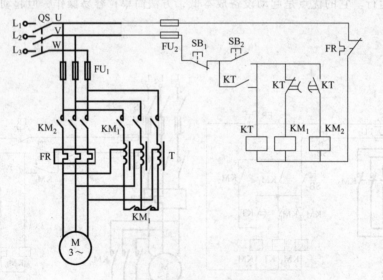

图 2-6 定子串自耦变压器减压起动控制线路

线路工作过程如下：

合上电源开关 QS。

（1）起动

按下 SB₂
→KM₁ 线圈得电→KM₁ 主触头和辅助触头闭合→M 定子串自耦变压器减压起动；
→KT 线圈得电 延时 →KT 延时断开的常闭触头断开→KM₁ 线圈断电→切除自耦变压器；
→KT 延时闭合常开触头闭合→KM₂ 线圈得电
→KM₂ 主触头闭合→M 加全电压运行。

（2）停止

按下 SB_1→KT 和 KM_2 线圈断电释放→M 断电停止。

在获取同样起动转矩的情况下，这种起动方式从电网获取的电流相对电阻减压起动要小得多，对电网的电流冲击小，功率损耗小。但自耦变压器价格较高，主要用于容量较大、正常运行为星形联结的电动机的起动。

综合上面介绍的几种起动控制方式，均是利用时间继电器来控制线路中各电器的动作顺序完成操作任务。这种按时间原则进行的控制，称为时间原则自动控制，简称时间控制。

2.2.3 三相绕线转子电动机的起动

对于笼型异步电动机来说，在容量较大且需重载起动的场合，增大起动转矩与限制起动电流的矛盾十分突出。为此，在桥式起重机等要求起动转矩较大的设备中，常采用绕线转子电动机。

绕线转子电动机可以在转子绕组中通过集电环串接外加电阻或频敏变阻器起动，达到减小起动电流、提高转子电路功率因数和增大起动转矩的目的。

常用的控制线路有按电流原则和按时间原则两种，这里仅介绍按电流原则控制的绕线转子电动机串电阻起动线路。

控制线路如图 2-7 所示。起动电阻连接成星形，串接于三相转子电路中。起动前，电阻全部接入电路。起动过程中，电流继电器根据电动机转子电流大小的变化控制电阻的逐级切除。图 2-7 中，$KA_1 \sim KA_3$ 为欠电流继电器，这三个继电器的吸合电流值相同，但释放电流不一样。KA_1 的释放电流最大，KA_2 次之，KA_3 的释放电流最小。刚起动时，起动电流较大，$KA_1 \sim KA_3$ 同时吸合动作，使全部电阻接入。随着转速升高，电流减小，$KA_1 \sim KA_3$ 依次释放，分别短接电阻，直到转子串接的电阻全部短接。

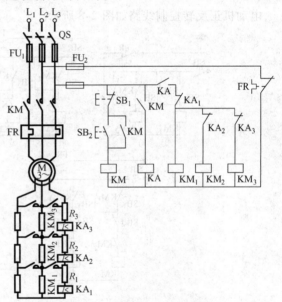

图 2-7 按电流原则控制的绕线转子
电动机串电阻起动线路

线路工作过程如下：

合上电源开关 QS。

（1）起动

按下 SB_2→KM 线圈得电并自锁
┬→KM 主触头闭合→M 转子串接全部电阻起动；
└→中间继电器 KA 得电，为 $KM_1 \sim KM_3$ 通电做准备 →

随着转速升高，转子电流逐渐减小→KA_1 最先释放，其常闭触头闭合→KM_1 线圈得电，其主触头闭合→短接第一级电阻 R_1→M 转速升高，转子电流又减小→KA_2 释放，其常闭触头闭合→KM_2 线圈得电，其主触头闭合→短接第二级电阻 R_2→M 转速再升高，转子电流再减小→ KA_3 最后释放，其常闭触头闭合→KM_3 线圈得电，其主触头闭合→短接最后一级电阻 R_3，M 起动过程结束。

（2）停止

按下 $SB_1 \rightarrow KM$、KA、$KM_1 \sim KM_3$ 线圈均断电释放 $\rightarrow M$ 断电停止。

中间继电器 KA 是为保证电动机起动时，转子电路串入全部电阻而设计的。若无 KA，在电动机起动时，转子电流从零上升但尚未达到电流继电器的吸合电流值，$KA_1 \sim KA_3$ 不能吸合，接触器 $KM_1 \sim KM_3$ 同时通电，转子电阻全部被短接，电动机处于直接起动状态。有了 KA，从 KM 线圈得电到 KA 常开触头闭合需要一段时间，这段时间能保证转子电流达到最大值，使 $KA_1 \sim KA_3$ 全部吸合，其常闭触头全部断开，$KM_1 \sim KM_3$ 均断电，确保电动机串入全部电阻起动。

2.3 三相异步电动机的正反转控制

在生产实际中，常常要求生产机械改变运动方向，如工作台的前进、后退，电梯的上升、下降等，这就要求电动机能实现正反转。对于三相异步电动机，利用两个接触器改变电动机定子绕组的电源相序就可实现正反转。

2.3.1 电动机的正反转控制

电动机正反转控制线路如图 2-8 所示。

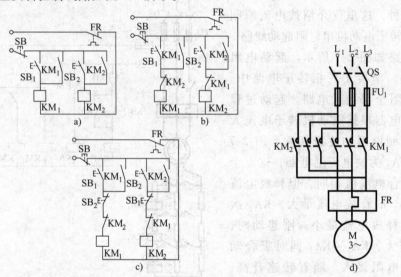

图 2-8 电动机正反转控制线路

图 2-8 中，电动机 M 的正反转控制是通过两个同型号、同规格、同容量的接触器 KM_1、KM_2 实现的。KM_1 为正向接触器，KM_2 为反向接触器。

图 2-8a 所示线路工作过程如下：

合上电源开关 QS。

（1）正转

按下正转按钮 $SB_1 \rightarrow KM_1$ 线圈得电 $\longrightarrow KM_1$ 自锁触头闭合；

$\longrightarrow KM_1$ 主触头闭合 $\rightarrow$ 电动机 M 正转。

（2）反转

按下反转按钮 $SB_2 \rightarrow KM_2$ 线圈得电 $\longrightarrow KM_2$ 自锁触头闭合；

$\longrightarrow KM_2$ 主触头闭合 $\rightarrow$ 电动机 M 反转。

（3）停止

按下 SB→KM₁（KM₂）线圈断电，其主触头释放→M 断电停止。

不难看出，如果同时按下 SB₁ 和 SB₂，KM₁ 和 KM₂ 就会同时通电，造成主电路电源短路。为了避免正转和反转两个接触器同时动作造成电源相间短路，必须在两个接触器线圈所在的控制电路上加电气联锁，如图 2-8b 所示。即将正转接触器 KM₁ 的常闭辅助触头与反转接触器 KM₂ 的线圈串联，又将反转接触器 KM₂ 的常闭辅助触头与正转接触器 KM₁ 的线圈串联。这样，两个接触器互相制约，使得任何情况下不会出现两个线圈同时得电的状况，起到保护作用。这种互相制约的连接关系称为联锁或互锁。

图 2-8b 所示的线路只能实现"正—停—反"或者"反—停—正"控制，即必须按下停止按钮后，再反向或正向起动。这对需要频繁改变电动机运转方向的设备来说，是很不方便的。为了提高生产率，利用复合按钮组成"正—反—停"或"反—正—停"的互锁控制，如图 2-8c 所示。复合起动按钮 SB₁、SB₂ 具有机械互锁作用。SB₁ 的常闭触头串接在 KM₂ 线圈的供电线路上，SB₂ 的常闭触头串接在 KM₁ 线圈的供电线路上，这种互锁关系能自动保证一个接触器断电释放后，另一个接触器才能通电动作，从而避免因操作失误造成电源相间短路。由于采用了按钮互锁，需要改变电动机转向时，直接按正转按钮 SB₁ 或反转按钮 SB₂ 就可实现。按钮和接触器的复合联锁使电路更加安全，运行更加可靠，操作更加方便。这种线路常用于机床电力拖动系统中，如 Z3040 型摇臂钻床摇臂升降电动机的电气控制线路和 X62W 型万能铣床的主轴反接制动控制均采用了这种控制线路。

2.3.2　正反转自动循环控制

在生产机械中，许多部件的自动循环都是通过电动机正反转来实现的，如龙门刨工作台的前进、后退。图 2-9 所示线路就是电动机正反转自动循环控制线路。

图 2-9 中，SQ₁、SQ₂ 分别为工作台后退、前进限位开关；SQ₃、SQ₄ 分别为工作台后退、前进终端保护限位开关，防止 SQ₁、SQ₂ 失灵时造成工作台从床身上冲出的事故。这种利用行程开关，根据生产机械运动位置变化所进行的控制，称为行程控制。

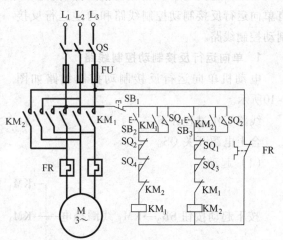

图 2-9　正反转自动循环控制线路

线路工作过程如下：

合上电源开关 QS。

按下 SB₂→KM₁ 线圈得电并自锁→KM₁ 主触头闭合→M 正转，拖动工作台前进→工作台前进到预定位置,挡块压动 SQ₂ $\begin{cases} \rightarrow SQ_2 \text{ 常闭触头断开} \rightarrow KM_1 \text{ 断电} \rightarrow M \text{ 断电，工作台停止前进;} \\ \rightarrow SQ_2 \text{ 常开触头闭合} \rightarrow KM_2 \text{ 线圈得电并自锁} \rightarrow M \text{ 改变电源相序而} \end{cases}$

反转,工作台后退→工作台退到设定位置,挡块压动 SQ₁ $\begin{cases} \rightarrow SQ_1 \text{ 常闭触头断开} \rightarrow KM_2 \text{ 断电} \rightarrow M \text{ 停止后退;} \\ \rightarrow SQ_1 \text{ 常开触头闭合} \rightarrow KM_1 \text{ 得电} \rightarrow M \end{cases}$

51

又正转，工作台又前进。如此往复循环，直至按下停止按钮 $SB_1 \rightarrow KM_1$（或 KM_2）断电 $\rightarrow M$ 停止转动。

2.4 三相异步电动机的制动控制

由于惯性作用，电动机断电后不能马上停转。而很多生产机械往往要求电动机快速、准确地停车，这就要求对电动机采取有效措施进行制动。电动机制动分两大类：电气制动和机械制动。电气制动是使电动机停车时产生一个与转子原来旋转方向相反的电磁转矩（制动转矩）来进行制动，常用的方法有反接制动和能耗制动。机械制动是在电动机断电后利用机械装置对其转轴施加相反的作用转矩（制动转矩）来进行制动，电磁抱闸是常用方法之一。

2.4.1 反接制动

反接制动的实质是改变异步电动机定子绕组中的三相电源相序，产生与转子转动方向相反的转矩，迫使电动机迅速停转。其控制线路有单向运行反接制动控制线路和可逆运行反接制动控制线路。

1. 单向运行反接制动控制线路

电动机单向运行反接制动控制线路如图 2-10所示。

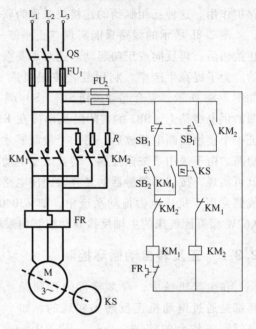

图 2-10 电动机单向运行反接制动控制线路

线路工作过程如下：

合上电源开关 QS。

（1）起动

按下起动按钮 $SB_2 \rightarrow KM_1$ 线圈得电 —

→ KM_1 自锁触头闭合；

→ KM_1 互锁触头断开；

→ KM_1 主触头闭合 → 电动机 M 正转运行，KS 常开触头闭合，为停车时反接制动做好准备。

（2）制动停车

按下停车按钮 SB_1 —

→ KM_1 线圈断电 → KM_1 主触头释放 → M 断电，惯性运转；

→ KM_2 线圈得电 —

→ KM_2 自锁触头闭合；

→ KM_2 互锁触头断开；

→ KM_2 主触头闭合，串入电阻 R 反接制动 → 当电动机转速 $n \approx 0$ 时，KS 复位 → KM_2 断电，制动结束。

显然，速度继电器 KS 在控制中起着十分重要的作用，利用它来"判断"电动机的停与转。在结构上，速度继电器与电动机同轴连接，其常开触头串联在电动机控制电路中。当电动机转动时，速度继电器的常开触头闭合；电动机停止时，其常开触头打开。

2. 可逆运行反接制动控制线路

电动机可逆运行反接制动控制线路如图 2-11 所示。

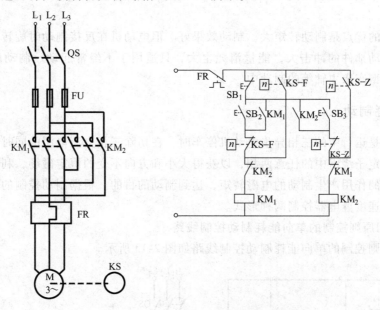

图 2-11　电动机可逆运行反接制动控制线路

线路工作过程如下：

合上电源开关 QS。

（1）正向起动

按下 $SB_2 \rightarrow KM_1$ 线圈得电并自锁——
$\rightarrow KM_1$ 主触头闭合 $\rightarrow$ M 正向起动运行；
$\rightarrow KM_1$ 互锁触头断开 $\rightarrow$ 速度继电器 KS-Z 的常闭触头

断开，常开触头闭合 $\rightarrow$ 为 KM_2 线圈参加反接制动做好准备。

（2）正向运行时的制动

按下 $SB_1 \rightarrow KM_1$ 线圈断电释放 $\rightarrow$ 由于惯性，M 仍转动 $\rightarrow$ KS-Z 常开触头仍闭合 $\rightarrow KM_2$ 线圈得电 $\rightarrow$ M 定子绕组电源改变相序，M 进入正向反接制动状态 $\rightarrow$ 当 M 转速 $n \approx 0$ 时，KS-Z 的常闭触头和常开触头均复位 $\rightarrow KM_2$ 线圈断电，正向反接制动结束。

（3）反向起动

按下 $SB_3 \rightarrow KM_2$ 线圈得电并自锁——
$\rightarrow KM_2$ 主触头闭合 $\rightarrow$ M 反向起动运行；
$\rightarrow KM_2$ 互锁触头断开 $\rightarrow$ 速度继电器 KS-F 的常闭触头

断开，常开触头闭合 $\rightarrow$ 为 KM_1 线圈参加反接制动做好准备。

（4）反向运行时的制动

按下 $SB_1 \rightarrow KM_2$ 线圈断电释放 $\rightarrow$ 由于惯性，M 仍转动 $\rightarrow$ KS-F 常开触头仍闭合 $\rightarrow KM_1$ 线圈得电 $\rightarrow$ M 定子绕组电源改变相序，进入反向反接制动状态 $\rightarrow$ 当 M 转速 $n \approx 0$ 时，KS-F 的常闭触头和常开触头均复位 $\rightarrow KM_1$ 线圈断电，反向反接制动结束。

3. 图 2-11 线路的改进

图 2-11 中，在停车检修时，如果人为地转动电动机转子，且转速达到 100r/min 左右，

KS-Z 或 KS-F 的常开触头就有可能闭合，使 KM$_1$ 或 KM$_2$ 得电，电动机因短时接通而引起意外事故。

改进线路如图 2-12 所示，中间继电器 KA 的加入克服了图 2-11 的缺点。当人为转动电动机转子时，不会因速度继电器常开触头 KS-Z 或 KS-F 的闭合导致电动机意外接通而反向起动。

反接制动的优点是制动转矩大，制动效果好。但电动机在反接制动时旋转磁场的相对速度很大，对传动部件的冲击大，能量消耗也大，只适用于不经常起动、制动的设备，如铣床、镗床、中型车床主轴等的制动中。

2.4.2 能耗制动

能耗制动是运行中的三相异步电动机停车时，在切除三相交流电源的同时，将一直流电源接入电动机定子绕组中的任意两相，以获得大小和方向不变的恒定磁场，利用转子感应电流与恒定磁场的作用产生制动的电磁转矩，达到制动的目的。根据制动控制的原则，有时间继电器控制与速度继电器控制两种形式。

1. 按时间原则控制的单向能耗制动控制线路

按时间原则控制的单向能耗制动控制线路如图 2-13 所示。

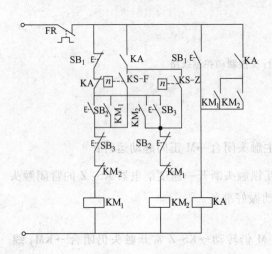

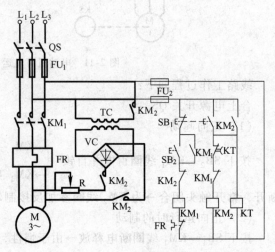

图 2-12　图 2-11 线路的改进　　　　图 2-13　按时间原则控制的单向能耗制动控制线路

图 2-13 中整流装置由变压器和整流元件组成，提供制动用直流电。KM$_2$ 为制动用接触器，KT 为时间继电器，控制制动时间的长短。

线路工作过程如下：

合上电源开关 QS。

（1）起动

按下 SB$_2$→KM$_1$ 线圈得电并自锁

$\longrightarrow$ KM$_1$ 常闭辅助触头断开；

$\longrightarrow$ KM$_1$ 主触头闭合→电动机 M 起动运行。

（2）制动停车

$$\text{按下 }SB_1 \begin{cases} KM_1 \text{ 线圈断电} \begin{cases} \rightarrow KM_1 \text{ 主触头断开} \rightarrow \text{电动机 M 断电, 惯性运转;} \\ \\ \rightarrow KM_2 \text{ 线圈得电} \rightarrow KM_2 \text{ 主触头闭合} \rightarrow \text{直流电通入 M 定子绕组} \rightarrow \text{电动机能耗制动;} \end{cases} \\ \\ \rightarrow KT \text{ 线圈得电} \xrightarrow{\text{延时}} KT \text{ 常闭触头延时断开} \rightarrow KM_2 \text{ 线圈断电} \rightarrow KM_2 \text{ 主触头断开,} \end{cases}$$

切断电动机直流电源, 制动结束。

2. 按速度原则控制的单向能耗制动控制线路

按速度原则控制的单向能耗制动控制线路如图 2-14 所示。

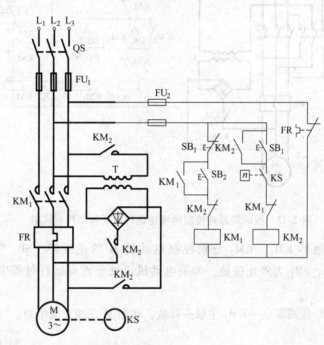

图 2-14　按速度原则控制的单向能耗制动控制线路

该线路与图 2-13 的控制线路基本相同, 只不过是用速度继电器 KS 取代了时间继电器 KT。KS 安装在电动机轴的伸出端, 其常开触头取代时间继电器 KT 延时断开的常闭触头。

线路工作过程如下:

合上电源开关 QS。

(1) 起动

$$\text{按下 }SB_2 \rightarrow KM_1 \text{ 线圈得电并自锁} \begin{cases} \rightarrow KM_1 \text{ 主触头闭合} \rightarrow M \text{ 起动运行;} \\ \\ \rightarrow KM_1 \text{ 互锁的常闭触头断开, KS 常开触头闭合, 为} \end{cases}$$

能耗制动做好准备。

(2) 制动停车

$$\text{按下 }SB_1 \rightarrow KM_1 \text{ 线圈断电} \begin{cases} \rightarrow KM_1 \text{ 主触头断开} \rightarrow M \text{ 断开交流电源;} \\ \\ \rightarrow KM_1 \text{ 互锁触头闭合, M 由于惯性仍在旋转, KS 常开触头闭} \end{cases}$$

合 $\rightarrow KM_2$ 线圈得电并自锁 $\rightarrow KM_2$ 主触头闭合 $\rightarrow M$ 定子绕组通入直流电流, 进行能耗制动 $\rightarrow$

当 M 转速 $n \approx 0$ 时，KS 常开触头复位→KM_2 断电释放，M 制动结束。

3. 按时间原则控制的可逆运行能耗制动控制线路

按时间原则控制的可逆运行能耗制动控制线路如图 2-15 所示。

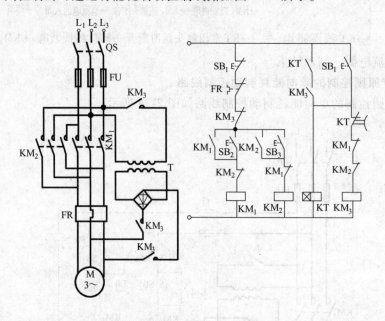

图 2-15 按时间原则控制的可逆运行能耗制动控制线路

图 2-15 中，接触器 KM_1、KM_2 分别控制电动机 M 的正反转。SB_2 为正向起动按钮，SB_3 为反向起动按钮，SB_1 为停止按钮。如果电动机正处于正向运行过程中，需要停止，其制动工作过程如下：

按下 SB_1 →

→KM_1 线圈断电→KM_1 主触头释放，切断 M 三相交流电源；

→KM_3 线圈得电→KM_3 主触头闭合→M 定子绕组通入直流电流→对 M 进行正向能耗制动；

→KT 线圈得电 ——延时—→ M 转速下降到接近零，KT 延时断开的常闭触头断开→KM_3、KT 相继断电释放→M 制动结束。

电动机处于反向运行过程时的能耗制动过程与正向运行时类同，请读者自行分析。

如果用速度继电器取代图 2-15 中的时间继电器 KT，只需对控制电路稍做改动，就可设计出一个按速度原则控制的可逆运行能耗制动控制线路，读者不妨一试。

4. 无变压器单相半波整流能耗制动控制线路

前面介绍的几种能耗制动控制线路均需要变压器降压、全波整流，对于较大功率的电动机甚至还要采用三相整流电路，所需设备多，投资成本高。但是，对 10kW 以下的电动机，如果制动要求不高，可采用无变压器单相半波整流能耗制动控制线路，如图 2-16 所示。

线路工作过程如下：

合上电源开关 QS。

（1）起动

按下 SB_1 →KM_1 线圈得电并自锁→KM_1 主触头闭合→M 起动运行。

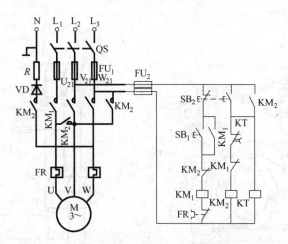

图 2-16　无变压器单相半波整流能耗制动控制线路

（2）停止

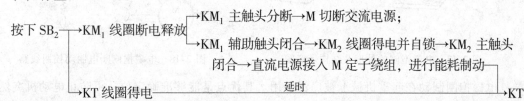

延时断开的常闭触头断开→KM$_2$、KT 线圈先后断电释放→M 定子绕组脱离直流电源，M 制动停止。

能耗制动的实质是把电动机转子储存的机械能转变成电能，又消耗在转子的制动上。显然，制动作用的强弱与通入直流电流的大小和电动机的转速有关。调节电阻 R，可调节制动电流的大小，从而调节制动强度。相对反接制动方式，能耗制动准确、平稳，能量消耗较小，一般用于对制动要求较高的设备，如磨床、龙门刨床等机床的控制线路中。

2.4.3　电磁抱闸制动

电磁抱闸的外形和结构如图 2-17 所示。它的主要工作部分是电磁铁和闸瓦制动器。电磁铁由电磁线圈、静铁心、衔铁组成；闸瓦制动器由闸瓦、闸轮、弹簧、杠杆等组成，其中闸轮与电动机转轴相连，闸瓦对闸轮制动转矩的大小可通过调整弹簧弹力来改变。

电磁抱闸分为断电制动型和通电制动型两种。断电制动型的工作原理：当制动电磁铁的线圈得电时，制动器的闸瓦与闸轮分开，无制动作用；当线圈失电时，闸瓦紧紧抱住闸轮制动。通电制动型则是在线圈得电时，闸瓦紧紧抱住闸轮制动；当线圈失电时，闸瓦与闸轮分开，无制动作用。

电磁抱闸断电制动控制线路如图 2-18 所示，线路工作原理如下：

合上电源开关 QS。

起动运转：按下起动按钮 SB$_2$，接触器 KM 线圈得电，其自锁触头和主触头闭合，电动机 M 接通电源，同时电磁抱闸制动器线圈得电，衔铁与铁心吸合，衔铁克服弹簧拉力，迫使制动杠杆向上移动，从而使制动器的闸瓦与闸轮分开，电动机正常运转。

制动停转：按下停止按钮 SB$_1$，接触器 KM 线圈失电，其自锁触头和主触头分断，电动机 M 失电，同时电磁抱闸制动器线圈也失电，衔铁与铁心分开，在弹簧拉力的作用下，闸瓦紧紧抱住闸轮，电动机因制动而停转。

58

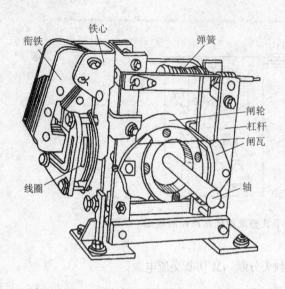

图 2-17　电磁抱闸的外形及结构示意图

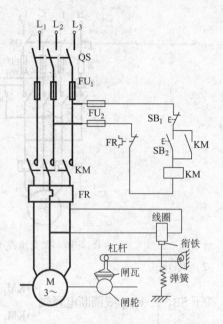

图 2-18　电磁抱闸断电制动控制线路

电磁抱闸制动在起重机械上被广泛采用。其优点是能够准确定位，可防止电动机突然断电时重物的自行坠落。这种制动方式的缺点是不经济。因为电动机工作时，电磁抱闸制动线圈一直在通电。另外，切断电源后，由于电磁抱闸制动器的制动作用，使手动调整很困难，对要求电动机制动后能调整工件位置的设备只能采用通电制动控制线路。

2.5　三相异步电动机的调速控制

三相异步电动机的调速方法主要有改变定子绕组联结方式的变极调速、变更转子外串电阻调速、电磁转差调速、变频调速和串级调速等。本节对前三种调速方法进行介绍。

2.5.1　变极调速

在一些机床中，为了获得较宽的调速范围，采用了双速电动机。也有的机床采用三速、四速电动机，以获取更宽的调速范围，其原理和控制方法基本相同。这里以双速异步电动机为例进行分析。

1. 双速异步电动机定子绕组的联结方式

双速异步电动机三相定子绕组△／丫丫联结如图 2-19 所示。其中，图 2-19a 为△（三角形）联结，图 2-19b 为丫丫（双星形）联结。转速的改变是通过改变定子绕组的联结方式，从而改变磁极对数来实现的，故称为变极调速。

在图 2-19a 中，出线端 U_1、V_1、

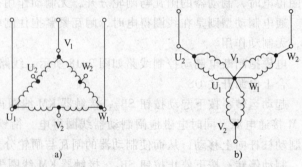

图 2-19　双速异步电动机三相定子绕组△／丫丫联结
a)　△联结　b)　丫丫联结

W_1 接电源，U_2、V_2、W_2 端子悬空，绕组为三角形联结，每相绕组中两个线圈串联，成四个极，磁极对数 $p=2$，其同步转速 $n=\dfrac{60f}{p}=\dfrac{60\times50}{2}\text{r/min}=1500\text{r/min}$，电动机为低速；在图 2-19b中，出线端 U_1、V_1、W_1 短接，而 U_2、V_2、W_2 接电源，绕组为双星形联结，每相绕组中两个线圈并联，成两个极，磁极对数 $p=1$，同步转速 $n=3000\text{r/min}$，电动机为高速。可见，双速电动机高速运转时的转速是低速运转时的两倍。

2. 双速电动机高、低速控制线路

用时间继电器控制的双速电动机高、低速控制线路如图 2-20 所示。

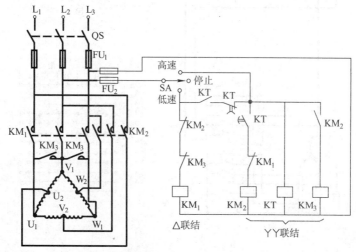

图 2-20　双速电动机高、低速控制线路

图 2-20 中，用三个接触器控制电动机定子绕组的联结。当接触器 KM_1 的主触头闭合，KM_2、KM_3 的主触头断开时，电动机定子绕组为三角形联结，对应"低速"档；当接触器 KM_1 主触头断开，KM_2、KM_3 主触头闭合时，电动机定子绕组为双星形联结，对应"高速"档。为了避免"高速"档起动电流对电网的冲击，本线路在"高速"档时，先以"低速"起动，待起动电流过去后，再自动切换到"高速"运行。

SA 是具有三个档位的转换开关。当扳到中间位置时，为"停止"位，电动机不工作；当扳到"低速"档位时，接触器 KM_1 线圈得电动作，其主触头闭合，电动机定子绕组的三个出线端 U_1、V_1、W_1 与电源相接，定子绕组接成三角形，低速运转；当扳到"高速"档位时，时间继电器 KT 线圈首先得电动作，其瞬动常开触头闭合，接触器 KM_1 线圈得电动作，电动机定子绕组接成三角形低速起动，经过延时，KT 延时断开的常闭触头断开，KM_1 线圈断电释放，KT 延时闭合的常开触头闭合，接触器 KM_2 线圈得电动作，紧接着 KM_3 线圈也得电动作，电动机定子绕组被 KM_2、KM_3 的主触头换接成双星形，以高速运行。

2.5.2　变更转子外串电阻调速

绕线转子电动机可采用转子串电阻的方法调速。随着转子所串电阻的减小，电动机的转速升高，转差率减小。改变外串电阻阻值，使电动机工作在不同的人为特性上，可获得不同的转速，实现调速的目的。

绕线转子电动机广泛用于起重机一类生产机械上，通常采用凸轮控制器进行调速控制。图 2-21 就是采用凸轮控制器控制电动机正反转和调速的线路。

在电动机 M 的转子电路中，串接了三相不对称电阻，在起动和调速时，由凸轮控制器

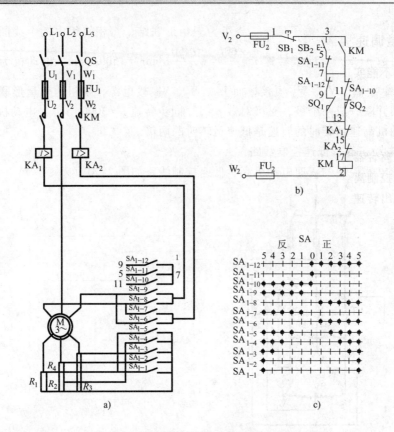

图 2-21 凸轮控制器控制电动机正反转和调速的线路

a）主电路 b）控制电路 c）凸轮控制器触头状态

的触头进行控制。定子电路电源的相序也由凸轮控制器进行控制。

该凸轮控制器的触头展开图如图 2-21c 所示。列上的虚线表示"正""反"五个档位和中间"0"位，每一根行线对应凸轮控制器的一个触头。黑点表示该位置触头接通，没有黑点则表示不通。触头 SA_{1-1} ~ SA_{1-5} 与转子电路串接的电阻相连接，用于短接电阻，控制电动机的起动和调速。

线路工作过程如下：

将凸轮控制器 SA_1 的手柄置"0"位，SA_{1-10}、SA_{1-11}、SA_{1-12} 三对触头接通。合上电源开关 QS。

按下 SB_2→KM 线圈得电并自锁→KM 主触头闭合→将凸轮控制器手柄扳到正向"1"位→触头 SA_{1-12}、SA_{1-8}、SA_{1-6} 闭合→M 定子接通电源，转子串入全部电阻（$R_1+R_2+R_3+R_4$）正向低速起动→将 SA_1 手柄扳到正向"2"位→SA_{1-12}、SA_{1-8}、SA_{1-6}、SA_{1-5} 四对触头闭合→切除电阻 R_1，M 转速上升→当 SA_1 手柄从正向"2"位依次转向"3""4""5"位时，触头 SA_{1-4} ~ SA_{1-1} 先后闭合，R_2、R_3、R_4 被依次切除，M 转速逐步升高至额定转速运行。

当凸轮控制器手柄由"0"位扳到反向"1"位时，触头 SA_{1-10}、SA_{1-9}、SA_{1-7} 闭合，M 电源相序改变而反向起动。将手柄从"1"位依次扳向"5"位时，M 转子所串电阻被依次切除，M 转速逐步升高。其过程与正转时相同。

限位开关 SQ_1、SQ_2 分别与凸轮控制器触头 SA_{1-12}、SA_{1-10} 串接，在电动机正、反转过程中，对运动机构进行终端位置保护。

2.5.3　电磁调速控制

变极调速不能实现连续平滑调速，只能得到几种特定的转速。但在很多机械中，要求转速能够连续无级调节，并且有较大的调速范围。这里对目前应用较多的电磁转差离合器调速系统进行分析。

1. 电磁转差离合器的结构及工作原理

电磁转差离合器调速系统是在普通笼型异步电动机轴上安装一个电磁转差离合器，由晶闸管控制装置控制离合器绕组的励磁电流来实现调速的。异步电动机本身并不调速，调节的是离合器的输出转速。电磁转差离合器的基本作用原理基于电磁感应原理，实质上就是一台感应电动机，其结构如图 2-22 所示。

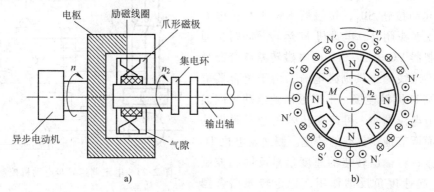

图 2-22　电磁转差离合器结构及工作原理

a）结构　b）原理示意图

图 2-22a 为电磁转差离合器结构图，它由电枢和磁极两个旋转部分组成。电枢用铸钢材料制成圆筒形，相当于笼型电动机中的无数多根笼条并联，直接与异步电动机相连接，一起转动或停止。磁极是用铁磁材料制成的铁心，装有励磁线圈，成爪形磁极。爪形磁极的轴（输出轴）与被拖动的工作机械（负载）相连接，励磁线圈经集电环通入直流电来励磁。离合器的主动部分（电枢）与从动部分（磁极）之间无机械联系。

异步电动机运行时，离合器电枢随电动机轴同速旋转，转速为 n，转向设为顺时针方向。若励磁绕组通入的励磁电流 $I_L = 0$，则电枢与磁极之间既无电联系也无磁联系，磁极不转动，相当于负载被"离开"；若励磁电流 $I_L \neq 0$，磁极产生磁场，与电枢之间有了磁联系。由于电枢与磁极之间有相对运动，在电枢导条中产生感应电动势和感应电流。根据右手定则，对着磁极 N 极的电枢导条电流流出纸面⊙，对着 S 极的则流入纸面⊕。这些电枢导条中的感应电流又形成新的磁场，根据右手螺旋定则可判定其极性，如图 2-22b 中的 N'、S'。这种电枢上的磁极与爪形磁极 N、S 相互作用，使爪形磁极受到与电枢转速 n 同方向的作用力，进而形成与转速 n 同方向的电磁转矩 M，使爪形磁极与电枢同方向旋转，转速为 n_2，相当于负载被"合上"。爪形磁极的转速 n_2 必然小于电枢转速 n，因为只有它们之间存在转速差才能产生感应电流和转矩，故称为电磁转差离合器。又因为它的作用原理与异步电动机相似，所以又常将它及与其相连的异步电动机一起称作"转差电动机"。

转差离合器从动部分的转速 n_2 与励磁电流强弱有关。励磁电流越大，建立的磁场越强，在一定的转差下产生的转矩越大，输出转矩越高。因此，调节转差离合器的励磁电流，就可调节转差离合器的输出转速。由于输出轴的转向与电枢转向一致，要改变输出轴的转向，必须改变异步电动机的转向。

电磁转差离合器调速系统的优点是结构简单、维护方便、运行可靠、能平滑调速，采用闭环系统可扩大调速范围；缺点是调速效率低，低速时尤为突出，不宜长期低速运行，且控制功率小。由于其机械特性较软，不能直接用于速度要求比较稳定的工作机械上，必须在系统中接入速度负反馈，使转速保持稳定。

2. 电磁调速异步电动机的控制

电磁调速异步电动机的控制线路如图2-23所示。VC为晶闸管控制器，其作用是将单相交流电变换成可调直流电，供转差离合器调节输出转速。

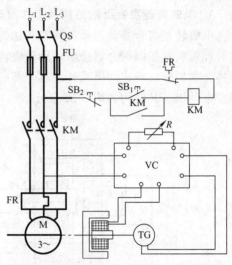

按下起动按钮 SB_1，接触器 KM 线圈得电并自锁，其主触头闭合，电动机 M 运转。同时接通晶闸管控制器 VC 电源，VC 向电磁转差离合器爪形磁极的励磁线圈提供励磁电流，由于离合器电枢与电动机 M 同轴连接，爪形磁极随电动机同向转动，调节电位器 R，可改变转差离合器磁极的转速，从而调节拖动负载的转速。测速发电机 TG 与磁极连接，将输出转速的速度信号反馈到控制装置 VC，起速度负反馈作用，稳定转差离合器输出转速。

图2-23 电磁调速异步电动机控制线路

SB_2 为停车按钮。按下 SB_2，KM 线圈断电，电动机 M 和电磁转差离合器同时断电停止。

2.6 其他基本环节

2.6.1 点动控制

生产机械连续不断的工作，称为长动。所谓点动，即按下按钮时，电动机起动工作；松开按钮，电动机停止工作。如机床刀架、横梁、立柱的快速移动，机床的调整对刀都要用到点动。

实现点动控制的方法有多种。图2-24为三种不同的点动控制线路。

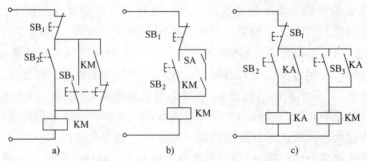

图2-24 点动控制线路

图2-24a、b、c分别为用按钮、开关、中间继电器实现的点动控制线路。分析可知，长

动与点动的主要区别是控制电器能否自锁。

2.6.2 多点控制

在一些大型机床设备中，为了操作方便，常要求在多个地点进行控制。如重型龙门刨床有时在固定的操作台上控制，有时需要站在机床四周用悬挂按钮盒控制。图 2-25a 将起动按钮并联连接，停止按钮串联连接，分别安装在三个地方，就可实现三地控制。

在大型压床上，为了保证操作安全，要求压下时，几个操作者都按下起动按钮，设备才能工作，可采用图 2-25b 所示的控制线路。

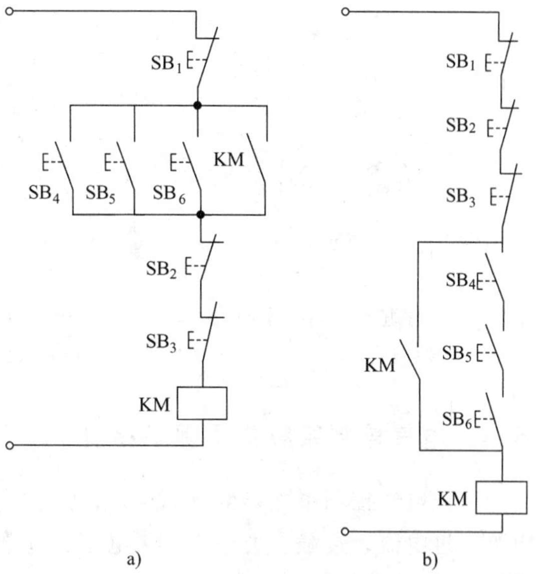

图 2-25 多点控制线路

2.6.3 顺序起、停控制

在机床控制中，常常要求电动机按一定的顺序起、停。如龙门刨工作台移动前，导轨润滑油泵要先起动；铣床的主轴旋转后，工作台方可移动等。顺序起、停控制线路有顺序起动、同时停止，顺序起动、顺序停止，顺序起动、逆序停止等几种。

1. 顺序起动、同时停止控制线路

顺序起动、同时停止控制线路如图 2-26 所示。

接触器 KM_1、KM_2 分别控制电动机 M_1、M_2。由于 KM_2 线圈接在 KM_1 自锁触头后面，只有 KM_1 得电，即 M_1 起动之后，M_2 才可能起动。而按下停止按钮 SB_1，KM_1、KM_2 均断电，M_1、M_2 同时停止。

2. 顺序起动、顺序停止控制线路

顺序起动、顺序停止控制线路如图 2-27 所示。

接触器 KM_1、KM_2 分别控制电动机 M_1、M_2。KM_1 的一个辅助常开触头与 M_2 的起动按钮 SB_4 串联，另一个辅助常开触头与 M_2 的停止按钮 SB_2 并联。因此，只有在 KM_1 得电吸合后，M_2 才可能起动，即 M_1 先起动，M_2 后起动。而停止时，只有 KM_1 先断电，KM_2 才能断电，即先停 M_1，再停 M_2。

3. 顺序起动、逆序停止控制线路

顺序起动、逆序停止控制线路如图 2-28 所示。

由图 2-28 可见，KM_1 的一个常开触头串联在 KM_2 线圈的供电线路上，KM_2 的一个常开触头并联在 KM_1 的停止按钮 SB_1 上。因此起动时，必须 KM_1 先得电，KM_2 才能得电；停止时，必须 KM_2 先断电，KM_1 才能断电。KM_1、KM_2 分别控制电动机 M_1、M_2，故起动顺序为先 M_1 后 M_2，停车顺序为先 M_2 后 M_1。

不难发现，设计顺序起、停控制线路有规律可循：将控制电动机先起动的接触器的常开触头串联在控制后起动电动机的接触器线圈电路中，用若干个停止按钮控制电动机的停止顺序，或者将先停的接触器的常开触头与后停的停止按钮并联即可。

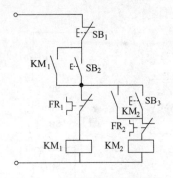

图 2-26 顺序起动、同时停止
控制线路

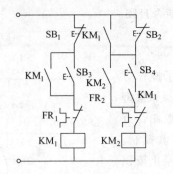

图 2-27 顺序起动、顺序停止
控制线路

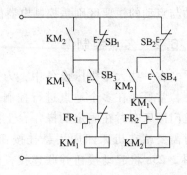

图 2-28 顺序起动、逆序停止
控制线路

2.6.4 电气控制系统常用保护措施

为保证电气控制系统安全可靠运行，保护环节是不可缺少的组成部分。常用的保护环节有短路、过电流、过载、失电压、欠电压、过电压、断相、弱磁保护等，本节主要介绍电动机常用的保护环节。

1. 短路保护

当负载短路、接线错误、线路绝缘损坏时将产生短路现象，短路产生的瞬时电流可达到额定电流的十几倍到几十倍，使电气设备或配电线路因过电流而损坏，甚至引起火灾。因此，短路保护要具有瞬动特性，即要求在很短时间内切断电源。

短路保护的常用方法有熔断器保护和低压断路器保护。熔断器熔体的选择见第 3 章有关内容，低压断路器动作电流按电动机起动电流的 1.2 倍来整定，相应低压断路器切断短路电流的触头容量应加大。

2. 过电流保护

所谓过电流，是指电动机或电器元件超过其额定电流的运行状态，一般比短路电流小，不超过 6 倍额定电流。在过电流情况下，电器元件并不会马上损坏，只要在达到最大允许温升前，电流值能恢复正常，还是允许的。但过大的冲击负载，使电动机流过过大的冲击电流，会损坏电动机。同时，过大的电动机电磁转矩也会使机械的传动部件受到损坏，因此要瞬时切断电源。

过电流保护是区别于短路保护的一种电流型保护，常用过电流继电器来实现。过电流继电器通常与接触器配合使用。将过电流继电器线圈串接在被保护电路中，当电路电流达到其整定值时，过电流继电器动作，其串接在接触器线圈电路中的常闭触头断开，接触器线圈断电释放，接触器主触头断开，切断电动机电源。这种过电流保护环节常用于直流电动机和三相绕线转子异步电动机的控制电路中。

3. 过载保护

所谓过载，是指电动机的运行电流大于其额定电流，但在 1.5 倍额定电流以内。引起电动机过载的原因很多，如负载的突然增加，断相运行或电源电压降低等。若电动机长期过载运行，其绕组的温升将超过允许值而使绝缘老化、损坏。

过载保护装置要求具有反时限特性，且不受电动机短时过载冲击电流或短路电流的影响而瞬时动作，所以通常用热继电器作为过载保护。当 6 倍以上额定电流通过热继电器时，需经 5s 后才动作。这样，在热继电器未动作前，可能使热继电器的发热元件先烧坏。所以，在用热继电器作为过载保护时，还必须安装熔断器或低压断路器作为短路保护。由于过载保护特性与过电流保护不同，故不能用过电流保护方法来进行过载保护。

4. 失电压保护

电动机工作时，如果因为电源电压消失而停转，一旦电源电压恢复，就有可能自行起动，造成人身事故或机械设备损坏。为防止电压恢复时电动机自行起动或电器元件自行投入工作而设置的保护，称为失电压保护。

采用按钮和接触器控制的起动、停止电路，就具有失电压保护作用。这是因为当电源电压消失时，接触器就会自动释放而切断电动机电源。当电源电压恢复时，由于接触器自锁触头已断开，电动机不会自行起动。如果不用按钮而是用不能自动复位的手动开关、行程开关来控制接触器，必须采用专门的零电压继电器。工作过程中一旦失电，零电压继电器释放，其自锁电路断开，避免了电源恢复时电动机自行起动。

5. 欠电压保护

电动机运转时，如果电源电压过分降低引起电磁转矩下降，在负载转矩不变情况下，电动机转速下降，电流增大。此外，电压降低也会引起控制电器释放，使电路工作不正常。因此，必须在电源电压降到 60%~80% 额定电压时，将电动机电源切除，这种保护称为欠电压保护。

在按钮和接触器控制电路中，接触器本身具有欠电压保护作用。也可采用欠电压继电器进行欠电压保护，吸合电压通常整定为 $(0.6 \sim 0.85)U_N$，释放电压整定为 $(0.1 \sim 0.35)U_N$。方法是将欠电压继电器线圈跨接在电源上，其常开触头串接在接触器线圈电路中，当电源电压低于释放值时，欠电压继电器动作使接触器释放，接触器主触头断开电动机电源实现欠电压保护。

6. 过电压保护

电磁铁、电磁吸盘等大电感负载及直流电磁机构、直流继电器等，在通断时会产生较高的感应电动势，将电磁线圈绝缘击穿而损坏。因此，必须采用过电压保护措施。通常是在线圈两端并联一个电阻，电阻串电容或二极管串电阻，以形成一个放电回路，实现过电压保护。

7. 弱磁保护

直流电动机运行时，磁场过度减小会引起电动机超速，需设置弱磁保护，这种保护是通过在电动机励磁回路中串入欠电流继电器来实现的。当励磁电流过小时，欠电流继电器释放，其触头断开控制电动机电枢回路的接触器线圈电路，接触器线圈断电释放，接触器主触头断开电动机电枢回路，切断电动机电源，起到保护作用。

8. 其他保护

除上述保护外，还有超速保护、行程保护、油压保护等，都是在控制电路中串接一个受这些参量控制的常开触头或常闭触头对控制电路的电源进行控制来实现的。这些装置有离心开关、测速发电机、行程开关、压力继电器等。

2.7 C650 型卧式车床电气控制电路

车床是应用极为广泛的金属切削机床，在各种车床中，使用最多的是卧式车床，主要用于车削外圆、内圆、端面、螺纹和成形表面，也可用钻头、铰刀、镗刀等进行加工。

2.7.1 机床结构及控制特点

1. 机床结构

卧式车床主要由床身、主轴箱、进给箱、溜板箱、刀架及溜板、尾座、光杠、丝杠等部分组成，如图 2-29 所示。

车床的主运动是主轴的旋转运动，由主轴电动机通过皮带传到主轴箱带动旋转；刀架是由溜板箱带着直线移动的，称为进给运动。进给运动也是由主轴电动机经过主轴箱输出轴、挂轮箱传给进给箱，再通过光杠将运动传入溜板箱，溜板箱带动刀架做纵、横两个方向的进给运动。

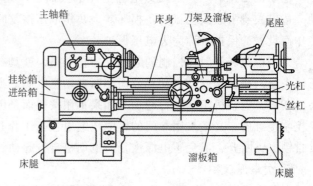

图 2-29 卧式车床结构示意图

2. 控制特点

图 2-30 为 C650 型车床的电气原理图。

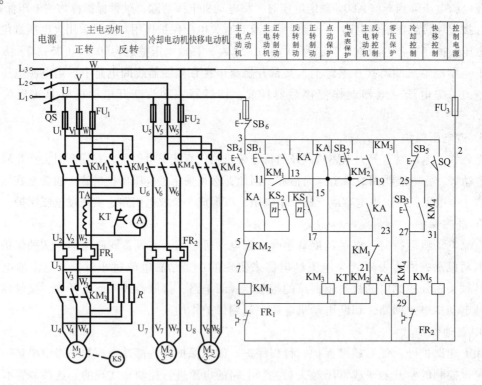

图 2-30 C650 型车床电气原理图

该车床共有三台电动机。M_1 为主电动机，功率为 30kW，通过 KM_1 和 KM_2 的控制可实现正、反转。除了具有短路保护和过载装置以外，还通过电流互感器 TA 接入电流表 A 监视主电动机的电流。在主回路中串入限流电阻 R，其作用有二：一是在点动时，可防止因连续起动而过载，减小起动电流的连续冲击；二是在制动时，经 R 可减小制动电流。M_2 为冷却泵电动机，功率为 0.15kW，由接触器 KM_4 控制通断，也具有短路和过载保护。M_3 为溜板箱快速移动电动机，用以减轻工人劳动强度，节约辅助工作时间，功率为 2.2kW，由接触器 KM_5 控制。因溜板箱在快速移动时连续工作时间不长，未设过载保护。

表 2-2 为 C650 型车床主要电器元件目录表。

表 2-2　C650 型车床主要电器元件目录表

符　号	名称及用途	数　量	备　注
M_1	主电动机	1	
M_2	冷却泵电动机	1	
M_3	快移电动机	1	
$KM_1 \sim KM_3$	交流接触器	3	
KM_4	交流接触器	1	
KM_5	交流接触器	1	
KA	中间继电器	1	JZ7—44
KT	时间继电器	1	JS7—A
KS	速度继电器	1	JYL
FR_1	热继电器	1	
FR_2	热继电器	1	
QS	转换开关	1	
FU_1	熔断器	3	
FU_2	熔断器	3	
FU_3	熔断器	2	
SB_1、SB_2	起动按钮	2	
SB_3、SB_4	起动按钮	2	
SB_5、SB_6	停止按钮	2	
TA	电流互感器	1	
A	电流表	1	
R	限流电阻	3	
SQ	行程开关	1	

2.7.2　电路工作原理

合上组合开关 QS，接通三相电源，电路进入工作准备状态。

1. 主电动机 M_1 的控制

（1）点动控制

主电动机 M_1 的点动调整由点动按钮 SB_4 控制。线路中 KM_1 为 M_1 的正转接触器，KM_2 为反转接触器，KA 为中间继电器。

按下 SB_4，电路经（U—1—3—5—7—KM_1—9—2—W）接通，KM_1 得电吸合，其主触头闭合，主电动机 M_1 经电阻 R 与电源接通，电动机减压起动。在此过程，因 KA 没通电，故 KM_1 不自锁。松开 SB_4，KM_1 断电，M_1 停转。

（2）正反转控制

1）正转：主电动机 M_1 的正转由正向起动按钮 SB_1 控制。

按下 SB_1，电路经（U—1—3—13—KM_3—9—2—W）接通，接触器 KM_3 首先得电吸

合，其主触头闭合，将电阻 R 短接。同时，KM_3 常开辅助触头（3—23）闭合，中间继电器 KA 得电吸合，其常开触头（5—11）闭合，KM_1 得电吸合，KM_1 主触头闭合，M_1 在全压下起动正转。由于 KA 和 KM_1 的吸合，使（3—KA 常开触头—13—11—5）接通，KM_1 自锁，故松开 SB_1 后，M_1 仍将继续运转。

2）反转：主电动机 M_1 的反转由反向起动按钮 SB_2 控制。

工作过程与正转相类似，按下 SB_2，KM_3 首先吸合，再使 KA 吸合，后使 KM_2 吸合，KM_2 的主触头使电源相序反接，M_1 在全压下起动反转。同时，KA 和 KM_2 的常开触头闭合，使电路（3—KA 常开触头—13—19）接通，KM_2 得以自锁，松开 SB_2 后，M_1 能连续反转。

在 KM_1 和 KM_2 的电路中，分别串接有 KM_2 和 KM_1 的常闭辅助触头，起互锁作用。

（3）停车制动控制

C650 卧式车床采用反接制动方式。当电动机转速接近零时，用速度继电器的触头给出信号切断电动机的电源。

大家知道，速度继电器与被控电动机是同轴连接的。当电动机正转时，速度继电器的正转常开触头 KS_1（15—17）闭合；电动机反转时，速度继电器的反转常开触头 KS_2（15—5）闭合。

1）正转制动：当电动机正转时，接触器 KM_1 和 KM_3、继电器 KA 都处于得电动作状态，速度继电器的正转常开触头 KS_1 闭合，为电动机正转时的反接制动做好了准备。

停车时，按下停止按钮 SB_6，接触器 KM_1 和 KM_3 均断电释放，电动机电源被切断，此时 M_1 惯性旋转，KS_1 仍闭合。在 KM_1 和 KM_3 断电的同时，KA 也释放，即（3—15）接通，当松开 SB_6 时，电路经（U—1—3—15—17—21—9—2—W）接通，KM_2 得电吸合，M_1 经 KM_2 主触头和电阻 R 接通反相序电源，电动机在反接制动作用下，惯性旋转速度迅速下降。当转速下降到接近于零（$n \approx 100r/min$）时，速度继电器的正转常开触头 KS_1 断开，切断了 KM_2 的通电回路，电动机脱离电源停止。

2）反转制动：电动机反转时的制动与正转时的制动相似。当电动机反转时，速度继电器的反转常开触头 KS_2 闭合，为反转时的反接制动做好了准备。

停车时，按下 SB_6，接触器 KM_2 和 KM_3 断电释放，KA 也释放，电动机断电，M_1 惯性旋转，KS_2 仍闭合。松开 SB_6，电路经（U—1—3—15—5—7—9—2—W）接通，KM_1 得电吸合，主电动机 M_1 经 KM_1 主触头和电阻 R 接通反接制动电源，对电动机进行反接制动。当转速下降到接近于零（$n \approx 100r/min$）时，速度继电器的反转常开触头 KS_2 断开，切断 KM_1 的通电回路，电动机断电停止。

2. 冷却泵电动机 M_2 的控制

M_2 的控制采用典型的电动机单向起、停控制电路。起动时，按下起动按钮 SB_3，KM_4 得电吸合，其主触头闭合，M_2 起动运转。停车时，按下停止按钮 SB_5 即可实现停车。

3. 刀架快移电动机 M_3 的控制

刀架的快速移动通过转动刀架手柄压动行程开关 SQ 来实现。当手柄压下 SQ 时，KM_5 得电，其主触头闭合，M_3 起动，带动刀架快速移动。因 KM_5 无自锁，只要松开刀架手柄，SQ 断开，M_3 即停止。在这里，SQ 的作用相当于一个点动按钮。

4. 其他辅助电路

为了监视主电动机的工作电流，在 M_1 的主电路中，经电流互感器接入一只电流表 A。

为防止电动机在点动和制动时大电流对电流表的冲击,将时间继电器 KT 延时断开的常闭触头与电流表相并联。M_1 起动时,其起动电流很大,电流互感器二次电流也很大。此时 KT 线圈通电,但触头尚未动作,冲击电流经过该延时触头构成闭合回路,电流表无电流通过。电动机起动运行后,KT 延时断开的常闭触头已打开,电流表指示电动机的正常工作电流,避免了起动电流对电流表的冲击。

2.8　Z3040 型摇臂钻床电气控制电路

钻床是一种应用较广泛的孔加工机床,可进行钻孔、扩孔、铰孔、镗孔和攻螺纹等加工。按结构形式,可分为台式钻床、摇臂钻床、深孔钻床、立式钻床、卧式钻床等。摇臂钻床操作方便、灵活、适用范围广,多用于单件或中、小批量生产中带有多孔大型工件的孔加工。

2.8.1　机床结构及控制特点

1. 机床结构

摇臂钻床的结构如图 2-31 所示,主要由底座、内外立柱、摇臂、主轴箱和工作台等组成。内立柱固定在底座的一端,在它外面套有外立柱,摇臂可连同外立柱绕内立柱回转。摇臂的一端为套筒,套装在外立柱上,借助丝杠的正反转可沿外立柱做上下移动。

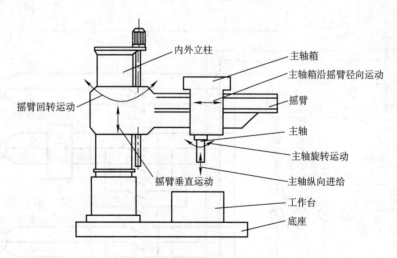

图 2-31　摇臂钻床结构示意图

主轴箱安装在摇臂的水平导轨上,可通过手轮操作使其在水平导轨上沿摇臂移动。加工时,根据工件高度的不同,借助于丝杠,摇臂可带着主轴箱沿外立柱上下升降。当达到所需位置时,摇臂自动夹紧在立柱上。

钻床的主运动是主轴带着钻头做旋转运动,进给运动是钻头的上下移动,辅助运动是主轴箱沿摇臂水平移动、摇臂沿外立柱上下移动和摇臂与外立柱一起绕内立柱的回转运动。

2. 控制特点

图 2-32 为 Z3040 型摇臂钻床电气控制原理图,表 2-3 为主要电气元件目录表。

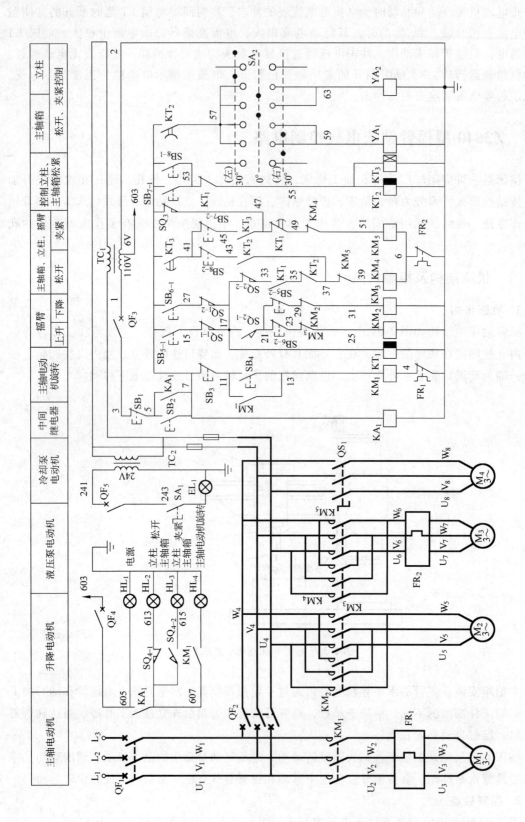

图 2-32 Z3040 型摇臂钻床电气控制原理图

表 2-3 Z3040 型摇臂钻床主要电气元件目录表

符 号	名 称	型号规格	用 途	数 量
M_1	电动机	Y100L2—4 3kW	驱动主轴及进给	1
M_2	电动机	Y90L—4 1.5kW	驱动摇臂升降	1
M_3	电动机	Y802—4 0.75kW	摇臂、立柱和主轴箱松开、夹紧	1
M_4	电动机	AOB—25 90W	驱动冷却泵	1
KM_1	交流接触器	CJ0—20B	主轴电动机起、停	1
KM_2	交流接触器	CJ0—10B	摇臂升降电动机正转	1
KM_3	交流接触器	CJ0—10B	摇臂升降电动机反转	1
KM_4	交流接触器	CJ0—10B	液压泵电动机正转	1
KM_5	交流接触器	CJ0—10B	液压泵电动机反转	1
KT_1	时间继电器	JJSK2—4	控制摇臂升降	1
KT_2	时间继电器	JJSK2—4	控制立柱和主轴箱松紧	1
KT_3	时间继电器	JJSK2—2	控制立柱和主轴箱松紧	1
KA_1	中间继电器	JZ7—44	总电源通断	1
SQ_1	限位开关		摇臂升降限位保护	1
SQ_2	限位开关	LX5—11	控制摇臂松开	1
SQ_3	限位开关	LX5—11	控制摇臂夹紧	1
SQ_4	限位开关	LK3—11K	立柱与主轴箱松紧指示	1
QF_1	低压断路器	DZ5—50/500 15A	总电源输入	1
QF_2	低压断路器	DZ5—20/380 4.5A	除主轴电动机外的其他电源控制	1
QF_3	低压断路器	DZ5—10 2A	控制电路电源开关	1
QF_4	低压断路器	DZ5—10 2A	指示灯电路电源开关	1
QF_5	低压断路器	DZ5—10 2A	照明灯电路电源开关	1
YA_1	电磁铁	MFJ1—3	主轴箱松紧	1
YA_2	电磁铁	MFJ1—3	立柱松紧	1
QS_1	组合开关	HZ5—10/1.7	冷却泵电动机起、停	1
SA_1	转换开关	LW6—2/BO>1	照明灯控制	1
SA_2	转换开关	LW6—2/BO>1	立柱、主轴箱松紧控制	1
FR_1	热继电器	JR0—20/3 11.5A	主轴电动机过载保护	1
FR_2	热继电器	JR0—20/3 1.5A	液压电动机过载保护	1
TC_1	变压器	BK—150 380/110-24-6	控制、指示电路电源	1
TC_2	变压器	BK—50 380/24	照明	1
SB_1	按钮（红色）	LA19—11J	总停	1
SB_2	按钮	LA19—11	总起	1
SB_3	按钮	LA19—11	主轴电动机停止	1
SB_4	按钮	LA19—11D	主轴电动机起动	1
SB_5	按钮	LA19—11	摇臂上升	1
SB_6	按钮	LA19—11	摇臂下降	1
SB_7	按钮	LA19—11D	立柱、主轴箱松开	1
SB_8	按钮	LA19—11D	立柱、主轴箱夹紧	1
EL_1	照明灯	JC—25 40W	安全照明	1
$HL_1 \sim HL_4$	指示灯	XD1		4

Z3040 型摇臂钻床是经过系列更新的产品，采用四台电动机拖动：主轴电动机 M_1、摇臂升降电动机 M_2、液压泵电动机 M_3 和冷却泵电动机 M_4。其控制特点如下：

1）主轴电动机 M_1 担负主轴的旋转运动和进给运动，由接触器 KM_1 控制，只能单方向旋转。主轴的正反转、制动停车、空档、主轴变速和变速系统的润滑，都是通过操纵机构液压系统实现的。热继电器 FR_1 作为 M_1 的过载保护。

2）摇臂升降电动机 M_2 由接触器 KM_2、KM_3 实现正反转控制。摇臂的升降由 M_2 拖动，摇臂的松开、夹紧则通过夹紧机构液压系统来实现（电气-液压配合实现摇臂升降与放松、夹紧的自动循环）。因 M_2 为短时工作，故不设过载保护。

3）液压泵电动机 M_3 受接触器 KM_4、KM_5 控制，M_3 的主要作用是供给夹紧装置压力油，实现摇臂的松开与夹紧、立柱和主轴箱的松开与夹紧。热继电器 FR_2 为 M_2 的过载保护电器。

4）冷却泵电动机 M_4 功率很小，由组合开关 QS_1 直接控制其起、停，不设过载保护。

5）主电路、控制电路、信号（指示）灯电路、照明电路的电源引入开关分别采用低压熔断器 $QF_1 \sim QF_5$，低压断路器中的电磁脱扣器作为短路保护电器取代了熔断器，并具有零电压保护和欠电压保护功能。

6）摇臂升降与其夹紧机构动作之间插入时间继电器 KT_1，使得摇臂升降完成，升降电动机电源切断后，需延时一段时间，才能使摇臂夹紧，避免了因升降机构惯性造成间隙，再次起动摇臂升降时产生的抖动。

7）本机床立柱顶上没有汇流环装置，消除了因汇流环接触不良带来的故障。

8）设置了明显的指示装置，如主轴箱和立柱松开指示、夹紧指示，以及主轴电动机旋转指示等。

2.8.2 电路工作原理

开车之前，先将低压断路器 $QF_2 \sim QF_5$ 接通，再将电源总开关 QF_1 扳到"接通"位置，引入三相交流电源。电源指示灯 HL_1 点亮，表示机床电气线路已处于带电状态。按下总起动按钮 SB_2，中间继电器 KA_1 线圈得电并自锁，为主轴电动机以及其他电动机的起动做好准备。

1. 主轴旋转的控制

主轴的旋转运动由主轴电动机 M_1 拖动，M_1 由主轴起动按钮 SB_4、停止按钮 SB_3、接触器 KM_1 实现单方向起动、停止控制。指示灯 HL_4 为主轴电动机旋转指示。

起动时，按起动按钮 $SB_4 \rightarrow KM_1$ 得电并自锁→主轴头闭合→M_1 转动。

停车时，按停止按钮 $SB_3 \rightarrow KM_1$ 断电释放→M_1 断电，由液压系统控制使主轴制动停车。

必须指出，主轴的正、反转运动是液压系统和正、反转摩擦离合器配合共同实现的。

2. 摇臂升降的控制

摇臂的上升、下降分别由按钮 SB_5、SB_6 点动控制。以摇臂上升为例：

按上升按钮 SB_5，时间继电器 KT_1 得电吸合，KT_1 的常开触头（33—35）闭合，接触器 KM_4 得电吸合，液压泵电动机 M_3 起动供给压力油。压力油经分配阀体进入摇臂松开油腔，推动活塞使摇臂松开。与此同时，活塞杆通过弹簧片压动限位开关 SQ_2，其常闭触头 SQ_{2-2} 断开，接触器 KM_4 线圈断电释放，液压泵电动机 M_3 停止运转。而 SQ_2 的常开触头 SQ_{2-1} 闭合，接触器 KM_2 的线圈通电，其主触头接通摇臂升降电动机 M_2 的电源，M_2 起动正向旋转，带动摇臂上升。

如果摇臂没有松开，SQ_2 的常开触头 SQ_{2-1} 就不能闭合，KM_2 就不能通电，M_2 不能旋转，保证了只有在摇臂可靠松开后才能使摇臂上升。

当摇臂上升到所需位置时，松开按钮 SB_5，接触器 KM_2 和时间继电器 KT_1 的线圈同时断电，摇臂升降电动机 M_2 断电停止，摇臂停止上升。延时 $1 \sim 3s$ 后，KT_1 延时闭合的常闭触头（47—49）闭合，接触器 KM_5 的线圈经（1—3—5—7—47—49—51—6—2）线路通电吸合，液压泵电动机 M_3 反向起动旋转，压力油经分配阀进入摇臂的夹紧油腔，反方向推动活塞，使摇臂夹紧。同时，活塞杆通过弹簧片使限位开关 SQ_3 的常闭触头（7—47）断开，接触器 KM_5 断电释放，液压泵电动机 M_3 停止旋转，完成了摇臂的松开—上升—夹紧动作。

摇臂的下降过程与上升基本相同，它们的夹紧和放松电路完全一样，所不同的是按下降按钮 SB_6 时为接触器 KM_3 线圈通电，摇臂升降电动机 M_2 反转，带动摇臂下降。

时间继电器 KT_1 的作用是控制 KM_5 的吸合时间，使 M_2 停止运转后，再夹紧摇臂。KT_1 的延时时间应视摇臂在 M_2 断电至停转前的惯性大小调整，应保证摇臂停止上升（或下降）后才进行夹紧，一般调整在 $1\sim3s$。

行程开关 SQ_1 担负摇臂上升或下降的极限位置保护。SQ_1 有两对常闭触头，触头 $SQ_{1\text{-}1}$（15—17）是摇臂上升时的极限位置保护，触头 $SQ_{1\text{-}2}$（27—17）是摇臂下降时的极限位置保护。

行程开关 SQ_3 的常闭触头（7—47）在摇臂可靠夹紧后断开。如果液压夹紧机构出现故障，或 SQ_3 调整不当，将使液压泵电动机 M_3 过载。为此，采用热继电器 FR_2 进行过载保护。

3. 立柱和主轴箱的松开、夹紧控制

立柱和主轴箱的松开及夹紧控制可单独进行，也可同时进行，由转换开关 SA_2 和复合按钮 SB_7（或 SB_8）进行控制。SA_2 有三个位置：中间位（零位）时，立柱和主轴箱的松开或夹紧同时进行；左边位为立柱的夹紧或放松；右边位为主轴箱的夹紧或放松。复合按钮 SB_7、SB_8 分别为松开、夹紧控制按钮。

以主轴箱的松开和夹紧为例：先将 SA_2 扳到右侧，触头（57—59）接通，（57—63）断开。当要主轴箱松开时，按松开按钮 SB_7，时间继电器 KT_2、KT_3 的线圈同时得电，KT_2 是断电延时型时间继电器，它的断电延时断开的常开触头（7—57）在通电瞬间闭合，电磁铁 YA_1 通电吸合。经 $1\sim3s$ 延时后，KT_3 的延时闭合常开触头（7—41）闭合，接触器 KM_4 线圈经（1—3—5—7—41—43—37—39—6—2）线路通电，液压泵电动机 M_3 正转，压力油经分配阀进入主轴箱油缸，推动活塞使主轴箱放松。活塞杆使行程开关 SQ_4 复位，触头 $SQ_{4\text{-}1}$ 闭合，$SQ_{4\text{-}2}$ 断开，指示灯 HL_2 亮，表示主轴箱已松开。主轴箱夹紧的控制线路及工作原理与松开时相似，只要把松开按钮 SB_7 换成夹紧按钮 SB_8，接触器 KM_4 换成 KM_5，M_3 由正向转动变成反向转动，指示灯 HL_2 换成 HL_3 即可。

当把转换开关 SA_2 扳到左侧时，触头（57—63）接通，（57—59）断开。按松开按钮 SB_7 或夹紧按钮 SB_8 时，电磁铁 YA_2 通电，此时立柱松开或夹紧。SA_2 在中间位时，触头（57—59）、（57—63）均接通。按 SB_7 或 SB_8，电磁铁 YA_1、YA_2 均通电，主轴箱和立柱同时进行松开或夹紧。其他动作过程与主轴箱松开和夹紧时完全相同，不再赘述。

由于立柱和主轴箱的松开与夹紧是短时间的调整工作，故采用点动控制方式。

思 考 题

2.1 绘制电气原理图应遵循哪些原则？

2.2 电气安装接线图与电气原理图有哪些不同？

2.3 三相异步电动机直接起动常用的方法有哪些？各有何特点？

2.4 笼型异步电动机减压起动常用的方法有哪些？各有何特点？

2.5 绕线转子异步电动机常用的起动方法有哪些？各有何特点？

2.6 什么叫自锁？什么叫联锁？什么叫互锁？

2.7 三相异步电动机电气制动常用的方法有哪些？各有何特点？

2.8 三相异步电动机常用的调速方法有哪些？各有何特点？

2.9 电动机起动电流是额定电流的 4~7 倍，为什么电动机起动时热继电器不动作？

2.10 长动与点动的区别是什么？怎样实现点动？

2.11 设计顺序起、停控制电路，有哪些规律可循？

2.12 C650 型卧式车床有哪些电气保护措施？它们是通过哪些电器元件实现的？

2.13 C650 型卧式车床主轴的正反转是怎样实现的？

2.14 Z3040 型摇臂钻床的上升、下降运动分为哪三个步骤？简述动作过程。

2.15 Z3040 型摇臂钻床主轴的正、反转是如何实现的？

2.16 在 Z3040 型摇臂钻床电气控制电路中，行程开关 $SQ_1 \sim SQ_4$ 各起什么作用？

习　题

2.1 试分析图 2-1 所示的按钮、接触器直接起动控制线路，为什么具有零电压保护和欠电压保护功能？

2.2 笼型异步电动机在什么情况下采用减压起动？

2.3 在图 2-5 所示的 丫-△ 减压起动控制线路中，时间继电器 KT 起什么作用？若 KT 延迟时间为零，则在操作时会出现什么问题？

2.4 在图 2-7 所示的绕线转子异步电动机串电阻起动线路中，中间继电器 KA 起什么作用？若 KA 线圈断线，则在操作时会发生什么现象？

2.5 试分析图 2-8 所示线路的工作原理。若没有接触器辅助触头联锁，当某个接触器主触头因电弧熔焊不能释放时，电路可能出现什么问题？

2.6 在图 2-10 所示的线路中，若不用速度继电器 KS，还可以用什么方法实现反接制动控制？

2.7 分析图 2-33 所示线路中，哪种线路能实现电动机正常连续运行和停止，哪种不能？为什么？

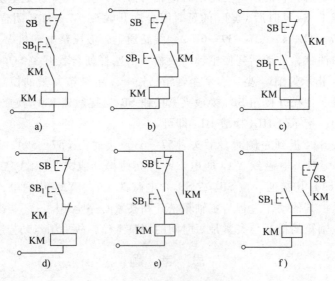

图 2-33　习题 2.7 图

2.8 图 2-34 所示线路可使一个工作机构向前移到指定位置上停一段时间，再自动返回原位。试述其工作过程和限位开关 SQ_1、SQ_2 的作用。

2.9 试设计一台笼型异步电动机的控制线路，其要求如下：

（1）能实现可逆长动控制；

（2）能实现可逆点动控制；

（3）有过载、短路保护。

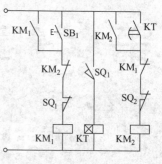

图 2-34 习题 2.8 图

2.10 试设计三台笼型异步电动机的起、停控制线路，要求：

（1）M_1 起动 10s 后，M_2 自动起动；

（2）M_2 运行 8s 后，M_1 停止，同时 M_3 自动起动；

（3）再运行 20s 后，M_2 和 M_3 停止。

2.11 试设计两台笼型异步电动机的顺序起、停控制电路和主电路，要求如下：

（1）M_1 先起动，M_2 后起动；

（2）停车时，按先 M_2 后 M_1 的顺序停止；

（3）M_1 可点动；

（4）两台电动机均有短路和过载保护。

2.12 试设计一个按速度原则控制的可逆运行的能耗制动控制线路（含主电路）。

2.13 电气控制系统常用的保护环节有哪些？采用什么电器元件来实现？

2.14 分析 C650 型车床电气控制线路，说明当电路出现下面的问题时，会出现什么故障现象。

（1）熔断器 FU_1 烧断一根；

（2）时间继电器 KT 线圈断线。

2.15 如果将 C650 型车床电气原理图中 KS_1 和 KS_2 触头的位置对调，还有没有反接制动作用？为什么？

2.16 分析 Z3040 型摇臂钻床电气控制线路，说明：

（1）摇臂升降与松开、夹紧的自动过程；

（2）时间继电器 KT_1、KT_2 的作用是什么？

（3）电路在安全保护方面有什么特色？

2.17 如果 Z3040 型摇臂钻床的主轴电动机 M_1 不能起动，可能的故障有哪些？

第 3 章

电气控制系统设计

电气控制系统是一切依靠电能（或气动、液压）驱动的机械设备的重要组成部分，是制造业"高端化、智能化、高质量发展"的基础。本章介绍继电器-接触器电气控制系统的设计方法，包括电气控制线路设计的内容、一般程序、设计原则、设计方法和步骤，以及电气控制系统的安装、调试方法，并列举了实例。

3.1 电气控制系统设计的内容

电气控制系统设计的基本任务是根据控制要求，设计和编制出设备制造、安装、使用和维修过程中所必要的图样、资料，包括电气总图、电气原理线路图、电气箱及控制面板的电器元件布置图、电气安装图、接线图等，编制外购件目录、单台消耗清单、设备说明书等资料。

由此可见，电气控制系统的设计包括原理设计和工艺设计两部分，现以电力拖动控制系统为例说明两部分的设计内容。

3.1.1 原理设计内容

原理设计的主要内容包括：

1）拟定电气设计任务书（技术条件）。

2）确定电力拖动方案（电气传动形式）以及控制方案。

3）选择电动机，包括电动机的类型、电压等级、容量及转速，并选择出具体型号。

4）设计电气控制的原理框图，包括主电路、控制电路和辅助控制电路，确定各部分之间的关系，拟定各部分的技术要求。

5）设计并绘制电气原理图，计算主要技术参数。

6）选择电器元件，制定电动机和电器元件明细表，以及装置易损件及备用件的清单。

7）编写设计说明书。

3.1.2 工艺设计内容

工艺设计的主要目的是便于组织电气控制装置的制造，实现电气原理设计所要求的各项技术指标，为设备今后的安装、使用和维修提供必要的图样资料。

工艺设计的主要内容包括：

1）根据已设计完成的电气原理图及选定的电器元件，设计电气设备的总体配置，绘制电气控制系统的总装配图及总接线图。总图应反映出电动机、执行电器、电气箱各组件、操作台布置、电源以及检测元件的分布状况和各部分之间的接线关系与线路铺设方式、连接方式，这一部分的设计资料供总体装配调试以及日常维护使用。

2）按照电气原理框图或划分的组件，对总原理图进行编号，绘制各组件原理电路图，列出各组件的元件目录表，并根据总图编号标出各组件的进出线号。

3）根据各组件的原理电路及选定的元件目录表，设计各组件的装配图（包括电器元件布置图和安装图）和接线图。该图主要反映各电器元件的安装方式和接线方式，这部分资料是各组件电路装配和生产管理的依据。

4）根据组件的安装要求，绘制零件图样，并标明技术要求。这部分资料是机械加工和对外协作加工所必要的技术资料。

5）设计电气箱。根据组件的尺寸及安装要求，确定电气箱结构与外形尺寸，设置安装支架，标明安装尺寸、安装方式、各组件的连接方式、通风散热及开门方式。在这一部分的设计中，应注意操作的宜人性、维护的方便性与造型的美观性。

6）根据总原理图、总装配图及各组件原理图等资料，进行汇总，分别列出外购件清单、标准件清单以及主要材料消耗定额。这部分是生产管理和成本核算所必须具备的技术资料。

7）编写使用说明书。

在实际设计过程中，根据生产机械设备的总体技术要求和电气系统的复杂程度，可对上述步骤做适当的调整及修正。

3.2　电气控制线路的设计

3.2.1　电气控制线路设计的原则

一般说来，当生产机械的电力拖动方案和控制方案确定以后，即可着手进行电气控制线路的具体设计工作。对于不同的设计人员，由于其自身知识的广度、深度不同，导致所设计的电气控制线路的形式灵活多变。因此，若要设计出满足生产工艺要求的最合理的方案，就要求电气设计人员必须不断扩展自己的知识面，开阔思路，总结经验。电气控制线路设计一般应遵循以下原则：

1. 最大限度满足生产机械和工艺对电气控制系统的要求

电气控制系统是为整个生产机械设备及其工艺过程服务的。因此，在设计之前，首先要弄清楚生产机械设备需满足的生产工艺要求，对生产机械设备的整个工作情况做全面细致的了解。同时深入现场调查研究，收集资料，并结合技术人员及现场操作人员的经验，以此作为设计电气控制线路的基础。

2. 在满足生产工艺要求的前提下，力求使控制线路简单、经济

（1）选用标准电器元件

尽量选用标准电器元件，尽量减少电器元件的数量，尽量选用相同型号的电器元件以减少备用品的数量。

（2）选用典型环节或基本电气控制线路

尽量选用标准的、常用的或经过实践考验的典型环节或基本电气控制线路。

（3）简化电气控制线路

尽量减少不必要的触头，以简化电气控制线路。在满足生产工艺要求的前提下，使用的电器元件越少，电气控制线路中所涉及的触头的数量也越少，因而控制线路就越简单。同时还可以提高控制线路的工作可靠性，降低故障率。

常用的减少触头数量的方法有：

1）合并同类触头。在图 3-1 中，图 a、图 b 实现的控制功能一致，但图 b 比 a 少了一对触头。合并同类触头时应注意所用触头的容量应大于两个线圈电流之和。

2）利用具有转换触头的中间继电器将两对触头合并成一对转换触头，如图 3-2 所示。

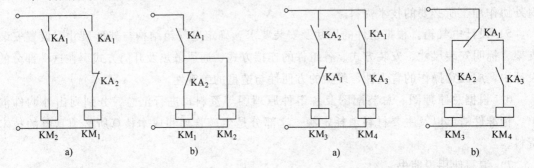

图 3-1　同类触头合并　　　　图 3-2　具有转换触头的中间继电器的应用

3）利用半导体二极管的单向导电性减少触头数量。如图 3-3 所示，利用二极管的单向导电性可减少一个触头。这种方法只适用于控制电路所用电源为直流电源的场合，在使用中还要注意电源的极性。

4）利用逻辑代数的方法来减少触头数量。如图 3-4a 所示，图中含有的触头数量为 5 个，其逻辑表达式为

$$K = A\,\overline{B} + A\,\overline{B}C$$

经逻辑化简后，$K = A\,\overline{B}$。这样就可以将原图简化为只含有两个触头的电路，如图 3-4b 所示。

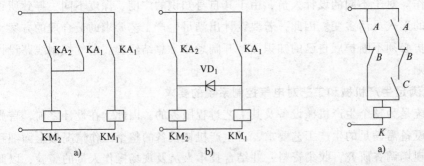

图 3-3　利用二极管简化控制电路　　　　图 3-4　利用逻辑代数减少触头

（4）尽量减少连接导线的数量和长度

设计电气控制线路时，应根据实际环境情况，合理考虑并安排各种电气设备和电器元件的位置及实际连线，以保证各种电气设备和电器元件之间连接导线的数量最少，导线的长度最短。

如图 3-5 所示，仅从控制线路上分析，两个电路没有什么不同。但若考虑实际接线，图 3-5a 的接线就不合理。因为按钮安装在操作台上，接触器安装在电气柜内，按图 3-5a 的接法从电气柜到操作台需引 4 根导线。图 3-5b 的接线合理，因为它将起动按钮和停止按钮直接相连，从而保证了两个按钮之间的距离最短，导线连接最短。此时，从电气柜到操作台只需引出 3 根导线。所以，一般都将起动按钮和停止按钮直接连接。

特别要注意，同一电器的不同触头在电气线路中应尽可能具有更多的公共连接线。这样可减少导线根数和缩短导线长度，如图 3-6 所示。行程开关安装在生产机械上，继电器安装在电气柜内，图 3-6a 需用 4 根长导线连接，而图 3-6b 只需用 3 根长导线。

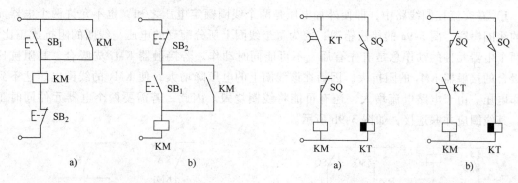

图 3-5 电器的合理连接   图 3-6 节省连接导线的方法

（5）减少通电电器

控制线路工作时，除必要的电器元件必须通电外，其余的尽量不通电以节约电能。如图 3-7a 所示，在接触器 KM_2 得电后，接触器 KM_1 和时间继电器 KT 就失去了作用，不必继续通电。若改成图 3-7b，KM_2 得电后，切断了 KM_1 和 KT 的电源，节约了电能，延长了该电器元件的寿命。

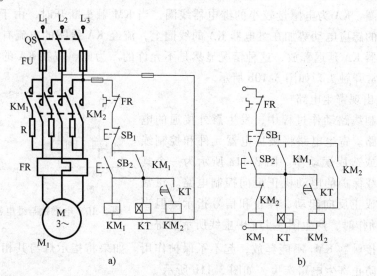

图 3-7 减少通电电器的线路

3. 保证电气控制线路工作的可靠性

保证电气控制线路工作的可靠性，最主要的是选择可靠的电器元件。同时，在设计具体的电气控制线路时要注意以下几点：

（1）正确连接电器元件的触头

同一电器元件的常开和常闭触头靠得很近，如果分别接在电源的不同相上，有可能造成电源短路。如图3-8a所示，限位开关SQ的常开触头接在电源的一相，常闭触头接在电源的另一相，当触头断开产生电弧时，可能在两触头间形成飞弧造成电源短路。如果改成图3-8b的形式，由于两触头间的电位相同，则不会造成电源短路。因此，在设计控制线路时，应使分布在线路不同位置的同一电器触头尽量接到同一个极或尽量共接同一等电位点，以避免在电器触头上引起短路。

（2）正确连接电器的线圈

1）在交流控制线路中，即使外加电压是两个线圈额定电压之和，也不允许两个电器元件的线圈串联。图3-9a的接法错误，因为每个线圈上所分配到的电压与线圈的阻抗成正比，而两个电器元件的动作总是有先有后，不可能同时动作。若接触器KM_1先吸合，其阻抗比未吸合的接触器KM_2的阻抗大，因而在该线圈上的电压降增大，使KM_2的线圈电压达不到动作电压。由于电路电流增大，还有可能将线圈烧毁。因此，若需要两个电器元件同时工作，其线圈应并联连接，如图3-9b所示。

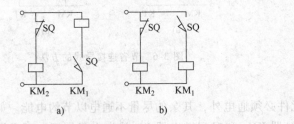

图3-8　触头的连接

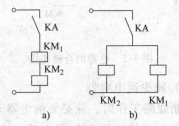

图3-9　线圈的连接

2）两电感量相差悬殊的直流电压线圈不能直接并联，如图3-10a所示。YA为电感量较大的电磁铁线圈，KA为电感量较小的继电器线圈，当KM触头断开时，由于YA线圈电感量较大，产生的感应电动势加在继电器KA的线圈上，流经KA线圈的电流有可能达到其动作值，使继电器KA延迟释放，这种情况显然是不允许的。为此，应在KA的线圈电路中单独串接KM的常开触头，如图3-10b所示。

（3）避免出现寄生电路

在电气控制线路动作过程中，发生意外接通的电路称为寄生电路。寄生电路将破坏电器元件和控制线路的工作顺序或造成误动作。图3-11a所示为一个具有指示灯和过载保护的电动机正反向控制电路。正常工作时，能完成正反向起动、停止和信号指示。但当热继电器FR动作时，产生图3-11a中虚线所示的寄生

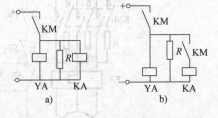

图3-10　电磁铁与继电器线圈的连接

电路，使正向接触器KM_1不能释放，起不了保护作用。如果将指示灯与其相应的接触器线圈并联，则可防止寄生电路产生，如图3-11b所示。

（4）避免多个电器元件依次动作

在电气控制线路中，应尽量避免多个电器元件依次动作才能接通另一个电器元件的现象。

（5）电气联锁和机械联锁

在频繁操作的可逆线路中，正反向接触器之间要有电气联锁和机械联锁。

（6）电气控制线路应能适应所在电网

设计的电气控制线路应能适应所在电网，并据此来决定电动机的起动方式是直接起动还是间接起动。

（7）充分考虑继电器触头的接通和分断能力

设计电气控制线路时，应充分考虑继电器触头的接通和分断

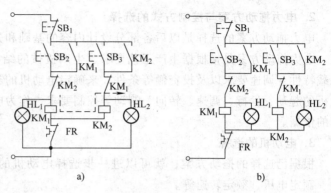

图 3-11　防止寄生电路

能力。若要增加接通能力，可用多个触头并联；若要增加分断能力，可用多个触头串联。

4. 保证电气控制线路工作的安全性

电气控制线路应具有完善的保护环节，保证生产机械的安全运行，消除在其工作不正常或误操作时所带来的不利影响，避免事故发生。电气控制线路中常设的保护环节有短路、过电流、过载、失电压、弱磁、超速、极限保护等。

5. 应力求使操作、维护、检修方便

电气控制线路对电气控制设备而言应力求维修方便，使用简单。为此，在具体进行电气控制线路的安装与配线时，电器元件应留有备用触头，必要时留有备用元件；为检修方便，应设置电气隔离，避免带电检修；为调试方便，控制方式应操作简单，能迅速实现从一种控制方式到另一种控制方式的转换，如从自动控制转换到手动控制等；设置多点控制，便于在生产机械旁进行调试；操作回路较多时，如要求正反向运转并调速，应采用主令控制器，不要采用许多按钮。

3.2.2　电气控制线路设计的规律

电气控制线路的设计一般按如下程序进行。

1. 拟定设计任务书

电气控制系统设计的技术条件，通常是以电气设计任务书的形式表达的。电气设计任务书是整个系统设计的依据，拟定电气设计任务书，应聚集电气、机械工艺、机械结构三方面的设计人员，根据所设计的机械设备的总体技术要求，共同商讨，拟定认可。

在电气设计任务书中，应简要说明所设计的机械设备的型号、用途、工艺过程、技术性能、传动要求、工作条件、使用环境等。除此之外，还应说明以下技术指标及要求：

1）控制精度、生产效率要求；

2）有关电力拖动的基本特性，如电动机的数量、用途、负载特性、调速范围，以及对反向、起动和制动的要求等；

3）用户供电系统的电源种类、电压等级、频率及容量等要求；

4）有关电气控制的特性，如自动控制的电气保护、联锁条件、动作程序等；

5）其他要求，如主要电气设备的布置草图、照明、信号指示、报警方式等；

6）目标成本及经费限额；

7）验收标准及方式。

2. 电力拖动方案与控制方式的选择

电力拖动方案的选择是以后各部分设计内容的基础和先决条件。

电力拖动方案是指根据生产工艺要求、生产机械的结构、运动部件的数量、运动要求、负载特性、调速要求以及投资额等条件，来确定电动机的类型、数量、拖动方式，并拟定电动机的起动、运行、调速、转向、制动等控制要求，作为电气控制原理图设计及电器元件选择的依据。

3. 电动机的选择

根据已选择的拖动方案，就可以进一步选择电动机的类型、数量、结构形式，以及容量、额定电压、额定转速等。

选择电动机的基本原则如下：

1）电动机的机械特性应满足生产机械提出的要求，要与负载特性相适应，以保证生产过程中的运行稳定性并具有一定的调速范围与良好的起、制动性能。

2）电动机的结构形式应满足机械设计提出的安装要求，并适应周围环境的工作条件。

3）根据电动机的负载和工作方式，正确选择电动机的容量。

正确合理地选择电动机的容量具有重要意义。选择电动机的容量可按以下四种类型进行。①对于恒定负载长期工作制的电动机，其容量的选择应保证电动机的额定功率等于或大于负载所需要的功率；②对于变动负载长期工作制的电动机，其容量的选择应保证当负载变到最大时，电动机仍能给出所需要的功率，同时电动机的温升不超过允许值；③对于短时工作制的电动机，其容量的选择应按照电动机的过载能力来选择；④对于重复短时工作制的电动机，其容量的选择原则上可按照电动机在一个工作循环内的平均功耗来选择。

4）电动机电压的选择应根据使用地点的电源电压来决定，常用为 380V、220V。

5）在没有特殊要求的场合，一般均采用交流电动机。

在本书后面的附录 A 中，给出了部分 Y 系列三相异步电动机的型号及技术数据，设计时可供选择。

4. 电气控制方案的确定

在几种电路结构及控制形式均可达到同样的技术指标的情况下，到底选择哪一种控制方案，往往要综合考虑各个控制方案的性能、设备投资、使用周期、维护检修、发展等因素。

选择电气控制方案的主要原则如下：

（1）自动化程度与国情相适应

根据现代科学技术的发展，电气控制方案尽可能选用最新科学技术，同时又要与企业自身的经济实力及各方面的人才素质相适应。

（2）控制方式应与设备的通用及专用化相适应

对于工作程序固定的专用机械设备，使用中并不需要改变原有程序，可采用继电器-接触器控制系统，控制线路在结构上接成"固定"式的；对于要求较复杂的控制对象或者要求经常变换工序和加工对象的机械设备，可采用可编程序控制器控制系统。

（3）控制方式随控制过程的复杂程度而变化

在生产机械控制自动化中，随控制要求及控制过程的复杂程度不同，可以采用分散控制或集中控制的方案，但是各台单机的控制方式和基本控制环节则应尽量一致，以便简化设计和制造过程。

（4）控制系统的工作方式应满足工艺要求

控制系统的工作方式应在经济、安全的前提下，最大限度地满足工艺要求。

此外，控制方案的选择，还应考虑采用自动、半自动循环，工序变更、联锁、安全保护、故障诊断、信号指示、照明等。

5. 设计电气控制原理图

设计电气控制原理图并合理选择元器件，编制元器件目录清单。

6. 设计电气设备的施工图

设计电气设备制造、安装、调试所必备的各种施工图，并以此为依据编制各种材料定额清单。

7. 编写说明书

3.2.3　电气控制线路设计的方法和步骤

电气控制线路的设计有两种方法：一是分析设计法，二是逻辑设计法。下面对这两种方法分别介绍。

1. 分析设计法

分析设计法（又称经验设计法、一般设计法）是根据生产机械的工艺要求和生产过程，选择适当的基本环节（单元电路）或典型电路综合而成的电气控制线路。它要求设计人员必须熟悉和掌握大量的基本环节和典型电路，具有丰富的实际设计经验。

一般不太复杂的（继电接触式）电气控制线路都可以按这种方法进行设计。这种方法易于掌握，便于推广，但在设计过程中需要反复修改设计草图以得到最佳设计方案。因此设计速度慢，且必要时还要对整个电气控制线路进行模拟实验。

（1）设计的基本步骤

一般的生产机械电气控制线路设计包含主电路、控制电路和辅助电路等设计。

1）主电路设计：主要考虑电动机的起动、点动、正反转、制动和调速。

2）控制电路设计：包括基本控制电路和控制电路特殊部分的设计，以及选择控制参量和确定控制原则，主要考虑如何满足电动机的各种运转功能和生产工艺要求。

3）连接各单元环节，构成满足整机生产工艺要求，实现生产过程自动或半自动及调整的控制电路。

4）联锁保护环节设计：主要考虑如何完善整个控制线路的设计，包含各种联锁环节以及短路、过载、过电流、失电压等保护环节。

5）辅助电路设计：包括照明，声、光指示，报警等电路的设计。

6）线路的综合审查：反复审查所设计的控制线路是否满足设计原则和生产工艺要求。在条件允许的情况下，进行模拟实验，逐步完善整个电气控制线路的设计，直至满足生产工艺要求。

（2）设计的基本方法

1）根据生产机械的工艺要求和工作过程，适当选用已有的典型基本环节，将它们有机地组合起来加以适当的补充和修改，综合成所需要的电气控制线路。

2）若选择不到适合的典型基本环节，则根据生产机械的工艺要求和生产过程自行设计，边分析边画图，将输入的主令信号经过适当转换，得到执行元件所需的工作信号。随时增减电器元件和触头，以满足所给定的工作条件。

（3）设计举例

下面以皮带运输机的电气控制线路为例来说明分析设计法的设计过程。

例 3-1 用分析设计法设计三条皮带运输机构成的散料运输线控制线路。其工作示意图如图 3-12 所示。

皮带运输机是一种连续平移运输机械，常用于粮库、矿山等的生产流水线上，将粮食、矿石等从一个地方运到另一个地方，一般由多条皮带机组成，可以改变运输的方向和斜度。

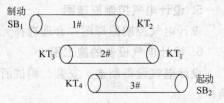

图 3-12 皮带运输机工作示意图

皮带运输机属长期工作制，不需调速，没有特殊要求，也不需反转。因此，其拖动电动机多采用笼型异步电动机。若考虑事故情况下可能有重载起动，需要的起动转矩大，可以用双笼型异步电动机或绕线转子异步电动机拖动，也有的是二者配合使用。

1）皮带运输机的工艺要求。

① 起动时，顺序为 3#、2#、1#，并要有一定的时间间隔，以免货物在皮带上堆积，造成后面皮带重载起动。

② 停车时，顺序为 1#、2#、3#，也要有一定的时间间隔，以保证停车后皮带上不残存货物。

③ 不论 2#或 3#哪一个出故障，1#必须停车，以免继续进料，造成货物堆积。

④ 必要的保护。

2）主电路设计。三条皮带运输机由三台电动机拖动，均采用笼型异步电动机。由于电网容量相对于电动机容量来讲足够大，而且三台电动机又不同时起动，所以不会对电网产生大的冲击。因此，采用直接起动。由于皮带运输机不经常起动、制动，对于制动时间和停车准确度也没有特殊要求，停止时采用自由停车。三台电动机都用熔断器作为短路保护，用热继电器作为过载保护。由此，设计出主电路如图3-13所示。

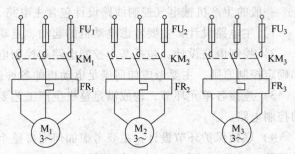

图 3-13 皮带运输机主电路

3）基本控制电路设计。三台电动机由三个接触器控制其起动、停止。起动时，顺序为 3#、2#、1#，可用 3#接触器的常开（动合）触头去控制 2#接触器的线圈，用 2#接触器的常开触头去控制 1#接触器的线圈。停车时，顺序为 1#、2#、3#，用 1#接触器的常开触头与控制 2#接触器的常闭（动断）按钮并联，用 2#接触器的常开触头与控制 3#接触器的常闭按钮并联。其基本控制电路如图 3-14 所示。由图可见，只有 KM₃ 动作后，按下 SB₃，KM₂ 线圈才能通电动作，然后按下 SB₁、KM₁ 线圈通电动作，这样就实现了电动机的顺序起动。同理，只有 KM₁ 断电释放，按下 SB₄，KM₂ 线圈才能断电，然后按下 SB₆，KM₃ 线圈断电，这样实现了电动机的顺序停车。

4）控制电路特殊部分的设计。图 3-14 所示的控制电路显然是手动控制，为了实现自动控制，皮带运输机的起动和停车过程可以用行程量或时间参量加以控制。由于皮带是回转运动，检测行程比较困难，而用时间参量比较方便。所以，采用以时间为变化参量，利用时间继电器作为输出器件的控制信号。以通电延时的常开触头作为起动信号，以断电延时的常开触头作为停车信号。为使三条皮带自动地按顺序工作，采用中间继电器 KA，其电路如图 3-15 所示。

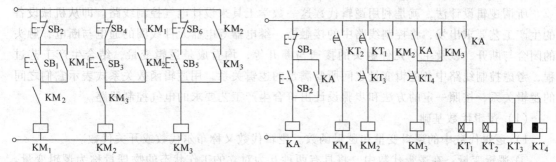

图 3-14 控制电路的基本部分　　　　　　图 3-15 控制电路的联锁部分

5）设计联锁保护环节。按下 SB$_1$ 发出停车指令时，KT$_1$、KT$_2$、KA 同时断电，KA 常开触头瞬时断开，接触器 KM$_2$、KM$_3$ 若不加自锁，则 KT$_3$、KT$_4$ 的延时将不起作用，KM$_2$、KM$_3$ 线圈将瞬时断电，电动机不能按顺序停车，所以需加自锁环节。三个热继电器的保护触头均串联在 KA 的线圈电路中，这样，无论哪一号皮带机发生过载，都能按 1#、2#、3#顺序停车。线路的失电压保护由继电器 KA 实现。

6）线路的综合审查。完整的控制线路如图 3-16 所示。

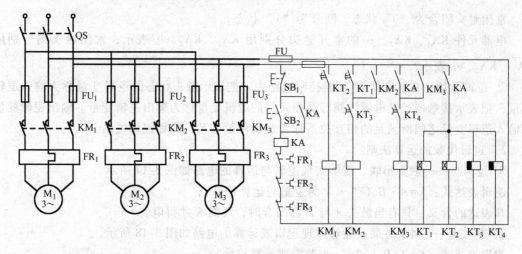

图 3-16 完整的控制线路

线路工作过程：按下起动按钮 SB$_2$，继电器 KA 通电吸合并自锁，KA 的一个常开触头闭合，接通时间继电器 KT$_1$～KT$_4$，其中 KT$_1$、KT$_2$ 为通电延时型时间继电器，KT$_3$、KT$_4$ 为断电延时型时间继电器，所以 KT$_3$、KT$_4$ 的常开触头立即闭合，为接触器 KM$_2$ 和 KM$_3$ 的线圈通电准备条件。KA 的另一个常开触头闭合，与 KT$_4$ 一起接通接触器 KM$_3$，使电动机 M$_3$ 首先起动；经一段时间，达到 KT$_1$ 的整定时间，则时间继电器 KT$_1$ 的常开触头闭合，使 KM$_2$ 通电吸合，电动机 M$_2$ 起动；再经一段时间，达到 KT$_2$ 的整定时间，则时间继电器 KT$_2$ 的常开触头闭合，使 KM$_1$ 通电吸合，电动机 M$_1$ 起动。

按下停止按钮 SB$_1$，继电器 KA 断电释放，4 个时间继电器同时断电，KT$_1$、KT$_2$ 的常开触头立即断开，KM$_1$ 失电，电动机 M$_1$ 停车；由于 KM$_2$ 自锁，所以只有达到 KT$_3$ 的整定时间，KT₃ 断开，使 KM₂ 断电，电动机 M₂ 停车；最后，达到 KT₄ 的整定时间，KT₄ 的常开触头断开，使 KM₃ 线圈断电，电动机 M₃ 停车。

2. 逻辑设计法

所谓逻辑设计法，就是利用逻辑代数这一数学工具来设计电气控制线路。即从机械设备的生产工艺要求出发，将控制线路中的接触器、继电器等电器元件线圈的通电与断电，触头的闭合与断开，以及主令元件触头的接通与断开等，均看成是逻辑变量，结合生产工艺过程，考虑控制线路中各逻辑变量之间所要满足的逻辑关系，用逻辑函数关系式表示它们之间的逻辑关系，按照一定的方法和步骤设计出符合生产工艺要求的电气控制线路。

（1）逻辑代数基础

1）逻辑代数中的逻辑变量和逻辑函数。逻辑代数又称布尔代数或开关代数。

① 逻辑变量：在逻辑代数中，将具有两种互为对立的工作状态的物理量称为逻辑变量。如继电器、接触器等电器元件线圈的通电与失电，触头的断开与闭合等，这里的线圈和触头都相当于一个逻辑变量，其对立的两种工作状态可采用逻辑"0"和逻辑"1"表示。而且逻辑代数规定，应明确逻辑"0"和逻辑"1"所代表的物理意义。因此，在继电器-接触器控制线路中明确规定：继电器、接触器等电器元件的线圈、常开（动合）触头为原变量，常闭（动断）触头为反变量。即：

电器元件的线圈通电为"1"状态，失电为"0"状态；

常开触头闭合为"1"状态，断开为"0"状态；

常闭触头闭合为"$\bar{0}$"状态，断开为"$\bar{1}$"状态；

电器元件 KA₁、KA₂、… 的常开触头分别用 KA₁、KA₂、… 表示，常闭触头则分别用 $\overline{KA_1}$、$\overline{KA_2}$、… 表示。

② 逻辑函数：在继电器-接触器控制线路中，把表示触头状态的逻辑变量称为输入逻辑变量，把表示接触器、继电器线圈等受控元件的逻辑变量称为输出逻辑变量。输出逻辑变量与输入逻辑变量之间所满足的相互关系称为逻辑函数关系，简称逻辑关系。

2）逻辑代数的运算法则。

① 逻辑与——触头串联。能够实现逻辑与运算的电路如图 3-17 所示。

逻辑表达式：$K=A \cdot B$（"·"为逻辑与运算符号）；

其表达的含义：只有当触头 A 与 B 都闭合时，线圈 K 才得电。

② 逻辑或——触头并联。能够实现逻辑或运算的电路如图 3-18 所示。

逻辑表达式：$K=A+B$（"+"为逻辑或运算符号）；

其表达的含义：触头 A 与 B 只要有一个闭合时，线圈 K 就可以得电。

③ 逻辑非——动断触头。能够实现逻辑非运算的电路如图 3-19 所示。

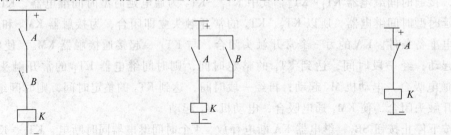

图 3-17　逻辑与运算电路　　　　图 3-18　逻辑或运算电路　　　　图 3-19　逻辑非运算电路

逻辑表达式：$K = \bar{A}$（"－"为逻辑非运算符号）；

其表达的含义：触头 A 不动作，则线圈 K 通电。

3）逻辑代数的基本定理。

① 交换律：$A \cdot B = B \cdot A$，$A + B = B + A$。

② 结合律：$A \cdot (B \cdot C) = (A \cdot B) \cdot C$，$A + (B + C) = (A + B) + C$。

③ 分配律：$A \cdot (B + C) = A \cdot B + A \cdot C$，$A + (B \cdot C) = (A + B) \cdot (A + C)$。

④ 重叠律：$A \cdot A = A$，$A + A = A$。

⑤ 吸收律：$A + AB = A$，$A \cdot (A + B) = A$，$A + \bar{A}B = A + B$，$\bar{A} + AB = \bar{A} + B$。

⑥ 非非律：$\bar{\bar{A}} = A$。

⑦ 反演律：$\overline{A + B} = \bar{A} \cdot \bar{B}$，$\overline{A \cdot B} = \bar{A} + \bar{B}$。

以上定理的证明请参考逻辑代数有关章节，读者也可自行证明。

4）逻辑代数的化简。一般说来，从满足机械设备的工艺要求出发而列出的原始逻辑表达式都较为繁琐，涉及的变量较多，据此作出的电气控制线路图也很繁琐。因此，在保证逻辑功能（生产工艺要求）不变的前提下，可运用逻辑代数的定理和法则将原始的逻辑表达式进行化简，以得到较为简化的电气控制线路图。

化简时经常用到的常量和变量的关系为

$A + 0 = A$ $A \cdot 0 = 0$

$A + 1 = 1$ $A \cdot 1 = A$

$A + \bar{A} = 1$ $A \cdot \bar{A} = 0$

化简时经常用到的方法有：

① 合并项法：利用 $AB + A\bar{B} = A$，将两项合为一项。

      例：$AB\bar{C} + ABC = AB$

② 吸收法：利用 $A + AB = A$ 消去多余的因子。

      例：$B + ABDF = B$

③ 消去法：利用 $A + \bar{A}B = A + B$ 消去多余的因子。

      例：$\bar{A} + AB + DEF = \bar{A} + B + DEF$

④ 配项法：利用逻辑表达式乘以一个"1"和加上一个"0"其逻辑功能不变来进行化简，即利用 $A + \bar{A} = 1$ 和 $A \cdot \bar{A} = 0$。

5）继电器-接触器开关的逻辑函数

继电器-接触器开关的逻辑电路是以检测信号、主令信号、中间单元及输出逻辑变量的反馈触头作为输入变量，以执行元件作为输出变量而构成的电路。以下通过两个简单电路说明组成继电器-接触器开关的逻辑函数的规律，图 3-20a、b 为起、停自锁电路。

对于图 3-20a，其逻辑函数为 $F_K = \mathrm{SB}_1 + \overline{\mathrm{SB}_2} \cdot K$，其一般形式为

$$F_K = X_开 + X_关 \cdot K \tag{3-1}$$

对于图 3-20b，其逻辑函数为 $F_K = \overline{\mathrm{SB}_2} \cdot (\mathrm{SB}_1 + K)$，其一般形式为

$$F_K = X_关 (X_开 + K) \tag{3-2}$$

式（3-1）和式（3-2）中的 $X_开$ 代表开启信号，$X_关$ 代表关闭信号

实际起动、停止、自锁的电路一般都有许多联锁条件，即控制一个线圈通、断电的条件往往都不止一个。对开启信号，当不只一个主令信号，还必须具有其他条件才能开启时，则开启主令信号用 $X_{开主}$ 表示，其他条件称为开启约束信号，用 $X_{开约}$ 表示。可见，只有当条件都具备时，开启信号才能开启，则 $X_{开主}$ 与 $X_{开约}$ 是逻辑与的关系，用 $X_{开主} \cdot X_{开约}$ 去代替式 (3-1)、式 (3-2) 中的 $X_{开}$。

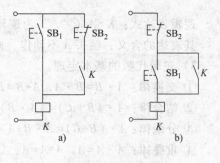

图 3-20　起、停自锁电路

当关断信号不只一个主令信号，还必须具有其他条件才能关断时，则关断主令信号用 $X_{关主}$ 表示，其他条件称为关断约束信号，用 $X_{关约}$ 表示。可见，只有当信号全为"0"时，信号才能关断，则 $X_{关主}$ 与 $X_{关约}$ 是逻辑或的关系，用 $X_{关主} + X_{关约}$ 去代替式 (3-1)、式 (3-2) 中的 $X_{关}$。因此，起动、停止、自锁电路的扩展公式为

$$F_K = X_{开主} X_{开约} + (X_{关主} + X_{关约}) K \tag{3-3}$$

$$F_K = (X_{关主} + X_{关约})(X_{开主} X_{开约} + K) \tag{3-4}$$

（2）设计基本步骤

电气控制线路的组成一般有输入电路、输出电路和执行元件等。输入电路主要由主令元件、检测元件组成。主令元件包括按钮、开关、主令控制器等，其功能是实现开机、停机及发生紧急情况下的停机等控制。这里，主令元件发出的信号称为主令信号。检测元件包含行程开关、压力继电器、速度继电器等各种电器元件，其功能是检测物理量，作为程序自动切换时的控制信号，即检测信号。主令信号、检测信号、中间元件发出的信号、输出变量反馈的信号组成控制线路的输入信号。输出电路由中间记忆元件和执行元件组成。中间记忆元件即中间继电器，其基本功能是记忆输入信号的变化，使得按顺序变化的状态（以下称为程序）相区分。执行元件分为有记忆功能和无记忆功能两种。有记忆功能的执行元件有接触器、继电器，无记忆功能的执行元件有电磁阀、电磁铁等。执行元件的基本功能是驱动生产机械的运动部件满足生产工艺要求。

逻辑设计法的基本步骤如下：

1）根据生产工艺要求，作出工作循环示意图。

2）确定执行元件和检测元件，并根据工作循环示意图作出执行元件的动作节拍表和检测元件状态表。

执行元件的动作节拍表由生产工艺要求决定，是预先提供的。执行元件的动作节拍表实际上表明接触器、继电器等电器线圈在各程序中的通电、断电情况。

检测元件状态表根据各程序中检测元件状态变化编写。

3）根据主令元件和检测元件状态表写出各程序的特征数，确定待相区分组，增设必要的中间记忆元件，使待相区分组的所有程序区分开。

程序特征数即由对应程序中所有主令元件和检测元件的状态构成的二进制数码的组合数。例如，当一个程序有两个检测元件时，根据状态取值的不同，则该程序可能有 4 个不同的特征数。

当两个程序中不存在相同的特征数时，这两个程序是相区分的；否则，是不相区分的。将具有相同特征数的程序归为一组，称为待相区分组。

对待相区分组可设置必要的中间记忆元件，通过中间记忆元件的不同状态将各待相区分组区分开。

4）列出中间记忆元件的开关逻辑函数和执行元件的逻辑函数。

5）根据逻辑函数式建立电气控制线路图。

6）进一步检查、化简、完善电路，增加必要的保护和联锁环节。

（3）设计举例

例3-2 用逻辑设计法设计皮带运输机的电气控制线路。皮带运输机的工作循环示意图如图3-12所示。

按生产工艺要求，当起动信号给出后，3#皮带机立即起动；经一定时间间隔，由控制元件——时间继电器 KT_1 发出起动 2#皮带机的信号，2#皮带机起动；再经一定时间间隔，由控制元件——时间继电器 KT_2 发出起动 1#皮带机的信号，1#皮带机起动。当发出停止信号时，1#皮带机立即停车；经一定时间间隔，由控制元件——时间继电器 KT_3 发出停止 2#皮带机的信号，2#皮带机停车；再经一定时间间隔，由控制元件——时间继电器 KT_4 发出停止 3#皮带机的信号，3#皮带机停车。

1）作出执行元件的动作节拍表和检测元件的状态表。确定执行元件为接触器 KM_1、KM_2、KM_3，检测元件为时间继电器 KT_1、KT_2、KT_3、KT_4。其中 KT_1、KT_2 为起动用时间继电器，用于通电延时；KT_3、KT_4 为停止用时间继电器，用于断电延时。

主令元件为起动按钮 SB_2 和停止按钮 SB_1。接触器和时间继电器线圈状态见表3-1，时间继电器及按钮触头状态见表3-2。表中的"1"代表线圈通电或触头闭合，"0"代表线圈断电或触头断开。

表3-1　接触器和时间继电器线圈状态表

程序	状态	元件线圈状态						
		KM_1	KM_2	KM_3	KT_1	KT_2	KT_3	KT_4
0	原位	0	0	0	0	0	0	0
1	3#起动	0	0	1	1	1	1	1
2	2#起动	0	1	1	1	1	1	1
3	1#起动	1	1	1	1	1	1	1
4	1#停车	0	1	1	1	0	0	0
5	2#停车	0	0	1	0	0	0	0
6	3#停车	0	0	0	0	0	0	0

表3-2　时间继电器及按钮触头状态表

程序	状态	检测或控制元件触头状态						转换主令信号
		KT_1	KT_2	KT_3	KT_4	SB_1	SB_2	
0	原位	0	0	0	0	1	0	
1	3#起动	0	0	1	1	1	1/0	SB_2、KT_3、KT_4
2	2#起动	1	0	1	1	1	0	KT_1
3	1#起动	1	1	1	1	1	0	KT_2
4	1#停车	0	0	1	1	0/1	0	SB_1、KT_1、KT_2
5	2#停车	0	0	0	1	1	0	KT_3
6	3#停车	0	0	0	0	1	0	KT_4

表3-2中的1/0和0/1表示短信号。例如，按钮 SB_2，当按下时，常开触头闭合；松开时，触头即断开。所以，称其产生的信号为短信号，在表3-2中用1/0表示。

2）决定待相区分组，设置中间记忆元件。根据控制或检测元件状态表得程序特征数见

表 3-3。

表 3-3 程序特征数

程 序	特 征 数	程 序	特 征 数
0	000010	4	001100，001110
1	001111，001110	5	000110
2	101110	6	000010
3	111110		

只有"1"程序和"4"程序有相同特征数 001110，但 SB_2 为短信号，需加自锁。因此，"1"程序和"4"程序就属于可区分组了。因为没有待相区分组，所以就不需要设置中间记忆元件。

3）列出输出元件的逻辑函数式。KM_3 的工作区间是程序 1~5；程序 0、1 间转换主令信号是 SB_2，由 0→1，取 $X_{开主}$ 为 SB_2；程序 5、6 间转换主令信号是 KT_4，由 1→0，所以取 $X_{关主}$ 为 KT_4，且 SB_2 为短信号，需自锁。故

$$KM_3 = (SB_2 + KM_3) KT_4$$

KM_2 的工作区间是程序 2~4；程序 1、2 间转换主令信号是 KT_1，由 0→1，取 $X_{开主}$ 为 KT_1；程序 4、5 间转换主令信号是 KT_3，由 1→0，取 $X_{关主}$ 为 KT_3，但在开关边界内 $X_{开主} \cdot X_{关主}$ 不全为 1（由于 KT_1、KT_3 分别为通电延时型和断电延时型，所以在线路通电或断电时，二者不能同时闭合），需自锁。故

$$KM_2 = (KT_1 + KM_2) KT_3$$

KM_1 的工作程序是程序 3；程序 2、3 间转换主令信号是 KT_2，由 0→1，取 $X_{开主}$ 为 KT_2；程序 3、4 间转换主令信号是 SB_1，由 1→0→1，取 $X_{关主}$ 为 $\overline{SB_1}$。故

$$KM_1 = \overline{SB_1} \cdot KT_2$$

$KT_1 \sim KT_4$ 的工作区间是程序 1~3；程序 0、1 间转换主令信号是 SB_2，由 0→1，且 SB_2 是短信号，需加自锁，取 $X_{开主}$ 为 SB_2；程序 3、4 间转换主令信号是 SB_1，由 1→0→1，取 $X_{关主}$ 为 SB_1。故

$$KT_1 = (SB_2 + KT_1) \overline{SB_1} \qquad KT_2 = (SB_2 + KT_2) \overline{SB_1}$$

$$KT_3 = (SB_2 + KT_3) \overline{SB_1} \qquad KT_4 = (SB_2 + KT_4) \overline{SB_1}$$

以上四式可以用一式代替，由于 $KT_1 \sim KT_4$ 线圈的通、断电信号相同，所以自锁信号用 KT_1 的瞬动触头来代替，则

$$KT_1 \sim KT_4 = (SB_2 + KT_1) \overline{SB_1}$$

4）按逻辑函数式画出电气控制线路图。按上面逻辑函数式画出的电气控制线路图如图 3-21 所示，考虑 $\overline{SB_1}$、SB_2 需两常开、两常闭，数量太多，对按钮来说难以满足，改用 $KA = (SB_2 + KA) \overline{SB_1}$ 和 $KT_1 \sim KT_4 = KA$，即利用 SB_2 和 SB_1 控制中间继电器 KA 的线圈，再由 KA 的常开触头控制 $KT_1 \sim KT_4$ 的线圈，由此可画出图 3-22 所示电路。

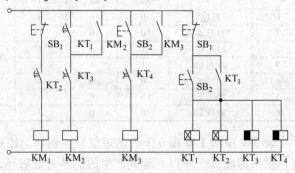

图 3-21 按逻辑函数画出的控制线路

5）进一步完善电路，增加必要的联锁和保护环节。经过进一步检查和完善，最后可得到与图 3-16 相同的电路。

综合以上分析设计法和逻辑设计法可以看出，其基本设计思路是一样的。对于一般不太复杂的电气控制线路可按分析设计法进行设计。而且，如果设计人员具有丰富的设计经验和设计技巧，掌握较多的典型基本环节，则对所进行

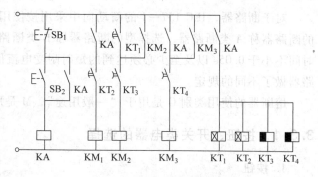

图 3-22　完善的控制线路

的设计大有益处。对于较为复杂的电气控制线路，则宜采用逻辑设计法进行设计，既可使设计的线路更加简单，又可充分利用电器元件，得到更加简化、更为合理的电气控制线路。

3.3　常用电器元件的选择

电路设计完成之后，就应着手进行有关电器元件的选择。一个大型的自动控制系统常由成百上千个元器件组成，若其中有一个元器件失灵，就会影响整个控制系统的正常工作，或出现故障，或使生产停产。因此，正确、合理地选用电器元件，是控制电路安全、可靠工作的重要保证。电器元件选择的基本原则如下：

1）按对电器元件的功能要求确定电器元件的类型。

2）确定电器元件承载能力的临界值及使用寿命。根据电器控制的电压、电流及功率的大小确定电器元件的规格。

3）确定电器元件预期的工作环境及供应情况，如防油、防尘、防水、防爆及货源情况。

4）根据电器元件在应用中所要求的可靠性进行选择。

5）确定电器元件的使用类别。

电器元件的使用类别见表 3-4。其中 AC-11、DC-11 是 IEC（国际电工委员会）337—1 中的使用类别，而 AC-12~15、DC-12~14 是 IEC 标准修订草案中的使用类别，后者将取代前者。

表 3-4　低压电器常见使用类别及其代号

使用类别代号	典型用途举例	使用类别代号	典型用途举例
AC-1(JK0)	无感或微感负载，电阻炉	AC-11	控制交流电磁铁负载
AC-2(JK1+JK2)	绕线转子电动机的起动、分断	AC-12	控制电阻性负载和发光二级管隔离的固态负载
AC-3(JK3)	笼型异步电动机的起动、运转中分断	AC-13	控制变压器隔离的固态负载
AC-4(JK4)	笼型异步电动机的起动、反接制动与反向、点动	AC-14	控制容量（闭合状态下）不大于 72V·A 的电磁铁负载
AC-5a	控制放电灯的通断	AC-15	控制容量（闭合状态）大于 72V·A 的电磁铁负载
AC-5b	控制白炽灯的通断		
AC-6a	变压器的通断	DC-1	无感或微感负载，电阻炉
AC-6b	电容器组的通断	DC-3(ZK1+ZK2)	并励电动机的起动、反接制动、点动
AC-7a	家用电器中的微感负载和类似用途	DC-5(ZK3+ZK4)	串励电动机的起动、反接制动、点动
AC-7b	家用电动机负载	DC-6	白炽灯的通断
AC-8a	密封制冷压缩机中的电动机控制（过载继电器手动复位式）	DC-11	控制直流电磁铁负载
		DC-12	控制电阻负载和发光二极管隔离的固态负载
AC-8b	密封制冷压缩机中的电动机控制（过载继电器自动复位式）	DC-14	控制电路中有经济电阻的直流电磁铁负载

注：括号内的使用类别代号为对应的 GB 1797—1979 的代号。

对于断路器，IEC 157—1 的新动向中采用按使用类别 A 和 B 的分类方法，即非选择型的断路器称 A 类断路器，选择型的断路器称 B 类断路器。对于 B 类断路器还规定了短延时时间不小于 0.05s 以及至少必须达到的短时耐受电流值。在分组顺序试验中对 A 类和 B 类断路器做了不同的规定。

熔断器的使用类别 G 是用于"一般用途"，M 是用于电动机回路中。

3.3.1 按钮、开关类电器的选择

1. 按钮

按钮主要根据所需要的触头数、使用场合、颜色标注，以及额定电压、额定电流进行选择。

按钮的颜色有如下规定：

1）"停止"和急停按钮必须是红色。当按下红色按钮时，必须使设备停止工作或断电。

2）"起动"按钮的颜色是绿色。

3）"起动"与"停止"交替动作的按钮必须是黑色、白色或灰色，不得用红色和绿色。

4）点动按钮必须是黑色。

5）复位按钮（如保护继电器的复位按钮）必须是蓝色。当复位按钮还有停止的作用时，则必须是红色。

按钮颜色的含义及应用见表 3-5。表中规定与 IEC 73《指示灯和按钮的颜色》（1975 年第二版）一致。表 3-6 为 LA38 系列按钮的主要技术参数。

表 3-5 按钮的颜色、含义及应用（摘录 GB 5226—1985）

颜色	颜色的含义	典型应用
红	急情出现时动作	急停
	停止或断开	总停 停止一个或几个电动机 停止机床的一部分 停止循环（如果操作者在循环期间按此按钮,机床在有关循环完成后停止） 断开开关装置 兼有停止作用的复位
黄	干预	排除反常情况或避免不希望的变化。如当循环尚未完成,把机床部件返回到循环起始点按下黄色按钮可以超越预选的其他功能
绿	起动或接通	总起动 开动一个或几个电动机 开动机床的一部分 开动辅助功能 闭合开关装置 接通控制电路
蓝	红、黄、绿三种颜色未包括的任何特定含义	红、黄、绿色含义未包括的特殊情况,可以用蓝色复位（如保护继电器的复位按钮）
黑、灰、白	未赋予特定含义	除"停止"按钮外,黑、灰、白色可用于任何功能,如黑色用于点动,白色用于控制与工作循环无直接关系的辅助功能

2. 行程开关

行程开关主要根据机械设备运动方式与安装位置、挡铁的形状、速度、工作力、工作行程、触头数量，以及额定电压、额定电流来选择。

表 3-6　LA38 系列按钮主要技术参数（摘自江阴长江电器有限公司产品手册）

型　号			LA38—□□/209□ LA38—□□/229□ LA38—□□/409	□LA38—□□/208□ LA38—□□/228□ LA38—□□/408□	LA38—□□/207□ LA38—□□A/207□
额定绝缘电压/V			380		
额定工作电流/A （额定工作电压/V）	AC-15	220V	5.5	6.5	1.5
		380V	4	4.3	1.2
	DC-13	110V	1	1.2	
		220V	0.45	0.55	
约定发热电流/A			10		
机械寿命/次×10⁴			100		
电寿命/次×10⁴			50		
颜色			红、绿、黄、白、蓝、黑		

3. 万能转换开关

万能转换开关根据控制对象的接线方式、触头形式与数量、动作顺序和额定电压、额定电流等参数进行选择。

4. 电源引入开关的选择

机械设备引入电源的控制开关常选用刀开关、组合开关和断路器等。

（1）刀开关与封闭式负荷开关的选用

刀开关与封闭式负荷开关适用于接通或断开有电压而无负载电流的电路，用于不频繁接通与断开且长期工作的机械设备的电源引入，根据电源种类、电压等级、电动机的容量及控制的极数进行选择。用于照明电路时，刀开关或封闭式负荷开关的额定电压、额定电流应等于或大于电路最大工作电压与工作电流。用于电动机的直接起动时，刀开关与封闭式负荷开关的额定电压为 380V 或 500V，额定电流应等于或大于电动机额定电流的 3 倍。

（2）组合开关的选用

组合开关主要用于电源的引入，根据电流种类、电压等级、所需触头数量及电动机容量进行选择。当用于控制 7kW 以下电动机的起动、停止时，组合开关的额定电流应等于电动机额定电流的 3 倍；当不直接用于起动和停机时，其额定电流只需稍大于电动机的额定电流。

（3）断路器的选用

断路器的选用包括正确选用开关的类型、容量等级和保护方式。在选用之前，必须对被保护对象的容量、使用条件及要求进行详细地调查，通过必要的计算后，再对照产品使用说明书的数据进行选用。

1）断路器的额定电压和额定电流应不小于电路的正常工作电压和工作电流。

2）热脱扣器的整定电流应与所控制的电动机的额定电流或负载额定电流一致。

3）电磁脱扣器的瞬时脱扣整定电流应大于负载电路正常工作时的峰值电流。对于电动机来说，断路器电磁脱扣器的瞬时脱扣整定电流值 I 为

$$I \geqslant KI_{ST} \tag{3-5}$$

式中　K——安全系数，可取 $K = 1.7$；

　　　I_{ST}——电动机的起动电流。

3.3.2　熔断器的选择

熔断器的选择，首先应确定熔体的额定电流，其次根据熔体的规格选择熔断器的规格，

再根据被保护电路的性质选择熔断器的类型。

1. 熔体额定电流的选择

熔体的额定电流与负载性质有关。

1）负载较平稳，无尖峰电流，如照明电路、信号电路、电阻炉电路等。

$$I_{FUN} \geq I \tag{3-6}$$

式中　I_{FUN}——熔体额定电流；

　　　I——负载额定电流。

2）负载出现尖峰电流，如笼型异步电动机的起动电流为（4~7）I_{ed}（I_{ed}为电动机额定电流）。

单台不频繁起动、停机且长期工作的电动机：

$$I_{FUN} = (1.5 \sim 2.5)I_{ed} \tag{3-7}$$

单台频繁起动、长期工作的电动机：

$$I_{FUN} = (3 \sim 3.5)I_{ed} \tag{3-8}$$

多台长期工作的电动机共用熔断器：

$$I_{FUN} \geq (1.5 \sim 2.5)I_{emax} + \sum I_{ed} \tag{3-9}$$

$$或\ I_{FUN} \geq I_m / 2.5 \tag{3-10}$$

式中　I_{emax}——容量最大的一台电动机的额定电流；

　　　$\sum I_{ed}$——其余电动机的额定电流之和；

　　　I_m——电路中可能出现的最大电流。

当几台电动机不同时起动时，电路中的最大电流为

$$I_m = 7I_{emax} + \sum I_{ed} \tag{3-11}$$

3）采用减压方法起动的电动机：

$$I_{FUN} \geq I_{ed} \tag{3-12}$$

2. 熔断器规格的选择

熔断器的额定电压必须大于电路工作电压，额定电流必须等于或大于所装熔体的额定电流。

3. 熔断器类型的选择

熔断器的类型应根据负载保护特性、短路电流大小及安装条件来选择。

3.3.3　交流接触器的选择

接触器分交流与直流两种，应用最多的是交流接触器。选择时主要考虑主触头的额定电压与额定电流、辅助触头的数量、吸引线圈的电压等级、使用类别、操作频率等。选择交流接触器，其主触头的额定电流应等于或大于负载或电动机的额定电流。

1. 额定电压与额定电流

主要考虑接触器主触头的额定电压与额定电流。

$$U_{KMN} \geq U_{CN} \tag{3-13}$$

$$I_{KMN} \geq I_N = \frac{P_{MN} \times 10^3}{KU_{MN}} \tag{3-14}$$

式中　U_{KMN}——接触器的额定电压；

　　　U_{CN}——负载的额定线电压；

I_{KMN}——接触器的额定电流；

　I_N——接触器主触头的额定电流；

　P_{MN}——电动机功率；

　U_{MN}——电动机额定线电压；

　　K——经验常数，$K=1\sim1.4$。

按照接触器的工作制、安装及散热条件的不同，其额定电流使用值也不同。接触器触头通电持续率大于或等于40%时，额定电流值可降低10%～20%使用；接触器安装在控制柜内，其冷却条件较差时，额定电流值应降低10%～20%使用；接触器在重复短时工作制，且通电持续率不超过40%时，其允许的负载额定电流可提高10%～25%；若接触器安装在控制柜内，允许的负载额定电流仅提高5%～10%。

也可按照接触器的使用类别，查阅生产厂家提供的技术参数来确定。表3-7为CJX1系列交流接触器的部分技术参数。

表3-7 CJX1（3TF）系列交流接触器主要技术参数（摘自苏州市华信机床电器厂产品手册）

型　号		3TF30	3TF31	3TF32	3TF33	3TF34	3TF35	3TF46	3TF47	3TF48	3TF49	3TF50
额定绝缘电压/V		690										
额定工作电流/ A/380V	AC-3	9	12	16	22	32	38	45	63	75	85	110
	AC-4	3.3	4.3	7.7	8.5	15.6	18.5	24	28	34	42	54
可控电动机功率/kW	AC-3 230/220V	2.4	3.3	4	5.5	8.5	11	15	18.5	22	26	37
	AC-3 400/380V	4	5.5	7.5	11	15	18.5	22	30	37	45	55
	AC-4 400/380V	1.4	1.9	3.5	4	7.5	9	12	14	17	21	27
机械寿命/次×10⁶		15						10				
电寿命/次×10⁶	AC-3	1.2										
	AC-4	0.2										
操作频率/次/小时	AC-3	1000			750		600	1200	1000		850	1000
	AC-4	250			250		200	400	300		250	300
吸引线圈工作电压范围		$(0.8\sim1.1)U_N$										
吸引线圈功率消耗（AC）	保持/V·A	10				12.1		17		32		39
	功率因数	0.29				0.28		0.29		0.29		0.24
	吸合/V·A	68				101		183		330		550
	功率因数	0.82				0.83		0.6		0.6		0.45
约定发热电流/A		20	20	30	30	55	55	80	90	100	100	160
辅助触头约定发热电流/A		10										
辅助触头额定绝缘电压/V		690										
辅助触头额定工作电流/A	AC-15 380/220V	4/6						4/6				
	DC-13 110/220V	0.8/0.2						1.14/0.48				
符合标准		IEC 947, VDE 0660, GB 1408 等										

2. 吸引线圈的电流种类及额定电压

对于频繁动作的场合，宜选用直流励磁方式，一般情况下采用交流控制。线圈额定电压应根据控制电路的复杂程度，维修、安全要求，设备所采用的控制电压等级来考虑。此外，有时还应考虑车间乃至全厂所使用控制电路的电压等级，以确定线圈额定电压

3. 考虑辅助触头的额定电流、种类和数量

4. 其他方面

1）根据使用环境选择有关系列接触器或特殊用的接触器。

2）随着电子技术的发展，计算机、微机、PLC 的应用，在控制电路中，有时电器的固有动作时间应加以考虑。除此之外，还应考虑电器的使用寿命和操作频率。

3.3.4 继电器的选择

1. 电磁式通用继电器

选用时首先考虑的是交流类型或直流类型，而后根据控制电路需要，是采用电压继电器还是电流继电器，或是中间继电器。作为保护用的应考虑是过电压（或过电流）、欠电压（或欠电流）继电器的动作值和释放值，中间继电器触头的类型和数量，以及选择励磁线圈的额定电压或额定电流值。

2. 时间继电器

根据时间继电器的延时方式、延时精度、延时范围、触头形式及数量、工作环境等因素确定采用何种类型的时间继电器，然后再选择线圈的额定电压。

3. 热继电器

热继电器结构形式的选择主要取决于电动机绕组接法及是否要求断相保护。

热继电器热元件的整定电流可按下式选取：

$$I_{FRN} = (0.95 \sim 1.05)I_{ed} \tag{3-15}$$

式中　I_{FRN}——热元件整定电流。

对于工作环境恶劣、起动频繁的电动机则按下式选取：

$$I_{FRN} = (1.15 \sim 1.5)I_{ed} \tag{3-16}$$

对于过载能力较差的电动机，热元件的整定电流为电动机额定电流的 $60\% \sim 80\%$。

对于重复短时工作制的电动机，其过载保护不宜选用热继电器，而应选用温度继电器。

4. 速度继电器

根据机械设备的安装情况及额定工作转速，选择合适的速度继电器型号。

3.3.5 控制变压器的选择

控制变压器用来降低辅助电路的电压，以满足一些电器元件的电压要求，保证控制电路安全可靠地工作。控制变压器的选择原则如下：

1）控制变压器一、二次电压应与交流电源电压、控制电路和辅助电路电压相等。

2）应能保证接于变压器二次侧的交流电磁器件在起动时可靠地吸合。

3）电路正常运行时，变压器温升不应超过允许值。

控制变压器容量的近似计算公式为

$$P_T \geqslant 0.6 \sum P_q + 0.25 \sum P_{Kj} + 0.125 K_L \sum P_{Km} \tag{3-17}$$

式中　P_T——控制变压器容量（V·A）；

　　　P_q——电磁器件的吸持功率（V·A）；

　　　P_{Kj}——接触器、继电器起动功率（V·A）；

　　　P_{Km}——电磁铁起动功率（V·A）；

　　　K_L——电磁铁工作行程 L_P 与额定行程 L_N 之比的修正系数：

当 $L_P/L_N = 0.5 \sim 0.8$ 时，$K_L = 0.7 \sim 0.8$；

$L_P/L_N = 0.85 \sim 0.9$ 时，$K_L = 0.85 \sim 0.9$；

$L_P/L_N = 0.9$ 以上时，$K_L = 1$。

满足式（3-17）时，既可保证已吸合的电器在起动其他电器时仍能保持吸合状态，又能保证起动电器可靠地吸合。

控制变压器的容量也可按变压器长期运行的允许温升来确定，这时控制变压器的容量应大于或等于最大工作负载的功率，即

$$P_T \geqslant K_f \sum P_q \tag{3-18}$$

式中　K_f——变压器容量的储备系数，$K_f = 1.1 \sim 1.25$。

控制变压器的实际容量应由式（3-17）和式（3-18）所计算出的最大容量来确定。

3.3.6 笼型异步电动机有关电阻的计算

1. 笼型异步电动机起动电阻的计算

在电动机减压起动方式中，定子回路串联的限流电阻 R_q 可近似计算为

$$R_q = \frac{220}{I_{ed} K_q} \sqrt{\frac{K_q}{K_{qr}}} - 1 \tag{3-19}$$

式中　R_q——每相起动限流电阻的阻值（Ω）；

I_{ed}——电动机的额定电流（A）；

K_q——不加电阻时电动机的起动电流与额定电流之比（可由手册上查得）；

K_{qr}——加入起动限流电阻后，电动机的起动电流与额定电流之比，可根据需要选取。

若只在电动机的两相中串入限流电阻，R_q 的值可取计算值的 1.5 倍，加入限流电阻后，其起动转矩 M_{qr} 可估算为

$$M_{qr} = \left(\frac{K_{qr}}{K_q}\right)^2 M_q = \left(\frac{K_{qr}}{K_q}\right)^2 K_m M_e \tag{3-20}$$

式中　M_q——电动机在不加起动电阻时的起动转矩；

M_e——电动机的额定转矩；

K_m——电动机的起动转矩与额定转矩之比（可由手册上查得）。

2. 笼型异步电动机反接制动电阻的计算

为了限制反接制动电流，在电动机定子回路中接入限流电阻。反接制动的限流电阻 R_{zr} 可计算为

$$R_{zr} = \frac{110\sqrt{4(K_q/K_{zr}) - 3} - 0.5}{I_{ed}} \frac{1}{K_q} (\Omega) \tag{3-21}$$

式中　K_{zr}——接入限流电阻后，反接制动电流与额定电流之比。

若只在电动机的两相中串联制动限流电阻 R_{zr}，则 R_{zr} 可取计算值的 1.5 倍。

电动机转速在反接制动到零的瞬间，其制动转矩 M_{zr} 可估算为

$$M_{zr} = (K_{zr}/K_q)^2 M_q = (K_{zr}/K_q)^2 K_m M_e \tag{3-22}$$

思 考 题

3.1　电气控制设计应遵循的原则是什么？设计内容包括哪些方面？

3.2　如何根据设计要求选择拖动方案与控制方式？

3.3　正确选择电动机容量有什么重要意义？

3.4　电气原理图的设计方法有几种？常用什么方法？

3.5 分析设计法的内容是什么？如何应用分析设计法？

3.6 逻辑电路的数学基础是什么？为什么要建立电路与逻辑函数的关系？

3.7 逻辑函数与逻辑电路在任何情况下都是一一对应的吗？

习 题

3.1 分析下面的说法是否正确，在（　　）用√和×分别表示正确和错误。

(1) 在电气控制线路中，应将所有电器的联锁触头接在线圈的下端。（　　）

(2) 设计控制线路时，应使分布在线路不同位置的同一电器触头接到电源的同一相上。（　　）

(3) 在控制线路中，如果两个常开触头并联连接，则它们是"与"逻辑关系。（　　）

(4) 继电器开关的逻辑电路是以执行元件作为逻辑函数的输出变量。（　　）

3.2 分析题意，从若干个答案中选择一个正确答案。

(1) 现有两个交流接触器，它们的型号相同，额定电压相同，则在电气控制线路中其线圈应该（　　）。

(a) 串联连接 　　　　　　　　 (b) 并联连接

(c) 既可串联也可以并联连接

(2) 现有两个交流接触器，它们的型号相同，额定电压相同，如在电气控制线路中将其线圈串联连接，则在通电时（　　）。

(a) 都不能吸合 　　　　　　　　 (b) 有一个吸合，另一个不能吸合

(c) 都能吸合正常工作

(3) 电气控制线路在正常工作或事故情况下，发生意外接通的电路称为（　　）。

(a) 振荡电路 　　　　　　　　 (b) 寄生电路

(c) 自锁电路 　　　　　　　　 (d) 上述都不对

(4) 电压等级相同、电感较大的电磁阀与电压继电器在电路中（　　）。

(a) 可以直接并联 　　　　　　 (b) 不可以直接并联

(c) 不能同在一个控制电路中 　 (d) 只能串联

3.3 某电动机要求只有在继电器 KA$_1$、KA$_2$、KA$_3$ 中任何一个或两个动作时才能运转，而在其他条件下都不运转，试用逻辑设计法设计其控制线路。

3.4 试设计用按钮和接触器控制电动机 M$_1$ 和 M$_2$ 的控制电路，要求如下：

(1) 能同时控制两台电动机的起动和停止；

(2) 能分别控制 M$_1$ 或 M$_2$ 的起动和停止。

3.5 要求某机床液压泵电动机 M$_1$ 和主电动机 M$_2$ 的运行情况如下：

(1) 必须先起动 M$_1$，然后才能起动 M$_2$；

(2) M$_2$ 可以单独停转；

(3) M$_1$ 停转时，M$_2$ 也应自动停转。试设计出满足上述要求的控制电路。

3.6 将图 3-23 中的线路进行简化。

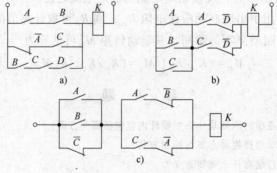

图 3-23 习题 3.6 图

3.7　在一般情况下，不能用中间继电器和接触器的常闭触头作为允许另一回路工作的联锁，而应该用其常开触头进行联锁。试比较图 3-24a 与图 3-24b 有何不同。

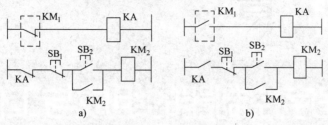

图 3-24　习题 3.7 图

3.8　写出图 3-25 中接触器 KM 的逻辑函数式。

3.9　图 3-26 为钻削加工时刀架自动循环示意图，试设计其自动循环控制线路。具体要求如下：

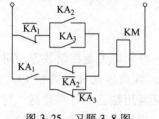
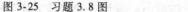

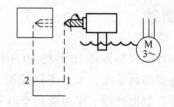

图 3-25　习题 3.8 图　　　　　　　　图 3-26　习题 3.9 图

（1）自动循环。即刀架能自动地由位置 1 移动到位置 2 进行钻削，并自动退回位置 1。

（2）无进给切削。即刀具到达位置 2 时不再进给，钻头继续进行无进给切削以提高精度。切削一段时间后，再自动退到位置 1。

（3）快速停车。即当刀架退到位置 1 时，自动快速停车。（提示：利用速度继电器）。

第 **4** 章

可编程序控制器的组成与工作原理

4.1 概述

可编程序控制器是 20 世纪 60 年代开始发展起来的一种新型工业控制装置，用于取代传统的继电器控制系统，实现逻辑控制、顺序控制、定时、计数等功能。高档 PLC 还能实现数字运算、数据处理、模拟量调节以及联网通信。它具有通用性强、可靠性高、指令系统简单、编程简单易学、易于掌握、体积小、维修工作量小、现场连接安装方便等优点，广泛应用于冶金、采矿、建材、石油、化工、机械制造、汽车、电力、造纸、纺织、装卸、环保等领域，尤其在机械加工、机床控制上应用广泛。在自动化领域，它与 CAD/CAM、工业机器人并称为加工业自动化的三大支柱。

可编程序控制器的诞生是生产发展需要与技术进步结合的产物。在它诞生之前，生产过程及各种生产机械的控制主要是继电器控制系统。继电器控制简单、实用，但由于使用机械触点，可靠性不高；当生产工艺流程改变时，需要改变大量的硬件接线，甚至重新设计系统，周期长、成本高，不能适应激烈的市场竞争；而且它的体积庞大，功能只限于一般的布线逻辑、定时等。

生产发展迫切需要使用方便灵活、性能完善、功能可靠的新一代生产过程自动控制系统。

基于此，美国通用汽车公司（GM）于 1968 年提出了公开招标研制新型工业控制器的设想。第二年，美国数字设备公司（DEC）就研制出了世界上第一台可编程序控制器。它虽然采用了计算机的设计思想，但实际上只能完成顺序控制，仅有逻辑运算、定时、计数等顺序控制功能。所以称为 PLC（Programmable Logic Controller），即可编程逻辑控制器。随后，哥德（GOULD）、爱伦·布瑞德雷（A-B）公司，以及德国、日本的公司相继推出了自己的产品。我国的 PLC 研制虽然起步较晚，但速度很快，朝着自主可控的方向迅速发展。

随着微处理器技术日趋成熟，可编程序控制器的处理速度大大提高，功能不断完善，性能不断提高，不但能进行逻辑运算、处理开关量，还能进行数字运算、数据处理、模拟量调节，并且体积缩小，实现了小型化。因此，美国电气制造协会（National Electrical Manufacturers Association，NEMA）将之正式命名为 PC（Programmable Controller）。为了避免与个人计算机（Personal Computer，PC）混淆，在很多文献中以及人们习惯上仍将可编程序控制器称为 PLC。

PLC 的品种繁多，按其结构形式可分为整体箱式和模块组合式两种。

1）整体箱式：PLC 的各组成部分安装在几块印制电路板上，与电源一起装配在一个机壳内，形成一个整体。特点是结构简单、体积小，多为小型 PLC 或低档 PLC。其 I/O 点数固定且较少，使用不很灵活。如果 I/O 点数不够用，可增加扩展箱扩充点数。含 CPU 主板的部分称为主机箱，主机箱与扩展箱之间由信号电缆连接。

2）模块组合式：将 PLC 分成相对独立的几部分，制成标准尺寸模块，主要有 CPU 模块（含存储器）、输入模块、输出模块、电源模块等几种类型的模块，组装在一个机架内，构成一个 PLC 系统。这种结构形式可按用户需要灵活配置，对现场应变能力强，维修方便。

PLC 的总点数称为 PLC 的容量。按 I/O 点数多少，可分为小型、中型、大型三类。

1）小型：I/O 点数少于 256 点。

2）中型：I/O 点数在 256~2048 点。

3）大型：I/O 点数多于 2048 点。

各类 PLC 的性能有差异。如 CPU 的个数，一般小型 PLC 为单个，中型 PLC 为两个，大型 PLC 有多个；在扫描速度上，中型优于小型，大型优于中型；大、中型 PLC 有智能 I/O；大、中型 PLC 的指令及功能、联网能力均优于小型。编程语言除梯形图外，还有流程图、语句表、图形语言、BASIC 等高级语言。

4.1.1 PLC 的特点

1. 使用灵活，通用性强

PLC 用程序代替了布线逻辑，生产工艺流程改变时，只需修改用户程序，不必重新安装布线，十分方便。结构上采用模块组合式，可像搭积木那样扩充控制系统规模，增减其功能，容易满足系统要求。

2. 编程简单，易于掌握

PLC 采用专门的编程语言，指令少，简单易学。通用的梯形图语言，直观清晰，对于熟悉继电器线路的工程技术人员和现场操作人员很容易掌握。对熟悉计算机的人还有语句表编程语言，类似于计算机的汇编语言，使用非常方便。

3. 可靠性高，能适应各种工业环境

PLC 面向工业生产现场，采取了屏蔽、隔离、滤波、联锁等安全防护措施，可有效地抑制外部干扰，能适应各种恶劣的工业环境，具有极高的可靠性。其内部处理过程不依赖于机械触点，所用元、器件都经过严格筛选，其寿命几乎不用考虑，在软件上有故障诊断与处理功能。以三菱 F1、F2 系列 PLC 为例，其平均无故障时间可达 30 万小时，A 系列的可靠性又比之高几个数量级。多机冗余系统和表决系统的开发，更进一步提高了可靠性。这是继电器控制系统无法比拟的。

4. 接口简单，维护方便

PLC 的输入、输出接口设计成可直接与现场强电相接，有 24V、48V 、110V、220V 交流、直流等电压等级产品，组成系统时可直接选用。接口电路一般为模块式，便于维修更换。有的 PLC 的输入、输出模块可带电插拔，实现不停机维修，大大缩短了故障修复时间。

4.1.2 PLC 的发展趋势

PLC 是针对工业顺序控制发展而研制的。经过 30 多年的迅速发展，现在的 PLC 不仅能进行开关量控制，还能进行模拟量控制、位置控制、联网通信。特别是通信网络技术的发展，给 PLC 提供了更广阔的发展空间。从单机控制向多机控制，从集中控制向多层次分布式控制系统发展，形成了满足各种需要的 PLC 应用系统。

PLC 的主要应用领域是自动化。美国一家公司曾经对美国石油化工、冶金、机械、食品、制药等行业 400 多家工厂企业进行调查，结果表明，PLC 的需求量占各类自动化仪表或自动化控制设备之首，有 82% 的厂家使用 PLC。业内专家认为，PLC 已成为工业控制领域中占主导地位的基础自动化设备。从我国目前正在开展的以高新技术带动传统产业发展形势来看，不仅要大力发展适合于大、中型企业的高水准的 PLC 网络系统，而且也要发展适合小型企业技术改造的性能价格比高的小型 PLC 控制系统。目前，PLC 及其控制系统的发展主要在以下几个方面：

1. 小型、廉价、高性能

小型化、微型化、高性能、低成本是 PLC 的发展方向。作为控制系统的关键设备，小型、超小型 PLC 的应用日趋增多。据统计，美国机床行业应用超小型 PLC 几乎占据了市场的 1/4。许多 PLC 厂家都在积极研制开发各种小型、微型 PLC。例如，日本三菱公司的 FX_{2N}-16M，能提供 8 个输入点、8 个输出点，既可单机运行，也可联网实现复杂的控制；德国西门子公司生产的"LOGO"!，能提供 6 个输入点、4 个输出点，尺寸仅为 72mm（4PU）×90mm×55mm，跟继电器的大小差不多。勿庸置疑，PLC 正朝着体积更小、速度更快、功能更强、价格更低的方向发展。

2. 大型、多功能、网络化

多层次分布式控制系统与集中型相比，具有更高的安全性和可靠性，系统设计、组态也更为灵活方便，是当前控制系统发展的主流。为适应这种发展，各 PLC 生产厂家不断研制开发功能更强的 PLC 网络系统。这种网络一般是多级的，最底层是现场执行级，中间是协调级，最上层是组织管理级。

现场执行级通常由多台 PLC 或远程 I/O 工作站所组成，中间级由 PLC 或计算机构成，最上层一般由高性能的计算机组成。它们之间采用工业以太网、MAP 网与工业现场总线相连构成一个多级分布式控制系统。这种多级分布式控制系统除了控制功能外，还可以实现在线优化、生产过程的实时调度、统计管理等功能，是一种多功能综合系统。

3. 与智能控制系统相互渗透和结合

PLC 与计算机的结合，使它不再是一个单独的控制装置，而成为控制系统中的一个重要组成部分。随着微电子技术和计算机技术的进一步发展，PLC 将更加注重与其他智能控制系统的结合。PLC 与计算机的兼容，可以充分利用计算机现有的软件资源。通过采用速度更快、功能更强的 CPU 以及容量更大的存储器，可以更充分地利用计算机的资源。PLC 与工业控制计算机、集散控制系统、嵌入式计算机等系统将进一步渗透与结合，进一步拓宽 PLC 的应用领域和空间。

4.2　可编程序控制器的组成

4.2.1　PLC 的组成

PLC 是专为工业生产过程控制而设计的控制器，实际上就是一种工业控制专用计算机。不同厂家的产品有不同的结构，但都包含硬件和软件两部分，本节以三菱 FX_{2N} 系列 PLC 为例进行介绍。

1. PLC 的硬件

PLC 的核心是一台单板机，其外围配置了相应的接口电路（硬件），内部配置了监控程序（软件）。其组成框图如图 4-1 所示。

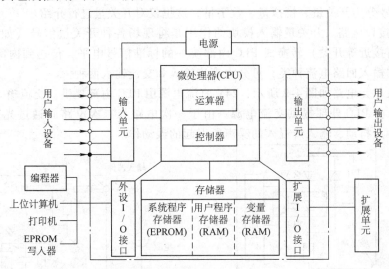

图 4-1　PLC 结构框图

PLC 的硬件包括基本组成部分、I/O 扩展部分、外部设备三大部分。基本组成部分是构成 PLC 的最小系统，包括 CPU、存储器及后备电池、I/O 接口、电源等。各部件功能如下：

（1）CPU

CPU 即微处理器，实际就是一台单片机，上面除了 CPU 还有存储器、并行接口、串行接口、时钟。它是 PLC 的核心部件，其作用是对整个 PLC 的工作进行控制。它是 PLC 的运算、控制中心，实现逻辑运算、算术运算，并对整机进行协调、控制，按系统程序赋予的功能工作。

1）对系统进行管理，如自诊断、查错、信息传送、时钟、计数、刷新等。

2）进行程序解释，根据用户程序执行输入、输出操作等。

CPU 的芯片随机型不同而有所不同，如 F1、F2 系列为 8031，K 系列为 8085，A 系列为 8086，A 系列的高速系统 A3H 中包含一片 80286 及一片 48 位三菱专用逻辑处理芯片。PLC 的运算速度越高，信息处理量越大，CPU 的位数也越多，速度也越快。随着超大规模集成电路制造技术提高，PLC 的芯片越来越高档。以 FX_{2N} 系列为例，大部分芯片都采用表面封装技术，CPU 板上有两片超大规模集成电路（双 CPU），运算处理速度为 $0.08\mu s$/基本指令。因此，无论在速度、集成度等方面，FX_{2N} 都极高。

串行接口与并行接口用于 CPU 与接口器件交换信息，其数量取决于系统规模的大小。

定时器/计数器用于产生系统时钟及用户时钟信息。在一台单片机中，CTC（单片机中具有定时/计数功能的部件）的数量很有限，经过系统监控程序的处理，可产生几十个，甚至数百个相对独立的计数器和定时器，供用户编程时调用。

（2）存储器

PLC 的存储器有两种：

一是单片机上带的存储器，主要用于存储系统监控程序及系统工作区间，生成用户环境。

二是用户程序存储器，通常都是 CMOS 型的 RAM，存储用户程序及参数，用锂电池做后备，调试起来也方便。还可用 EPROM 或 EEPROM。

103

（3）输入/输出接口电路

输入/输出接口电路是 PLC 与被控对象（机械设备或生产过程）联系的桥梁。现场信息经输入接口传送给 CPU，CPU 的运算结果、发出的命令经输出接口送到有关设备或现场。输入/输出信号分为开关量、模拟量、数字量，这里仅对开关量进行介绍。

1）输入接口电路。开关量输入模块的作用是将现场各种开关量信号（如按钮、选择、行程、限位、接近等开关）转换成 PLC 内部统一的标准信号电平，传送到内部总线的输入接口模块。按输入回路电流种类，可分为直流输入和交流输入两种。

直流输入单元电路如图 4-2 所示，24V 直流电源由 PLC 内部提供。交流输入单元电路如图 4-3 所示，由 PLC 外部提供交流电源。由于一次电路与二次电路间通过光耦合器隔离，可防止输入触点抖动、输入线混入的噪声所引起的误动作。

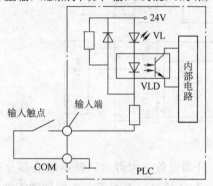

图 4-2　直流输入单元电路

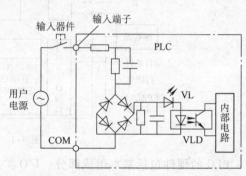

图 4-3　交流输入单元电路

由于光耦合器初、次级间无电路的直接联系，电路的绝缘电阻很大，且可耐高压（＞1500V），能将生产现场信号转换成 PLC 内部逻辑电平信号，并将生产现场与 PLC 内部电路隔离开，大大提高了 PLC 工作的可靠性。

按 PLC 输入模块与外部用户设备的接线，可分为汇点输入接线和独立输入接线两种基本形式。汇点输入接线可用于直流也可用于交流输入模块，如图 4-4 所示。各输入元件共用一个公共端（汇集端）COM，可以是全部输入点为一组，共用一个公共端和一个电源，如图 4-4a 所示；也可将全部输入点分为若干组，每组有一个公共端和一个电源，如图 4-4b 所示。直流输入模块的电源一般由 PLC 内部提供，交流输入模块的电源通常由用户提供。

独立输入接线如图 4-5 所示。每一个输入元件有两个接线端（注：图 4-5 中的 COM 端

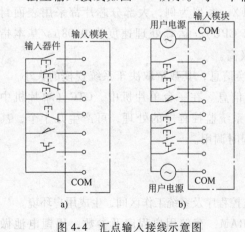

图 4-4　汇点输入接线示意图

a）直流输入模块　b）交流输入模块

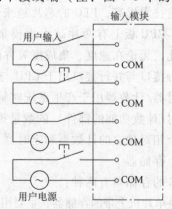

图 4-5　独立输入接线示意图

在 PLC 中是彼此独立的，后面不再说明），由用户提供的一个独立电源供电，控制信号通过用户输入设备的触点输入。

2）输出接口电路。按输出开关器件的种类来分，PLC 通常有三种形式的输出电路：

继电器输出方式的电路如图 4-6 所示。图中仅画出一个输出点的电路，其他输出点的电路与此相同。由 CPU 控制继电器 KA 的线圈，KA 的一个常开触点控制外部负载。它可带交流也可带直流负载，属于交、直流输出方式，电源由用户提供。

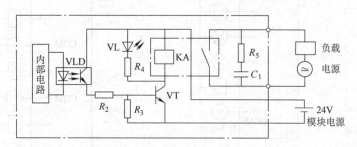

图 4-6　继电器输出电路

晶体管输出方式的电路如图 4-7 所示，通过光耦合使晶体管 VT 通断以控制外部电路。它只能带直流负载，属于直流输出方式，直流电源由用户提供。

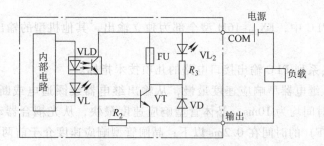

图 4-7　晶体管输出电路

晶闸管输出方式的电路如图 4-8 所示。由光耦合器中的双向光敏二极管控制双向晶闸管 VT 的通断，从而控制外部负载。这种输出方式只能带交流负载，属于交流输出方式，交流电源由用户提供。

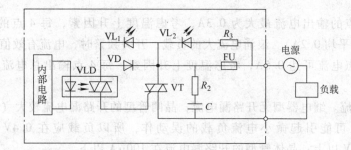

图 4-8　双向晶闸管输出电路

按输出模块与外部用户输出设备的接线，可分为汇点输出和独立输出两种接线形式。汇点输出的接线如图 4-9 所示。图 4-9a 为全部输出点汇集成一组，共用一个公共端 COM 和一个电源；图 4-9b 为将输出点分成若干组，每组一个公共端 COM 和一个独立电源。两种形式的电源均由用户提供，根据实际情况确定选用直流或交流。

独立输出的接线如图 4-10 所示。每个输出点构成一个独立的回路，由用户单独提供一个电源，各个输出点间相互隔离，负载电源按实际情况可选用直流也可选用交流。

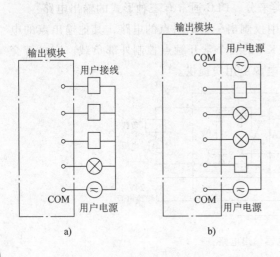

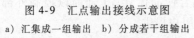

图 4-9 汇点输出接线示意图

a）汇集成一组输出 b）分成若干组输出

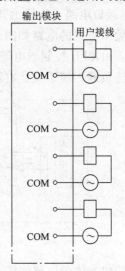

图 4-10 独立输出接线示意图

在 FX_{2N} 系列 PLC 中，FX_{2N}-16M 型全部为独立输出，其他机型的输出均为每 4～8 点共用一个公共端。

下面介绍 FX_{2N} 系列 PLC 输出接口电路的几项技术指标。

① 响应时间。继电器型响应速度最慢，从输出继电器线圈通电或断电到输出触点 ON（或 OFF）的响应时间均为 10ms；晶体管型响应速度最快，从光耦合器动作（或关断）到晶体管 ON（或 OFF）的时间在 0.2ms 以下；晶闸管型响应速度介于前两种之间，从光敏晶闸管驱动（或断开）到输出双向晶闸管开关元件 ON（或 OFF）的时间在 1ms 以下。

② 输出电流。继电器型在 AC 250V 以下电路电压时，可驱动负载：纯电阻 2A/1 点；感性负载 80V·A 以下（AC 100V 或 AC 200V）；灯负载 100W 以下（AC 100V 或 AC 200V）。

对于感性负载，容量越大，触点寿命越短。直流感性负载要并联续流二极管，最大电压不超过 DC 30V。

晶闸管型每点的输出电流最大为 0.3A，考虑温度上升因素，每 4 点的总电流必须在 0.8A 以下（每点平均 0.2A）。浪涌电流大的负载，开关频繁时，电流有效值要小于 0.2A。

晶体管型每点电流可达 0.5A，考虑温度上升因素，每 4 点输出总电流不得超过 0.8A（每点平均 0.2A）。

③ 开路漏电流。继电器型无开路漏电流；晶闸管型的开路漏电流较大（1mA/AC 100V，2mA/AC 200V），可能引起微小电流负载的误动作，所以负载应在 0.4V·A/AC 100V、1.6V·A/AC 200V 以上；晶体管型的开路漏电流在 $100\mu A$ 以下。

三种输出形式的部分性能指标见表 4-1。

（4）电源

电源是 PLC 整机的能源供给中心。PLC 系统中有两种电源。一种是内部电源，是 PLC 主机内部电路的工作电源，要求性能稳定、工作可靠，一般使用开关稳压电源。与普通稳压电源相比，具有如下优点：

表 4-1　三种输出形式主要性能指标

项　　目		继电器输出	晶闸管输出	晶体管输出
外部电源		AC 250V, DC 30V 以下	AC 85~242V	DC 5~30V
最大负载	电阻负载	2A/1 点 8A/4 点（公用） 8A/8 点（公用）	0.3A/1 点 0.8A/4 点	0.5A/1 点；0.8A/4 点 1.6A/8 点（Y0、Y1 以外） 0.3A/1 点（Y0、Y1）
	感性负载	80V·A	15V·A/AC 100V 30V·A/AC 200V	12W/DC 24V（Y0、Y1 以外） 7.2W/DC 24V（Y0、Y1）
	灯负载	100W	30W	1.5W/DC 24V（Y0、Y1 以外） 0.9W/DC 24V（Y0、Y1）
开路漏电流			1mA/AC 100V 2mA/AC 200V	0.1mA/DC 30V
最小负载		DC 5V 2mA 参考值	0.4V·A/AC 100V 1.6V·A/AC 200V	—
响应时间	OFF→ON	约 10ms	1ms 以下	0.2ms 以下
	ON→OFF	约 10ms	最大 10ms	0.2ms 以下（注 1）
回路隔离		继电器隔离	光敏晶闸管隔离	光耦合器隔离
动作显示		继电器通电时 LED 灯亮	光敏晶闸管驱动时 LED 灯亮	光耦合器驱动时 LED 灯亮

注：响应时间 0.2ms 是在条件为 24V 200mA 时，实际所需时间为电路切断负载电流到电流为 0 的时间，可用并接续流二极管的方法改善响应时间。如果希望响应时间短于 0.5ms，应保证电源为 24V 60mA。

1）体积小，重量轻。

2）功耗低，发热少。

3）能适应较大范围内的电压波动，稳压效果好。

4）具有良好的自动保护功能，且保护动作灵敏、可靠。

5）电路集成化，外部元件少、成本低。

另一种是外部电源（或称用户电源），用于传送现场信号或驱动现场执行机构，通常由用户另备。

（5）扩展接口

扩展接口用于系统扩展输入、输出点数。这种扩展接口实际为总线型，可配接开关量的 I/O 单元，也可配置如模拟量、高速脉冲等单元以及通信适配器等。如 I/O 点离主机较远，可设置一个 I/O 子系统将这些 I/O 点归纳到一起，通过远程 I/O 接口与主机相连。

（6）存储器接口

可根据使用需要扩展存储器，内部与总线相连，可扩展用户程序存储区、数据参数存储区。

（7）外设接口

外设接口实际上是 PLC 的通信口，可与手持式编程器、计算机或其他外围设备相连，以实现编程、调试、运行、监视、打印和数据传送等功能。一般的 PLC 至少有一个通信口，如有两个通信口，一个可用于与编程器相连，另一个用于与上位计算机相连。

编程器是 PLC 必不可少的重要外围设备，主要用于输入、检查、调试和修改用户程序，也可用来监视 PLC 的运行状态。

2. PLC 的软件

PLC 的软件是其工作所用各种程序的集合，包括系统监控程序和用户程序。

（1）系统监控程序

系统监控程序是由生产厂家编制，用于管理、协调 PLC 各部分工作，充分发挥系统硬件功能，方便用户使用的通用程序。监控程序通常固化在 ROM 中，一般具有如下功能：

1) 系统配置登记及初始化：系统程序在 PLC 上电或复位时先对各模块进行登记、分配地址、做初始化，为系统管理及运行做好准备。

2) 系统自诊断：对 CPU、存储器、I/O 模块、电源进行故障诊断测试，发现异常则停止执行用户程序，显示故障代码。

3) 命令识别与处理：系统程序不断地监视键盘，接收操作命令并加以解释，按指令完成相应的操作，并显示结果。

4) 用户程序编译：系统编译程序对用户编写的工作程序进行翻译，变成 CPU 可识别执行的指令码程序，存入用户程序存储器；对用户输入的程序做语法检查，发现错误便返回并提示。

5) 模块化子程序及调用管理：厂家为方便用户编程提供了一些子程序模块，需要时只需按调用条件调用。

（2）用户程序

用户程序又称为应用程序，由用户根据控制需要用 PLC 的编程语言（梯形图、指令表、高级语言、汇编语言等）编制而成。

同一厂家生产的同一型号 PLC，其监控程序相同。但不同用户，不同的控制对象其用户程序不同。

软件系统与硬件系统结合就构成了 PLC 系统。

（3）用户环境

用户环境是由监控程序生成的，包括用户数据结构、用户元件区分配、用户程序存储区、用户参数、文件存储区等。

1) 用户数据结构。用户数据结构主要有以下三类：

第一类为 bit 数据，属于逻辑量，其值为"0"或"1"。用它表示触点的通、断，线圈的通、断，标志的 ON、OFF 状态等。最原始的 PLC 处理的就是这类数据，现在仍有不少低档 PLC 只能做这类处理。

第二类为字数据，其数制、位长有多种形式。为使用方便，通常采用 BCD 码形式。FX_{2N} 系列和 A 系列中为 4 位 BCD，双字节为 8 位 BCD 码。书写时，若为十进制数冠以 K（如 K789），若为十六进制数冠以 H（如 H789）。实际处理时还可用八进制、十六进制、ASC II 码的形式。在 FX_{2N} 系列内部，常数都是以原码二进制形式存储的，所有四则运算（+、-、×、÷）和加 1/减 1 指令等在 PLC 中全部按 BIN 运算。因此，BCD 码数字开关的数据输入 PLC 时，要用 BCD→BIN 转换传送指令；向 BCD 码的七段数码管或其他显示器输出时，要用 BIN→BCD 转换传送指令。但用功能指令如 FNC 72（DSW）、FNC 74（SEGL）、FNC 75（ARWS）时，BCD/BIN 的转换由指令自动完成。

也有的 PLC 采用浮点数，可大大提高数据运算的精度。

第三类为字与 bit 的混合，即同一元件既有 bit 元件，又有字元件。例如，T（定时器）和 C（计数器），它们的触点为 bit，设定值寄存器和当前值寄存器则为字。

2) 元件。用户使用的每一个输入、输出端子及内部的存储单元都称为元件，每个元件有其固定的地址。元件的数量由监控程序规定，它的多少决定 PLC 整个系统的规模及数据处理能力。

（4）PLC 的内部等效电路

PLC 是专为工业控制设计的专用计算机，包含了 CPU、存储器、I/O 接口等硬件。但就电路作用而言，可看作由一般继电器、定时器、计数器等元件组成，可用图 4-11 所示的内部等效电路表示。它是由许多用编程软件实现的"软线圈""软接线""软接点"等部件构成的。

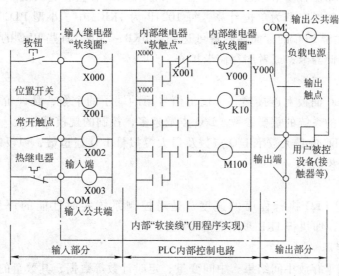

图 4-11　PLC 的内部等效电路

PLC 的输入端与用户输入设备（按钮、位置开关、传感器等）连接，内连输入继电器 X 线圈，作用是收集被控设备的信息或操作指令。输入接线有汇点输入和独立输入两种接线方式，图 4-11 中采用的是汇点输入，公共端 COM 是机内直流电源负端，通常为 24V。

PLC 的输出端外接用户输出设备（接触器、电磁阀、信号灯等），内连输出继电器 Y 的接点，作用是驱动外部负载。输出接线有汇点输出和独立输出两种接线方式，公共端 COM 接机外负载电源，共用一个电源的负载的公共端可连接到一起。

内部控制电路的作用是对从输入部分得到的信息进行运算、处理，发出控制指令。

内部各种继电器（输入/输出继电器、辅助继电器、定时器、计数器等）称为 PLC 的内部元素，每种元素包含若干可供使用的电子常开、常闭触点，供编程时调用。内部继电器的线圈、触点及接线均由用户程序实现，称为"软接线"。

4.2.2　PLC 的主要性能指标

1. 描述 PLC 性能的几个术语

描述 PLC 性能时，经常用到位、数字、字节及字等术语。

位指二进制的一位，仅有 0、1 两种取值。一个位对应 PLC 一个继电器，某位的状态为 0，对应该继电器线圈断电；状态为 1，则对应该继电器线圈通电。

4 位二进制数构成一个数字，这个数字可以是 0000~1001（十进制），也可以是 0000~1111（十六进制）。

两个数字或 8 位二进制数构成一个字节。

两个字节构成一个字。在 PLC 术语中，字称为通道。一个字含 16 位，或者说一个通道含 16 个继电器。

2. PLC 的性能指标

各个厂家的 PLC 产品虽然各有特色，但从总体上来讲，可用下面几项主要指标来衡量对比其性能。

（1）存储器容量

厂家提供的存储器容量指标通常是指用户程序存储器容量，它决定 PLC 可以容纳的用户程序的长短。一般以字节为单位计算，每 1024B 为 1KB。中、小型 PLC 的存储器容量一般在 8KB 以下，大型 PLC 的存储器容量可达到 256KB ~ 2MB。有些 PLC 的用户程序存储器需要另购外插的存储器卡，或者用存储卡扩充。

（2）I/O 点数

I/O 点数即 PLC 面板上连接输入、输出信号用的端子的个数，是评价一个系列的 PLC 可适用于何等规模的系统的重要参数。I/O 点数越多，控制的规模就越大。厂家技术手册通常都会给出相应 PLC 的最大数字 I/O 点数及最大模拟量 I/O 通道数，以反映该类型 PLC 的最大输入、输出规模。

（3）扫描速度

扫描速度是指 PLC 执行程序的速度，是对控制系统实时性能的评价指标。一般用 ms/KB 单位来表示，即执行 1KB 步所需的时间。

（4）内部寄存器

内部寄存器用于存放中间结果、中间变量、定时计数等数据，其数量的多少及容量的大小直接关系到编程的方便及灵活与否。

（5）指令系统

指令种类的多少是衡量 PLC 软件系统功能强弱的重要指标。指令越丰富，用户编程越方便，越容易实现复杂功能，说明 PLC 的处理能力和控制能力也越强。

（6）特殊功能及模块

除基本功能外，特殊功能及模块也是评价 PLC 技术水平的重要指标，如自诊断功能、通信联网功能、远程 I/O 能力等。PLC 所能提供的功能模块有高速计数模块、位置控制模块、闭环控制模块等。近年来，智能模块的种类日益增多，功能也越来越强。

（7）扩展能力

PLC 的扩展能力反映在两个方面：大部分 PLC 用 I/O 扩展单元进行 I/O 点数的扩展，有的 PLC 使用各种功能模块进行功能的扩展。

4.3 可编程序控制器的工作原理

4.3.1 扫描的概念

所谓扫描，就是 CPU 依次对各种规定的操作项目进行访问和处理。PLC 运行时，用户程序中有许多操作需要执行，但 CPU 每一时刻只能执行一个操作而不能同时执行多个操作。因此，CPU 只能按程序规定的顺序依次执行各个操作，这种需要处理多个作业时依次按顺序处理的工作方式称为扫描工作方式。

扫描是周而复始、不断循环的，每扫描一个循环所用的时间称为扫描周期。

循环扫描工作方式是 PLC 的基本工作方式。它具有简单直观、方便用户程序设计；先扫描的指令执行结果马上可被后面扫描的指令利用；可通过 CPU 设置定时器监视每次扫描时间是否超过规定，避免进入死循环等优点，为 PLC 的可靠运行提供了保证。

4.3.2　PLC 的工作过程

PLC 的工作过程基本上就是用户程序的执行过程。在系统软件的控制下，依次扫描各输入点状态（输入采样），按用户程序解算控制逻辑（程序执行），然后顺序向各输出点发出相应的控制信号（输出刷新）。除此外，为提高工作可靠性和及时接收外部控制命令，每个扫描周期还要进行故障诊断（自诊断），处理与编程器、计算机的通信请求（与外设通信）。

图 4-12　PLC 的扫描
工作过程

PLC 的扫描工作过程如图 4-12 所示。

1. 自诊断

PLC 每次扫描用户程序前，对 CPU、存储器、I/O 模块等进行故障诊断，发现故障或异常情况则转入处理程序，保留现行工作状态，关闭全部输出，停机并显示出错信息。

2. 与外设通信

在自诊断正常后，PLC 对编程器、上位机等通信接口进行扫描，如有请求便响应处理。以与上位机通信为例，PLC 将接收上位机发来的指令并进行相应操作，如把现场的 I/O 状态、PLC 的内部工作状态、各种数据参数发送给上位机，以及执行启动、停机、修改参数等命令。

3. 输入采样

完成前两步工作后，PLC 扫描各输入点，将各点状态和数据（开关的通/断、A-D 转换值、BCD 码数据等）读入到寄存输入状态的输入映像寄存器中存储，这个过程称为采样。在一个扫描周期内，即使外部输入状态已发生改变，输入映像寄存器中的内容也不改变。

4. 程序执行

PLC 从用户程序存储器的最低地址（0000H）开始顺序扫描（无跳转情况），并分别从输入映像寄存器和输出映像寄存器中获得所需的数据进行运算、处理，再将程序执行的结果写入输出映像寄存器中保存，但这个结果在全部程序执行完毕之前不会送到输出端口上。

5. 输出刷新

在执行完用户所有程序后，PLC 将输出映像寄存器中的内容送到寄存输出状态的输出锁存器中，再去驱动用户设备，称为输出刷新。

PLC 重复执行上述五个步骤，按循环扫描方式工作，实现对生产过程和设备的连续控制，直至接收到停止命令、停电、出现故障等才停止工作。

设上述五步操作所需时间分别为 T_1、T_2、$\cdots$、T_5，则 PLC 的扫描周期为五步操作之和，用 T 表示：

$$T = T_1 + T_2 + T_3 + T_4 + T_5$$

不同型号的 PLC，各步工作时间不同，根据使用说明书提供的数据和具体的应用程序可计算出扫描时间。

4.3.3 PLC 的元件

前面提到，PLC 元件的种类和数量都是由系统监控程序规定的。下面以 FX₂N 系列 PLC 为例，介绍部分元件的功能。

1. 输入继电器（X000～X027）

PLC 的输入继电器专门用于接收从外部开关或敏感元件来的信号，其线圈与输入端相连，可提供多对电子常开、常闭触点，供编程时调用。

FX₂N 系列 PLC 的输入继电器最多可达 64 个，FX₂N-48MR 型为 24 个（X000～X007、X010～X017、X020～X027）。输入继电器电路如图 4-13 所示。

必须注意，输入继电器只能由外部信号驱动，不能由内部指令驱动。

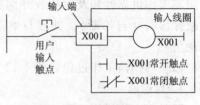

图 4-13 输入继电器电路示意图

2. 输出继电器（Y000～Y027）

PLC 的输出继电器用于将输出信号传递给外部负载，其输出接点连接到 PLC 的输出端子，接点的通、断由程序执行结果决定。

输出继电器只能由程序内部指令驱动，它提供一个外部输出触点带负载，另外提供多对电子常开、常闭触点供编程时使用。FX₂N 系列 PLC 的输出继电器最多可达 64 个，FX₂N-48MR 型为 24 个（Y000～Y007、Y010～Y017、Y020～Y027）。输出继电器电路如图 4-14 所示。

3. 辅助继电器（M）

PLC 中有许多辅助继电器，它只能由 PLC 内各软元件的触点驱动，有多对电子常开、常闭触点供编程时使用。辅助继电器不能直接驱动外部负载，相当于继电器线路中的中间继电器，其电路如图 4-15 所示。

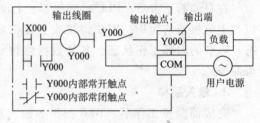

图 4-14 输出继电器电路示意图

辅助继电器又分为通用型辅助继电器、掉电保护型辅助继电器和特殊辅助继电器三种，均用十进制数编号。

（1）通用型辅助继电器

通用型辅助继电器有 500 点，编号为 M0～M499，没有后备电池支持。

（2）掉电保护型辅助继电器

掉电保护型辅助继电器采用锂电池作为后备电源，用于运行中突然掉电时保持中断前控制状态，将某些状态或数据（如计数器、定时器等）存储起来。

掉电保护型辅助继电器有 2572 点，编号为 M500～M3071。

失电数据保持电路如图 4-16 所示。在该电路中，当 X000 接通时，M600 动作。其后，即使 X000 再断开，M600 的状态也能保持。因此，如果 X000 因停电断开，再运行时 M600 也能保持动作。但 X001 的常闭触点若断开，M600 就复位。

（3）特殊辅助继电器（共 256 点）

特殊辅助继电器有 256 点，编号为 M8000～M8255，每一个均具有特定功能，分为两大类：

1）线圈由 PLC 自己驱动，用户只能利用其触点。例如：

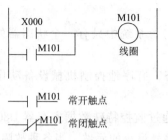

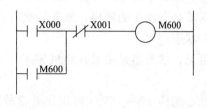

图 4-15　辅助继电器电路示意图　　　　　　　图 4-16　失电数据保持电路

M8000——运行（RUN）监控，PLC 运行时接通。

M8002——初始化脉冲，仅在运行开始瞬间接通，用于计数器、移位寄存器等的初始化（复位）。

M8012——产生 0.1s 时钟脉冲。如计数器用于计时，可提供 0.1s 时钟脉冲。

2）可驱动线圈型。用户驱动线圈后，PLC 做特定动作。例如：

M8030——使 BATT LED（锂电池欠电压指示灯）熄灭。

M8033——PLC 停止时，输出保持。

M8034——禁止全部输出。M8034 接通时，所有输出继电器 Y 的输出自动断开。

M8039——定时扫描。

各种特殊辅助继电器的功能见附录 B。

4. 状态继电器（S）

状态继电器简称状态器，是步进顺控程序编程中重要的软元件，与步进顺控指令 STL 组合使用。其编号为 S0～S999，共 1000 点，每个均可提供多个电子常开、常闭触点供编程使用。不用步进顺控指令时，状态器可作为辅助继电器在程序中使用。状态器有下面五种类型：

初始化用：S0～S9，共 10 点；

回原点用：S10～S19，共 10 点；

通用：S20～S499，共 480 点；

掉电保持用：S500～S899，共 400 点；

报警用：S900～S999，共 100 点。

下面以机械手抓取工件的运动为例，说明状态器的功能和作用。

机械手抓取工件要完成三个动作：下降→夹紧→上升，是典型的步进顺序控制，其动作流程如图 4-17 所示。

工作过程：

机械手处于原点（初始状态），当启动信号 X000 接通时，状态器 S20 置位（ON），Y000 接通，下降电磁阀动作；

机械手下降到位，下限开关 X001 为 ON，状态器 S21 置位（ON），S20 复位（OFF），Y001 接通，夹紧电磁阀动作，夹起工件；

工件可靠夹紧后，夹紧确认开关 X002 为 ON，状态器 S22 置位（ON），S21 复位（OFF），Y002 接通，上升电磁

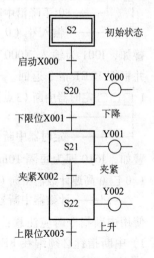

图 4-17　机械手抓取工件步
进顺控流程图

113

阀动作，机械手抓起工件向上运动。

　　随着状态动作的转移，原来的状态自动复位（OFF），系统中只有一个状态器处于置位（ON）状态。

　　可见，状态器是用来存储机械工作过程的各种状态，有序地控制机械设备动作的一种器件。

　　状态元件 S900~S999 可用作外部故障诊断输出。通过监控特殊数据寄存器 D8049 的内容将显示 S900~S999 中已置位（接通）的状态元件中序号最小的元件。当各种故障发生时，相应的状态就为 ON。当有多个故障同时发生时，最小元件号的故障排除后还可显示下一故障的地址。

　　5. 指针（P、I）

　　指针有分支用和中断用的两种。

　　（1）分支指令用指针 P0~P127（128 点）

　　分支用指针应用方法如图 4-18 所示，CJ、CALL 等分支指令是为了指定跳转目标，用指针 P0~P127 作为标号。其中，P63 表示跳转至 END 指令步的意思。

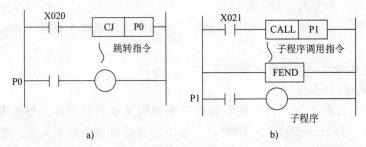

图 4-18　分支用指针的用法

　　在图 4-18a 中，X020 一接通（ON），程序向标号为 P0 的步序跳转。在图 4-18b 中，X021 一接通（ON），就执行在 FEND 指令后标号为 P1 的子程序，并根据 SRET 指令返回。

　　（2）中断用指针 I0□□~I8□□（15 点）

　　I□0□ 输入中断（6点）
　　　　　　　└──0:下降沿中断；1：上升沿中断
　　　　　　└──输入号（0~5），每个输入只能用 1 次

　　譬如，I001 为输入 X000 从 OFF → ON 变化时，执行由该指针作为标号后面的中断程序，并根据 IRET 指令返回。

　　I□□□ 定时器中断（3点）
　　　　　　　└──10~99ms
　　　　　└──定时器中断号（6~8），每个定时器只能用 1 次

　　譬如，I610 即为每隔 10ms 就执行标号 I610 后面的中断程序，并根据 IRET 指令返回。

　　I0□0 高速计数器中断（6点）
　　　　　└──计数器中断号（1~6）

　　使用中断指令时应注意：

　　1）中断指针必须编在 FEND 指令后作为标号；

　　2）中断点数不能多于 15 点；

　　3）中断嵌套不能多于 2 层；

4）中断指针中百位数上的数字不可重复使用；

5）用于中断的输入端子不能再用于 SPD 指令或其他高速处理。

中断的详细使用方法请查阅与中断有关的资料。

6. 定时器（T）

PLC 中设有定时器，用于延时控制，其作用相当于继电器系统中的时间继电器。不同型号的 PLC，定时器个数和延时的长短是不完全相同的。FX$_{2N}$ 系列 PLC 共有 256 个定时器，采用十进制编号，为 T0～T255。延时长短可以用用户程序存储器内的常数 K 作为设定值，也可将后述的数据寄存器（D）的内容作为设定值。

PLC 内定时器根据时钟脉冲累积计时，时钟脉冲有 1ms、10ms、100ms，当所计时间达到设定值时，输出触点动作。

（1）通电延时型定时器（T0～T245）

PLC 中定时器均为通电延时型定时器，断电延时功能要利用通电延时型定时器通过编程获得。

1）100ms 定时器（T0～T199）。以 100ms 时钟脉冲作为计时基准，共 200 点，设定值为 0.1～3276.7s。

2）10ms 定时器（T200～T245）。以 10ms 时钟脉冲作为计时基准，共 46 点，设定值为 0.01～327.67s。

通电延时型定时器的工作原理如图 4-19 所示，动作时序如图 4-20 所示。

当 X000 接通时，定时器 T200 的当前值计数器对 10ms 的时钟脉冲累积计数，当该值与设定值 K288 相等时，定时器的输出触点动作，即输出触点是在驱动线圈后的 2.88s 时动作。

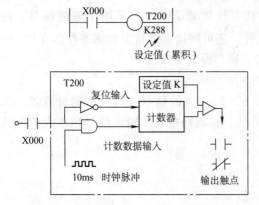

图 4-19 通电延时型定时器原理示意图

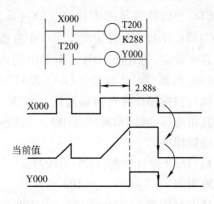

图 4-20 通电延时型定时器动作时序图

X000 断开或发生停电时，计数器复位，输出触点也复位。

由时序图可见，这种定时器属于非积算定时器，当 X000 断开时，T200 的当前值不保持，X000 再接通时重新计数。

（2）积算型定时器（T246～T255）

1）1ms 积算定时器（T246～T249）。以 1ms 时钟脉冲作为计时基准，共 4 点，设定值为 0.001～32.767s。

2）100ms 积算定时器（T250～T255）。以 100ms 时钟脉冲作为计时基准，共 6 点，设定值为 0.1～3276.7s。

积算定时器的工作原理如图 4-21 所示，动作时序如图 4-22 所示。

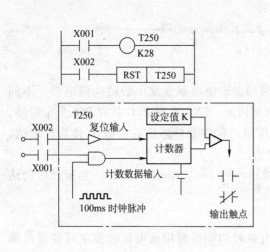

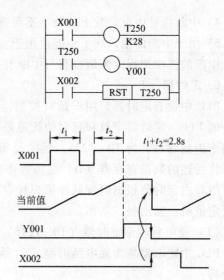

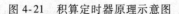

图 4-21 积算定时器原理示意图 · · · · · · · · 图 4-22 积算定时器动作时序图

输入 X001 接通时，定时器 T250 的当前值计数器开始累积 100ms 的时钟脉冲个数，当该值与设定值 K28 相等时，定时器的输出触点动作。

由时序图可见，计数中途即使输入 X001 断开或发生停电，计数器的当前值也可保持，X001 再接通或复电时，计数继续进行，其累积时间为 2.8s 时触点动作。

当复位输入 X002 接通时，计数器复位，定时器输出触点也复位。

7. 计数器（C）

PLC 中的计数器用于计数。FX$_{2N}$ 系列 PLC 共有计数器 256 个，采用十进制编号，为 C0～C255。计数器的设定值除了可由常数 K 设定外，还可间接通过指定数据寄存器（D）中的内容来设定，如指定 D10，而 D10 的内容为 12，则与设定 K12 等效。

（1）内部信号计数器（C0～C234）

执行扫描操作时对内部元件（如 X、Y、M、S、T、C）的信号进行计数的计数器。因此，其接通（ON）和断开（OFF）时间应比 PLC 的扫描周期略长，输入信号频率大约为几个扫描周期/秒。

1）16bit 增计数器（C0～C199）。

通用型：C0～C99，共 100 点；

掉电保持型：C100～C199，共 100 点。

16bit 增计数器的设定值在 K1～K32767，其使用方法如图 4-23 所示，动作时序如图 4-24 所示。

X011 为计数输入信号，每次 X011 接通，计数器当前值增 1。当计数输入达到第 10 次时，计数器 C0 的输出触点动作，接通输出继电器 Y000。之后，即使 X011 再接通，计数器的当前值都保持不变。

当复位输入信号 X010 接通（ON）时，执行 RST 指令，计数器当前值复位为 0，输出触点动作（变为 OFF），断开输出继电器 Y000。

2）32bit 双向计数器（C200～C234）。

通用型：C200～C219，共 20 点；

掉电保持型：C220～C234，共 15 点。

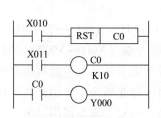

图 4-23　16bit 增计数器的用法

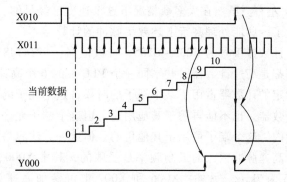

图 4-24　16bit 增计数器动作时序图

32bit 双向计数器的设定值为 −2147483648 ~ +2147483647，计数方向（增计数或减计数）由特殊辅助继电器 M82×× 来定义。M82×× 中的"××"与计数器相对应，即 C200 的计数方向由 M8200 定义，C210 的计数方向由 M8210 定义。M82×× 置"ON"时为减计数，置"OFF"时为增计数；计数值则直接用常数 K 或间接用数据寄存器 D 的内容作为设定值，间接设定时，要用元件号紧连在一起的两个数据寄存器。

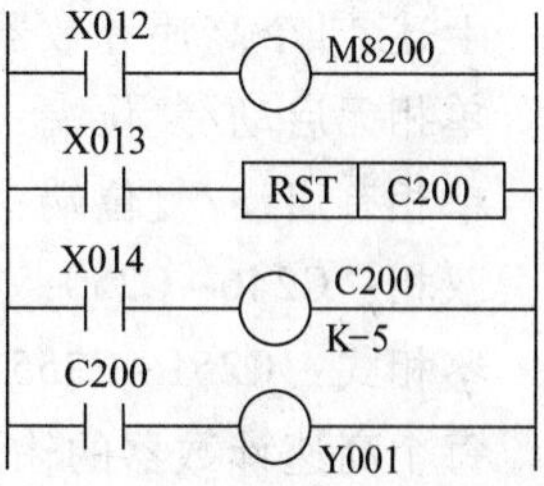

32bit 双向计数器的使用方法如图 4-25 所示，动作时序如图 4-26 所示。

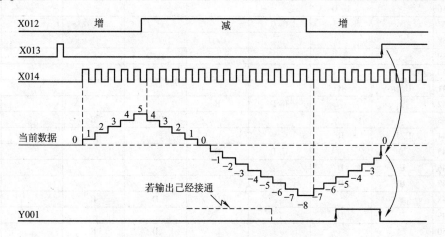

图 4-26　32bit 双向计数器动作时序图

图 4-25　32bit 双向计数器的用法

117

X012 控制计数方向，当 X012 断开时，M8200 置"OFF"，为增计数；X012 接通时，M8200 置"ON"，为减计数。

X014 作为计数输入端，驱动计数器 C200 线圈进行加计数或减计数。

当计数器 C200 的当前值由 −6 → −5 增加时，其触点接通（置"ON"），输出继电器 Y001 接通；由 −5 → −6 减少时，其触点断开（置"OFF"），输出继电器 Y001 断开。

当复位输入信号 X013 接通（ON）时，计数器当前值复位到 0，输出触点也复位。

如果使用掉电保持计数器，其当前值和输出触点状态在停电时均能保持。

（2）高速计数器（C235~C255）

由于 PLC 应用程序的扫描周期一般在几十毫秒，普通计数器处理输入脉冲的频率在

20Hz 左右。虽然在大多数情况下这个速度已经足够，但为扩展 PLC 的应用领域，还是专门设置了一些能处理高于上述频率脉冲的计数器。

计数器编号为 C235~C255，计数范围：−2147483648~+2147483647 或 0~+2147483647。它们都是高速计数器，共享同一个 PLC 上的 6 个高速计数器输入端（X000~X005）。因此，当指定的计数器占用了某个端子的时候，这个端子的功能就被固定下来，就不能再用于另一个计数器，也不能再用于其他用途。但这个端子允许分时使用，即在某个不使用计数器的时间段内，这个端子可用于其他目的。但这种方法容易造成混乱，一般不推荐使用。

高速脉冲输入的最高频率是受限的，其中 X000、X002、X003 为 10kHz，X001、X004、X005 为 7kHz。另外，X006 和 X007 也可参加高速计数的控制，但不能是高速脉冲信号本身。

上述 21 个高速计数器按特性的不同可分为下面四种类型：

单相无启动/复位端：C235~C240；

单相有启动/复位端：C241~C245；

双相：C246~C250；

鉴相式：C251~C255。

每个高速计数器的输入端子都不是任意的，详细分配情况见表 4-2。

表 4-2 高速计数器的输入端子分配表

输入端子	X000	X001	X002	X003	X004	X005	X006	X007
C235	U/D							
C236		U/D						
C237			U/D					
C238				U/D				
C239					U/D			
C240						U/D		
C241	U/D	R						
C242			U/D	R				
C243					U/D	R		
C244	U/D	R					S	
C245			U/D	R				S
C246	U	D						
C247	U	D	R					
C248				U	D	R		
C249	U	D	R				S	
C250				U	D	R		S
C251	A	B						
C252	A	B	R					
C253				A	B	R		
C254	A	B	R				S	
C255				A	B	R		S

注：U—增计数输入；D—减计数输入；A—A 相输入；B—B 相输入；R—复位输入；S—启动输入。

所有高速计数器都是双向的，都可进行增计数或减计数。鉴相式高速计数器的增减计数方式取决于两个输入信号之间的相位差。增减计数脉冲由一个输入端子进入计数器，其工作方式与前面介绍的双向计数器类似，增减计数仍然用 M82×× 控制。当 M82×× 为 "OFF" 时，高速计数器 C2×× 为增计数；当 M82×× 为 "ON" 时，高速计数器 C2×× 为减计数。

当选用了某个高速计数器时，其对应的输入端子即被占用，这时，就不能再选用该端子作为其他输入的计数器使用。同时，由于中断的输入也用 X000~X005，因此，也就不能使用该端子上的中断。

例如，选用 C235 作为高速计数器，则其输入端子必须是 X000，即 C235 的脉冲输入信号只能接在 X000 的端子上，其增减计数由 M8235 的状态决定。这时，不能再选用 C241、C244、C246、C247、C249、C251、C252、C254。同时，也不能再用中断 I00×。

又如，选用 C242 作为高速计数器，其输入脉冲信号必须接在 X002 上，其增减计数由 M8242 的状态决定。这时的 X003 就是该计数器的复位端，当连接在 X003 上的开关闭合（ON）时 C242 复位。这时，不能再选用 C237、C238、C245、C247、C248、C249、C250、C252、C253、C254、C255。同时，也不能再用中断 I20× 和 I30×。

再如，选用 C249 作为高速计数器，其增计数的输入脉冲信号必须接在 X000 上，减计数输入脉冲信号必须接在 X001 上，X002 固定为复位信号，X006 是该计数器启动控制端。这时，不能再选用 C235、C236、C237、C241、C242、C244、C245、C246、C247、C251、C252、C254。同时，也不能再用中断 I00×、I10×、I20× 和 I6××。

由表 4-2 还可看出，X006、X007 只可用作计数器上的启动输入端。

总之，上述不同类型的高速计数器可以同时使用的条件是，不能多于 6 个和不能使用相同的输入端。高速计数器的具体使用方法可查阅相关资料。

8. 数据寄存器（D）

数据寄存器是存储数值数据的元件。FX$_{2N}$ 系列 PLC 有数据寄存器 8256 个，采用十进制编号，为 D0~D8255。这些数据寄存器全是 16 位的（最高位为正、负位），用两个寄存器组合就可以处理 32 位（最高位为正、负位）数值。与其他元件一样，数据寄存器有通用、掉电保持和特殊用三种。

通用 * 1：D0~D199，共 200 点；

掉电保持用 * 2：D200~D511，共 312 点；

掉电保持专用 * 3：D512~D7999，共 7488 点；

特殊用：D8000~D8255，共 256 点。

必须注意：通用 * 1 为非电池备用区，可通过参数设定变更为保持型；掉电保持用 * 2 为电池备用区，可通过参数设定变更为通用型。在两台 PLC 做点对点通信时，D490~D509 被用作通信操作。掉电保持专用 * 3 为电池备用固定区，其区域特性不能变更。特殊用数据寄存器的功能见附录 B。

数据寄存器在模拟量控制、位置量控制、数据 I/O 时，用于存储参数及工作数据。数据寄存器的数量随机型不同而异。较简单的只能进行逻辑控制的低档机没有数据寄存器，高档机中，数据寄存器的数量可达数千个。

在掉电保持专用 * 3 的数据寄存器中，D1000~D7999 可以 500 点为单位设置文件寄存器。文件寄存器实际上是一类专用数据寄存器，用于存储大量的数据，如采集数据、统计计算数据、多组控制参数等。它占用用户程序存储器（RAM、EPROM、EEPROM）内的一个存储区，用编程器可进行写入操作。在 PLC 运行时，用 BMOV 指令可以将文件寄存器中的数据读到通用数据寄存器中，但不能用指令将数据写入文件寄存器。

9. 变址寄存器（V、Z）

变址寄存器的作用类似于 Z80 单板机中的变址寄存器 IX、IY，通常用于修改软元件的元件号。

FX$_{2N}$系列 PLC 的变址寄存器编号为 V0～V7、Z0～Z7，都是 16 位数据寄存器，可像其他的数据寄存器一样进行数据的读写。如进行 32bit 操作，可将 V、Z 合并使用，指定 Z 为低位。

如果 V=8 和 Z=14
5+8=13,10+14=24
D13→D24(传送)

图 4-27 变址寄存器的用法

变址寄存器的操作如图 4-27 所示，MOV 是传送指令。用 V、Z 的内容改变软元件的元件号，称为软元件的变址。

4.4 可编程序控制器的编程语言

用户程序是 PLC 的使用者针对具体控制对象编制的程序。在小型 PLC 中，用户程序有三种形式：梯形图、指令表和状态转移图（SFC）。

PLC 提供了完整的编程语言，以适应 PLC 在工业环境中的使用。利用编程语言，按照不同的控制要求编制不同的控制程序，这相当于设计和改变继电器控制的硬接线线路，也就是所谓的"可编程序"。程序既可由编程器方便地送入到 PLC 内部的存储器中，也能方便地读出、检查与修改。

由于 PLC 是专为工业控制需要而设计的，因而对于使用者来说，编程时完全可以不考虑微处理器内部的复杂结构，不必使用各种计算机使用的语言，而把 PLC 内部看作由许多"软继电器"等逻辑部件组成，利用 PLC 提供的编程语言来编写控制程序。

下面以三菱 FX$_{2N}$系列 PLC 为例来说明。

4.4.1 梯形图语言

梯形图语言是在继电器控制系统中常用的接触器、继电器梯形图的基础上演变而来的，它与继电器控制系统原理图相呼应。PLC 的梯形图与继电器控制系统的梯形图的基本思想是一致的，只是在使用符号和表达方式上有一定区别。PLC 的梯形图使用的是内部继电器、定时器/计数器等，都是由软件实现的。其主要特点是使用方便、修改灵活，这是传统的继电器控制系统梯形图的硬件接线所无法比拟的。

图 4-28 为典型的梯形图示意图。左右两条垂直线称作左母线和右母线。在左、右两母线之间，触点在水平线上相串联，相邻的线也可以用一条垂直线连接起来，作为逻辑的并联。触点的水平方向串联相当于"与"（AND），如图中第一条线，A、B、C 三者是"与"逻辑关系。垂直方向的触点并联相当于

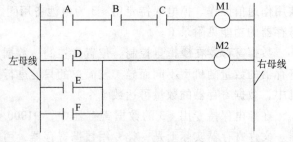

图 4-28 典型的梯形图

"或"（OR），如第二条线，D、E、F 三者是"或"逻辑关系。

PLC 梯形图的一个关键概念是"能流"。这仅是概念上的"能流"。在图 4-28 所示梯形图中，把左母线假想为电源"相线"，而把右母线假想为电源"零线"。如果有"能流"从左至右流向线圈，则线圈被激励。如没有"能流"，则线圈未被激励。梯形图母线"能流"可以通过被激励（ON）的常开触点和未被激励（OFF）的常闭触点自左向右流，

也可以通过并联触点中的一个触点流向右边。"能流"在任何时候都不会通过触点自右向左流。如图 4-28 中，当 A、B、C 触点都接通后，线圈 M1 才能接通（被激励），只要其中一个触点不接通，线圈就不会接通；而 D、E、F 触点中任何一个接通，线圈 M2 就被激励。

必须强调指出的是，引入"能流"概念仅仅是用于说明如何来理解梯形图各输出点的动作，实际上并不存在这种"能流"。

4.4.2　指令表语言

指令表语言类似于计算机中的助记符语言，它是 PLC 最基础的编程语言。所谓指令表编程，是用一个或几个容易记忆的字符来代表 PLC 的某种操作功能。PLC 的指令分为基本逻辑指令、步进顺控指令和应用指令，具体指令的说明将在后面详细介绍。

FX$_{2N}$ 系列 PLC 的基本指令包括"与""或""非"以及定时器、计数器等。图 4-29 是指令表编程的例子，图 4-29a 是梯形图，图 4-29b 是相应的指令表。

由图 4-29 可看出，梯形图是由一段一段组成的。每段的开始用 LD（LDI）指令，触点的串/并联用 AND/OR 指令，线圈的驱动总是放在最右边用 OUT 指令，用这些基本指令即可组成复杂逻辑关系的梯形图及指令表。

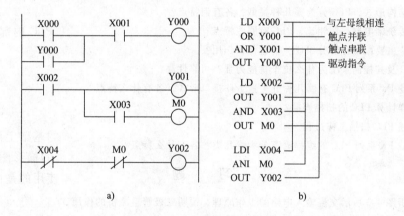

图 4-29　基本指令应用举例

a）梯形图　b）指令表

4.4.3　状态转移图语言

状态转移图（SFC）语言是一种较新的编程语言。它的作用是用顺序功能流程图来表达一个顺序控制过程。本书将在"步进顺控指令"中详细介绍这种方法。目前国际电工协会（IEC）也正在实施发展这种新的编程标准。

SFC 作为一种步进顺控语言，用这种语言可以对一个控制过程进行控制，并显示该过程的状态。将用户应用的逻辑分成状态和转移条件，来代替一个长的梯形图程序。这些状态和转移条件的显示使用户可以看到在某个给定时间中机器处于什么状态。

图 4-30 所示为用状态转移图编程的例子，这是一个钻孔顺控的例子。每一方框表示一个状态，方框中的数字代表顺序步，每一状态对应于一个控制任务，每个状态的转移条件以及每个状态执行的功能可以写在方框右边。

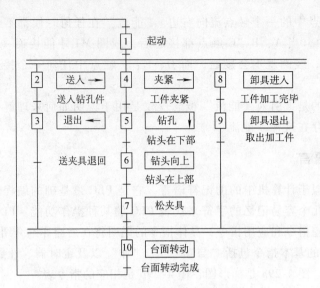

图 4-30　状态转移图编程举例

思 考 题

4.1　按结构形式，PLC 分为哪几种类型？各有何特点？

4.2　与传统继电器控制相比，PLC 有哪些特点？

4.3　PLC 主要由哪几部分组成？各起什么作用？

4.4　PLC 及其控制系统为什么抗干扰能力强？可靠性高？

4.5　三菱 FX 系列 PLC 有哪几种开关量 I/O 接口形式，各有什么特点？

4.6　怎样计算 PLC 的扫描周期？

4.7　简述 PLC 扫描工作过程。

4.8　三菱 FX 系列 PLC 的编程语言分为哪几类？各有什么特点？

习 题

4.1　分析图 4-3 所示交流输入电路的工作原理，说明二极管整流桥的作用。

4.2　分析图 4-8 所示双向晶闸管输出电路的工作原理。

4.3　什么叫汇点输入和独立输入？各有何特点？

4.4　FX_{2N}-48MR 型 PLC 有多少个输入继电器？多少个输出继电器？

4.5　有一台 FX_{2N}-32MR 型 PLC，它最多可接多少个输入信号？接多少个负载？它适用于控制交流与直流负载吗？

4.6　状态器有什么特点？它主要适用于哪一类控制？

4.7　FX_{2N} 系列 PLC 的中断有哪几种？使用时应注意什么事项？

4.8　FX_{2N} 系列 PLC 的定时器是通电延时型还是断电延时型？当定时时间到时，其常开触点与常闭触点如何变化？

4.9　FX_{2N} 系列 PLC 的计数器有哪几种类型？当达到设定的计数次数时，其常开触点、常闭触点如何变化？

4.10　FX_{2N} 系列 PLC 主要有哪些编程元件？各有什么功能和用途？

4.11　为什么 PLC 中元件的触点可以使用无穷多次？

4.12　PLC 的性能指标主要有哪些？分别表示什么含意？

第 5 章

可编程序控制器的基本指令

FX$_{2N}$系列 PLC 有基本逻辑指令 27 条，步进顺控指令 2 条。基本逻辑指令是基于继电器、定时器、计数器类软元件，主要用于逻辑处理的指令；步进顺控指令是顺序功能图中的专用指令。FX$_{2N}$系列 PLC 的编程语言主要有梯形图和指令表，指令表由指令集合而成，且和梯形图有严格的对应关系。

FX$_{2N}$系列 PLC 的基本逻辑指令和步进顺控指令见表 5-1。

表 5-1　FX$_{2N}$系列 PLC 基本逻辑指令、步进顺控指令一览表

1. FX$_{2N}$系列 PLC 基本逻辑指令表

助记符名称	功能简介	梯形图表示及可用元件
LD（取）	常开触点运算开始	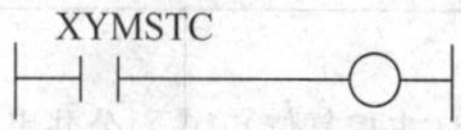 XYMSTC ⊣├───○
LDI（取反）	将常闭触点与左母线连接	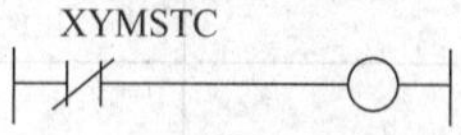 XYMSTC ⊣╱├───○
AND（与）	将单个常开触点与前面的电路串联连接	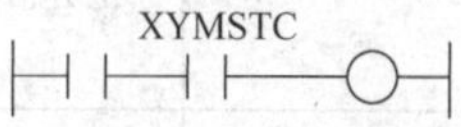 XYMSTC ⊣├─┤├───○
ANI（与非）	将单个常闭触点与前面的电路串联连接	 XYMSTC ⊣├─┤╱├───○
OR（或）	将单个常开触点与前面的电路并联连接	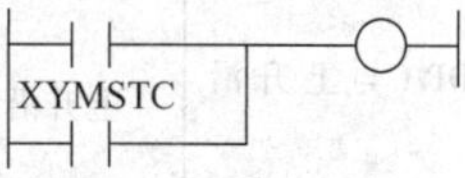 XYMSTC
ORI（或非）	将单个常闭触点与前面的电路并联连接	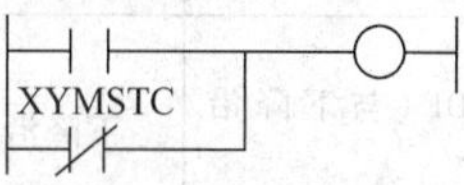 XYMSTC
ANB（电路块与）	并联电路块与前面的电路串联连接	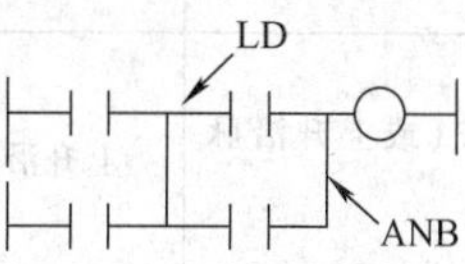 LD ANB
ORB（电路块或）	串联电路块与前面的电路并联连接	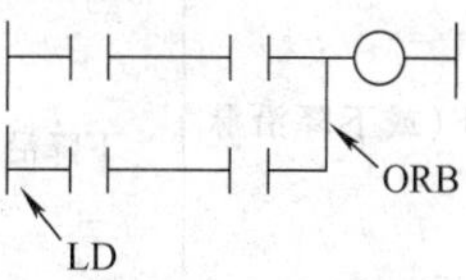 ORB LD

（续）

助记符名称	功能简介	梯形图表示及可用元件
OUT（输出）	线圈驱动	YMSTC 〇
SET（置位）	使线圈接通保持（置1）	SET | YMS
RST（复位）	使线圈断开复位（置0）	RST | YMSTCD
PLS（上升沿微分输出）	检测到触发信号上升沿,使操作元件产生一个扫描周期的脉冲输出	PLS | YM
PLF（下降沿微分输出）	检测到触发信号下降沿,使操作元件产生一个扫描周期的脉冲输出	PLF | YM
MC（主控）	公共串联点的连接指令	MC | Ni | YM Ni — YM
MCR（主控复位）	公共串联点的清除指令	MCR | Ni
LDP（取上升沿脉冲）	上升沿脉冲逻辑运算开始	XYMSTC 〇
LDF（取下降沿脉冲）	下降沿脉冲逻辑运算开始	XYMSTC 〇
ANDP（与上升沿脉冲）	上升沿脉冲串联连接	XYMSTC 〇
ANDF（与下降沿脉冲）	下降沿脉冲串联连接	XYMSTC 〇
ORP（或上升沿脉冲）	上升沿脉冲并联连接	XYMSTC 〇
ORF（或下降沿脉冲）	下降沿脉冲并联连接	XYMSTC 〇

（续）

助记符名称	功能简介	梯形图表示及可用元件
MPS（进栈）	将分支点处的操作结果入栈	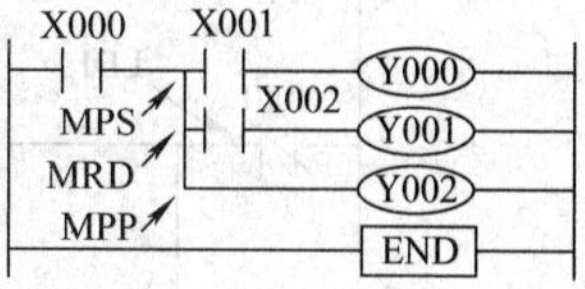
MRD（读栈）	读栈存储器栈顶数据	
MPP（出栈）	取出栈存储器栈顶数据	
INV（非）	将该指令处的运算结果取反	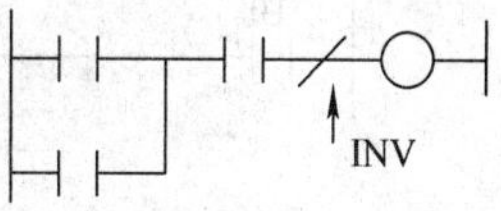
NOP（空操作）	使该步无操作	变更程序中替代某些指令
END（结束）	程序结束返回第 0 步	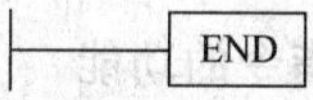

2. FX$_{2N}$系列 PLC 步进顺控指令表

指令助记符、名称	功能	梯形图表示及可用元件
STL（步进接点指令）	步进接点驱动	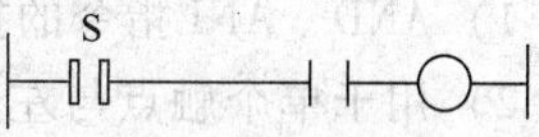
RET（步进返回指令）	步进程序结束返回	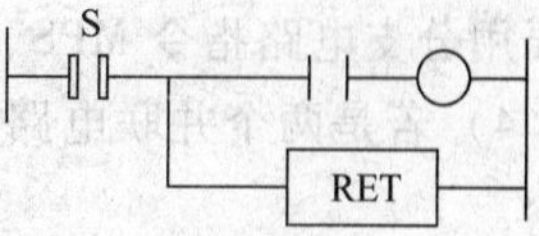

5.1 基本逻辑指令

5.1.1 逻辑取及输出指令 LD、LDI、OUT

1. 指令的功能

LD（Load）：取指令，表示常开触点与左母线连接。

LDI（Load Inverse）：取反指令，表示常闭触点与左母线连接。

OUT：驱动线圈的输出指令。

2. 指令说明

1）LD、LDI 指令的操作目标元件：X、Y、M、S、T、C。

2）LD、LDI 指令也可以与块操作指令 ANB、ORB 配合使用于分支起点处。

3）OUT 指令编程元件：Y、M、S、T、C。OUT 指令可连续并联使用多次。注意：OUT 指令不能用于 X。

图 5-1 给出了本组指令的梯形图实例，并配有指令表。需注意：OUT 指令用于 T 和 C，其后须跟常数 K（K 为延时时间或计数次数）或跟指定数据寄存器的地址号。

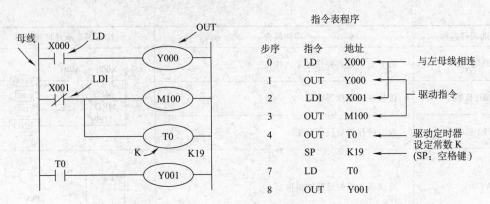

图 5-1 LD、LDI、OUT 指令的应用

5.1.2 触点串联指令 AND、ANI

1. 指令的功能

AND：与指令，用于串联单个常开触点。

ANI（And Inverse）：与非指令，用于串联单个常闭触点。

2. 指令说明

1）AND、ANI 指令的操作目标元件：X、Y、M、S、T、C。

2）用于单个触点与左边触点的串联，可连续使用。

3）执行 OUT 指令后，通过与指令可驱动其他线圈输出，连续输出时注意输出顺序，否则要用分支电路指令 MPS、MRD、MPP。

4）若是两个并联电路块（两个或两个以上触点并联连接的电路）串联，则需用 ANB 指令。

图 5-2 中，驱动线圈 M101 后，再通过串联触点 T1，驱动线圈 Y003，这种线圈输出称为纵接输出或连续输出，只要顺序正确，可连续多次使用，但应尽量做到一行不超过 10 个接点及一个线圈，总共不超过 24 行。

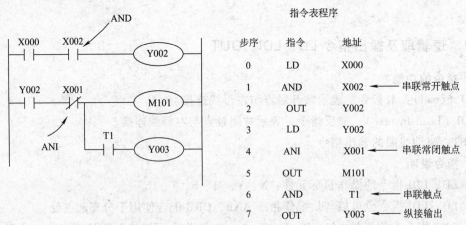

图 5-2 AND、ANI 指令的应用（一）

但是，若驱动顺序换成图 5-3 所示，即串联触点在上方，则必须用 MPS、MPP 指令进行处理。

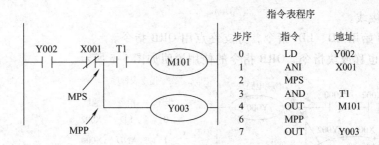

图 5-3　AND、ANI 指令的应用（二）

5.1.3　触点并联指令 OR 、ORI

1. 指令的功能

OR：或指令，用于并联单个常开触点。

ORI：或非指令，用于并联单个常闭触点。

2. 指令说明

1）OR、ORI 指令的操作目标元件：X、Y、M、S、T、C。

2）OR、ORI 指令仅用于单个触点与前面触点的并联，可连续使用，建议并联总共不超过 24 行。

3）若是两个串联电路块（两个或两个以上触点串联连接的电路）相并联，则需用 ORB 指令。

触点并联指令应用程序如图 5-4 所示。

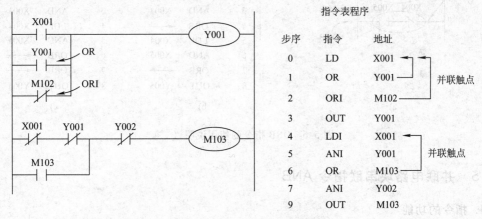

图 5-4　OR、ORI 指令的应用

5.1.4　串联电路块并联指令 ORB

1. 指令的功能

ORB：电路块或指令，用于将串联电路块并联。

2. 指令说明

两个或两个以上接点串联连接的电路叫串联电路块。对串联电路块并联连接时，有如下说明：

1）ORB 指令为无操作目标元件指令，为一个程序步；它不表示触点，可以看成电路块之间的一段连接线。

2）分支开始用 LD、LDI 指令，分支终点用 ORB 指令。

ORB 有时也称或块指令。ORB 指令的使用说明如图 5-5 所示。

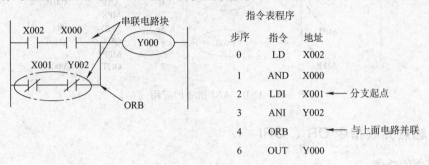

图 5-5 ORB 指令的使用说明（一）

3）ORB 指令的使用方法有两种：一种是在要并联的每个串联电路块后加 ORB 指令，详见图 5-6b 所示指令表；另一种是集中使用 ORB 指令，详见图 5-6c 所示指令表。对于前者分散使用 ORB 指令时，并联电路的个数没有限制，但对于后者集中使用 ORB 指令时，这种电路块并联的个数不能超过 8 个（重复使用 LD、LDI 指令的次数限制在 8 次以下）。

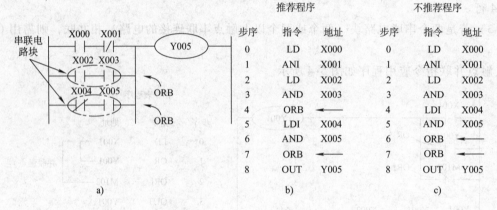

图 5-6 ORB 指令的使用说明（二）

5.1.5 并联电路块串联指令 ANB

1. 指令的功能

ANB：电路块与指令：用于将并联电路块串联。

2. 指令说明

两个或两个以上接点并联的电路称为并联电路块，分支电路并联电路块与前面电路串联连接时，应使用 ANB 指令。在使用时应注意：

1）ANB 也是无操作目标元件，是一个程序步指令，ANB 指令也简称与块指令。

2）分支的起点用 LD、LDI 指令，并联电路块结束后，使用 ANB 指令与前面电路串联。

例如，应用 PLC 实现的起动、保持和停止控制的梯形图如图 5-7 所示，X000 与 Y000 构成一个并联电路块，故应使用 ANB 指令与 X001 连接。

3）ANB 指令也可成批使用，但由于重复使用 LD、LDI 指令的次数限制在 8 次以内，因

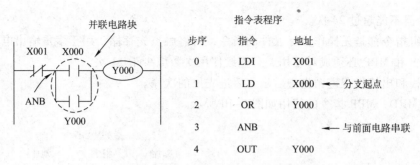

图 5-7 ANB 指令的使用说明

此集中（连续）使用 ANB 时也必须少于 8 次。但对每一并联电路块使用 ANB 指令时，ANB 使用次数无限制。

图 5-8 是 ORB 和 ANB 指令的编程实例。编程时，首先要找出并联电路块和串联电路块，然后正确使用这两条指令。

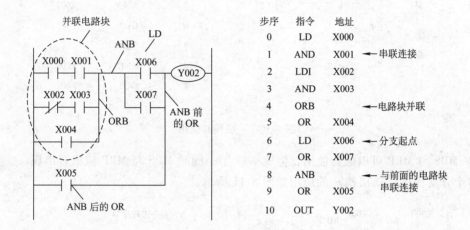

图 5-8 ANB、ORB 指令的使用说明

5.1.6 多重输出指令 MPS、MRD、MPP

1. 指令的功能

MPS（Push）：进栈指令，将 MPS 指令前的运算结果送入栈中。

MRD（Read）：读栈指令，读出栈的最上层数据。

MPP（POP）：出栈指令，读出栈的最上层数据，并清除。

2. 指令说明

1）在 FX_{2N} 系列 PLC 中有 11 个存储运算中间结果的存储器，称为栈存储器。栈指令操作如图 5-9 所示。每执行一次 MPS，将原有数据按顺序下移一层，留出最上层（栈顶）存放新的数据。每执行一次 MPP，弹出栈顶单元的数据（此数据在栈中消失），同时将原有数据按顺序上移一层。执行 MRD 指令

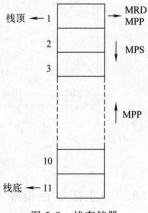

图 5-9 栈存储器

是读出存入栈存储器的最上层的最新数据，栈内的数据不发生上、下移，MRD 指令可多次

129

连续使用，但不能超过 24 次。

2）这组指令都是无操作目标元件的指令，可将触点先存储，用于多重输出电路。

3）MPS 和 MPP 必须成对使用，且连续使用次数应少于 11 次。

4）进栈和出栈指令遵循先进后出、后进先出的次序。

MPS、MRD、MPP 指令的使用如图 5-10 所示。

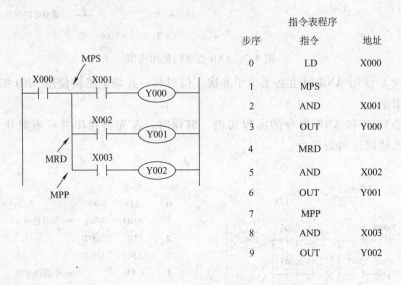

图 5-10　一层栈的应用

5）MPS 与 MPP 可以嵌套使用，但应≤11 层；同时 MPS 与 MPP 应成对出现。

多个分支程序（二层栈）的应用如图 5-11 所示。

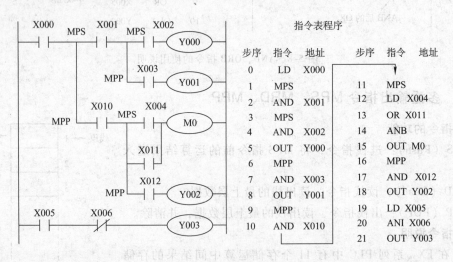

图 5-11　二层栈的应用

5.1.7　主控触点指令 MC、MCR

1. 指令的功能

MC（Master Control）：主控指令，用于公用串联触点的连接。

MCR（Master Control Reset）：主控复位指令，即 MC 的复位指令。

2. 指令说明

1）两条指令的操作目标元件是 Y、M，但不允许使用特殊辅助继电器 M。

2）MC 指令不能直接从母线开始，即必须有控制触点。

在编程时，经常遇到多个线圈同时受一个或一组触点控制的情况。如果在每个线圈的控制电路中都串入同样的触点，则将多占用存储单元，应用主控指令可以解决这一问题。使用主控指令的触点称为主控触点，它在梯形图中与一般的触点垂直，接在母线中间，是控制一组电路的总开关。MC、MCR 指令的使用说明如图 5-12 所示，其中 M100 是主控触点。

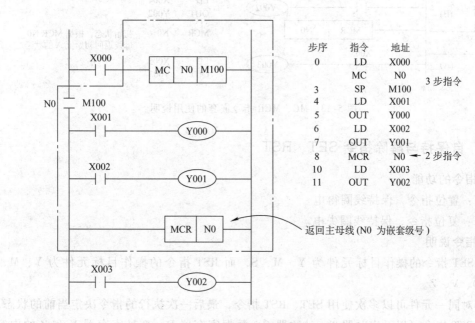

图 5-12　MC、MCR 指令的使用说明

3）当主控触点断开时，在 MC 至 MCR 之间的程序遵循扫描但不执行的规则，PLC 仍然扫描这段程序，不能简单地认为 PLC 跳过了这段程序。而且，在该程序段中不同的指令状态变化情况也有所不同。

当图 5-12 中的输入条件 X000 接通时，执行 MC 与 MCR 之间的指令；当输入条件 X000 断开时，不执行 MC 与 MCR 之间的指令，这时 MC/MCR 之间的梯形图电路中的非积算型定时器和用 OUT 指令驱动的元件复位，积算型定时器、计数器、用 SET/RST 指令驱动的元件保持断开前的状态。

4）使用 MC 指令后，母线移到主控触点的后面，与主控触点相连的触点必须用 LD 或 LDI 指令。MCR 使母线回到原来的位置。

5）MC 和 MCR 在程序中应成对出现，每对编号相同，且顺序不能颠倒。

6）在 MC 指令区内使用 MC 指令称为嵌套，嵌套级 N 的编号由小到大，返回时用 MCR 指令，从大的嵌套级开始解除，最多可嵌套 8 层（N0~N7）。

有嵌套结构的 MC、MCR 指令的使用说明如图 5-13 所示。

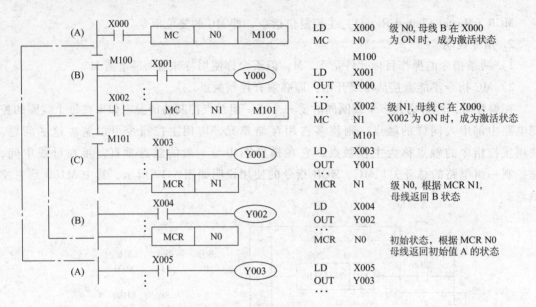

图 5-13 MC、MCR 指令嵌套的使用说明

5.1.8 自保持与解除指令 SET、RST

1. 指令的功能

SET：置位指令，保持线圈得电。

RST：复位指令，保持线圈失电。

2. 指令说明

1）SET 指令的操作目标元件为 Y、M、S，而 RST 指令的操作目标元件为 Y、M、S、T、C、D、V、Z。

2）对同一元件可以多次使用 SET、RST 指令，最后一次执行的指令决定当前的状态。

3）RST 指令可以对定时器 T、计数器 C、数据寄存器 D、变址寄存器 V 和 Z 的内容清零，还可用来复位积算定时器 T246~T255 和计数器。

4）如果二者对同一软元件操作的执行条件同时满足，则 RST 指令优先。

图 5-14 是 SET 和 RST 指令的编程实例，X000 一旦接通，Y000 就得电，即使再断开，Y000 仍继续保持得电。同理，X001 接通即使再断开，Y000 也将保持失电。

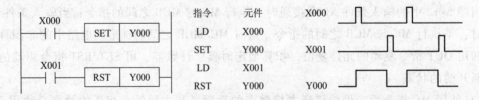

图 5-14 SET、RST 指令的编程应用

图 5-15 给出了 SET、RST 指令用于 T、C 的使用说明。当 X000 接通时，输出触点 T246 复位，定时器的当前值也成为 0。输入 X001 接通期间，T246 接收 1ms 时钟脉冲并计数，计到 1234 时 Y000 就动作。32 位计数器 C200 根据 M8200 的开、关状态进行递加或递减计数，它对 X004 触点的开关数计数。输出触点的置位或复位取决于计数方向及是否达到 D0 中所

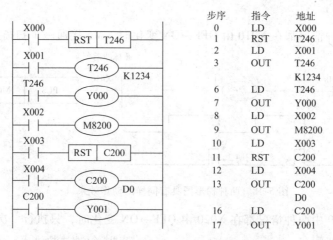

图 5-15 SET、RST 指令用于 T、C 的使用说明

存的设定值。输入 X003 接通后，输出触点复位，计数器 C200 当前值清零。

5.1.9 脉冲式触点指令 LDP、LDF、ANDP、ANDF、ORP、ORF

1. 指令的功能

LDP：取脉冲上升沿指令，用于上升沿检测运算开始。

LDF：取脉冲下降沿指令，用于下降沿检测运算开始。

ANDP：与脉冲上升沿指令，用于上升沿检测串联连接。

ANDF：与脉冲下降沿指令，用于下降沿检测串联连接。

ORP：或脉冲上升沿指令，用于上升沿检测并联连接。

ORF：或脉冲下降沿指令，用于下降沿检测并联连接。

2. 指令说明

1）上述 6 条指令的操作目标元件都为 X、Y、M、S、T、C。

2）指令中的操作元件仅在上升沿/下降沿时使驱动的线圈导通一个扫描周期。

图 5-16 是 LDP、ANDP、ORP 指令的编程实例。

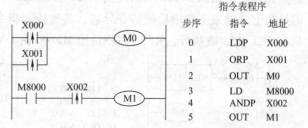

图 5-16 脉冲式触点指令的使用说明（一）

在上面程序里，X000 或 X001 由 OFF→ON 时，M0 仅闭合一个扫描周期；X002 由 OFF→ON 时，M1 仅闭合一个扫描周期。

图 5-17 是 LDF、ANDF、ORF 指令的编程实例。

在这个程序里，X000 或 X001 由 ON→OFF 时，M0 仅闭合一个扫描周期；X002 由 ON→OFF 时，M1 仅闭合一个扫描周期。

所以上述两个程序都可以使用下面所讲的 PLS、PLF 指令来实现，如图 5-18

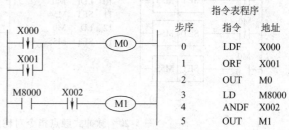

图 5-17 脉冲式触点指令的使用说明（二）

所示。

图 5-18 中两种情况都在 X010 由 OFF→ON 变化时，M6 接通一个扫描周期。

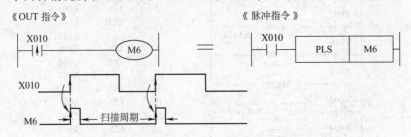

图 5-18 两种梯形图具有同样的动作效果（一）

同样，图 5-19 中两种情况都在 X020 由 OFF→ON 变化时，只执行一次 MOV 指令。

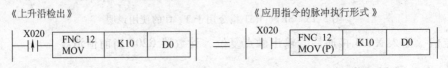

图 5-19 两种梯形图具有同样的动作效果（二）

3）在将辅助继电器（M）指定为 LDP、LDF、ANDP、ANDF、ORP、ORF 指令的操作目标元件时，目标元件的编号范围不同，会造成图 5-20 所示的动作差异。

图 5-20a 中，M0~M2799 作为操作目标元件，当 X000 驱动 M0 后，M0 的所有触点都动作。即当 M0 由 OFF→ON 时，M50~M52 都为 ON；当 M0 由 ON→OFF 时，M53、M54 为 ON。而 M2800~M3071 作为这组指令的操作目标元件时程序的执行就特殊了，当 M2800~M3071 的状态发生变化时，在其后一个扫描周期内只有第一个碰到的相应辅助继电器的脉冲触点起作用，如图 5-20b 所示。当 X000 驱动 M2800 后，只有在 OUT M2800 线圈之后编程的最初上升沿或下降沿检测指令导通，其他检测指令不导通，因此当 M2800 由 OFF→ON 时只有 SET M51 被执行，M51 为 ON；当 M2800 由 ON→OFF 时只有 SET M53 被执行，M53 为

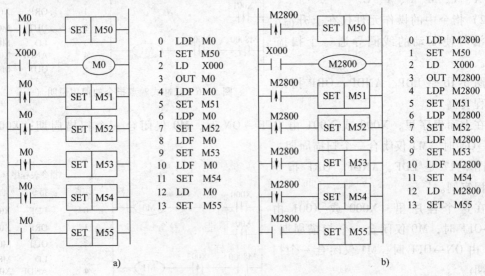

图 5-20 脉冲式触点指令对辅助继电器的动作差异

a) 驱动 M0~M2799 b) 驱动 M2800~M3071

ON。另外，由于 SET M55 的驱动触点为 M2800 的普通触点，所以当 M2800 接通后，M55 为 ON。

5.1.10 脉冲输出指令 PLS、PLF

1. 指令的功能

PLS：上升沿微分输出指令。

PLF：下降沿微分输出指令。

2. 指令说明

1）两条指令的操作目标元件是 Y 和 M，但特殊辅助继电器不能作为目标元件。

2）使用 PLS 指令时，仅在驱动输入为 ON 后的一个扫描周期内，相应的目标元件 Y、M 动作。

3）使用 PLF 指令时，仅在驱动输入为 OFF 后的一个扫描周期内，相应的目标元件 Y、M 动作。

PLS、PLF 指令的使用说明如图 5-21 所示。使用 PLS 指令时，元件 Y、M 仅在驱动输入接通后的一个扫描周期内动作（置 1），即 PLS 指令使 M0 产生一个扫描周期脉冲；而使用 PLF 指令，元件 Y、M 仅在驱动输入断开后的一个扫描周期内动作，即 PLF 指令使元件 M1 产生一个扫描周期脉冲。

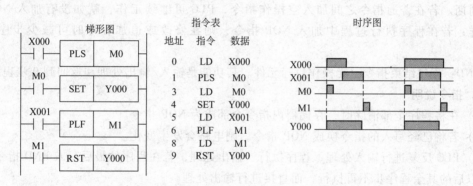

图 5-21　PLS、PLF 指令的使用说明

5.1.11 取反指令 INV

1. 指令的功能

INV：运算结果取反指令。

2. 指令说明

1）INV 指令是将 INV 指令之前的运算结果取反，不需要指定操作目标元件号。

在图 5-22 中，如果 X000 为 OFF，则 Y000 为 ON；如果 X000 为 ON，则 Y000 为 OFF。

2）编写 INV 取反指令需要前面有输入量，不能像 LD、LDI、LDP、LDF 那样与母线直接连接，也不能像 OR、ORI、ORP、ORF 指令那样单独并联使用。

3）在能输入 AND 或 ANI、ANDP、ANDF 指令步的相同位置处，可编写 INV 指令。

4）在含有 ORB、ANB 指令的电路中，INV 是将执行 INV 之前存在的 LD、LDI、LDP 和 LDF 指令以后的运算结果取反。

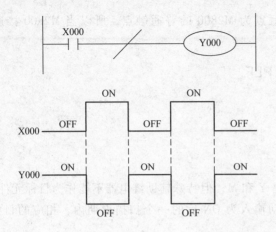

指令表程序

步序	指令	地址
0	LD	X000
1	INV	
2	OUT	Y000

图 5-22　INV 指令的使用说明

5.1.12　空操作指令 NOP、程序结束指令 END

1. 指令的功能

NOP：空操作指令，无任何操作目标元件。其主要功能是在调试程序时，用其取代一些不必要的指令，即删除由这些指令构成的程序；另外在程序中使用 NOP 指令，可延长扫描周期。若在普通指令之间加入空操作指令，PLC 可继续工作，就如没有加入 NOP 指令一样；若在程序执行过程中加入 NOP 指令，则在修改或追加程序时可减少步序号的变化。

END：程序结束指令，无操作目标元件。其功能是输入/输出处理和返回到 0 步程序。

2. 指令说明

1）在将程序全部清除时，存储器内指令全部成为 NOP 指令。

2）若将已经写入的指令换成 NOP 指令，则电路会发生变化。

3）PLC 反复进行输入处理、程序执行、输出处理，若在程序的最后写入 END 指令，则 END 以后的其余程序步不再执行，而直接进行输出处理。

4）在程序中没有 END 指令时，PLC 处理完其全部的程序步。

5）在调试期间，在各程序段插入 END 指令，可依次调试各程序段程序的动作功能，确认后再删除 END 指令。

6）PLC 在 RUN 开始时，首次执行从 END 指令开始。

7）执行 END 指令时，也刷新监视定时器，检测扫描周期是否过长。

5.1.13　编程规则及注意事项

1）触点只能与左母线相连，不能与右母线相连。

2）线圈只能与右母线相连，不能直接与左母线相连。

3）线圈可以并联，但不能串联连接。

4）程序的编写应按照自上而下、从左到右的方式编写。为了减少程序的执行步数，程序应"左大右小、上大下小"，尽量避免电路块在右边或下边的情况，如图 5-23 所示。

5）重新安排不能编程的电路，如图 5-24 所示。

6）应尽量避免双线圈输出，如图 5-25 所示。

136

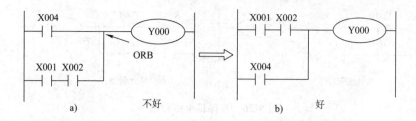

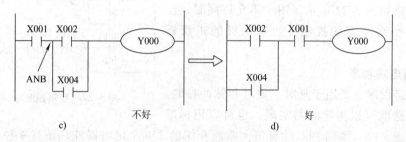

图 5-23 规则 4) 说明

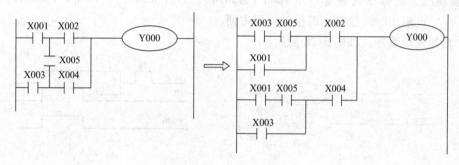

图 5-24 规则 5) 说明

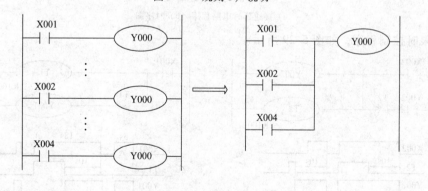

图 5-25 规则 6) 说明

5.1.14 典型控制程序

1. 自保持程序

自保持电路也称自锁电路,如图 5-26 所示,常用于无机械锁定开关的起动、停止控制中,如用无机械锁定功能的按钮控制电动机的起动和停止,并且分为起动优先和断开优先两种。

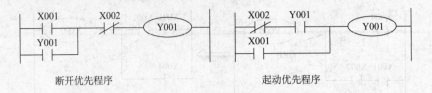

断开优先程序　　　　　　　起动优先程序

图 5-26　自保持电路程序

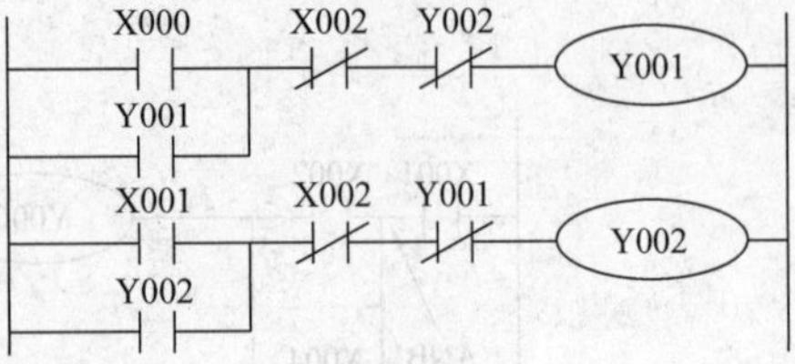

2. 互锁程序

互锁电路如图 5-27 所示，用于不允许同时动作的两个或多个继电器的控制，如电动机的正反转控制。

3. 时间电路程序

时间电路程序主要用于延时、定时和脉冲控制。时间控制电路既可以用定时器实现，也可以用标准

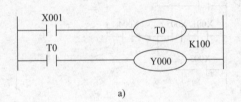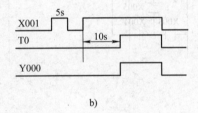

图 5-27　互锁控制电路程序

时钟脉冲实现。FX$_{2N}$系列 PLC 除有第 4 章所介绍的 256 个定时器外，还有 4 种由特殊辅助继电器振荡产生的标准时钟脉冲（1min（M8014）、1s（M8013）、100ms（M8012）、10ms（M8011））可用于时间控制，编程时使用方便。

1）接通延时程序，如图 5-28 所示。

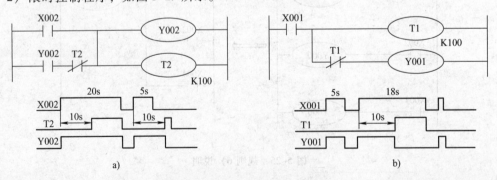

图 5-28　接通延时程序

a）接通延时电路程序　b）时序图

2）限时控制程序，如图 5-29 所示。

图 5-29　限时控制延时程序

a）限时控制程序 1　b）限时控制程序 2

3）断电延时和长延时程序，如图 5-30 所示。

4）计数器配合计时程序，如图 5-31 所示。

5）分频电路程序，如图 5-32 所示。

6）振荡电路程序，如图 5-33 所示。

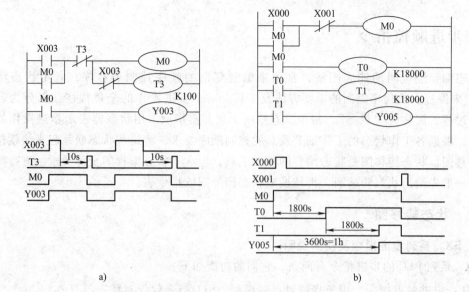

a)　　　　　　　　　　　　　　　　b)

图 5-30　断电延时和长延时程序

a）断电延时程序　b）定时器串级使用实现长延时

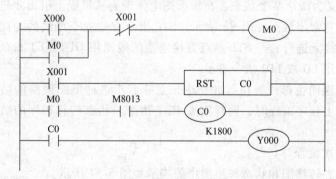

图 5-31　计数器配合计时程序

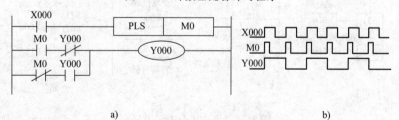

a)　　　　　　　　　　　　　　　　b)

图 5-32　分频电路程序

a）分频电路梯形图　b）时序图

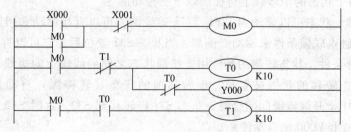

图 5-33　振荡电路程序

139

5.2 步进顺控指令

状态编程法也叫功能表图法，常用来编制复杂的顺序控制类程序，它用状态转移图（SFC）来编程，是程序编制的重要方法及工具。一个步进操作的全过程往往划分为若干个典型的过程，简称为"状态"。每个状态用一个状态器指示。用状态器表示步进操作的各工作状态，根据各工作状态的工作细节及总的控制顺序要求，将这些状态联系起来，就构成了状态转移图。状态转移图是状态编程的重要工具，包含了状态编程的全部要素。进行状态编程时，一般先绘出状态转移图，再转换成状态梯形图或指令表。

5.2.1 状态转移图

1. FX$_{2N}$系列步进指令及使用说明

FX$_{2N}$系列 PLC 的步进指令有两条，它们的功能如下：

STL：步进触点指令，用于步进触点的编程，STL 指令仅仅对状态器有效。

RET：步进返回指令，用于步进程序结束时返回原母线。

STL 指令的意义为激活某个状态，在梯形图上体现为从母线上引出步进触点。步进触点只有常开触点，没有常闭触点，用—╢├—表示。STL 指令有建立子母线的功能，以使该状态的所有操作均在子母线上进行，与 STL 触点直接连接的线圈用 OUT/SET 指令，连接步进触点的其他继电器触点用 LD 或 LDI 指令表示。

RET 指令用于返回主母线。执行此指令，意味着步进梯形图回路的结束，在希望中断一系列的工序而在主程序编程时，同样需要 RET 指令。状态转移程序的结尾必须使用 RET 指令。

RET 指令可多次编程。

步进指令在状态转移图和状态梯形图中的表示如图 5-34 所示。

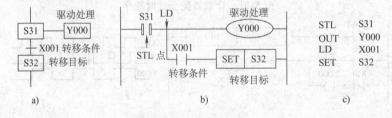

图 5-34 步进指令表示方法

a) 状态转移图 b) 状态梯形图 c) 指令表

图 5-34 中每个状态的子母线上将提供以下三种功能：

1）驱动负载。状态可以驱动 M、Y、T、S 等线圈，可以直接驱动和用置位 SET 指令驱动，也可以通过触点联锁条件来驱动。例如，当状态 S31 置位后，它可以直接驱动 Y000。

2）给出转移条件。状态转移的条件用连接两状态之间的线段上的短线来表示。当转移条件得到满足时，转移的状态被置位，而转移前的状态（转移源）自动复位。例如，图5-34a中，当 X001 常开触点瞬间闭合时，状态 S31 将转移到 S32，这时 S32 被置位而 S31 自动复位，S31 的输出 Y000 也自动停止。

3）指定转移目标。状态转移目标由连接状态之间的线段指定，线段所指向的状态即为指定转移目标。例如，S31 转移目标为 S32。

上述三种功能称为状态的三要素，其中后两种功能是必不可少的。

使用步进指令时应先设计状态转移图，再由状态转移图转换成状态梯形图。

2. 状态转移图的建立方法

一个步进顺序控制系统进行状态编程时，一般先绘出状态转移图（SFC）。SFC 可在备有 A7PHP/HGP 等图示图像外围设备和与其对应编程软件的个人计算机上编写，根据 SFC 再转换成状态梯形图或指令表。

绘制状态转移图的步骤如下：

1）将复杂的任务或过程分解为若干个工序（状态）。

2）对每个工序分配状态元件。FX$_{2N}$ 系列 PLC 共有 1000 个状态元件（或称状态器），它们是构成步进顺控指令的重要元素，也是构成状态转移图的基本组件。状态器 S0~S9 用作 SFC 的初始状态；S10~S19 用作多运行模式中返回原点状态；S20~S499 用作 SFC 的中间状态；S500~S899 是电池后备，即使在掉电时也能保持其动作；S900~S999 用作报警组件。

3）弄清各工作状态的工作细节，确定状态的三要素。

4）根据总的控制顺序要求，将各个工作状态联系起来，构成状态转移图。

下面介绍图 5-35 中某台车自动往返运动状态转移图的建立。

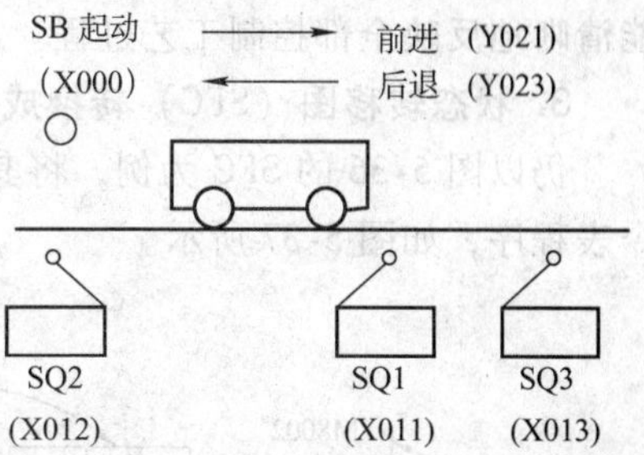

图 5-35 台车自动往返运动示意图

台车控制工艺要求：①按下起动按钮 SB，电动机 M 正转，台车前进，碰到限位开关 SQ1 后，电动机 M 反转，台车后退（SQ1 通常处于接通状态，只有台车前进到位时才转为断开状态，其他限位开关的动作也相同）；②台车后退碰到限位开关 SQ2 后，电动机 M 停转，台车停车 5s 后，第二次前进，碰到限位开关 SQ3，再次后退；③当后退再次碰到限位开关 SQ2 时，台车停止。

根据系统功能，整个系统动作分为初始状态、前进（工序一）、后退（工序二）、延时（工序三）、再前进（工序四）、再后退（工序五）六个状态。对每个状态分配状态元件，并确定它们的三要素，见表 5-2。

表 5-2 工序状态元件分配、三要素确定

工序	分配的状态元件	驱动的负载	转移条件	转移目标
0 初始状态	S0	无负载	X000（SB）	S20
1 第一次前进	S20	输出线圈 Y021,（M 正转）	X011（SQ1）	S21
2 第一次后退	S21	输出线圈 Y023,（M 反转）	X012（SQ2）	S22
3 暂停 5s	S22	定时器线圈 T0	T0	S23
4 第二次前进	S23	输出线圈 Y021	X013（SQ3）	S24
5 第二次后退	S24	输出线圈 Y023	X012	S0

根据表 5-2 绘出台车自动往返运动状态转移图如图 5-36 所示，图中初始状态 S0 要用双框表示。

在 STOP→RUN 转换时，特殊辅助继电器 M8002 是初始状态 S0 置位（ON）。按下前进

起动按钮 SB（X000 常开触点闭合），则小车由初始状态转移到前进步，驱动对应的输出继电器 Y021，当小车前进至前限位 SQ1 时（X011 常闭触点闭合），则由工序一转移到工序二，驱动对应的输出继电器 Y023，小车后退。当后退至限位 SQ2 时（X012 常闭触点闭合），则由工序二转移到工序三，起动定时器开始计时 5s。5s 后定时器常开触点闭合，则由工序三转移到工序四，再次前进。当小车前进至前限位 SQ3 时（X013 常闭触点闭合），则由工序四转移到工序五，开始后退。当后退至限位 SQ2 时（X012 常闭触点闭合），则由工序五转移到初始状态，等待再次按下起动按钮进行下一轮循环。

由图 5-36 可看出，状态转移图容易理解，可读性强，能清晰地反映全部控制工艺过程。

3. 状态转移图（SFC）转换成状态梯形图、指令表程序

仍以图 5-36 的 SFC 为例，将其转换成状态梯形图和指令表程序，如图 5-37 所示。

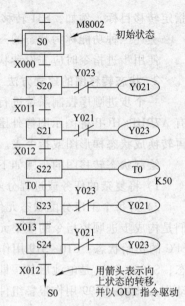

图 5-36 台车自动往返运动状态转移图

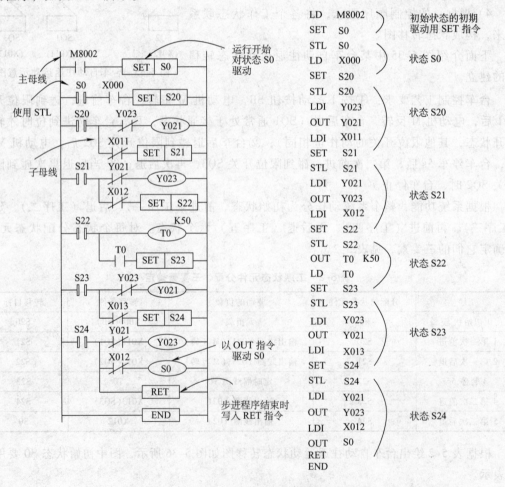

图 5-37 台车自动往返运动状态梯形图和指令表

由图 5-37 可看出，从 SFC 转换为状态梯形图后，再写出指令表程序是非常容易的。状态转移图转换为状态梯形图、指令表程序的要点如下：

1）步进触点除了并联分支/汇合的情况外，都与左母线相连。

2）每个状态下的操作接在步进触点之后的临时母线上。

3）转移目标的指定：顺序连续状态转移用 SET 指令，顺序不连续转移用 OUT 指令。

4）状态编程顺序：先进行驱动，再进行转移，不能颠倒。

5）步进程序结束时要写入 RET 指令。

5.2.2　编程方法

1. 初始状态的编程

初始状态是指状态转移图起始位置的状态。S0~S9 可用作初始状态。初始状态的作用：①防止双重起动。如图 5-36 所示，在状态 S21 作用时，即使再按下起动开关，也是无效的（因为 S0 不工作）。②可作为逆变换用的识别软元件。在从指令表向 SFC 进行逆变换时，需要识别流程的起始段，因此，要将 S0~S9 用作初始状态。若采用其他编号，就不能进行逆变换。

初始状态有一般驱动和用初始状态指令 IST 驱动。图 5-36 中，台车自动往返运动采用的是一般驱动，即在 PLC 由 STOP →RUN 切换时，利用只有瞬间动作的特殊辅助继电器 M8002 来驱动。

初始状态编程应注意的事项：①初始状态的软元件用 S0~S9，并用双框表示；中间状态软元件用 S20~S899 等状态，用单框表示。若需在停电恢复后继续原状态运行，可使用 S500~S899 停电保持状态元件。S10~S19 在采用状态初始化指令 IST 时，可用于特殊目的。必须注意，在同一程序中状态元件不能重复使用。②在开始运行前，初始状态必须预先驱动（图 5-36 中由 M8002 驱动）。③程序运行后，初始状态也可由其他状态元件（图 5-36 中为 S24）驱动，此时用 OUT 指令。④初始状态以外的一般状态一定要通过来自其他状态的 STL 指令驱动，不能从状态以外驱动。⑤初始状态一定在流程的最前面表述。此外，对应初始状态的 STL 指令，必须在其之后的一系列 STL 指令之前编程。

2. 状态复位的编程

用 SFC 编制用户程序时，若需使某个处在运行的状态停止运行，则可用图 5-38 所示方法编程。在流程中要表示状态的自复位处理时，用"↓"符号表示，自复位状态在程序中用 RST 指令表示；若要对某区间状态进行复位，可用区间复位指令 ZRST 处理，如图 5-38 所示。

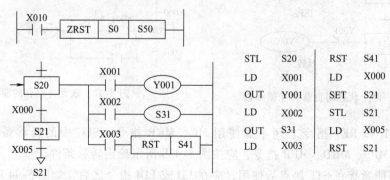

图 5-38　状态复位的编程

若要使某个状态中的输出禁止，可按图 5-39a 所示方法处理；若要使 PLC 的全部输出断开，可用 M8034 接成图 5-39b 所示电路。图中 X000、X001 为禁止输出的条件，当 X000 = ON 时，置位 M10，其常闭触点断开，Y005、M30、T3 断开；当 X001 = ON 时，M8034 线圈得电，PLC 继续进行程序运算，但所有输出继电器都断开。

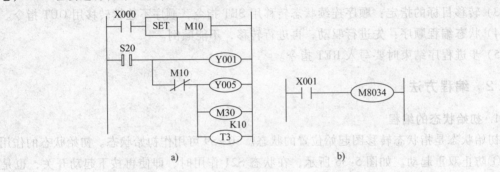

图 5-39 状态运行中输出禁止的编程

3. 状态内详细动作的编程

1）允许同一元件的线圈在不同的步进触点后多次使用（因它们不同时激活），如图 5-40a 所示。此外，相邻状态使用的 T、C 元件，编号不能相同，如图 5-40b 所示。但对分隔的两个状态（图 5-40b 中 S40 和 S42）可以使用同一定时器（T1）。在同一程序段中，同一状态器编号只能使用一次。

2）在状态转移过程中，仅在瞬间（一个扫描周期）两种状态同时接通。因此，为了避免不能同时接通的一对输出同时接通，需设计互锁，如图 5-41 所示。

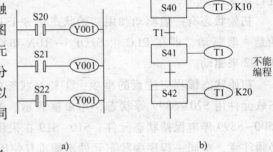

图 5-40 多重输出、定时器的应用

3）负载的驱动、状态转移条件可能为多个元件的逻辑组合，视具体情况，按串联、并联关系处理，不能遗漏，如图 5-42 所示。

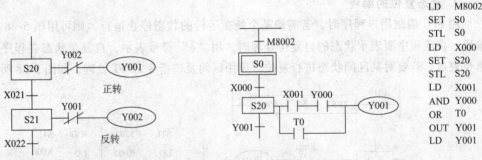

图 5-41 两个状态间负载的互锁编程   图 5-42 软元件组合的驱动

4）在 STL 和 RET 指令之间不能使用 MC、MCR 指令；SFC 中的转移条件不能使用 ANB、ORB、MPS、MRD、MPP 指令，应按图 5-43b 所示确定转移条件。

栈指令不能紧接在 STL 触点后使用，应在 LD 或 LDI 指令之后，如图 5-44 所示。

可在状态内使用的基本指令见表 5-3。

144

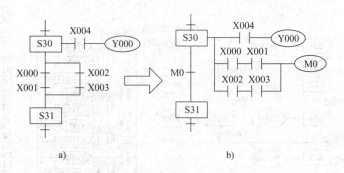

图 5-43　复杂转移条件的编程

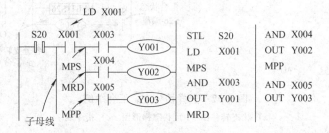

图 5-44　栈指令在状态内的正确使用

表 5-3　可在状态内使用的基本指令

状态＼指令		LD/LDI/LDP/LDF/AND/ANI/ANDP/ANDF/OR/ ORI/ORP/ORF/INV/OUT,SET/RST,PLS/PLF	ANB/ORB MPS/MRD/MPP	MC/MCR
初始状态/一般状态		可以使用	可以使用	不可使用
分支、汇 合状态	输出处理	可以使用	可以使用	不可使用
	转移处理	可以使用	不可使用	不可使用

5）用同一信号作为几个状态的转移条件时，可采用图 5-45 所示的编程方法。

6）在临时母线上用 LD、LDI 指令编程后，不能直接对 OUT 指令编程，如图 5-46a 所示，应改为图 5-46b 所示的形式。

4. 选择性分支、汇合的编程

（1）选择性分支、汇合的编程方法

选择执行多项流程中的某一项流程称为选择性分支。

选择性分支与汇合 SFC 的特点是具有多个分支流程，选择性分支流程就是根据具体条件从多个分支中选择某一分支执行，如图 5-47a 所示。

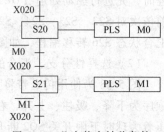

图 5-45　几个状态转移条件相同时的编程

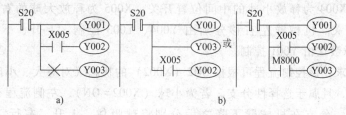

图 5-46　状态内没有触点的线圈编程

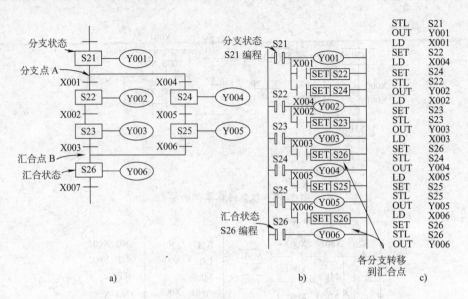

图 5-47 选择性分支、汇合举例

a）状态转移图 b）状态梯形图 c）指令表

选择性分支的编程与一般状态的编程一样，首先只进行驱动处理，然后设计转移条件，按顺序继续进行状态转移处理。

选择性汇合的编程是先进行汇合前状态的输出处理，然后朝汇合状态转移。

由图 5-47a 可看出，该状态转移图有两个分支，S21 为分支状态，根据分支条件 X001、X004 来选择转向其中的一个分支。当 X001 为 ON 时进入状态 S22，当 X004 为 ON 时进入状态 S24。X001、X004 不能同时为 ON。S26 为汇合状态，状态 S23 或 S25 根据各自的转移条件 X003 或 X006 向汇合状态转移。

分支、汇合的编程原则是先集中处理分支，然后再集中处理汇合状态。针对分支状态编程时，先进行驱动处理（OUT Y001），然后按照 S22、S24 的顺序进行处理；汇合状态编程前依次对 S22、S23、S24、S25 状态进行汇合前的输出处理编程，然后按顺序从 S23、S25 向汇合状态 S26 转移编程，如图 5-47b、c 所示。

（2）选择性分支、汇合的编程实例

图 5-48 为使用传送带将大、小球分类选择传送的机械示意图。左上方为原点，其动作顺序为下降、吸住、上升、右行、下降、释放、上升、左行。此外，机械臂下降，当电磁铁压着大球时下限开关 SQ2 断开，压着小球时 SQ2 导通，以此判断是大球还是小球。

像这种大小分类选择或判别合格与否的 SFC，可用图 5-49 所示的选择性分支与汇合的 SFC 表示。图中 X001 为左限位开关，X002 为下限位开关（小球动作，大球不动作），X003 为上限位开关，X004 为释放小球的中间位置开关，X005 为释放大球的右限位开关，X000 为系统的起动开关。机械臂左右移分别由 Y004、Y003 控制，上升、下降分别由 Y002、Y000 控制，将球吸住由 Y001 控制。

根据工艺要求，该控制流程可根据 SQ2（X002）的状态（对应大、小球）有两个分支，此处应为分支点，且属于选择性分支。若为小球（X002 = ON），左侧流程有效；若为大球，则右侧流程有效。分支在机械臂下降之后分别将球吸住、上升、右行，若为小球，SQ4（X004）动作，若为大球，SQ5（X005）动作，此处应为汇合点，向汇合状态 S28 转移，再

146

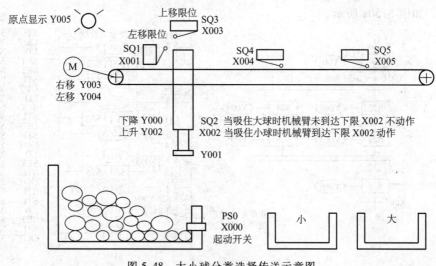

图 5-48 大小球分类选择传送示意图

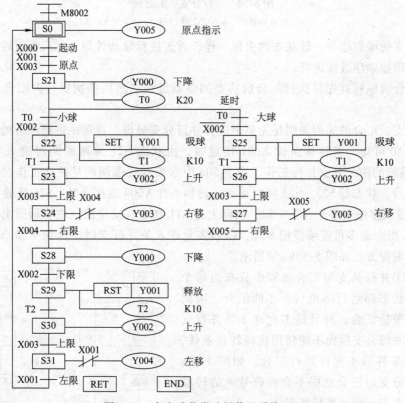

图 5-49 大小球分类选择传送系统 SFC

下降，然后再释放、上升、左移到原点。

读者可根据前面所讲的选择性分支、汇合的编程规则画出其状态梯形图，写出其指令表。

5. 并行分支、汇合的编程

（1）并行分支、汇合的编程方法

多项流程同时进行的分支称为并行分支。

并行分支与汇合 SFC 的特点是具有多个分支流程，工作时在同一条件下转向多路分支同时执行，如图 5-50a 所示。

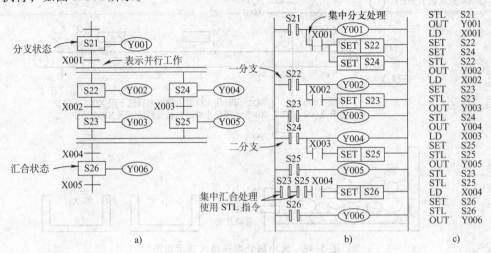

图 5-50 并行分支、汇合例

a) 状态转移图 b) 状态梯形图 c) 指令表

并行分支的编程也与一般状态的编程一样，首先进行驱动处理，然后进行转移处理，所有的转移处理按顺序继续进行。

并行汇合的编程首先只执行汇合前状态的驱动处理，然后依次执行向汇合状态的转移处理。

并行分支、汇合的编程原则是先集中进行并行分支处理，再集中进行汇合处理。

由图 5-50 可知，当转移条件 X001 接通时，由状态 S21 分两路同时进入状态 S22 和 S24，以后系统的两个分支并行工作，图 5-50a 中水平双线强调的是并行工作。当两个分支都处理完毕后，状态器 S23、S25 同时接通，转移条件 X004 也接通时，S26 接通，同时 S23、S25 自动复位。多条支路汇合在一起，实际上是 STL 指令连续使用（在梯形图上是 STL 触点串联）。STL 指令最多可连续使用 8 次，即最多允许 8 条并行支路汇合在一起。其步进梯形图及指令表编程方法如图 5-50b、c 所示。

注意：①并行分支与汇合流程中只有当每个分支的最后状态都运行结束后，才能汇合，因此有时又称为等待汇合，并且最多允许 8 条并行支路汇合。②并行分支后面不能使用选择转移条件，在选择转移条件后不允许并行汇合。如图 5-51a 中，在并行分支与汇合点中不允许符号 * 的转移条件，要按 5-51b 所示进行修改。

（2）并行分支、汇合的编程实例

图 5-52 为按钮式人行横道交通十字路口示意图，东西方向是车道，南北方向是人行道。如果没有行人要过交通路口，车道一直保持绿灯亮，人行道保持红灯亮。如果有行人要过交通路口，

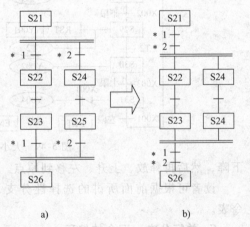

图 5-51 并行分支与汇合转移条件的处理

先要按动按钮（SB1 或 SB0），等到南北方向绿灯亮时，行人方可通过，此时东西方向车道上红灯亮。延时一段时间后，继续恢复南北方向的红灯亮，东西方向的绿灯亮。十字路口交

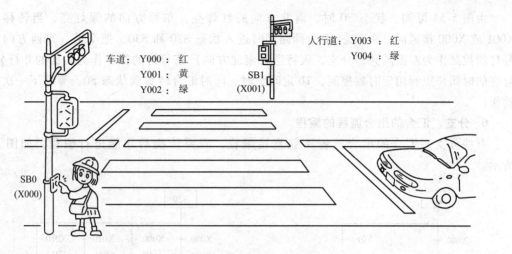

车道：Y000 ：红
Y001 ：黄
Y002 ：绿

SB1
(X001)

人行道：Y003 ：红
Y004 ：绿

SB0
(X000)

图 5-52 按钮式人行横道交通十字路口示意图

通灯时序图如图 5-53 所示。

根据控制要求，可采取并联分支、汇合编程的方法来实现人行横道交通信号灯的控制功能，系统所需车道（东西方向）红、黄、绿各 2 只信号灯，分别由 Y000、Y001、Y002 控制，人行横道（南北方向）红、绿各 2 只信号灯分别由 Y003、Y004 控制，人行横道两按钮 SB1、SB0 接入 X001、X000。其状态转移图如图 5-54 所示。

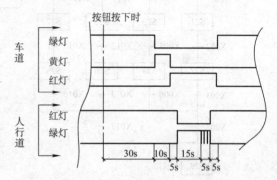

图 5-53 十字路口交通灯时序图

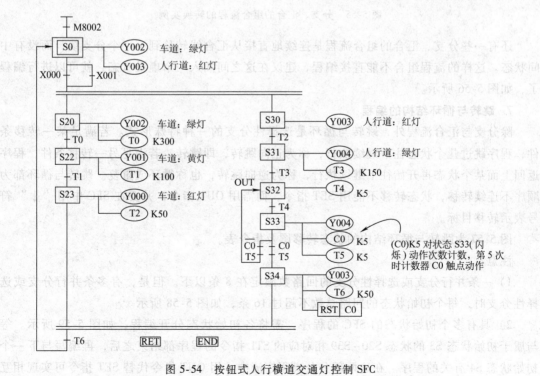

图 5-54 按钮式人行横道交通灯控制 SFC

由图 5-54 可知，状态 S0 时，南北方向的红灯亮，东西方向的绿灯亮，当转移条件 X001 或 X000 接通时，由状态 S0 分两路同时进入状态 S20 和 S30，把车道（东西方向）信号灯的控制作为左面的并行分支，人行道（南北方向）信号灯的控制作为右面的并行分支，灯亮的时间长短利用定时器控制，T6 定时到时，同时汇合转移到状态 S0，等待下一次按钮动作。

6. 分支、汇合的组合流程的编程

有些分支、汇合的组合流程不能直接编程，需要转换后才能进行编程，如图 5-55 所示。

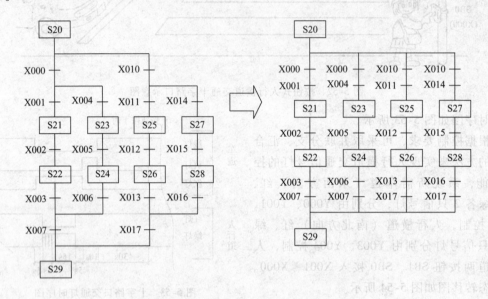

图 5-55 分支、汇合的组合流程的转换实例

还有一些分支、汇合的组合流程是连续地直接从汇合线转移到下一个分支线，而没有中间状态。这样的流程组合不能直接编程，建议在这之间插入一个虚设状态，就可以进行编程了，如图 5-56 所示。

7. 跳转与循环结构的编程

除分支与汇合流程外，跳转与循环是选择性分支的一种特殊形式。若满足某一转移条件，程序跳过几个状态往下继续执行，称为正向跳转，即跳转。若满足另一转移条件，程序返回上面某个状态再开始往下继续执行，称为逆向跳转，也称循环或重复。跳转与循环都为顺序不连续转移，状态转移不能用 SET 指令，而需用 OUT 指令，并要在 SFC 中用 "↓" 符号表示转移目标。

图 5-57 为跳转与循环结构的状态转移图及指令表。

注意：

1）一条并行分支或选择性分支的回路数限定在 8 条以下。但是，有多条并行分支或选择性分支时，每个初始状态的回路总数不超过 16 条，如图 5-58 所示。

2）具有多个初始状态的 SFC 的程序，需将各初始状态分开编程，如图 5-59 所示。等与属于初始状态 S3 的状态 S20～S39 相对应的 STL 指令的程序都结束之后，再编写与下一个初始状态 S4 有关的程序。在这两部分分离程序流中，用 OUT 指令代替 SET 指令可实现相互间的跳转。

3）不能作流程交叉的 SFC。如图 5-60 所示的流程要按右边所示的流程重新编程，利用它可实现以指令为基础的程序向 SFC 的逆转换。

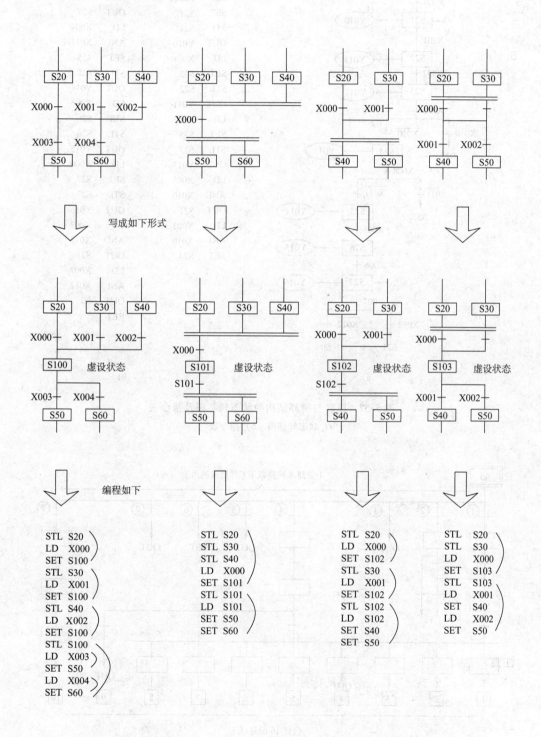

图 5-56　加入虚设状态的分支、汇合的组合流程

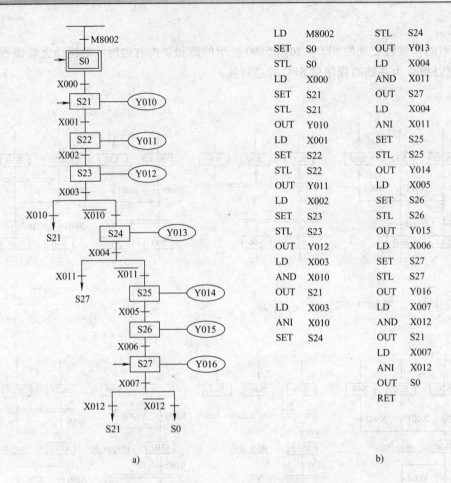

LD	M8002	STL	S24
SET	S0	OUT	Y013
STL	S0	LD	X004
LD	X000	AND	X011
SET	S21	OUT	S27
STL	S21	LD	X004
OUT	Y010	ANI	X011
LD	X001	SET	S25
SET	S22	STL	S25
STL	S22	OUT	Y014
OUT	Y011	LD	X005
LD	X002	SET	S26
SET	S23	STL	S26
STL	S23	OUT	Y015
OUT	Y012	LD	X006
LD	X003	SET	S27
AND	X010	STL	S27
OUT	S21	OUT	Y016
LD	X003	LD	X007
ANI	X010	AND	X012
SET	S24	OUT	S21
		LD	X007
		ANI	X012
		OUT	S0
		RET	

a)   b)

图 5-57　跳转与循环结构的状态转移图及指令表

a）状态转移图　b）指令表

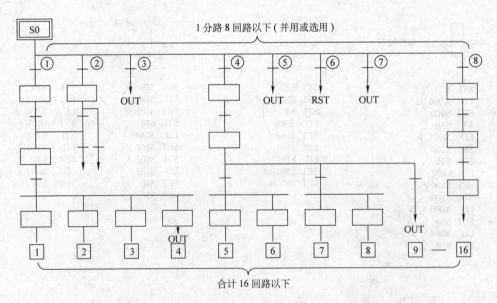

图 5-58　分支数的限制

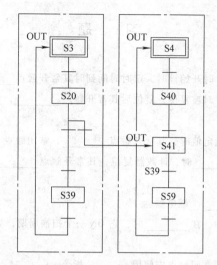

图 5-59　分离程序流

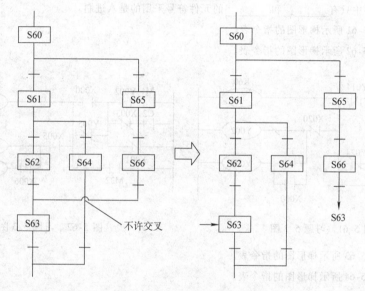

图 5-60　SFC 中交叉流程的处理

思 考 题

5.1　说明 PLC 梯形图与继电器-接触器控制系统电气原理图的区别。

5.2　OUT 指令与 SET 指令有何异同?

5.3　OR 和 ORB 指令都是并联指令, 它们有何不同?

5.4　AND 和 ANB 指令都是串联指令, 它们有何不同?

5.5　主控指令与堆栈指令有何异同?

5.6　说明状态编程思路的特点及适用场合。

5.7　什么是状态转移图? 状态转移图主要由哪些元素组成?

5.8　状态转移图有哪些功能?

5.9　步进顺控指令 STL 有哪些功能?

5.10　为什么在一系列的 STL 指令的最后必须要有 RET 指令?

习 题

5.1 填空

（1）定时器的线圈_____时开始计时，定时时间到时其常开触点_____，常闭触点_____。

（2）通用定时器在_____时被复位，复位后其常开触点_____，常闭触点_____，当前值为_____。

（3）计数器的当前值等于设定值时，其常开触点_____，常闭触点_____。再来计数脉冲时当前值_____。复位输入电路_____时，计数器复位，其常开触点_____，常闭触点_____，当前值为_____。

（4）OUT 指令不能用于_____继电器。

（5）_____是初始化脉冲，在_____时，它 ON 一个扫描周期，当 PLC 处于 RUN 状态时，M8000 一直为_____。

（6）与主控触点下端相连的常闭触点应使用_____指令。

（7）编程元件中只有_____和_____的元件符号采用的是八进制。

5.2 写出图 5-61 所示梯形图的指令表。

5.3 写出图 5-62 所示梯形图的指令表。

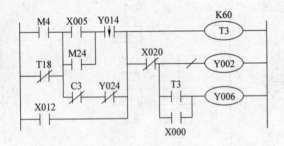

图 5-61 习题 5.2 图

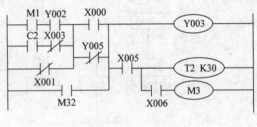

图 5-62 习题 5.3 图

5.4 写出图 5-63 所示梯形图的指令表。

5.5 写出图 5-64 所示梯形图的指令表。

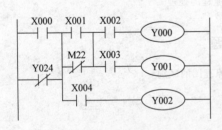

图 5-63 习题 5.4 图

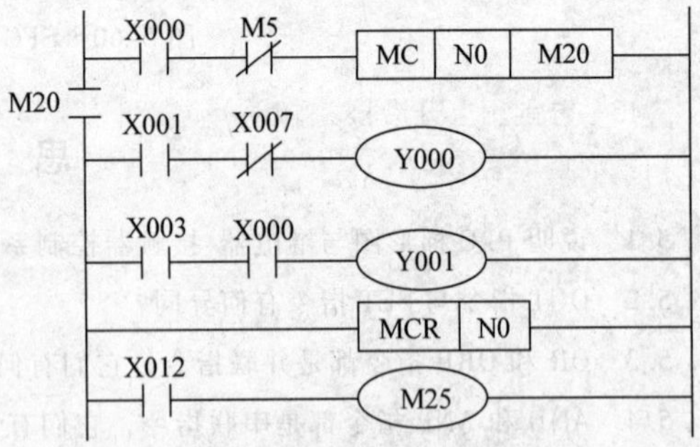

图 5-64 习题 5.5 图

5.6 画出图 5-65a 中指令表程序对应的梯形图。

5.7 画出图 5-65b 中指令表程序对应的梯形图。

5.8 画出图 5-65c 中指令表程序对应的梯形图。

5.9 画出图 5-66 中 Y000 的波形图。

5.10 画出图 5-67 中 M0 的波形图。交换上下两行电路的位置，M0 的波形有什么变化？为什么？

LDI	X004	LD	X002	LD	X002
ANI	M5	AND	M6	ANI	M3
ORP	X024	MPS		LDI	C10
LD	Y013	LD	X012	AND	T27
OR	T10	ORI	Y023	ORB	
ANI	X012	ANB		LDP	X007
LDF	X007	MPS		AND	X001
AND	M37	AND	X005	ORF	X015
ORB		OUT	M12	ANB	
ORI	X022	MPP		ORI	X034
ANB		ANI	X034	MC	N0
OR	X015	SET	M35	SP	M10
MPS		MRD		LD	X003
INV		AND	X001	OUT	Y001
OUT	M34	OUT	Y24	LD	X021
MPP		MPP		PLS	Y6
ANI	X017	AND	X006	MCR	N0
OUT	T21	OUT	Y002	LD	X021
	K100			OUT	Y010
a)		b)		c)	

图 5-65　习题 5.6~5.8图

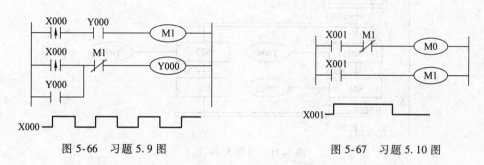

图 5-66　习题 5.9图　　　　　图 5-67　习题 5.10图

5.11　用 PLS 指令设计出使 M0 在 X000 的下降沿 ON 一个扫描周期的梯形图。

5.12　用接在 X000 输入端的光电开关检测传送带上通过的产品，有产品通过时 X000 为 ON，如果在 10s 内没有产品通过，由 Y000 发出报警信号，用 X001 输入端外接的开关解除报警信号，画出梯形图，并将它转换为指令表程序。

5.13　分别用上升沿检测触点指令和 PLS 指令设计梯形图，在 X000 或 X001 波形的上升沿，使 M0 在一个扫描周期内为 ON。

5.14　指出图 5-68 中的错误。

5.15　用 X000~X011 这 10 个键输入十进制数 0~9，将它们用二进制数的形式存放在 Y000~Y003 中，用触点和线圈指令设计编码电路。

5.16　单按钮双路单通控制。要求：使用一个按钮控制两盏灯，第一次按下时第一盏灯亮，第二次灭；第二次按下时第一盏灯灭，第二盏灯亮；第三次按下时两盏灯都灭。按钮信号 X001，第一盏灯信号 Y001，第二盏灯信号 Y002。

5.17　设计一个抢答器，如图 5-69 所示，有 4 个答题人。出题人提出问题，答题人按动抢答按钮，只有最先抢答的人输出。出题人按复位按钮，引出下一个问题。试画出梯

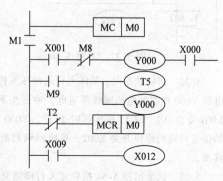

图 5-68　习题 5.14图

155

形图。

5.18 设计出图 5-70 所示状态转移图的梯形图程序。

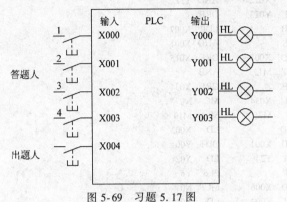

图 5-69 习题 5.17 图　　　　图 5-70 习题 5.18 图

5.19 设计出图 5-71 所示状态转移图的梯形图程序。

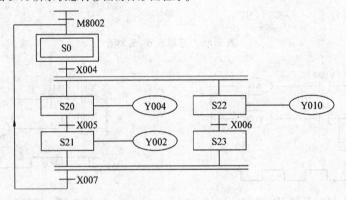

图 5-71 习题 5.19 图

5.20 设计出图 5-72 所示状态转移图的梯形图程序。

5.21 写出图 5-73 对应的指令表程序，画出局部的状态转移图。

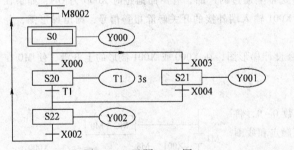

图 5-72 习题 5.20 图　　　　图 5-73 习题 5.21 图

5.22 初始状态时，某压力机的冲压头停在上面，限位开关 X002 为 ON，按下起动按钮 X000，输出继电器 Y000 控制的电磁阀线圈通电，冲压头下行。压到工件后压力升高，压力继电器动作，使输入继电器 X001 变为 ON，用 T1 保压延时 5s 后，Y000 OFF，Y001 ON，上行电磁阀线圈通电，冲压头上行。返回初始位置时碰到限位开关 X002，系统回到初始状态，Y001 OFF，冲压头停止上行。画出控制系统的状态转移图。

5.23 试绘出图 5-54 按钮式人行横道交通灯控制 SFC 的状态梯形图。

5.24 我国工业正在由制造大国向制造强国发展，"高端化、智能化"促进制造业和进出口贸易不断增长，其中很多产品是需要定量封装的。图 5-74 是某自动生产线上定量封装的控制示意图，其控制要求如下：

（1）按下起动按钮，定量封装工作开始，进料阀门打开，物料落入包装带中。

（2）当质量达到时，质量开关动作，使阀门关闭，同时封口作业开始，将包装带热凝固封口。

（3）移去已包装好的物品，质量开关复位，进料阀打开，进行下一循环封装作业。

（4）按下停止按钮，要工作完一个周期后才能停止。

用 PLC 控制该系统，编写控制程序，并进行调试。

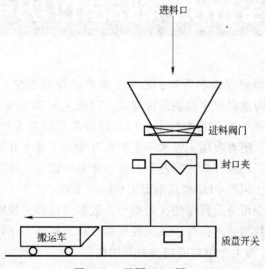

图 5-74　习题 5.24 图

5.25　编写一段输出控制程序，假设有 5 个指示灯，从左到右以 0.5s 速度依次点亮，到达最右端后，再从右到左依次点亮，如此循环。

5.26　用两个定时器和一个输出点设计一个闪烁信号源，使输出的闪烁信号周期为 6s，占空比为 4∶6。

5.27　在哪些情况下允许双线圈输出？

第 6 章

可编程序控制器的功能指令

PLC 早期多用于逻辑顺序控制系统，而对于复杂的控制系统，通常具有数据处理、过程控制等功能，用基本的逻辑顺序控制无法完成。因此，在 20 世纪 80 年代以后，小型 PLC 也加入一些功能指令。有了这些功能指令，PLC 的应用变得更为广泛。据统计，国内 PLC 市场仍以外资品牌为主。随着我国工控水平不断提升与"工业 4.0"时代的到来，国产 PLC 持续发展，并在新能源、环保等新兴行业不断取得业务突破点。可以预见，在我国制造业高端化、智能化的进程中，国产 PLC 将获得更大更快的发展。

一般来说，功能指令可分为程序流控制指令、数据传送和比较指令、算术与逻辑运算指令、移位和循环指令、数据处理指令、高速处理指令以及外部 I/O 处理和通信指令等。

本章以 FX_{2N} 型 PLC 为主介绍功能指令及其用法。

6.1 功能指令简介

1. 功能指令的基本格式

功能指令由功能号、指令助记符、操作数等组成。在简易编程器中，以功能号输入功能指令。在编程软件中，以指令助记符输入功能指令。

FX_{2N} 型 PLC 在梯形图中一般是使用功能框来表示功能指令的，图 6-1 是功能指令的梯形图示例。

这段程序的意义：当执行条件 M8002 为 ON 时，把十进制常数 12 送到数据寄存器 D500 中去。这种表达方式的优点是直观，稍有计算机及 PLC 知识的人就极易明白其功能。

图 6-1 功能指令的梯形图形式

2. 功能指令的使用要素

使用功能指令需注意指令的使用要素，现以取平均值指令为例，说明功能指令的使用要素。

（1）指令编号及助记符

FX_{2N} 系列功能指令按功能号 FNC00 ~ FNC246 编排，每条功能指令都有其编号。功能指令的助记符是该指令的英文缩写，如图 6-2 中①为指令编号，②为指令助记符。

（2）操作数

操作数是功能指令涉及或产生的数据。操作数

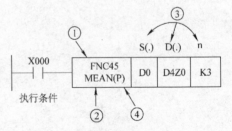

图 6-2 功能指令的使用要素（一）

分为源操作数、目标操作数及其他操作数，如图 6-2 中③所示。

S（SOURSE）：源操作数，其内容不随指令执行而变化。如使用变址功能，表示为 S（.），源操作数多时，可用 S1（.）、S2（.）表示。

D（DESTINATION）：目标操作数，其内容随执行指令改变。如使用变址功能，表示为 D（.），目标操作数多时，可用 D1（.）、D2（.）表示。

m、n：其他操作数，常用来表示常数或对源操作数和目标操作数的补充说明。表示常数时，K 为十进制，H 为十六进制。这样的操作数很多时，可以用 m1、m2 等表示。

从根本上来说，操作数是参加运算数据的地址。地址是依元件类型分布在存储区中的，由于不同指令对参与操作的元件类型有一定限制，因此操作数的取值就有一定的范围，正确地选取操作数类型，对正确使用指令有很重要的意义。

功能指令的指令号和助记符的程序步数通常为 1 步，根据各操作数是 16 位或是 32 位，每个操作数占 2 个或 4 个程序步。

（3）数据长度

功能指令可处理 16 位的数据和 32 位的数据。功能指令中附有符号（D），表示处理 32 位的数据，如图 6-3 中①所示；无（D）则表示处理 16 位的数据。处理 32 位数据时，用元件号相邻的两元件组成元件对，元件对的首元件号用奇数、偶数均可，但为了避免错误，元件对的首元件建议统一用偶数编号。例如，将数据寄存器 D0 指定为 32 位指令的操作数时，处理（D1，D0）32 位数据，其中 D1 为高 16 位，D0 为低 16 位。但是，C200～C255 这种 32 位计数器的 1 点可处理 32 位的数据，不能指定为 16 位指令的操作数使用。

（4）执行形式

功能指令有脉冲执行和连续执行两种。指令助记符后标有（P）的，为脉冲执行型，如图 6-2 中④所示，指令只在执行条件 X000 从 OFF→ON 变化时，执行一个扫描周期，其他时刻不执行。指令助记符后如没标（P），为连续执行型，只要执行条件成立，在各扫描周期都重复执行。在不需要每个扫描周期都执行时，用脉冲执行方式可缩短程序处理周期，这点对程序处理有很重要的意义。另外，某些指令，如 XCH、INC、DEC 等，用连续执行方式时要特别注意，这些指令在标示栏中用 "▼" 警示，如图 6-3 中②所示。

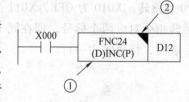

图 6-3　功能指令的使用要素（二）

了解以上要素后，就可以通过查阅表格，了解功能指令的用法了。图 6-2 所示功能指令编号为 45，MEAN 是 16 位求平均值指令，采用脉冲执行方式。其意义为：当执行条件 X000 置位时，$\dfrac{(D0)+(D1)+(D2)}{3} \longrightarrow (D4Z0)$。

6.2　程序流控制指令（FNC00～FNC09）

程序流控制指令主要用于程序的结构及流程控制，可影响程序执行的流向及内容，对合理安排程序的结构，有效提高程序的功能，实现某些技巧性运算，都有重要的意义。程序流控制指令共有十条，指令功能编号为 FNC00～FNC09。

1. 条件跳转指令 CJ

FNC00 CJ：条件跳转指令，操作目标元件为 P0～P127（P63 即为 END 所在步，不需要标记）。

指令梯形图如图6-4所示，图中跳转指针P1对应CJ P1跳转指令。指令说明如下：

1) 图6-4中，当CJ指令的驱动输入X000为ON时，程序跳转到CJ指令指定的指针P1处，不执行CJ和指针标号P1之间的程序，直接执行P1标号后面的程序。如果X000为OFF，则跳转不起作用，程序按从上到下、从左到右的顺序执行CJ指令后的程序，与没有跳转指令一样。

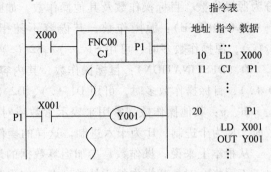

图6-4 条件跳转指令的使用说明

2) 处于被跳过程序段中的输出继电器Y、辅助继电器M、状态继电器S，由于该段程序不再执行，即使跳转过程中驱动输入发生变化，仍保持跳转前的状态。

3) 位于被跳过程序段中的定时器T、计数器C，如果跳转时定时器或计数器正发生动作，则此时立即停止计时或中断计数，直到跳转结束后继续进行计时或计数。但是，正在动作的定时器T192~T199与高速计数器C235~C255，不管有无跳转仍旧继续工作，输出触点也能动作。另外，定时器、计数器的复位指令具有优先权，即使复位指令处于被跳过程序段中，当执行条件满足时，复位也将执行。

4) 在同一程序且位于因跳转而不会被同时执行程序段中的同一线圈不被视为双线圈。

5) 可以有多条跳转指令使用同一标号，如图6-5所示。X010为ON时，从该处向标号P0处跳转。X010为OFF，X011为ON时从X011的CJ指令向标号P0跳转。但不允许一个跳转指令对应两个标号，即在同一程序中不允许存在两个相同的标号。在编写跳转程序的指令表时，标号需占一行。

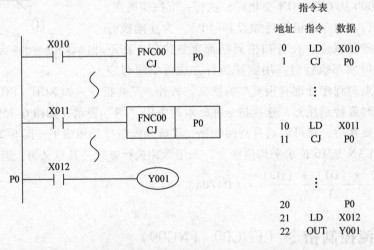

图6-5 两条跳转指令使用同一指针标号

6) 标号一般设在同编号的跳转指令之后，也可设在跳转指令之前，如图6-6所示，但这时X012接通的时间如超过200ms，会引起警戒时钟出错，需加注意。

7) CJ指令不能直接从左母线开始，前面必须有触发信号。若用辅助继电器M8000作为跳转指令的触发信号，跳转就成为无条件跳转。

8) 跳转可用来执行程序初始化工作，如图6-7所示。在PLC运行的第一个扫描周期中，跳转指令 CJ P7 将不被执行，程序执行跳转指令与 P7 之间的初始化程序。

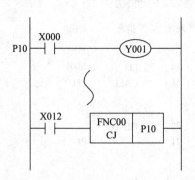

图 6-6 指针标号设在跳转指令之前

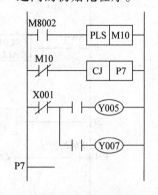

图 6-7 跳转指令用于程序初始化

9）以图 6-8 说明主控区与跳转指令的关系。

图 6-8 中 CJ P0 指令跳过了整个主控区，其跳转不受限制；CJ P1 是从主控区外跳转到主控区内，是与 MC 的动作无关的跳转，不论 M0 状态如何，均作为 ON 处理；CJ P2 是在主控区内的跳转，如 M0 为 OFF，跳转不能执行；CJ P3 是从主控区内向主控区外跳转，M0 为 OFF 时，不能跳转，当 M0 为 ON 时，跳转条件满足，可以跳转，不过这时 MCR 无效，但不会出错；CJ P4 是从一个主控区内跳转到另一个主控区内，当 M1 为 ON 时，可以跳转，执行跳转时不论 M2 的实际状态如何，均可看作 ON，最初的 MCR N0 被忽略。

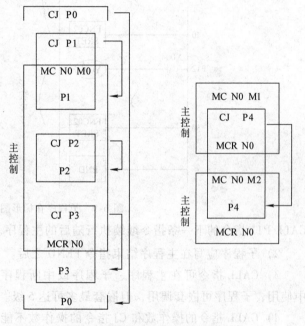

图 6-8 跳转指令与主控制区的关系

10）功能指令在跳转时不执行，但 FNC52～FNC59 除外。

2. 子程序指令 CALL、SRET

FNC01 CALL：子程序调用指令，执行指定的子程序，操作目标元件为 P0～P62、P64～P127。

FNC02 SRET：子程序返回指令，执行完毕返回到主程序，无操作目标元件。

子程序是为了一些特定的控制目的编制的相对独立的程序。为了区别于主程序，规定在程序编排时，将主程序编排在前边，子程序排在后边，并以主程序结束指令 FEND 将这两部分分隔开。子程序在梯形图中的表示如图 6-9 所示。指令说明如下：

1）把一些常用的或多次使用的程序以子程序写出。图 6-9 中，当 X001 为 ON 时，CALL 指令使主程序跳到标号 P11 处执行子程序 1，当执行中 X002 为 ON 时，调用标号为 P12 开始的子程序，执行到第 2 个子程序的 SRET 处时，返回到第 1 个子程序的断点处继续执行，执行到第 1 个子程序的 SRET 处时，子程序执行完毕，返回到主程序调用处，从

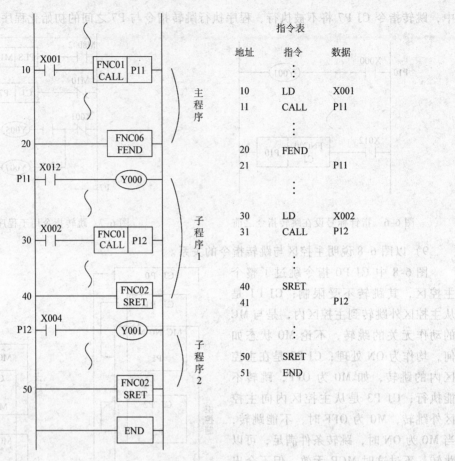

图 6-9 子程序在梯形图中的表示

CALL P11 指令的下一条指令继续执行随后的主程序。

2）子程序应写在主程序结束指令 FEND 之后。

3）CALL 指令可在主程序、子程序或中断程序中使用，子程序可嵌套调用，但嵌套最多可达 5 级。

4）CALL 指令的操作数和 CJ 指令的操作数不能为同一标号。但不同嵌套的 CALL 指令可调用同一标号的子程序。

5）子程序中规定使用的定时器范围为 T192 ~ T199 和 T246 ~ T249。

3. 中断指令 IRET、EI、DI

中断指令有三条：

FNC03 IRET：中断返回指令；

FNC04 EI：允许中断指令；

FNC05 DI：禁止中断指令。

这三条指令均无操作目标元件。

（1）指令说明

中断指令在梯形图中的表示如图 6-10 所示。中

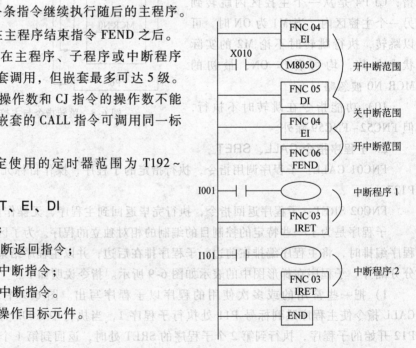

图 6-10 中断指令在梯形图中的表示

162

断程序作为一种子程序安排在主程序结束指令 FEND 之后，以中断指针标号作为开始标记，以中断返回指令 IRET 作为结束标记，主程序中允许中断指令 EI 和禁止中断指令 DI 间的区间表示允许中断的程序段，DI 和 EI 间的区间表示禁止中断的程序段。若在程序开始处设置一条 EI 指令，而整个程序中没有 DI 指令或 DI 指令是程序的最后一条指令，则中断可能发生在程序中的任何地方，称为全中断。

1）PLC 通常处于禁止中断状态。当程序处理到允许中断区（EI～DI）时，如有中断请求，则执行相应的中断子程序。图 6-10 中，当外部中断请求信号 X000 或 X001 为 ON 时，则执行中断程序 1 或 2。

2）当程序处理到禁止中断区（DI～EI）时，如有中断请求，则 PLC 记住该请求，留待 EI 指令后执行中断子程序（滞后执行）。

3）在一个中断程序执行过程中，不响应其他中断。但是，在中断程序中编入 EI 和 DI 指令可实现 2 级中断嵌套。

4）多个中断信号顺序产生时，优先级按发生的先后为序，若同时发生多个中断信号，则中断标号小的优先级高。

5）中断子程序中可用的定时器为 T192～T199、T246～T249。

（2）中断的种类及应用实例

在第 4 章中已介绍，FX$_{2N}$ 系列 PLC 有三类中断源：输入中断、定时器中断和计数器中断。输入中断是外部随机事件引起的中断，输入中断通过输入继电器的端子进入机内，有 6 个端子可以接收输入中断信号。定时器中断是由内部定时器产生的周期性事件引起的中断，最多可有 3 个定时器中断。计数器中断是高速计数器的当前值和设定值相等时引起的中断，最多有 6 个计数器中断。FX$_{2N}$ 系列 PLC 总共有 15 个中断事件，为了区别不同的中断及在程序中标明中断子程序的入口，规定了中断指针标号（用指针 I 编号），在写中断子程序的指令表时，标号需占一行。

可以通过特殊辅助继电器 M8050～M8059 实现中断的选择，这些特殊辅助继电器与中断号的对应关系见表 6-1，当这些特殊辅助继电器通过控制信号被置 1 时，其对应的中断被封锁。

表 6-1　特殊辅助继电器与中断的对应关系

特殊辅助继电器	中断号	特殊辅助继电器	中断号
M8050（输入中断）	I00□禁止	M8055（输入中断）	I50□禁止
M8051（输入中断）	I10□禁止	M8056（定时器中断）	I6□□禁止
M8052（输入中断）	I20□禁止	M8057（定时器中断）	I7□□禁止
M8053（输入中断）	I30□禁止	M8058（定时器中断）	I8□□禁止
M8054（输入中断）	I40□禁止	M8059（计数器中断）	I010～I060 禁止

现举几个中断应用的程序实例：

1）输入中断子程序。图 6-11 是记录 X003 接通次数的中断子程序。主程序首先开中断，当检测到 X003 有上升沿时，执行中断子程序 I301，C1 或 D0 值加 1，故 C1 或 D0 当前值即为 X003 接通次数。当 X002 接通时，屏蔽中断 I301。

2）定时器中断子程序。图 6-12 是用十六键指令 HKY 来加速输入响应的定时中断子程序。主程序每 20ms 执行子程序 I620 一次，在子程序中，首先刷新 X000～X007 这 8 点输入，然后执行 FNC71（HKY）指令，将十六键信息输入 PLC 内，并据最新输出信息立即刷新 Y000～Y007 这 8 点输出。当 X002 接通时，屏蔽中断 I620。

3）计数器中断子程序。计数器中断利用高速计数器当前值进行中断，与比较置位指令 FNC53（HSCS）组合使用，如图 6-13 所示。当高速计数器 C255 的当前值与 K1000 相等时，发生中断，中断指针指向中断程序，执行中断后，返回原断点程序。

4. 主程序结束、监视定时器刷新指令

（1）主程序结束指令 FEND

FNC06 FEND：主程序结束指令，无操作目标元件。指令说明如下：

1）FEND 指令表示一个主程序的结束。执行这条指令与执行 END 指令一样，即执行输入、输出处理或警戒定时器刷新后，返回第 0 步程序。

2）FEND 指令不出现在子程序和中断程序中，在只有一个 FEND 指令的程序中，子程序和中断程序要放在 FEND 指令之后。

3）一个程序中可以有多个 FEND

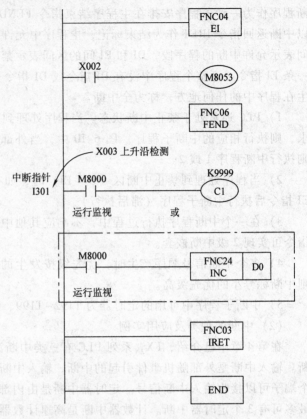

图 6-11　输入中断子程序例

指令，在这种情况下，中断程序和子程序要放在最后一个 FEND 指令和 END 指令之间，而且必须以 SRET 或 IRET 结束。图 6-14 是多个 FEND 指令的应用举例。

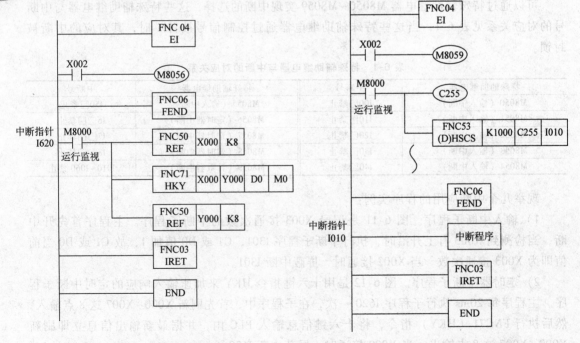

图 6-12　定时器中断子程序例　　　　　　　　　图 6-13　高速计数器中断子程序例

4）在执行 FOR 指令之后，执行 NEXT 指令之前，执行 FEND 指令的程序会出现错误，即 FEND 指令不允许处在 FOR-NEXT 循环之中。

（2）监视定时器刷新指令 WDT

FNC07 WDT：顺控程序中执行监视定时器刷新的指令，无操作目标元件。指令说明如下：

1）FX_{2N} 系列 PLC 监视定时器出错时间的限制值由特殊数据寄存器 D8000 设定，其默认设置值为 200ms。如果执行程序的扫描周期时间（从 0 步到 END 或到 FEND 指令之间）超过 200ms，则 PLC 停止运行。这时应在程序的适当位置中插入一条 WDT 指令，以使顺序程序得以继续执行直到 END。例如，将一个扫描周期为 240ms 的程序分为两个 120ms 的程序，在这两个程序之间插入 WDT 指令，如图 6-15 所示。

2）如果希望每次扫描周期超过 200ms，则可用传送指令 MOV 把限制值写入特殊数据寄存器 D8000 中，图 6-16 是将监视定时器设定值改为 300ms 的例子。监视定时器最大可设置到 32767ms，若设置该值，其结果变为运算异常的检测计时延迟。因此在运行不出现故障的情况下，一般设定初值为 200ms。

5. 程序循环指令 FOR、NEXT

FNC08 FOR：循环开始指令，操作目标元件为 K、H、KnX、KnY、KnM、KnS、T、C、D、V、Z。

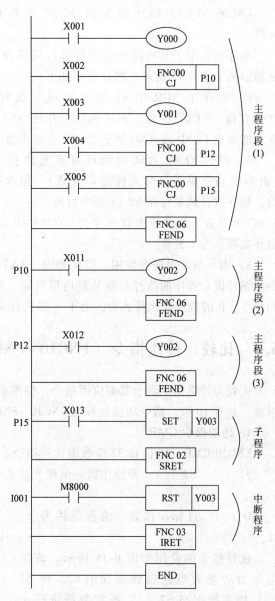

图 6-14　多个 FEND 指令的应用

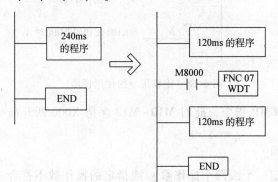

图 6-15　监视定时器刷新指令的应用

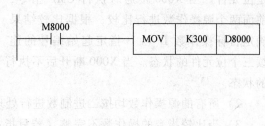

图 6-16　监视定时器设定值改为 300ms

FNC09 NEXT：循环结束指令，无操作目标元件。

循环指令用于某种操作需反复进行的场合，指令梯形图如图6-17所示。指令说明如下：

1）程序中 FOR-NEXT 指令是成对出现的，FOR 在前，NEXT 在后，不可倒置，并且 NEXT 指令不能编在 FEND 或 END 指令之后，否则出错。

2）FOR-NEXT 之间的循环可重复执行 n 次（由 FOR 指令操作目标元件指定次数）。但执行完后，程序就转到紧跟在 NEXT 指令后的步序。$n=1 \sim 32767$ 为有效，如循环次数设定为 $-32767 \sim 0$ 之间，循环次数作为 1 处理。

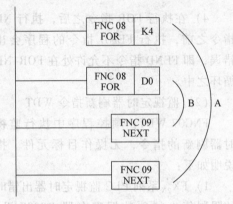

图6-17 循环指令使用说明

3）循环指令可嵌套使用，但在 FOR-NEXT 指令内最多可嵌套5层其他的 FOR-NEXT 指令。循环嵌套程序的执行总是从最内层开始，图6-17中 D0 的数据为 5 时，每执行一次 A 的程序，B 的程序就执行5次，由于 A 要执行4次，那么，B 的程序总共要执行20次。

6.3 比较、传送指令（FNC10~FNC19）

比较与传送指令属于基本应用指令，使用非常普及，包括数据比较、传送、交换和变换指令，共有10条，指令功能编号为 FNC10~FNC19。

1. 比较指令 CMP

FNC10 CMP：16 位和 32 位数据比较指令。

S1（.）、S2（.）：源操作数，编程元件为 K、H、KnX、KnY、KnM、KnS、T、C、D、V、Z。

D（.）：目标操作数，编程元件为 Y、M、S。

比较指令的使用如图6-18所示。该类指令的功能为当控制触点闭合时，将 S1（.）指定数据与 S2（.）指定数据进行比较，其目标 D（.）按比较的结果进行操作。

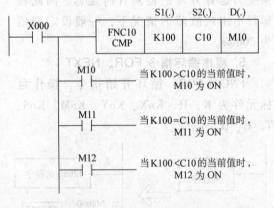

图6-18 比较指令的使用说明

1）比较指令有两个源操作数 S1（.）、S2（.），是字元件，一个目标操作数 D（.）是位元件。当 X000 接通时执行 CMP 指令，前面两个源操作数进行比较，根据比较结果确定目标操作数 D（.）指定起始编号的连续三个位元件的状态。当 X000 断开后不执行 CMP 指令，此时 M10~M12 保持 X000 断开前的状态。

2）所有的源操作数均按二进制数进行处理。

3）当比较指令的操作数不完整（若只指定一个或两个操作数）或指定的操作数不符合要求（如把 X、D、T、C 指定为目标操作数）时，用比较指令就会出错。目标操作数如指定为 M10 时，则 M10、M11、M12 三个连号的位元件被自动占用，该指令执行时，这三个位元件有且只有一个置 ON。

4）比较指令可以进行 16/32 位数据处理和连续/脉冲执行方式。

5）当要清除比较的结果时，采用复位指令 RST 或 ZRST 清除，如图 6-19 所示。

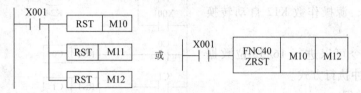

图 6-19 比较结果复位

2. 区间比较指令 ZCP

FNC11 ZCP：16 位和 32 位数据区间比较指令。

S1 (.)、S2 (.)、S (.)：源操作数，编程元件为 K、H、KnX、KnY、KnM、KnS、T、C、D、V、Z。

D (.)：目标操作数，编程元件为 Y、M、S。

（1）指令说明

区间比较指令的使用如图 6-20 所示。该类指令的功能为当控制触点闭合时，将 S (.) 指定数据与 S1 (.) 指定下限、S2 (.) 指定上限的数据区间中的数据进行比较，其目标操作数 D (.) 按比较的结果进行操作。

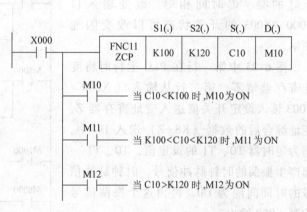

图 6-20 区间比较指令的使用说明

1）区间比较指令有四个操作数，前面两个源操作数 S1 (.)、S2 (.) 把数轴分成三个区间，第三个源操作数 S (.) 在这三个区间中进行比较，分别有三种情况，结果通过目标操作数 D (.) 指定的起始编号的连续三个位元件表达出来。

2）第一个操作数 S1 (.) 要小于第二个操作数 S2 (.)，如果 S1 (.) >S2 (.)，则把 S1 (.) 视为 S2 (.) 处理。

3）其他特点和比较指令一样。

（2）应用举例

图 6-21 是用比较指令编写的一个电铃控制程序，按一天的作息时间动作。电铃每次响 15s，在 6:15、8:20、11:45、20:00 各响一次。同时，在 9:00～17:00 启动报警系统。

3. 传送指令 MOV

FNC12 MOV：（16/32 位）源数据被传送到指定目的操作数中。

S (.)：源操作数，编程元件为 K、H、KnX、KnY、KnM、KnS、T、C、D、V、Z。

D (.)：目标操作数，编程元件为 KnY、KnM、KnS、T、C、D、V、Z。

（1）指令说明

传送指令的使用如图 6-22 所示，说明如下：

1）当控制触点 X001 闭合时，将常数 K12 传送到内部数据寄存器 D50 中。当 X001 断开时，指令不执行，D50 中数据保持不变。

2）传送时，源操作数 K12 自动转换成二进制数。

3）传送指令可以进行 16/32 位数据处理和连续/脉冲执行方式。

（2）应用举例

图 6-23 为控制一个信号灯闪光频率的程序梯形图，系统有设定开关四个，分别接于 X000～X003，用来设定闪光频率。X012 为启停开关，信号灯接于 Y000，信号灯的亮、熄时间相等。改变输入口 X000～X003 的开关状态可以改变闪光频率。

图 6-23 中第一行在 PLC 运行时将变址寄存器清零，第二行从输入口 X000～X003 读入设定开关值送入变址寄存器 Z，变址综合后的数据（K8+Z）送入 D0 中，作为定时器 T0、T1 的设定值，T0、T1 一起产生振荡的时钟脉冲信号，时钟脉冲信号的时间间隔为 D0，再由这个振荡信号控制 Y000 输出。

4. 移位传送指令 SMOV

FNC13 SMOV：16 位数据移位传送指令。

S（.）：源操作数，编程元件为 KnX、KnY、KnM、KnS、T、C、D、V、Z。

D（.）：目标操作数，编程元件为 KnY、KnM、KnS、T、C、D、V、Z。

m_1：指定源数据 BCD 码从右往左数要转换的起始位，m_1 为常数 K、H，m_1 = 1～4。

m_2：指定要传送的 BCD 码位数，m_2 为常数 K、H，m_2 = 1～4。

n：指定目标 BCD 码从右往左数的起始位，n 为常数 K、H，n = 1～4。

移位传送指令的使用如图 6-24 所示，指令说明如下：

1）当控制触点 X001 闭合时，首先把 S（.）（D10）中的 BIN 码自动转换为 BCD 码，

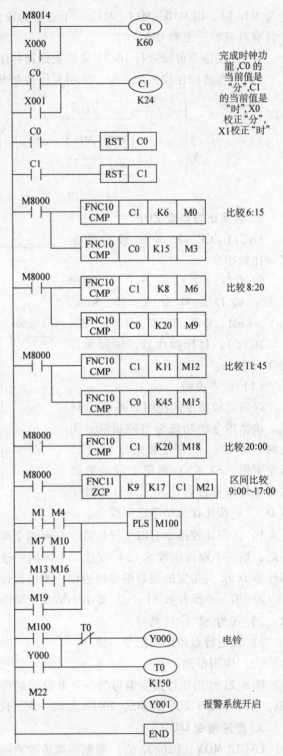

图 6-21 电铃控制程序梯形图

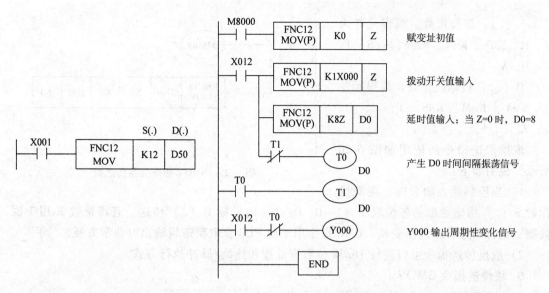

图 6-22 传送指令的使用说明　　　　图 6-23 闪光频率可调的闪光灯控制程序梯形图

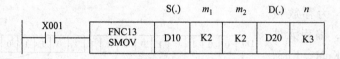

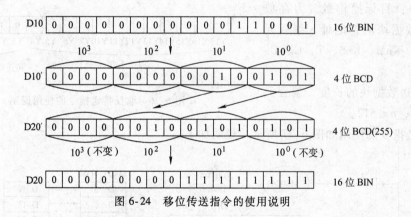

图 6-24 移位传送指令的使用说明

以 m_1（K2）指定的位（10^1）为起始位，把从起始位开始的连续 m_2（K2）位（从起始位开始向右数）传送到 D（.）（D20）中，D20 接收数据时，以 n（K3）指定的位（10^2）为存储数据的起始位，从左向右存数据（D20 中接收数据位的原值被新值覆盖，D20 中未接收数据位保持原值不变），D20 中得到的组合数据为 255，最后，D20 中的 BCD 码转换成 BIN 码保存。

2）SMOV 指令执行时，BCD 码的取值范围是 0~9999，超出此范围则出错。

3）接通 M8168 后再执行 SMOV 指令时，传送之前和传送之后不再进行 BCD 码转换，而是照原样以 4 位为单位直接传送，实现程序如图 6-25 所示。

5. 取反传送指令 CML

FNC14 CML：（16/32 位）源操作数取反并传送到目标操作数中。

S（.）：源操作数，编程元件为 K、H、KnX、KnY、KnM、KnS、T、C、D、V、Z。

D（.）：目标操作数，编程元件为 KnY、KnM、KnS、T、C、D、V、Z。

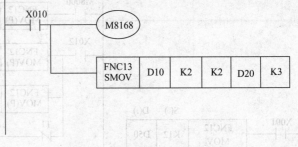

图 6-25 SMOV 指令直接传送数

取反传送指令的使用如图 6-26 所示，说明如下：

1）当控制触点闭合时，将源操作数 S（.）指定数据的各位取反（1→0，0→1）向目标 D（.）传送。若将常数 K 用于源数据，则自动进行二进制变换。CML 指令用于使 PLC 获取反逻辑输出时非常方便。

2）取反传送指令可以进行 16/32 位数据处理和连续/脉冲执行方式。

6. 块传送指令 BMOV

FNC15 BMOV：（16 位）块传送指令。

S（.）：源操作数，为存放被传送的数据块的首地址，编程元件为 K、H、KnX、KnY、KnM、KnS、T、C、D、V、Z。

D（.）：目标操作数，为存放传送来的数据块的首地址，编程元件为 KnY、KnM、KnS、T、C、D、V、Z。

n：传送数据块的长度，编程元件为 K、H，$n \leqslant 512$。

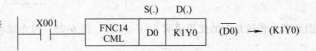

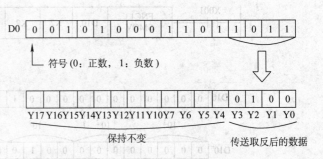

图 6-26 取反传送指令的使用说明

块传送指令的使用如图 6-27 所示，说明如下：

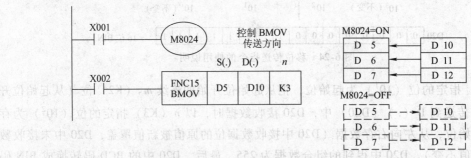

图 6-27 块传送指令的使用说明（一）

1）将源操作数指定的软元件开始的 n 个数据传送到指定目标开始的 n 个软元件（在超过软元件编号范围时，在可能的范围内传送）。

2）位元件进行传送时，源操作数和目标操作数要采用相同的位数。

3）当 M8024 = ON 时，执行指令时传送方向反转。

4）如果源操作数与目标操作数的类型相同，则传送可由高元件号送低元件号，也可由低元件号送高元件号。当传送地址号重叠时，为防止在传送过程中数据丢失（被覆盖），要先把重叠地址号中的内容送出，然后再送入数据，如图 6-28 所示，采用①~③的顺序自动传送。

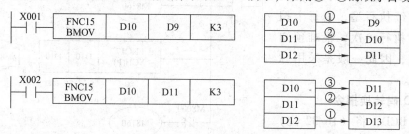

图 6-28　块传送指令的使用说明（二）

5）利用 BMOV 指令可进行文件寄存器的读写操作。

6）BMOV 指令可以采用连续/脉冲执行方式。

7. 多点传送指令 FMOV

FNC16 FMOV：（16 位）一对多点的数据传送指令。

S（.）：源操作数，编程元件为 K、H、KnX、KnY、KnM、KnS、T、C、D、V、Z。

D（.）：目标操作数，编程元件为 KnY、KnM、KnS、T、C、D。

n：目标操作数的点数，为常数 K、H，$n \leqslant 512$。

多点传送指令的使用如图 6-29 所示，说明如下：

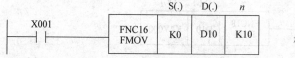

图 6-29　多点传送指令的使用说明

1）多点传送指令的功能为当控制触点闭合时，将 S（.）指定的软元件的内容送到指定的目标操作数 D（.）开始的 n 点软元件。n 点软元件的内容都一样。图 6-29 中，是把 0 传送到 D10~D19 十个数据寄存器中，相当于给 D10~D19 清"0"。

2）如果元件号超出允许的元件号范围，数据仅传送到允许的范围内。

8. 数据交换指令 XCH

FNC17 XCH：（16/32 位）数据交换指令，在指定的两目标元件间进行数据交换。

D1（.）、D2（.）：目标操作数，编程元件为 KnY、KnM、KnS、T、C、D、V、Z。

数据交换指令的使用如图 6-30 所示，说明如下：

1）当两目标地址号不同时，则两目标地址间互相交换数据。指令执行前，设 D10 和 D11 中的数据分别为 100 和 101。当 X001 = ON 时，执行数据交换指令 XCH，D10 和 D11 中的数据分别为 101 和 100。

图 6-30　数据交换指令的使用说明（一）

2）当两目标地址号相同时，可实现高 8 位和低 8 位数据交换。高、低位交换受高、低位特殊辅助继电器 M8160 控制。当 M8160 = ON 时，则高 8 位与低 8 位互换；如果是 32 位指令亦相同，如图 6-31 所示，这时本指令与 FNC147 SWAP 的功能相同。若 M8160 = ON，两目标地址不同时，出错标志 M8067 = ON，且不执行该指令。

3）数据交换指令执行时，是把前后两个操作数中的内容交换。如果采用连续执行型，则每个扫描周期都要执行一次，很难预知执行的结果，因此一般是采用脉冲执行方式。

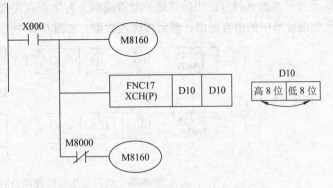

图 6-31 数据交换指令的使用说明（二）

9. BCD 码转换指令

FNC18 BCD：将（16/32 位）二进制数转换成 BCD 码的指令。

S（.）：源操作数，编程元件为 KnX、KnY、KnM、KnS、T、C、D、V、Z。

D（.）：目标操作数，编程元件为 KnY、KnM、KnS、T、C、D、V、Z。

BCD 码转换指令的使用及执行过程如图 6-32 所示，说明如下：

1）BCD 码转换指令的功能为当控制触点闭合时，将源操作数 S（.）中的二进制数转换成 BCD 码送到目标操作数 D（.）中。

2）二进制数转换成 BCD 码后，可用于驱动七段显示器等。对于 16 位 BCD 码转换指令，转换结果应在 0~9999 内；对于 32 位 BCD 码转换指令，转换结果应在 0~99999999 内。

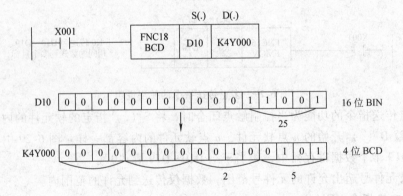

图 6-32 BCD 码转换指令的使用说明

10. BIN 变换指令

FNC19 BIN：将 BCD 码转换成二进制数的指令。

S（.）：源操作数，编程元件为 KnX、KnY、KnM、KnS、T、C、D、V、Z。

D（.）：目标操作数，编程元件为 KnY、KnM、KnS、T、C、D、V、Z。

（1）指令说明

BIN 变换指令的使用如图 6-33 所示。

1）BIN 变换指令的功能为当控制触点闭合时，将操作数 S（.）中的 BCD 码数转换成二进

图 6-33 BIN 变换指令的使用说明

制数送到目标操作数 D（.）中。该指令可用于将 BCD 码数字开关的设定值读入 PLC 中。

2）常数 K 自动进行二进制变换处理，所以不能成为该指令的操作元件。

3）当源操作数中数据不是 BCD 码时，发生运算出错，M8067 置 1，但 M8068（运算出错锁存）为 OFF，并不动作。

（2）应用举例

在图 6-34a 中，两组拨码开关分别接在 X000～X003（输入"65"）和 X020～X027（输入"7"）上，现要将它合成一个三位数 765，其程序梯形图如图 6-34b 所示。D1 的一位 BCD 码数移送到 D2 的第 3 位上，然后自动转换成二进制数形式再存于 D2 中。

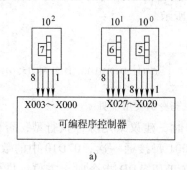

a)

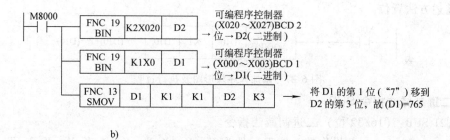

b)

图 6-34　输入组合程序梯形图

6.4　四则运算及逻辑运算指令（FNC20～FNC29）

四则运算和逻辑运算指令属较常用基本运算指令，可通过运算实现数据的传送、变位及其他控制功能，共有 10 条，指令功能编号为 FNC20～FNC29。另外，FX_{2N} 系列 PLC 除二进制的算术运算指令外，还具有浮点运算的专用指令。

1. 二进制加法指令 ADD

FNC20 ADD：（16/32 位）二进制加法指令。

S1（.）、S2（.）：源操作数，编程元件为 K、H、KnX、KnY、KnM、KnS、T、C、D、V、Z。

D（.）：目标操作数，编程元件为 KnY、KnM、KnS、T、C、D、V、Z。

二进制加法指令的使用如图 6-35 所示，说明如下：

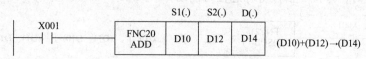

图 6-35　二进制加法指令的使用说明

1）二进制加法指令的功能为将两个源操作数 S1（.）、S2（.）的二进制数相加结果存放到目标操作数 D（.）中，每个数据的最高位作为符号位（0 为正，1 为负），结果是它们的代数和。执行过程如图 6-35 所示，如（D10）= 5，（D12）= -8，则（D14）= 5+（-8）= -3。

2）当运算结果为 0 时，0 标志 M8020 置 1；若运算结果超出 32767（16 位运算）或 2147483647（32 位运算），则进位标志 M8022 置 1；如果运算结果小于−32767（16 位运算）或−2147483647（32 位运算），则借位标志 M8021 置 1。

3）在 32 位加法运算中，每个操作数用两个连号的数据寄存器，为确保地址不重复，建议将指定操作元件定为偶数地址号，如图 6-36 所示。

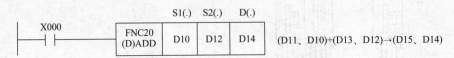

图 6-36　32 位二进制加法指令的使用说明

4）当源操作数和目标操作数使用相同元件号时，建议采用脉冲执行型，否则每个扫描周期都执行一次，很难预知结果。图 6-37 中，X001 每接通一次，07D10 中的数据加 1，这与 INC（P）指令的执行结果相似。其不同之处在于用 ADD 指令时，零位、借位、进位标志将按前述方法置位。

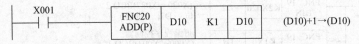

图 6-37　累加程序梯形图及执行过程

2. 二进制减法指令 SUB

FNC21 SUB：（16/32 位）二进制减法指令。

S1（.）、S2（.）：源操作数，编程元件为 K、H、KnX、KnY、KnM、KnS、T、C、D、V、Z。

D（.）：目标操作数，编程元件为 KnY、KnM、KnS、T、C、D、V、Z。

二进制减法指令的使用如图 6-38 所示，说明如下：

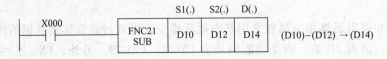

图 6-38　二进制减法指令的使用说明

1）二进制减法指令的功能为将 S1（.）指定的二进制数减去 S2（.）指定的二进制数，结果存放到目标操作数 D（.）中，运算是二进制代数法。执行过程如图 6-38 所示，如（D10）= 5，（D12）= −8，则（D14）= 5−（−8）= 13。

2）每个标志的功能、32 位运算的元件指定方法、连续执行和脉冲执行的区别等均与加法指令中的解释相同。图 6-39 所示运算与（D）DEC（P）指令的执行结果相似，但采用减法指令实现减 1 时，零位、借位等标志位可能动作。

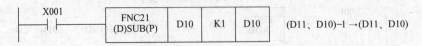

图 6-39　递减程序梯形图及执行过程

3. 二进制乘法指令 MUL

FNC22 MUL：（16/32 位）二进制乘法指令。

S1（.）、S2（.）：源操作数，编程元件为 K、H、KnX、KnY、KnM、KnS、T、C、D、

V、Z。

D（．）：目标操作数，编程元件为 KnY、KnM、KnS、T、C、D、V、Z（其中 V、Z 只限于 16 位运算时可指定）。

乘法指令是将指定的两个源操作数中的二进制数相乘，结果存于指定的目标元件中。乘法指令的使用说明如图 6-40 所示，它分 16 位和 32 位两种运算情况。

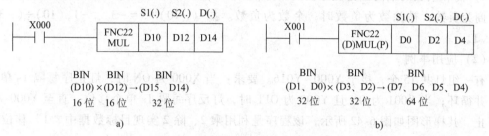

图 6-40 二进制乘法指令的使用说明

1）16 位运算如图 6-40a 所示。当控制触点 X000 闭合时，（D10）×（D12）→（D15、D14）。源操作数是 16 位，目标操作数是 32 位。如（D10）= 6，（D12）= 7，则（D15、D14）= 42。数据的最高位为符号位（0 为正，1 为负）。

2）32 位运算如图 6-40b 所示。当控制触点 X001 闭合时，（D1、D0）×（D3、D2）→（D7、D6、D5、D4）。源操作数是 32 位，目标操作数是 64 位。如（D1、D0）= 145，（D3、D2）= 326，则（D7、D6、D5、D4）= 47270。数据的最高位为符号位（0 为正，1 为负）。

3）在进行 32 位运算时，如用位元件作为目标操作数，则乘积只能得到低 32 位，高 32 位丢失。在这种情况下应先将数据移入字元件再进行运算。

4）用字元件时，不可能监视 64 位数据。在这种情况下，通过监视高 32 位和低 32 位并用下式获得运算的结果，即 64 位结果 = 高 32 位×2^{32} + 低 32 位。

4. 二进制除法指令 DIV

FNC23 DIV：（16/32 位）二进制除法指令。

S1（．）、S2（．）：源操作数，编程元件为 K、H、KnX、KnY、KnM、KnS、T、C、D、V、Z。

D（．）：目标操作数，编程元件为 KnY、KnM、KnS、T、C、D、V、Z（其中 V、Z 只限于 16 位运算时可指定）。

（1）指令说明

除法指令是将指定的两个源操作数中的二进制数相除，S1（．）为被除数，S2（．）为除数，商送到指定的目标操作数 D（．）中，余数送到 D（．）+1 的元件中。除法指令的使用说明如图 6-41 所示，它也分 16 位和 32 位两种运算情况。

1）16 位运算如图 6-41a 所示。当控制触点 X000 闭合时，（D10）÷（D12）→（D14）…

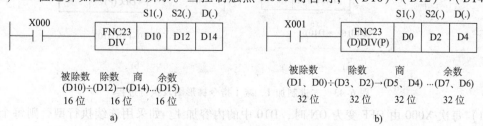

图 6-41 二进制除法指令使用说明

（D15）。如（D10）= 17,（D12）= 2，则商（D14）= 8，余数（D15）= 1。

2）32 位运算如图 6-41b 所示。当控制触点 X001 闭合时，（D1、D0）÷（D3、D2），商在（D5、D4）中，余数在（D7、D6）中。

3）当除数为 0 时，运算出错，不执行该指令。

4）商和余数的最高位为符号位（0 表示正，1 表示负）。被除数或除数中有一个为负数时，商为负数；被除数为负数时；余数为负数。如（−10）÷3 = −3...−1,（10）÷（−3）= −3...1。

（2）应用举例

有一组灯共 15 个，接于 Y000 ~ Y016。要求：当 X000 为 ON 时，灯正序每隔 1s 单个移位，并循环；当 X001 为 ON 且 Y000 为 OFF 时，灯反序每隔 1s 单个移位，直至 Y000 为 ON 时停止。其梯形图如图 6-42 所示，该程序是利用乘 2、除 2 实现目标数据中"1"移位的。

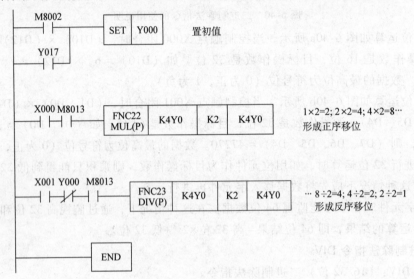

图 6-42　灯组合移位梯形图

5. 二进制加 1、减 1 指令 INC、DEC

FNC24 INC：（16/32 位）二进制加 1 指令。

FNC25 DEC：（16/32 位）二进制减 1 指令。

D (.)：目标操作数，编程元件为 KnY、KnM、KnS、T、C、D、V、Z。

（1）指令说明

图 6-43a 为二进制加 1 运算。

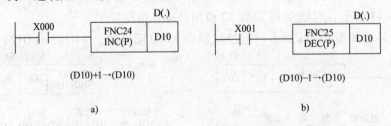

图 6-43　二进制加 1、减 1 指令梯形图及执行过程

1）每次 X000 由 OFF 变为 ON 时，D10 中的内容加 1。如采用连续执行型，则每个扫描周期都加 1，很难预知程序的执行结果，因此建议采用脉冲执行型。

2）在 16 位运算时，到 +32767 再加 1，则成为 −32767，但标志位不动作；在 32 位运算时，到 + 2147483647 再加 1，则成为 − 2147483647，标志位也不动作。

图 6-43b 为二进制减 1 运算。

1）每次 X001 由 OFF 变为 ON 时，D10 中的内容减 1。如采用连续执行型，则每个扫描周期都减 1，很难预知程序的执行结果，因此建议采用脉冲执行型。

2）在 16 位运算时，从 −32767 减 1，则成为 +32767，但标志位不动作；在 32 位运算时，从 −2147483647 再减 1，则成为 + 2147483647，标志位也不动作。

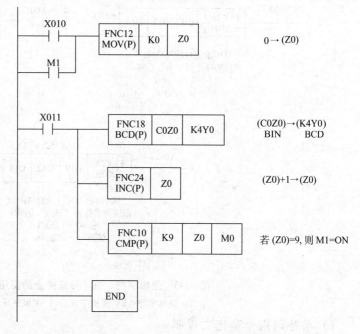

图 6-44　计数器数值显示程序梯形图

（2）应用举例

把计数器 C0~C9 的当前值转换成 BCD 码送到 K4Y0，用于驱动七段显示器，Z0 由复位输入 X010 清 0，每按一次 X011，C0~C9 的当前值依次输出显示其中一个。当显示完 C9 的数值后，又从 C0 开始显示，其程序梯形图如图 6-44 所示。

6. 逻辑字与、或、异或指令 WAND、WOR、WXOR

FNC26 WAND：（16/32 位）逻辑字与指令。

FNC27 WOR：（16/32 位）逻辑字或指令。

FNC28 WXOR：（16/32 位）逻辑字异或指令。

S1（.）、S2（.）：源操作数，编程元件为 K、H、KnX、KnY、KnM、KnS、T、C、D、V、Z。

D（.）：目标操作数，编程元件为 KnY、KnM、KnS、T、C、D、V、Z。

逻辑字与、或、异或指令的使用如图 6-45 所示，说明如下：

1）逻辑字与运算规律是"有 0 得 0，全 1 得 1"（图 6-45a）。该指令是把两个源操作数按"位"相"与"运算，结果存放于目的操作数中。

2）逻辑字或运算规律是"有 1 得 1，全 0 得 0"（图 6-45b）。该指令是把两个源操作数按"位"相"或"运算，结果存放于目的操作数中。

3）逻辑字异或运算规律是"相同取 0，相异取 1"（图 6-45c）。该指令是把两个源操作数按"位"相"异或"运算，结果存放于目的操作数中。

7. 求补码指令 NEG

FNC29 NEG：（16/32 位）求补码指令。

D（.）：目标操作数，编程元件为 KnY、KnM、KnS、T、C、D、V、Z。

求补码码指令的使用如图 6-46 所示，说明如下：

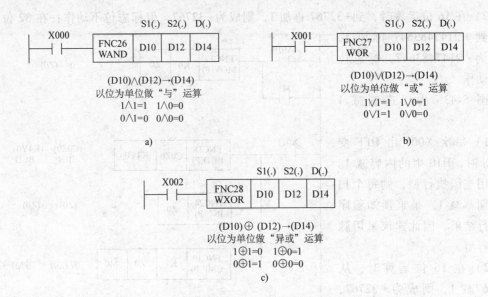

图 6-45 逻辑字与、或、异或指令的使用说明

a）逻辑字与 b）逻辑字或 c）逻辑字异或

1）求补码指令是把二进制数各位取反再加 1 后，结果送入同一目标操作数 D（.）中，如图 6-46a 所示。用这条指令时应采用脉冲执行型，否则当 X000 接通时，每个扫描周期都要做一次求补码运算。

2）求补码指令是绝对值不变的变号操作，因此对正数求补得到的是它的相反数，对负数求补得到的是它的绝对值。

例如，（D10）= -5，做求补码运算后得（D10）= 5，运算过程如图 6-46b 所示。

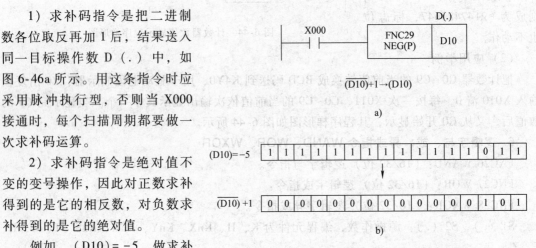

图 6-46 求补码指令的使用说明

6.5 循环移位、移位指令（FNC30～FNC39）

FX_{2N} 系列 PLC 移位指令有循环移位、位移位、字移位及先入先出指令等数种，其中循环移位分为带进位循环及不带进位循环，位或字移位有左移和右移之分。

从指令的功能来说，循环移位是指数据在本字节或双字内的移位，是一种环形移动。而非循环移位是线性的移位，数据移出部分会丢失，移入部分从其他数据获得。移位指令可用于数据的 2 倍乘处理，形成新数据，或形成某种控制开关。字移位和位移位不同，它可用于字数据在存储空间中的位置调整等功能。

这部分指令共有 10 条，指令功能编号为 FNC30～FNC39。

1. 循环右移和循环左移指令 ROR、ROL

FNC30 ROR：（16/32 位）循环右移指令。

FNC31 ROL：（16/32 位）循环左移指令。

D（.）：目标操作数，指定要移位的数据（16/32 位）及移位后的存储单元，编程元件为 KnY、KnM、KnS、T、C、D、V、Z。

n：表示移位量，为常数 K、H，$n \leqslant 16$（16 位移位）、$n \leqslant 32$（32 位移位）。

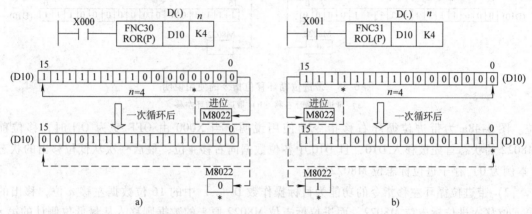

图 6-47　循环移位指令的使用说明

a）循环右移　b）循环左移

循环移位指令的使用如图 6-47 所示，说明如下：

1）循环右移指令的功能为目标操作数 D（.）中的 16 位数据右移 n 位，低位侧移出的 n 位依次移入高位侧，同时移出的第 n 位复制到进位标志位 M8022 中，如图 6-47a 所示。当 X000 由 OFF 变为 ON 时，D10 中各位数据向右移 4 位，最后一次从低位移出的状态（本例为 0）存于进位标志位 M8022 中。

2）循环左移指令的功能为目标操作数 D（.）中的 16 位数据左移 n 位，高位侧移出的 n 位依次移入低位侧，同时移出的第 n 位复制到进位标志位 M8022 中，如图 6-47b 所示。当 X001 由 OFF 变为 ON 时，D10 中各位数据向左移 4 位，最后一次从高位移出的状态（本例为 1）存于进位标志位 M8022 中。

3）用连续指令执行时，循环移位操作每个周期执行一次。因此，建议用脉冲执行型指令。

4）采用位组合元件作为目标操作数时，位元件的个数必须是 16（16 位指令）个或 32（32 位指令）个，如 K4Y0、K8M0，否则该指令不能执行。

2. 带进位的循环右移和循环左移指令 RCR、RCL

FNC32 RCR：（16/32 位）带进位循环右移指令。

FNC33 RCL：（16/32 位）带进位循环左移指令。

D（.）：目标操作数，指定要移位的数据（16/32 位）及移位后的存储单元，编程元件为 KnY、KnM、KnS、T、C、D、V、Z。

n：指定右移/左移位的位数，为常数 K、H，$n \leqslant 16$（16 位移位）、$n \leqslant 32$（32 位移位）。

带进位循环移位指令的使用如图 6-48 所示，说明如下：

1）带进位循环右移指令的功能为目标操作数 D（.）中的 16 位数据右移 n 位，移出的第 n 位移入进位标志位 M8022，而进位标志位 M8022 原来的数据则移入从最高位侧计的第 n

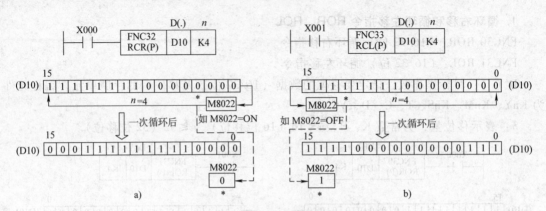

图 6-48　带进位循环移位指令的使用说明

a）带进位循环右移　b）带进位循环左移

位。图 6-48a 为带进位循环右移指令的使用说明，当 X000 由 OFF 变为 ON 时，移位前 M8022 的状态首先被移入 D10，且 D10 中各位数据向右移 4 位，最后一次从低位移出的状态（本例为 0）存于进位标志位 M8022 中。

2）带进位循环左移指令的功能为目标操作数 D (.) 中的 16 位数据左移 n 位，移出的第 n 位移入进位标志位 M8022，而进位标志位 M8022 原来的数据则移入从最低位侧计的第 n 位。图 6-48b 为带进位循环左移指令的使用说明，当 X001 由 OFF 变为 ON 时，移位前 M8022 的状态首先被移入 D10，且 D10 中各位数据向左移 4 位，最后一次从高位移出的状态（本例为 1）存于进位标志位 M8022 中。

3）用连续指令执行时，循环移位操作为每个周期执行一次。因此，建议用脉冲执行型指令。

4）采用位组合元件作为目标操作数时，位元件的个数必须是 16（16 位指令）个或 32（32 位指令）个，如 K4Y0、K8M0，否则该指令不能执行。

3. 位右移、位左移指令 SFTR、SFTL

FNC34 SFTR：（16 位）位右移指令。

FNC35 SFTL：（16 位）位左移指令。

S (.)：源操作数，指定要移入目标单元的位元件数据，编程元件为 X、Y、M、S。

D (.)：目标操作数，指定要移位的数据（16/32 位）及移位后的存储单元，编程元件为 Y、M、S。

n_1：指定目标操作数位元件长度（要移位的位元件）。

n_2：指定移位的位数（也是源操作数的长度）。

n_1、n_2 为常数 K、H，且 $n_2 \leq n_1 \leq 1024$。

（1）指令说明

1）位右移指令的功能为目标操作数 D (.) 所指定的 n_1 个位元件连同 S (.) 所指定的 n_2 个位元件的数据右移 n_2 位。位右移指令的使用如图 6-49a 所示，当 X010 由 OFF 变为 ON 时，D (.) 内（M0～M15）16 位数据连同 S (.) 内（X000～X003）4 位元件的数据向右移 4 位，（X000～X003）4 位数据从 D (.) 的高位端移入，而 D (.) 的低位 M0～M3 数据移出（溢出）。

2）位左移指令的功能为目标操作数 D (.) 所指定的 n_1 个位元件连同 S (.) 所指定的 n_2 个位元件的数据左移 n_2 位。位左移指令的使用如图 6-49b 所示，当 X010 由 OFF 变为 ON 时，D (.) 内（M0～M15）16 位数据连同 S (.) 内（X000～X003）4 位元件的数据向左移 4 位，（X000～X003）4 位数据从 D (.) 的低位端移入，而 D (.) 的高位 M12～M15 数

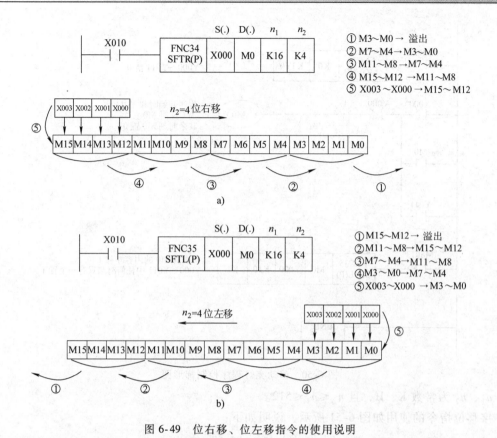

图 6-49　位右移、位左移指令的使用说明

a) 位右移　b) 位左移

据移出（溢出）。

3）若图 6-49 中 $n_2=1$，则每次只进行 1 位移位。

4）当采用连续执行型指令时，在 X010 接通期间，每个扫描周期都要移位，因此建议采用脉冲执行型指令。

（2）应用举例

有 10 个彩灯，接在 PLC 的 Y000～Y011 上，要求每隔 1s 依次由 Y000～Y011 轮流点亮 1 个，循环进行。

由于是从 Y000→Y011 点亮，由低位移向高位，因此可使用位左移指令 SFTL，又因为每次只亮一个灯，所以开始从低位传入一个 "1" 后，就应该传送一个 "0" 进去，这样才能保证只有一个灯亮。当这个 "1" 从高位溢出后，又从低位传入一个 "1" 进去，如此循环就能达到控制要求。控制程序梯形图如图 6-50 所示。

4. 字右移、字左移指令 WSFR、WSFL

FNC36 WSFR：（16 位）字右移指令。

FNC37 WSFL：（16 位）字左移指令。

S（.）：源操作数，指定要移入目标单元的字元件数据，编程元件为 KnX、KnY、KnM、KnS、T、C、D。

D（.）：目标操作数，指定要移位的数据（16 个字）及移位后的存储单元，编程元件为 KnY、KnM、KnS、T、C、D。

n_1：指定目标操作数字元件个数（要移位的字元件）。

n_2：指定移位的字元件个数（也是源操作数的字元件个数）。

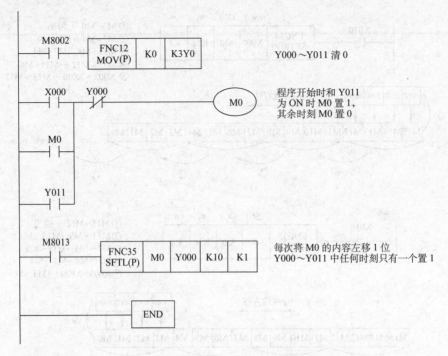

图 6-50 移动亮灯程序控制梯形图

n_1、n_2 为常数 K、H，且 $n_2 \leqslant n_1 \leqslant 512$。

字移位指令的使用如图 6-51 所示，说明如下：

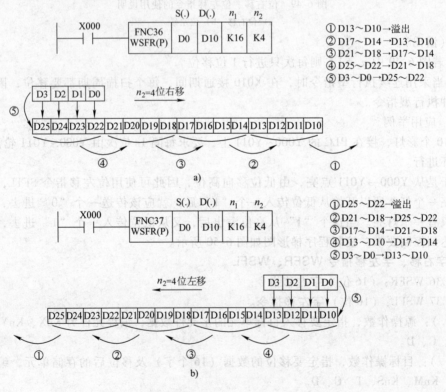

图 6-51 字移位指令的使用说明

a）字右移 b）字左移

1）字右移指令的功能为目标操作数 D（.）所指定的 n_1 个字元件连同 S（.）所指定的 n_2 个字元件右移 n_2 字数据。字右移指令的使用如图 6-51a 所示，当 X000 由 OFF 变为 ON 时，D（.）内（D10～D25）16 个字数据连同 S（.）内（D0～D3）4 个字数据向右移 4 个字，（D0～D3）4 字数据从 D（.）的高字端移入，而（D10～D13）从 D（.）的低字端移出（溢出）。

2）字左移指令的功能为目标操作数 D（.）所指定的 n_1 个字元件连同 S（.）所指定的 n_2 个字元件左移 n_2 字数据。字左移指令的使用如图 6-51b 示，当 X000 由 OFF 变为 ON 时，D（.）内（D10～D25）16 个字数据连同 S（.）内（D0～D3）4 个字数据向左移 4 个字，（D0～D3）4 字数据从 D（.）的低字端移入，而（D22～D25）从 D（.）的高字端移出（溢出）。

3）当采用连续执行型指令时，在 X000 接通期间，每个扫描周期都要移位，因此建议采用脉冲执行型指令。

6.6　数据处理指令（FNC40～FNC49）

FX$_{2N}$ 系列 PLC 数据处理类指令含批复位、编码、译码及平均值计算等指令，其中批复位指令可用于数据区的初始化，编码、译码指令可用于字元件中某个置 1 位的位码的编译。这部分指令共有 10 条，指令功能编号为 FNC40～FNC49。

1. 区间复位指令 ZRST

FNC40 ZRST：（16 位）区间复位指令。

D1（.）、D2（.）：目标操作数，指定要复位的区间范围，编程元件为 Y、M、S、T、C、D。

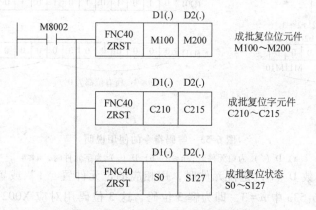

图 6-52　区间复位指令的使用说明

区间复位指令也称为成批复位指令，其功能为将两目标操作数所指定的区间范围复位。区间复位指令的使用如图 6-52 所示。

1）当 M8002 由 OFF→ON 时，区间复位指令执行，位元件 M100～M200 成批复位、字元件 C210～C215 成批复位、状态元件 S0～S127 成批复位。

2）目标操作数 D1（.）和 D2（.）指定的元件应为同类元件，D1（.）指定的元件号应小于等于 D2（.）指定的元件号。若 D1（.）的元件号大于 D2（.）的元件号，则只有 D1（.）指定的元件被复位。

3）区间复位指令一般只作为16位处理，但是D1（.）、D2（.）也可同时指定为32位计数器。不过不能混合指定，即不能在D1（.）中指定16位计数器，在D2（.）中指定32位计数器。

4）也可以采用多点传送指令FMOV将常数K0对KnY、KnM、KnS、T、C、D软元件成批复位。而采用RST指令仅对位元件Y、M、S和字元件T、C、D单独进行复位，不能成批复位。

2. 解码指令 DECO

FNC41 DECO：（16位）解码指令。

S（.）：源操作数，指定要解码的元件地址。当源操作数为位元件时，共有 n 位；当源操作数为字元件时，则把源操作数的低 n 位解码。编程元件为K、H、X、Y、M、S、T、C、D、V、Z。

D（.）：目标操作数，指定目标元件地址。当目标操作数为位元件时，共有 2^n 位；当目标操作数为字元件时，则解码后只影响目标操作数的低 2^n 位。编程元件为Y、M、S、T、C、D。

n：要解码的位数。当D（.）为字元件时，取 $n = 1 \sim 4$；当D（.）为位元件时，取 $n = 1 \sim 8$。

（1）指令说明

解码指令的功能是将若干位二进制数转换成具有特定意义的信息，即类似于数字电路中的3-8译码器功能。解码指令的使用如图6-53所示。

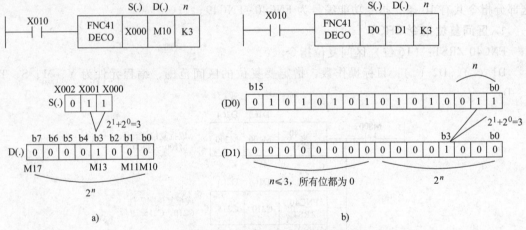

图6-53 解码指令的使用说明

a）D（.）为位元件时，$n \leq 8$　b）D（.）为字元件时，$n \leq 4$

1）当目标操作数D（.）是位元件时，用相应的位元件置"1"或置"0"来表示指令的执行结果，如图6-53a中 $n = 3$，即为解3位码，这3位码用对应X002～X000的状态来表达，3位码对应有8（$2^3 = 8$）种结果，所以用M10～M17的8个位元件表示，如X002～X000 = $(011)_B$ = 3，则位元件第3位为1（M13 = 1）。若源操作数的值为0（X002～X000 = 0），则第0位（M10）为1。

若 $n = 0$，程序不执行；n 在 $1 \sim 8$ 以外时，出现运算错误；若 $n = 8$，D（.）位数为 $2^8 = 256$。

2）当目标操作数D（.）是字元件时，用相应字元件中的位来表示指令执行的结果，如图6-53b中 D0 = $(5553)_H$，而 $n = 3$，表示对D0的低3位解码，D0的低3位是 $(011)_B$ = 3，所以目标操作数D1的b3位为1，其余位是0。

若 $n=0$，程序不执行；n 在 $1\sim4$ 以外时，出现运算错误；若 $n\leqslant4$，则在 D（.）的 $2^4=$ 16 位范围内解码；若 $n\leqslant3$，则在 D（.）的 $2^3=8$ 位范围内解码。

3）若驱动输入为 OFF，不执行指令，上一次解码输出置 1 的位保持不变。

4）若指令是连续执行型，则在每个扫描周期执行一次。

（2）应用举例

有五台电动机的起动运行受一个按钮的控制，按钮按数次，最后一次保持 1s 以上，则号码与次数相同的电动机运行。再按按钮，该电动机停止。五台电动机接于 Y001~Y005 上，梯形图如图 6-54 所示。输入电动机编号的按钮接于 X000，电动机号数使用加 1 指令记录在 K1M10 中，解码指令 DECO 则将 K1M10 中的数据解读并令相应的位元件置 1。M9 及 T0 用于输入数字确认及停车复位控制。

例如，按钮连按三次，最后一次保持 1s 以上，则 M10~M12 中为 $(011)_{BIN}$，通过译码，使 M0~M7 中相应的 M3 为 1，则接于 Y003 上的电动机运行，再按一次 X000，则 M9 为 1，T0 和 M10~M12 复位，电动机停止。

3. 编码指令 ENCO

FNC42 ENCO：（16 位）编码指令。

S（.）：源操作数，指定要编码的元件地址。当源操作数为位元件时，共有 2^n 位；当源操作数为字元件时，则只对源操作数的低 2^n 位编码。编程元件为 X、Y、M、S、T、C、D、V、Z。

D（.）：目标操作数，指定目标元件地址。编码的结果只影响目标操作数的低 n 位。编程元件为 T、C、D、V、Z。

n：编码后的位数。当 S（.）为字元件时，取 $n=1\sim4$；当 S（.）为位元件时，取 $n=1\sim8$。

编码指令的功能是将具有特定意义的信息变成若干位二进制数，指令的使用如图 6-55 所示。

1）当源操作数 S·（.）是位元件时，以 S（.）指定的位元件为首地址、长度为 2^n 的位元件中，最高置 1 的位号被存放到目标操作数 D（.）所指定的元件中去，D（.）中数值的范围由 n 确定。图 6-55a 中，源操作数的长度为 $2^n=2^3=8$ 位，即 M0~M7，其最高置 1 位是 M3（第 3 位），将 "3" 对应的二进制数存放到 D0 的低 3 位中。

若源操作数的第一个（第 0 位）位元件为 1，则 D（.）中存放 0。当源操作数中无 1 时，出现运算错误。

若 $n=0$，程序不执行；$n>8$ 时，出现运算错误；若 $n=8$，S（.）中位数为 $2^8=256$。

2）当源操作数 S（.）是字元件时，在其可读长度为 2^n 位中，最高置 1 的位被存放到目标操作数 D（.）所指定的元件中，D（.）中数值的范围由 n 确定。图 6-55b 中，源操作数字元件的可读长度为 $2^n=2^3=8$ 位，其最高置 1 位是第 3 位，将 "3" 对应的二进制数存放到 D1 的低 3 位中。

若源操作数的第一个（第 0 位）位元件为 1，则 D（.）中存放 0。当源操作数中无 1 时，出现运算错误。

若 $n=0$，程序不执行；n 在 $1\sim4$ 以外时，出现运算错误；若 $n=4$，S（.）中位数为 $2^4=16$。

3）驱动输入为 OFF 时，不执行指令，上一次编码输出保持不变。

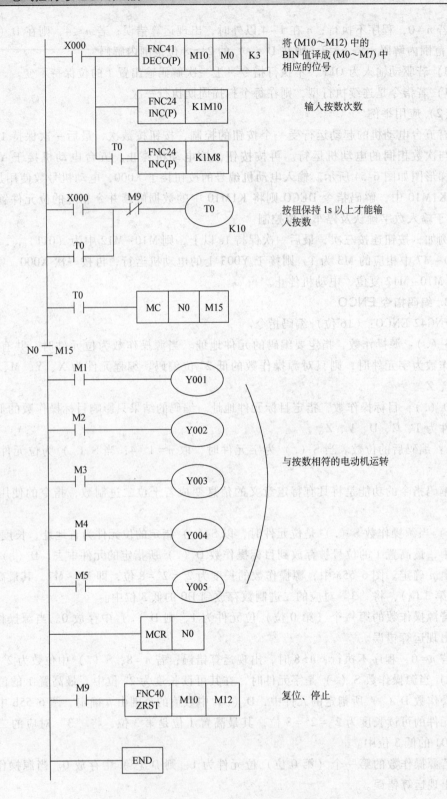

图 6-54 单按钮控制五台电动机运行的梯形图

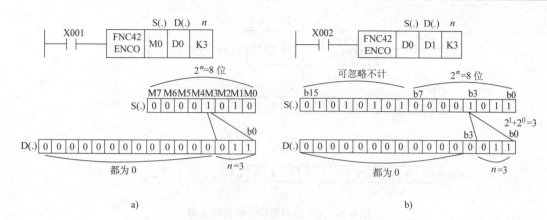

图 6-55 编码指令的使用说明

a）S（.）为位元件时，$n \leq 8$ b）S（.）为字元件时，$n \leq 4$

4）若指令是连续执行型，则在每个扫描周期执行一次。

4. 求置 ON 位总和指令 SUM

FNC43 SUM：（16/32 位）求置 ON 位总和指令。

S（.）：源操作数，编程元件为 K、H、KnX、KnY、KnM、KnS、T、C、D、V、Z。

D（.）：目标操作数，编程元件为 KnY、KnM、KnS、T、C、D、V、Z。

求置 ON 位总和指令的使用如图

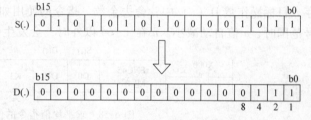

图 6-56 求置 ON 位总和指令的使用说明

6-56 所示，说明如下：

1）求置 ON 位总和指令的功能是判断源操作数 S（.）中有多少个 1，结果存放在目标操作数 D（.）中。如源操作数 D0＝H550B，即有 7 个 1，则目标操作数 D2＝7。若 D0 中为 0，则零标志位 M8020 置 1。

2）若图 6-56 中使用的是 DSUM 或 DSUMP 指令，则将（D1，D0）中 32 位置 1 的位数之和写入 D2，与此同时，D3 全部为 0。

5. ON 位判断指令 BON

FNC44 BON：（16/32 位）ON 位判断指令。

S（.）：源操作数，编程元件为 K、H、KnX、KnY、KnM、KnS、T、C、D、V、Z。

D（.）：目标操作数，编程元件为 Y、M、S。

n：指定要判断源操作数 S（.）中的第几位。

ON 位判断指令的功能是判别源操作数 S（.）中的第几位是否为 1，如果是 1，则相应的目标操作数的位元件置 ON，否则置 OFF。BON 指令的使用如图 6-57 所示。

1）图 6-57 中当 X002 为 ON 时，判断 D10 的第 15 位，若为 1，则 M0 为 ON，反之为 OFF。X002 为 OFF 时，M0 状态不变化。

2）ON 位判断指令可用来判断某个数是正数还是负数，或者是奇数还是偶数等。

3）执行的是 16 位指令时，$n = 0 \sim 15$；执行的是 32 位指令时，$n = 0 \sim 31$。

187

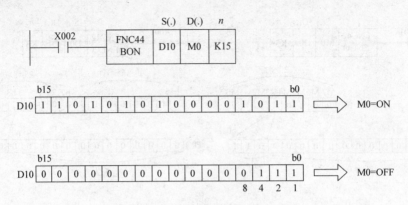

图 6-57　ON 位判断指令的使用说明

6. 求平均值指令 MEAN

FNC45 MEAN：（16 位）求平均值指令。

S（.）：源操作数，编程元件为 KnX、KnY、KnM、KnS、T、C、D。

D（.）：目标操作数，编程元件为 KnY、KnM、KnS、T、C、D、V、Z。

n：源操作数 S（.）中元件的个数，n 为常数 K、H，$1 \leqslant n \leqslant 64$。

求平均值指令的功能为将源操作数 S（.）指定的 n 个（元件的）源操作数据的平均值存入目标操作数 D（.）中，舍去余数。指令的使用如图 6-58 所示。当 n 超出元件规定地址号范围时，n 值自动减小。n 在 1~64 以外时，会发生错误。

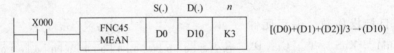

图 6-58　求平均值指令的使用说明

7. 信号报警置位指令 ANS

FNC46 ANS：（16 位）信号报警置位指令。

S（.）：源操作数，编程元件为 T（T0~T199）。

D（.）：目标操作数，编程元件为 S（S900~S999）。

m：源操作数 S（.）中 T 的定时时间，$m = 1 \sim 32767$（100ms 单位）。

信号报警置位指令是驱动信号报警器 M8048 动作的方便指令。当执行条件为 ON 时，源操作数 S（.）中定时器定时 $m \times 100\text{ms}$ 后，目标操作数 D（.）指定的报警状态寄存器置位，同时 M8048 动作。指令的使用如图 6-59 所示，当 X001 接通时，T0 开始计时，当 X001 接通的时间超过 T0 的定时时间（图中为 1s）时，则 S900 被置位，同时 M8048 动作，定时器 T0 复位。以后即使 X001 断开，S900 置位的状态不变。若 X001 接通时间小于 1s，则定时器 T0 复位，S900 不置位。

8. 信号报警复位指令 ANR

FNC47 ANR：（16 位）信号报警复位指令，无操作目标元件。

信号报警复位指令的使用如图 6-60 所示。

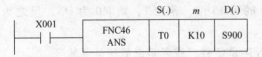

图 6-59　信号报警置位指令的使用说明

图 6-60　信号报警复位指令的使用说明

1）当 X002 由 OFF 变为 ON 时，S900～S999 之间被置 1 的报警状态寄存器复位。若超过 1 个报警状态寄存器被置 1，则元件号最低的那个报警状态寄存器被复位。当 X002 再次由 OFF 变为 ON 时，下一个被置 1 的报警状态寄存器复位。

2）若采用连续执行型指令，当 X002 接通时，则按扫描周期依次逐个地将报警状态寄存器复位，请务必注意！

3）与信号报警置位、复位指令有关的特殊辅助继电器有 M8048（报警器动作）和 M8049（报警器有效）。当 M8049 为 1 时，不论 S900～S999 中哪个或哪几个状态为 1，M8048 立即被置 1，同时，D8049 内的数为最低的报警状态寄存器的地址；当 M8049 为 0 时，即使 S900～S999 中有状态为 1，M8048 的状态及 D8049 内的数据也不会发生变化。如果 S900～S999 的状态全部被复位，则 M8048 为 0，D8049 内的数也为 0。

6.7 外部 I/O 设备指令（FNC70～FNC79）

FX$_{2N}$ 系列 PLC 备有可供与外部设备交换数据的外部设备 I/O 指令。这类指令可通过最少量的程序和外部布线，进行复杂的控制。此外，为了控制特殊单元、特殊模块，还有对它们缓冲区数据进行读写的 FROM、TO 指令。外部设备指令共有 10 条，指令功能编号为 FNC70～FNC79。

1. 十键输入指令 TKY

FNC70 TKY：（16/32 位）用 10 个按键输入十进制数的功能指令。

S（.）：指定起始号输入元件（有 10 个连号位软元件），编程元件为 X、Y、M、Z。

D1（.）：指定存储元件，编程元件为 KnY、KnM、KnS、T、C、D、V、Z。

D2（.）：指定起始号读出元件开始的 11 个连号元件，其中前 10 个与 S（.）指定的 10 位软元件状态一致，第 11 个用来检测有无键按下。编程元件为 Y、M、S。

十键输入指令的使用如图 6-61 所示，说明如下：

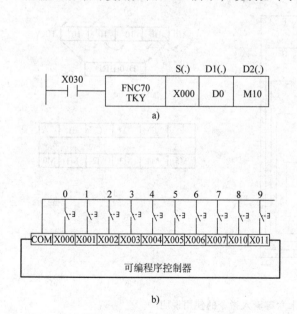

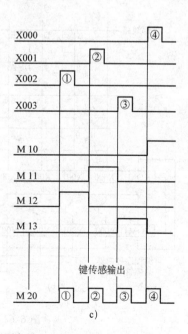

图 6-61 十键输入指令的使用说明

a）十键输入指令梯形图 b）输入按键与 PLC 的连接 c）按键输入、输出动作时序

1）与梯形图相配合的输入按键与 PLC 的连接如图 6-61b 所示。图中接在 X000~X011 端口上的 10 个按键可以输入 4 位十进制数据，自动转换成 BIN 码存于 D0 中。按键输入的动作时序如图 6-61c 所示，按键按①②③④顺序按下，则 D0 中存入的数据为 2130。

2）M10~M19 分别与 X000~X007、X010~X011 相对应，用来记录输入的单个数字，如图 6-61c 所示。当 X002 按下时，M12 置 ON 并保持到另一键按下，其他键也一样动作。M20 对于任何一个键按下，都将产生一个脉冲，称为键输入脉冲，记录键按下的次数，并且次数大于 4 时发出提醒重新置数信号，并将相关存储单元清零。

3）当多个键同时按下时，只有先按下的键有效。

4）对于 16 位指令，输入数值的范围为 0~9999，9999 以上的数位溢出；对于 32 位指令，输入数值的范围为 0~99999999，99999999 以上的数位溢出。

5）图 6-61 中，当 X030 置 OFF 时，D0 的内容不变化，但 M10~M20 都成 OFF。

6）在一个程序中，TKY 指令只能使用一次。

2. 十六键输入指令 HKY

FNC71 HKY：（16/32 位）使用 16 键键盘输入数字及功能信号的指令。

S（.）：指定 4 个连号的输入元件，编程元件为 X。

D1（.）：指定 4 个连号的扫描输出元件（晶体管输出），编程元件为 Y。

D2（.）：指定存储数字键输入信号的元件（以二进制数存放），编程元件为 T、C、D、V、Z。

D3（.）：指定 8 个连号的读出元件（存储功能键信号），编程元件为 Y、M、S。

十六键输入指令的使用如图 6-62 所示，说明如下：

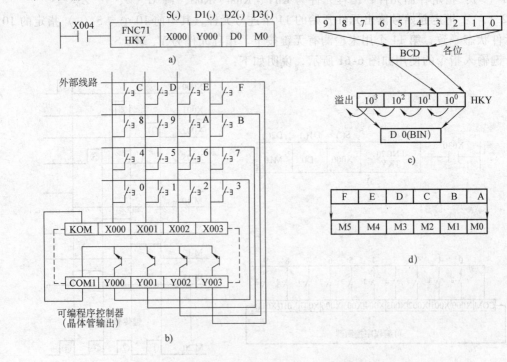

图 6-62　十六键输入指令的使用说明

a）十六键输入指令梯形图　b）输入按键与 PLC 的连接
c）数字键的输入与储存　d）功能键 A~F 与 M0~M5 的关系

1）十六键分为数字键和功能键，与梯形图相配合的输入按键与 PLC 的连接如图 6-62b 示。X000～X003 和 Y000～Y003 构成矩阵式键盘，只能用晶体管输出型。Y000～Y003 轮流输出，一次循环后，完毕标志 M8029 动作。

2）数据输入功能。利用 0～9 的 10 个数字键，可以输入并以 BIN 形式向 D0 存入上限值为 9999 的数值，超出此值则溢出，如图 6-62c 所示。使用（D）HKY 指令时，0～99999999 的数字存于 D1 和 D0 中。同时按多个键时，只有先按下的键有效。

3）功能键。功能键 A～F 与 M0～M5 的关系如图 6-62d 所示。按 A 键时，M0 置 1 并保持，按 D 键时，M0 置 0，M3 置 1 并保持，其余类推。

4）功能键 A～F 的任一个键被按下时，M6 置"1"（不保持）；数字键 0～9 的任一个键被按下时，M7 置"1"（不保持）。当 X004 变为 OFF 时，D0 保持不变，M0～M7 全部为 OFF。

5）若预先将具有数据处理功能的 M8167 置 1，可将 0～F 的十六进制数原封不动地写入 D（.）中。例如，［123BF］输入后，D2（.）中以 BIN 形式存储［123BF］。

6）扫描全部 16 个键需要 8 个扫描周期，由于滤波延时可能造成存储错误，使用恒定扫描模式或定时中断处理可避免这种错误。

7）在一个程序中，HKY 指令只能使用一次。

3. 数字开关指令 DSW

FNC72 DSW：（16 位）输入 BCD 码开关数据的专用指令。

S（.）：指定 4 位输入点的起始号。$n=1$ 时，由 4 个开关输入量组成；$n=2$ 时，由 8 个开关输入量组成。编程元件为 X。

D1（.）：指定 4 个开关量输出起始号（最好用晶体管输出），编程元件为 Y。

D2（.）：指定数据存储元件（以二进制数存放）。$n=1$ 时，由 1 个字元件组成；$n=2$ 时，由 2 个字元件组成。编程元件为 T、C、D、V、Z。

n：指定数字开关的组数。$n=1$，表示只有 1 组拨码盘输入 4 位 BCD 码；$n=2$，表示有 2 组拨码盘输入 2 个 4 位 BCD 码。编程元件为 K、H（$n=1$ 或 2）。

数字开关指令用来读入一组或两组 4 位数字开关的设置值。在一个程序中，该指令可以使用两次。指令的使用如图 6-63 所示。

1）每组开关由 4 个拨盘组成（每个拨盘构成一位 BCD 码），开关与 PLC 的接线如图 6-63b 所示。指令中 $n=1$，指一组 BCD 码数字开关，一组 BCD 码数字开关接到 X010～X013，由 Y010～Y013 顺次选通读出，数据自动以 BIN 码形式存于 D2(.) 指定的元件 D0 中。若 $n=2$，有二组 BCD 码数字开关，第二组开关接在 X014～X017 上，由 Y010～Y013 顺次输出选通信号，第二组数据自动以 BIN 码形式存入 D1 中。

2）当 X000 置为 ON 时，Y010～Y013 顺次为 ON，一次循环完成后，标志 M8029 置"1"，其时序图如图 6-63c 所示，指令梯形图如图 6-63a 所示。

3）为了能连续存入 DSW 值，最好选用晶体管输出型 PLC。如果用继电器输出型的 PLC，可采用如图 6-63d 所示指令梯形图，X000 为 ON 期间，DSW 指令工作，即使 X000 变为 OFF，M0 会一直工作到指令执行完毕才复位。

4）当数字开关指令在操作中被中止后重新开始工作时，从初始开始循环而不是从中止处开始。

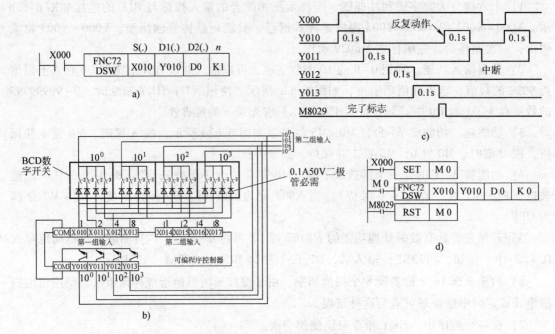

图 6-63 数字开关指令的使用说明

a) 数字开关指令梯形图 b) BCD 数字开关与 PLC 的连接

c) 输出与标志时序 d) 继电器输出型数字开关指令程序梯形图

4. 七段码译码指令 SEGD

FNC73 SEGD：（16 位）七段码译码指令，驱动 1 位七段码显示器显示十六进制数据的指令。

S（.）：源操作数，其低 4 位（只用低 4 位）存放待显示的十六进制数，编程元件为 K、H、KnX、KnY、KnM、KnS、T、C、D、V、Z。

D（.）：目标操作数，存放译码后的七段码结果（存放在低 8 位，高 8 位保持不变）。编程元件为 KnY、KnM、KnS、T、C、D、V、Z。

七段码译码指令的使用如图 6-64 所示，该指令的功能是将源操作数 S（.）的低 4 位指定的 0~F（十六进制数）的数据译成七段显示的数据格式存于 D（.）中，源数据的高 8 位不变。译码表见表 6-2，表中 B0 是位元件的起始号（如 Y000）或字元件的最后位。

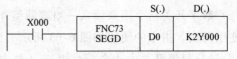

图 6-64 七段码译码指令的使用说明

表 6-2 七段码译码表

源		七段组合数字	预设定								表示的数字
十六进制数	位组合格式		B7	B6	B5	B4	B3	B2	B1	B0	
0	0000		0	0	1	1	1	1	1	1	0
1	0001		0	0	0	0	0	1	1	0	1
2	0010		0	1	0	1	1	0	1	1	2
3	0011		0	1	0	0	1	1	1	1	3
4	0100		0	1	1	0	0	1	1	0	4

（续）

源		七段组合数字	预设定								表示的数字
十六进制数	位组合格式		B7	B6	B5	B4	B3	B2	B1	B0	
5	0101		0	1	1	0	1	1	0	1	
6	0110		0	1	1	1	1	1	0	1	
7	0111		0	1	0	0	0	1	1	1	
8	1000		0	1	1	1	1	1	1	1	
9	1001		0	1	1	0	1	1	1	1	
A	1010		0	1	1	1	0	1	1	1	
B	1011		0	1	1	1	1	1	0	0	
C	1100		0	0	1	1	1	0	0	1	
D	1101		0	1	0	1	1	1	1	0	
E	1110		0	1	1	1	1	0	0	1	
F	1111		0	1	1	1	0	0	0	1	

5. 带锁存七段码显示指令 SEGL

FNC74 SEGL：（16 位）带锁存七段码显示指令，用于控制一组或两组七段显示。

S（.）：源操作数，存放待译码的数。$n=0\sim3$ 时，由 1 个元件（16 位）构成；$n=4\sim7$ 时，由 2 个元件（32 位）构成。编程元件为 K、H、KnX、KnY、KnM、KnS、T、C、D、V、Z。

D（.）：目标操作数，指定译码输出的首地址。$n=0\sim3$ 时，由 8 个开关量输出组成；$n=4\sim7$ 时，由 12 个开关量输出组成。编程元件为 Y。

n：指定显示的 BCD 码位数。$n=0\sim3$ 时，显示 4 位 BCD 码；$n=4\sim7$ 时，显示 8 位 BCD 码。编程元件为 K、H（$n=0\sim7$）。

SEGL 指令的功能是驱动 4 位一组或两组带锁存七段码显示器显示，指令的使用如图 6-65 所示。

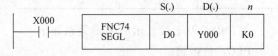

图 6-65　带锁存七段码显示指令的使用说明

1）接一组数码管（$n=0\sim3$）时，D0 中数据（BIN 码）转换成 BCD 码（0~9999）顺次送到 Y000~Y003。Y004~Y007 依次为各组的选通锁存信号。接两组数码管（$n=4\sim7$）时，与一组时相似，D0 的数据送 Y000~Y003，D1 的数据送 Y010~Y013，显示的范围是 0~99999999。Y004~Y007 输出的选通信号两组显示器共用，带锁存的七段码显示器与 PLC 的连接如图 6-66 所示。

2）SEGL 指令为进行 4 位（1 组或 2 组）的显示，需要运算周期 12 倍的时间，4 位数输出结束后，完毕标志 M8029 动作。本指令在 FX_{2N}、FX_{2NC} 中可用两次，在 FX_{1S}、FX_{1N} 中不限次数。

3）SEGL 指令的驱动输入在 ON 时，执行反复动作，但在一系列的动作途中，驱动输入置于 OFF 时，中断动作，再驱动时从初始动作开始。

4）参数 n 的选择。参数 n 的选择与 PLC 的逻辑、数据输入信号的逻辑、选通信号的逻

193

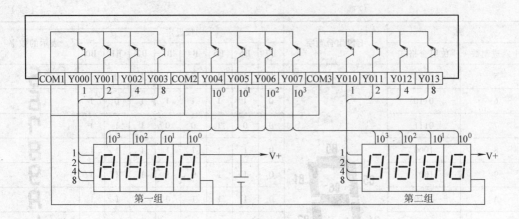

图 6-66 带锁存七段码显示器与 PLC 的连接

辑及显示单元的组数（1 或 2）有关。PLC 逻辑的规定：当内部逻辑为 "1" 时，输出为低电位，则是负逻辑；输出为高电位，则是正逻辑。七段码显示器逻辑见表 6-3。

根据可编程序控制器的正负逻辑与七段码的正负逻辑是否一致，进行参数 n 的选择。表6-4、表 6-5 所示分别为一组、两组 4 位显示时 n 的设定。

表 6-3 七段码显示器逻辑

逻　　辑	正逻辑	负逻辑
数据输入	高 = "1"	低 = "1"
选通信号	高电平时锁存数据	低电平时锁存数据

表 6-4 参数 n 的选择（接一组时）

数据输入	选通信号	参数 n
一致	一致	0
	不一致	1
不一致	一致	2
	不一致	3

表 6-5 参数 n 的选择（接两组时）

数据输入	选通信号	参数 n
一致	一致	4
	不一致	5
不一致	一致	6
	不一致	7

例：PLC 及七段显示的逻辑关系如下：

PLC：负逻辑。

显示器的数据输入：负逻辑（相同）。

显示器的选通脉冲信号：正逻辑（不相同）。

则接一组时 $n=1$，接两组时 $n=5$。

6. 读特殊功能模块指令 FROM

FNC78 FROM：（16/32 位）缓冲存储器（BFM）读出指令，可将特殊功能模块 BFM 的内容读入 PLC 中。

D（.）：目标操作数，存放从缓冲区读出的数据，编程元件为 KnY、KnM、KnS、T、C、D、V、Z。

m_1：特殊功能模块号（范围 0~7）。

m_2：缓冲存储器首地址（范围 0~32767）。

n：待传送数据的字数（范围 1~32767）。m_1、m_2、n 的编程元件都为 K、H。

图 6-67 所示的 FROM 指令，将编号为 m_1 的特殊功能模块内从缓冲存储器（BFM）号为 m_2 开始的连续 n 个字单元和双字单元的内容读入基本单元，并存

图 6-67 BFM 读出指令的使用说明

于从 D（.）开始的连续 n 个字单元和双字单元中。接在 FX_{2N} 基本单元右边扩展总线上的特殊功能模块（如模拟量输入单元、模拟量输出单元、高速计数器等），从最靠近基本单元那个开始顺次编号为 0~7。图 6-68 表示了 PLC 与特殊功能模块的连接编号及数据间的传送关系。X000 = ON 时，执行读出；X000 = OFF 时，不执行传送，传送地点的数据不变化。脉冲指令执行后也同样。

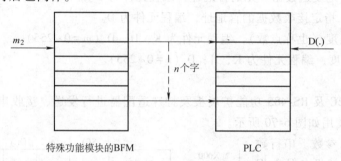

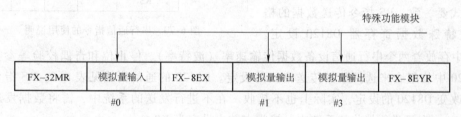

图 6-68 读特殊功能模块动作过程

7. 写特殊功能模块指令 TO

FNC79 TO：（16/32 位）缓冲存储器（BFM）写入指令，可将 PLC 中的数据写入特殊功能模块。

S（.）：源操作数，存放从基本单元写入缓冲区的数据，编程元件为 K、H、KnX、KnY、KnM、KnS、T、C、D、V、Z。

m_1：特殊功能模块号（范围 0~7）。

m_2：缓冲存储器首地址（范围 0~32767）。

n：待传送数据的字数（范围 1~32767）。m_1、m_2、n 的编程元件都为 K、H。

图 6-69 所示的 TO 指令，将基本单元从 S（.）元件开始的连续 n 个字单元和双字单元的内容，写入特殊功能模块 m_1 中编号为 m_2 开始的连续 n 个字单元和双字单元缓冲存储器中。

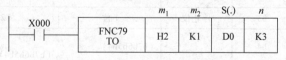

图 6-69 BFM 写入指令的使用说明

FROM/TO 指令的执行受中断允许继电器 M8028 的约束。当 M8028 为 OFF 时，FROM/TO 指令执行过程中，为自动中断禁止状态，输入中断、定时器中断不能执行。此期间程序发生的中断，只有在 FROM/TO 指令执行完毕后才能立即执行。FROM/TO 指令在中断程序

中也可使用。当 M8028 为 ON 时，FROM/TO 指令执行过程中，中断发生时，立即执行中断，但是，在中断程序中，不能使用 FROM/TO 指令。

6.8 其他指令

1. 串行通信传送指令 RS

FNC80 RS：（16 位）串行通信传送指令，可以与所使用的功能扩展板进行发送、接收串行数据。

S (.)：源操作数，指定发送数据单元的首地址，编程元件为 D。

D (.)：目标操作数，指定接收数据的首地址，编程元件为 D。

m：指定发送数据的长度（也称点数），编程元件为 K、H、D（$m = 0 \sim 255$）。

n：指定接收数据的长度，编程元件为 K、H、D（$n = 0 \sim 255$）。

（1）指令说明

RS 指令为使用 RS-232C 及 RS-485 功能扩展板及特殊适配器进行发送、接收串行数据的指令。串行通信指令的使用如图 6-70 所示。

1）设计串行数据传送参数。串行数据传送必须保证 PLC 与外部设备的数据传送格式要一致，RS 指令传送数据的格式通过特殊数据寄存器 D8120 设定。

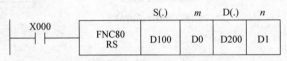

图 6-70　串行通信指令的使用说明

D8120 中存放着两个串行通信设备数据传输速率（波特率）、停止位和奇偶校验等参数，通过 D8120 中位组合来选择数据传送格式的设定。D8120 的通信格式见表 6-6。RS 指令驱动时即使改变 D8120 的设定，实际上也不接收。在不进行发送的系统中，需将数据发送点数设定为 K0。在不进行接收的系统中，接收点数也设定为 K0。

表 6-6　D8120 通信格式

D8120 位号	功能	位状态		备注
		0	1	
b0	数据长度	7 位	8 位	
b1 b2	奇偶校验	(b2b1) (00)：无校验 (01)：奇校验 (11)：偶校验		
b3	停止位	1 位	2 位	
b4 b5 b6 b7	传输速率 （波特率）	(b7b6b5b4) (0011)：300bit/s (0100)：600bit/s (0101)：1200bit/s (0110)：2400bit/s	(b7b6b5b4) (0111)：4800bit/s (1000)：9600bit/s (1001)：19200bit/s	
b8	起始字符	无	有，初始为 STX（02H）	起始字符存于 D8124 中，可修改
b9	终止字符	无	有，初始为 ETX（03H）	终止字符存于 D8125 中，可修改

（续）

D8120 位号	功能	位状态		备注
		0	1	
b10 b11	硬件握手	（b11b10） （00）：无（RS-232 接口） （01）：普通模式（RS-232 接口） （10）：互锁模式（RS-232 接口） （11）：调制解调器模式（RS-232 接口、RS-485 接口）		互锁模式只用于 FX$_{2N}$ 版本 2.00 以上。
b12~b15	未使用			

例：D8120 通信格式设定举例如图 6-71 所示。

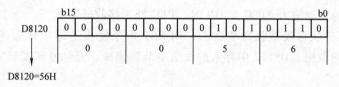

D8120=56H

图 6-71 D8120 通信格式设定举例

图 6-71 中设定格式的含义见表 6-7。

表 6-7 D8120 设定含义

数据长度	7 位	数据长度	7 位
奇偶性	偶校验	起始符	无
停止位	1 位	终止符	无
传送波特率	1200bit/s	控制线	无

2）使用 RS 指令时，还要使用一些特殊数据寄存器（D）及特殊辅助继电器（M），见表 6-8。

表 6-8 RS 指令所使用的特殊数据寄存器、特殊辅助继电器

寄存器	功　能	继电器	功　能
D8120	通信格式设定	M8121	发送延迟标志
D8122	存储发送数据中剩余的字节数	M8122	发送请求标志
D8123	存储已接收到的字节数	M8123	按收完毕标志
D8124	存储起始字符，初始值为 STX（02H），可修改	M8124	载波检测标志
D8125	存储终止字符，初始值为 ETX（03H），可修改	M8129	停工超时标志
D8129	存储超时时间	M8161	8 位或 16 位操作模式。ON 时，为 8 位；OFF 时，为 16 位

（2）指令应用举例及执行说明

图 6-72 是将数据寄存器 D200~D204 中的 10 个数据按 16 位数据传送模式发送出去，并

将接收到的数据存入 D70~D74 中的程序。指令执行过程如下：

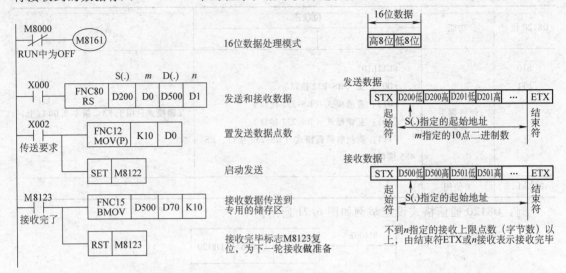

图 6-72　RS 指令的应用

1）RS 指令的驱动输入 X000 置 ON 时，PLC 处于接收等待状态。

2）在接收等待状态或接收完毕状态，用 SET 指令使传送请求标志 M8122 置位时，从 D200 发送 D0 点的数据，D8122 中存入的发送字节数递减，直到 0 时发送完毕，同时 M8122 自动复位。

3）PLC 接收数据时，D8123 中的字节数从 0 递增，直到其接收完毕。此间，发送待机标志 M8121 为 ON，这期间不能发送数据。

4）接收数据结束后，接收完毕标志 M8123 由 OFF 变为 ON。再将接收数据传送至 D70 为首地址的其他寄存地址后，将 M8123 复位，才能再次转为接收等待状态，M8123 的复位由顺控程序进行。

5）接收点数 n（D1）= 0，执行 RS 指令时，M8123 不运作，也不转为接收待机。只有 $n \geq 1$，M8123 由 ON 转为 OFF 时，才能转为接收待机状态。

6）当 M8161 = ON 时，仅对 16 位数据的低 8 位数据传送，高 8 位数据忽略不传送。M8161 = OFF 时，为 16 位操作模式，即源或目标元件中全部 16 位有效。

7）在接收发送过程中若发生错误，M8063 为 ON，把错误内容存入 D8063。

2. 模拟量输入指令 VRRD

FNC85 VRRD：（16 位）模拟量输入指令。

S（.）：源操作数，电位器编号为 0~7，编程元件为 K、H。

D（.）：目标操作数，指定存储数据的地址，编程元件为 KnY、KnM、KnS、T、C、D、V、Z。

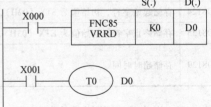

VRRD 指令读出模拟电位器 FX_{1N}-8AV-BD 或 FX_{2N}-8AV-BD 上的数据。模拟电位器是一种功能扩展板，安装在 FX_{1S}/FX_{1N} 系列或 FX_{2N} 系列的 PLC 主单元上。每块板上有 8 个电位器，编号是 0~7，通过调整电位器，可以得到数据（0~255）存于目标操作数 D（.）中。如图 6-73 所示，将从 FX_N-8AV

图 6-73　模拟量输入指令说明

的 0 号变量读到的模拟量转换成 8 位二进制数并传送到 D0 中，此例将 D0 数据作为定时器 T0 的设定值。

3. 模拟量开关设定指令 VRSC

FNC86 VRSC：（16 位）模拟量开关设定指令。

S（.）：源操作数，电位器编号为 0~7，编程元件为 K、H。

D（.）：目标操作数，指定存储数据的地址，编程元件为 KnY、KnM、KnS、T、C、D、V、Z。

（1）指令说明

模拟量开关设定指令的应用如图 6-74 所示。该指令也是读取模拟量电位器上的数据，根据模拟电位器的旋转刻度值（0~10）以二进制码存于目标操作数 D（.）中。若设定值不是刚好在刻度处，则读入值应通过四舍五入化为 0~10 的整数值。

图 6-74　模拟量开关设定的指令说明

（2）应用举例

利用模拟量电位器组成一个具有 11 挡的旋转开关，程序梯形图如图 6-75 所示。

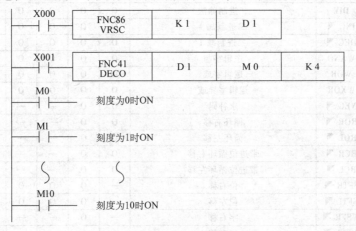

图 6-75　模拟量开关设定指令的应用

6.9 功能指令简表

FX$_{2N}$ 系列 PLC 的功能指令在 FX$_2$ 型应用指令的基础上，又增加了浮点数运算、触点比较及时钟应用等指令，见表 6-9。

表 6-9　FX$_{2N}$ 系列 PLC 功能指令

分类	指令编号 FNC	指令助记符	功能简介	D 命令	P 命令	适用机型				
						FX$_{0N}$	FX$_{1S}$	FX$_{1N}$	FX$_{2N}$	FX$_{2NC}$
程序流程	00	CJ	条件跳转	—	O	O	O	O	O	O
	01	CALL	调用子程序	—	O	—	O	O	O	O
	02	SRET	子程序返回	—	—	—	O	O	O	O
	03	IRET	中断返回	—	—	—	O	O	O	O
	04	EI	中断允许	—	—	O	O	O	O	O
	05	DI	中断禁止	—	—	O	O	O	O	O
	06	FEND	主程序结束	—	—	O	O	O	O	O
	07	WDT	监视定时器刷新	—	O	O	O	O	O	O

199

（续）

分类	指令编号 FNC	指令助记符	功能简介	D命令	P命令	适用机型				
						FX_{0N}	FX_{1S}	FX_{1N}	FX_{2N}	FX_{2NC}
程序流程	08	FOR	循环开始	—	—	O	O	O	O	O
	09	NEXT	循环结束	—	—	O	O	O	O	O
传送和比较	010	CMP	单值比较	O	O	O	O	O	O	O
	011	ZCP	区间比较	O	O	O	O	O	O	O
	012	MOV	字传送	O	O	O	O	O	O	O
	013	SMOV	移位传送	—	O	—	—	—	O	O
	014	CML	取反	O	O	—	—	—	O	O
	015	BMOV	块传送	—	O	O	O	O	O	O
	016	FMOV	多点传送	O	O	—	—	—	O	O
	017	XCH ◤	数据交换	O	O	—	—	—	O	O
	018	BCD	二进制数转换成 BCD 码	O	O	O	O	O	O	O
	019	BIN	BCD 码转换成求二进制码	O	O	O	O	O	O	O
四则运算和逻辑运算	020	ADD	二进制加法	O	O	O	O	O	O	O
	021	SUB	二进制减法	O	O	O	O	O	O	O
	022	MUL	二进制乘法	O	O	O	O	O	O	O
	023	DIV	二进制除法	O	O	O	O	O	O	O
	024	INC ◤	二进制加 1	O	O	O	O	O	O	O
	025	DEC ◤	二进制减 1	O	O	O	O	O	O	O
	026	WAND	逻辑字与	O	O	O	O	O	O	O
	027	WOR	逻辑字或	O	O	O	O	O	O	O
	028	WXOR	逻辑字异或	O	O	O	O	O	O	O
	029	NEG ◤	求补码	O	O	—	—	—	O	O
循环移位与移位	030	ROR ◤	循环右移	O	O	—	—	—	O	O
	031	ROL ◤	循环左移	O	O	—	—	—	O	O
	032	RCR ◤	带进位循环右移	O	O	—	—	—	O	O
	033	RCL ◤	带进位循环左移	O	O	—	—	—	O	O
	034	SFTR ◤	位右移	—	O	O	O	O	O	O
	035	SFTL ◤	位左移	—	O	O	O	O	O	O
	036	WSFR ◤	字右移	—	O	—	—	—	O	O
	037	WSFL ◤	字左移	—	O	—	—	—	O	O
	038	SFWR ◤	先入先出（FIFO）写入	—	O	—	O	O	O	O
	039	SFRD ◤	先入先出（FIFO）读出	—	O	—	O	O	O	O
数据处理 1	040	ZRST ◤	成批复位	—	O	O	O	O	O	O
	041	DECO ◤	解码	—	O	O	O	O	O	O
	042	ENCO ◤	编码	—	O	O	O	O	O	O
	043	SUM	求置 ON 位的总和	O	O	—	—	—	O	O
	044	BON	ON 位判断	—	O	—	—	—	O	O
	045	MEAN	求平均值	—	O	—	—	—	O	O
	046	ANS	信号报警器置位	—	O	—	—	—	O	O
	047	ANR ◤	信号报警器复位	—	O	—	—	—	O	O
	048	SOR	求二进制平方根	O	O	—	—	—	O	O
	049	FLT	二进制整数与二进制浮点数转换	O	O	—	—	—	O	O
高速处理	050	REF	输入输出刷新	—	O	O	O	O	O	O
	051	REFF	滤波时间调整	—	O	—	—	—	O	O
	052	MTR	矩阵输入（用 1 次）	—	—	—	O	O	O	O
	053	HSCS	高速计数比较置位	O	—	—	O	O	O	O
	054	HSCR	高速计数比较复位	O	—	—	O	O	O	O
	055	HSZ	高速计数区间比较	O	—	—	—	—	O	O
	056	SPD	脉冲密度	—	—	—	O	O	O	O

（续）

分类	指令编号 FNC	指令助记符	功能简介	D 命令	P 命令	适用机型				
						FX0N	FX1S	FX1N	FX2N	FX2NC
高速处理	057	PLSY	脉冲输出（用1次）	O	—	O	O	O	O	O
	058	PWM	脉宽调制（用1次）	—	—	O	O	O	O	O
	059	PLSR	可调速脉冲输出（用1次）	O	—	—	O	O	O	O
便利指令	060	IST	状态初始化（用1次）	—	—	O	O	O	O	O
	061	SER	查找数据	O	O	—	—	—	O	O
	062	ABSD	绝对值式凸轮控制（用1次）	—	—	—	O	O	O	O
	063	INCD	增量式凸轮顺控（用1次）	—	—	—	O	O	O	O
	064	TTMR	示教定时器	—	—	—	—	—	O	O
	065	STMR	特殊定时器	—	—	—	—	—	O	O
	066	ALT ◣	交替输出	O	O	O	O	O	O	O
	067	RAMP	斜坡信号	—	—	O	O	O	O	O
	068	ROTC	旋转工作台控制（用1次）	—	—	—	—	—	O	O
	069	SORT	表数据排序（用1次）	—	—	—	—	—	O	O
外部机器 I/O	070	TKY	十键输入（用1次）	O	—	—	—	—	O	O
	071	HKY	十六键输入（用1次）	O	—	—	—	—	O	O
	072	DSW	数字开关（用2次）	—	—	—	—	—	O	O
	073	SEGD	七段码译码	—	O	—	—	—	O	O
	074	SEGL	带锁存七段码显示（用2次）	—	O	—	—	—	O	O
	075	ARWS	方向开关（用1次）	—	—	—	—	—	O	O
	076	ASC	ASCⅡ码转换	—	—	—	—	—	O	O
	077	PR	ASCⅡ码打印（用2次）	—	—	—	—	—	O	O
	078	FROM	BFM 读出	O	O	—	—	O	O	O
	079	TO	写入 BFM	O	O	—	—	O	O	O
外部机器 SER	080	RS	串行通信传递	—	—	—	O	O	O	O
	081	PRUN	八进制位传送	O	O	—	O	O	O	O
	082	ASCI	HEX 码变换为 ASCⅡ码	—	O	—	O	O	O	O
	083	HEX	ASCⅡ码变换为 HEX 码	—	O	—	O	O	O	O
	084	CCD	检验码	—	O	—	O	O	O	O
	085	VRRD	模拟量输入	—	O	—	O	O	O	O
	086	VRSC	模拟量开关设定	—	O	—	O	O	O	O
	088	PID	PID 回路运算	—	O	—	O	O	O	O
浮点运算	110	ECMP	二进制浮点数单值比较	O	O	—	—	—	O	O
	111	EZCP	二进制浮点数区间比较	O	O	—	—	—	O	O
	118	EBCD	二进制浮点转换为十进制浮点	O	O	—	—	—	O	O
	119	EBIN	十进制浮点转换为二进制浮点	O	O	—	—	—	O	O
	120	EADD	二进制浮点数加法	O	O	—	—	—	O	O
	121	ESUB	二进制浮点数减法	O	O	—	—	—	O	O
	122	EMUL	二进制浮点数乘法	O	O	—	—	—	O	O
	123	EDIV	二进制浮点数除法	O	O	—	—	—	O	O
	127	ESOR	二进制浮点数开方	O	O	—	—	—	O	O
	129	INT	二进制浮点数转换为 BIN 整数	O	O	—	—	—	O	O
	130	SIN	二进制浮点数正弦	O	O	—	—	—	O	O
	131	COS	二进制浮点数余弦	O	O	—	—	—	O	O
	132	TAN	二进制浮点数正切	O	O	—	—	—	O	O
数据处理2	147	SWAP	高低位变换	O	O			—	O	O
时钟运算	160	TCMP	时钟数据单值比较	—	O	—	O	O	O	O
	161	TZCP	时钟数据区间比较	—	O	—	O	O	O	O

201

（续）

分类	指令编号 FNC	指令助记符	功能简介	D命令	P命令	适用机型				
						FX$_{0N}$	FX$_{1S}$	FX$_{1N}$	FX$_{2N}$	FX$_{2NC}$
时钟运算	162	TADD	时钟数据加法	—	O	—	O	O	O	O
	163	TSUB	时钟数据减法	—	O	—	O	O	O	O
	166	TRD	时钟数据读出	—	O	—	O	O	O	O
	167	TWR	时钟数据写入	—	O	—	O	O	O	O
格雷码转换	170	GRY	格雷码转换	O	O	—	—	—	O	O
	171	GBIN	格雷码逆变换	O	O	—	—	—	O	O
触点比较	224	LD =	连接母线触点比较相等指令	O	—	—	O	O	O	O
	225	LD>	连接母线触点比较大于指令	O	—	—	O	O	O	O
	226	LD<	连接母线触点比较小于指令	O	—	—	O	O	O	O
	228	LD<>	连接母线触点比较不相等指令	O	—	—	O	O	O	O
	229	LD≤	连接母线触点比较不大于指令	O	—	—	O	O	O	O
	230	LD≥	连接母线触点比较不小于指令	O	—	—	O	O	O	O
	232	AND =	串联触点比较相等指令	O	—	—	O	O	O	O
	233	AND>	串联触点比较大于指令	O	—	—	O	O	O	O
	234	AND<	串联触点比较小于指令	O	—	—	O	O	O	O
	236	AND<>	串联触点比较不相等指令	O	—	—	O	O	O	O
	237	AND≤	串联触点比较不大于指令	O	—	—	O	O	O	O
	238	AND≥	串联触点比较不小于指令	O	—	—	O	O	O	O
	240	OR =	并联触点比较相等指令	O	—	—	O	O	O	O
	241	OR>	并联触点比较大于指令	O	—	—	O	O	O	O
	242	OR<	并联触点比较小于指令	O	—	—	O	O	O	O
	244	OR<>	并联触点比较不相等指令	O	—	—	O	O	O	O
	245	OR≤	并联触点比较不大于指令	O	—	—	O	O	O	O
	246	OR≥	并联触点比较不小于指令	O	—	—	O	O	O	O

注：表中 D 命令栏中有"O"的表示可以是 32 位指令，P 命令栏中有"O"的表示可以是脉冲执行型指令，适用机型中有"O"的表示适用此机型。

思 考 题

6.1 功能指令在梯形图中采用怎样的结构表达式？有什么优点？

6.2 FX$_{2N}$ 系列 PLC 有几类功能指令？大致用于哪些场合？

6.3 功能指令有哪些使用要素？叙述它们的使用意义？

6.4 试比较中断子程序与普通子程序的异同点。

6.5 FX$_{2N}$ 系列 PLC 有哪些中断源？如何使用？这些中断源所引出的中断在程序中如何表示？

6.6 FX$_{2N}$ 系列 PLC 数据传送比较指令有哪些？简述这些指令的编号、功能、操作数范围等。

6.7 高速计数器与普通计数器在使用上有哪些异同点？

6.8 如何控制高速计数器的计数方向？

习 题

6.1 某报时器有春冬季和夏季两套报时程序，请设计两种程序结构，安排这两套程序。

6.2 用 X000 控制接在 Y000～Y017 上的 16 个彩灯是否移位，每一秒移一位，用 X001 控制左移或右移，用 MOV 指令将彩灯的初值设定为十六进制数 H000F（仅 Y000～Y003 为 1），设计出该梯形图。

6.3 六盏灯正方向顺序全亮，反方向顺序全灭控制。要求：按下启动信号 X000，六盏灯（Y000～Y005）依次都亮，间隔时间为 1s；按下停止信号 X001，六盏灯反方向（Y005～Y000）依次全灭，间隔时间为 1s；按下复位信号 X002，六盏灯立即全灭，用功能指令实现。

6.4 用 CMP 指令实现功能：X000 为脉冲输入，当脉冲数大于 5 时，Y001 为 ON，反之 Y000 为 ON，编写此梯形图。

6.5　三台电动机相隔 5s 起动，各进行 10s 停止，循环往复，使用传送比较指令完成控制要求。

6.6　试用比较指令设计一密码锁控制电路。密码锁有 8 个按钮，分别接入 X000 ~ X007，其中 X000 ~ X003 代表第一个十六进制数，X004 ~ X007 代表第二个十六进制数。若按下的密码与 H65 相符，2s 后，开照明；按下的密码与 H87 相符，3s 后，开空调。

6.7　设计一台计时精确到秒的闹钟，每天早上 6 点提醒你按时起床。

6.8　试用 DECO 指令实现某喷水池花式喷水控制。第一组喷嘴 4s→二组喷嘴 2s→均停 1s→重复上述过程。

6.9　试编写一个键盘程序，向 D10 中写入一个数据，数据范围是 0~9999。键盘上的数字是 0~9（见图 6-76），未按"写入"键之前，键入的数据暂存在 D0 中，如果数据输入有错，可以通过"清除"键把 D0 的数据清除。按下"写入"键之后，数据写在 D10 中，同时清除 D0 中的数据。画出 PLC 的 I/O 图和梯形图。

6.10　试用 SFTL 位左移指令构成移位寄存器，实现广告牌字的闪耀控制。用 HL1 ~ HL4 四灯分别照亮"欢迎光临"四个字，其控制流程要求见表 6-10，每步间隔 1s。

图 6-76　习题 6.9 图

表 6-10　习题 6.10 表

步序	1	2	3	4	5	6	7	8
HL1	×				×		×	
HL2		×	×		×		×	
HL3				×	×		×	
HL4				×			×	

203

第 **7** 章

可编程序控制器的特殊功能模块

除了开关量信号以外，工业控制中还要对温度、压力、液位、流量等过程变量进行检测和控制。模拟量输入模块和温度模块就是用于将过程变量转换为 PLC 可以接受的数字信号。此外，还有位置控制、高速脉冲计数以及联网，与其他外部设备连接等都需要专用的接口模块，如位置控制模块、高速计数模块、通信链接模块等。

这些特殊功能模块（以下简称特殊模块）作为智能单元，有它自己的 CPU、存储器和控制逻辑，与 I/O 接口电路及总线接口电路组成一个完整的微型计算机系统。一方面，它可在自己的 CPU 和控制程序的控制下，通过 I/O 接口完成相应的输入、输出和控制功能；另一方面，它又通过总线接口与 PLC 主单元的 CPU 进行数据交换，接受主 CPU 发来的命令和参数，并将执行结果和运行状态返回主 CPU。这样，既实现了特殊模块的独立运行，减轻了主 CPU 的负担，又实现了主 CPU 单元对整个系统的控制与协调，从而大幅度提高了系统的处理能力和运行速度。

特殊功能模块，为 PLC 控制系统适应生产控制的不同要求，提供了丰富的选择，为推动"制造业高端化、智能化、绿色发展"，提供了各种可能。

本章仅介绍 FX_{2N} 系列 PLC 的部分特殊模块和通信功能扩展板。

7.1 特殊功能模块和功能扩展板与 PLC 的连接

7.1.1 特殊功能模块与 PLC 的连接

由 PLC 的 FROM/TO 指令控制的特殊模块单元，如模拟量输入/输出模块、温度模块、高速计数模块、定位控制模块等，通过扩展总线电缆，直接连接到 FX_{2N} 系列 PLC 的基本单元（主单元），或者连接到其他特殊模块或扩展单元的右边。从距 PLC 基本单元最近的单元开始，按顺序由主单元自动为每个特殊模块分配编号（地址）：No. 0 ~ No. 7，如图 7-1 所

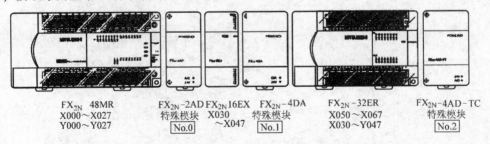

图 7-1 特殊模块与 PLC 主单元的连接

示。这些单元编号将在 FROM/TO 指令中使用。

一台 FX$_{2N}$ 系列 PLC 的基本单元，最多可以连接 8 个特殊模块。每个特殊模块占有 PLC 基本单元的 8 个 I/O 点（不占输入/输出序号）。所有单元占用 I/O 点数的总和不得超过 256 点（FX$_{2N}$ 系列 PLC 输入 128 点，输出 128 点）。所有使用 PLC 基本单元内部电源的特殊模块，其消耗的电源总容量（DC 5V，DC 24V）不得使 PLC 基本单元内部电源过载。

7.1.2　功能扩展板与 PLC 的连接

功能扩展板安装于 PLC 基本单元的功能扩展板安装插槽上，如图 7-2 所示。功能扩展板不占 I/O 点数。

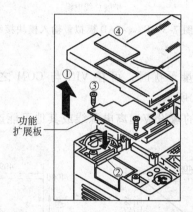

安装步骤：
① 从基本单元上取下面板盖子
② 将功能扩展板上PLC的连接插头插入基本单元的扩展板安装插座上
③ 用自攻螺钉将扩展板固定到基本单元上
④ 卸下面板盖子左边的预留切口，盖上面板盖子

图 7-2　功能扩展板与 PLC 主单元的连接

7.2　模拟量输入/输出模块

生产过程中连续变化的模拟量信号，通过传感器、变送器转换成标准模拟量电压或电流信号。模拟量输入模块的作用是把连续变化的电压、电流信号转换成 PLC 主 CPU 能处理的若干位数字信号（A/D 转换）。模拟量输出模块的作用是把 PLC 主 CPU 处理后的若干位数字信号转换成相应的标准模拟量信号输出（D/A 转换），以满足生产过程自动控制中需要连续信号的要求。

模拟量输入/输出模块使用 FROM/TO 指令与 PLC 进行数据传输。

模拟量输入/输出模块的主要性能参数有输入/输出（I/O）特性、分辨率、精度、转换速度、范围、模拟通道数、电流消耗等。

7.2.1　模拟量输入模块

三菱 FX$_{2N}$ 系列模拟量输入模块主要有 FX$_{2N}$-2AD、FX$_{2N}$-4AD、FX$_{2N}$-8AD 三种型号。下面介绍前两种型号。

1. FX$_{2N}$-2AD 模拟量输入模块

FX$_{2N}$-2AD 模拟量输入模块有两个输入通道（CH1、CH2），用于将模拟量输入（电压输入或电流输入）转换成 12 位的数字值，并将这个值输入到 PLC 的主单元中。两个模拟输入通道的输入范围为 DC 0~10V、DC 0~5V，或 DC 4~20mA。两个通道的输入/输出（I/O）

特性相同，其I/O特性可以通过FX$_{2N}$-2AD上的偏置和增益调整电位器进行调整。

（1）输入端子的接线

FX$_{2N}$-2AD模拟量输入模块输入端子的接线如图7-3所示。其输入模式可根据接线方式选择电压输入或电流输入，但不能将一个通道作为电压输入，而另一个通道作为电流输入，这是因为两个通道使用相同的偏置值和增益值。

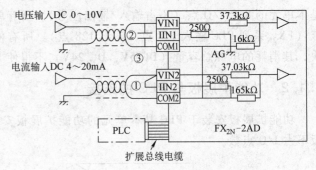

图7-3 FX$_{2N}$-2AD模拟量输入模块接线图

当输入模式选择电流输入时，应将VIN和IIN端子短接，如图7-3中①所示。

当电压输入存在波动或外部接线中有大量干扰时，可在VIN与COM之间连接一个0.1~0.47μF/25V的滤波电容器，如图7-3中②所示。

模拟输入通过双绞屏蔽电缆来连接，电缆的敷设应远离电源线或其他可能产生电气干扰的电线，如图7-3中③所示。

（2）I/O特性与主要性能参数

1）I/O特性。FX$_{2N}$-2AD模拟量输入模块出厂设定的I/O特性如图7-4所示，两个通道的I/O特性都相同。图7-4a为电压I/O特性，设定值：模拟值0~10V，数字值0~4000。图7-4b为电流I/O特性，设定值：模拟值4~20mA，数字值0~4000。

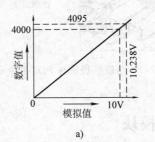
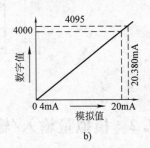

图7-4 FX$_{2N}$-2AD模拟量输入模块的I/O特性

a）电压I/O特性 b）电流I/O特性

2）主要性能参数。FX$_{2N}$-2AD模拟量输入模块的主要性能参数见表7-1。

表7-1 FX$_{2N}$-2AD模拟量输入模块的主要性能参数

项目	电压输入	电流输入
模拟量输入范围	DC 0~10V,0~5V（输入电阻200kΩ） 绝对最大输入:-0.5V,+15V	DC 4~20mA（输入电阻250Ω） 绝对最大输入:-2mA,+60mA
数字输出	12 位二进制	
分辨率	2.5mV（10V/4000）, 1.25mV（5V/4000）	4μA（20mA/4000）
综合精度	±1%（满量程0~10V）	±1%（满量程4~20mA）
转换速度	2.5ms/一个通道（与顺控程序同步动作）	
隔离方式	模拟与数字电路之间光电隔离,模块与PLC电源间用DC/DC转换器隔离,模拟通道之间无隔离	
电流消耗	模拟电路:DC 24V±2.4V ,50mA（PLC内部电源供电） 数字电路:DC 5V,20mA（PLC内部电源供电）	
占用输入/输出点数	占用8点PLC的输入或输出（计算在输入或输出侧均可）	
适用PLC	FX$_{1N}$、FX$_{2N}$、FX$_{2NC}$（需要FX$_{2NC}$-CNV-IF）、FX$_{3U}$、FX$_{3UC}$	
质量	0.2kg	

（3）缓冲存储器（BFM）的功能及分配

FX_{2N} 主单元与 FX_{2N}-2AD 之间交换数据和控制是通过缓冲存储器来进行的，FX_{2N}-2AD 共有 19 个缓冲存储器，每个 16 位。缓冲存储器的功能及分配见表 7-2。

表 7-2 FX_{2N}-2AD 缓冲存储器的功能及分配

BFM 编号	内　　容					
	b15~b8	b7~b4	b3	b2	b1	b0
#0	保留				输入数据的当前值(低 8 位)	
#1	保留				输入数据的当前值(高 4 位)	
#2~#16	保留					
#17	保留				模拟到数字转换开始	模拟到数字转换通道
#18	保留					

BFM 说明：

1）BFM#0：存储由 BFM#17 指定通道的输入数据当前值低 8 位数据，当前值数据以二进制存储。

2）BFM#1：存储由 BFM#17 指定通道的输入数据当前值高 4 位数据，当前值数据以二进制存储。

3）BFM#17：b0 指定由模拟到数字转换的通道（CH1、CH2），b0 = 0　指定 CH1，b0 = 1 指定 CH2。b1 由 0→1 时 A/D 转换过程开始。

（4）增益与偏置的调整

1）增益与偏置。增益决定 I/O 特性曲线的斜率（或角度），当数字输出为满量程时的模拟输入值。增益的校正线如图 7-5a 所示。大增益读取数字值间隔小，分辨率高；小增益读取数字值间隔大，分辨率低。

偏移（偏置）决定 I/O 特性曲线的"位置"（或截距），当数字输出为 0 时的模拟输入值。偏移的校正线如图 7-5b 所示。

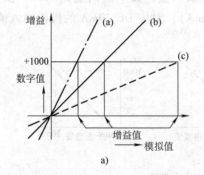 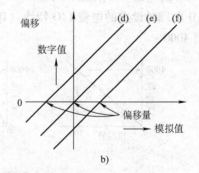

图 7-5　增益和偏移的校正线

a）增益校正线　b）偏移校正线

（a）—大增益　（b）—零增益　（c）—小增益　（d）—负偏移　（e）—零偏移　（f）—正偏移

2）增益与偏置的调整方法和步骤。FX_{2N}-2AD 输入模块出厂时，设定电压输入为 DC 0~10V，电流输入为 4~20mA，其偏置值设定为 0V 或 4mA，增益值的数字值设定为 0~4000。当 FX_{2N}-2AD 用于电压输入为 DC 0~5V 时，就必须对增益值和偏置值进行调整。

增益值和偏置值的调整是对实际的模拟输入值设定一个数字值，使用电压源或电流源，调节 FX_{2N}-2AD 的增益和偏置调整电位器进行调整。将电位器顺时针旋转时，数字值增加，反之，数字值减少。电压源和电流源也可利用 FX_{2N}-2DA 或 FX_{2N}-4DA 代替。图 7-6 所示为

207

增益和偏置调整示意图。其中，图 7-6a 为增益和偏置调整电路，图 7-6b 为调整电位器位置图。增益与偏置的调整步骤如下：

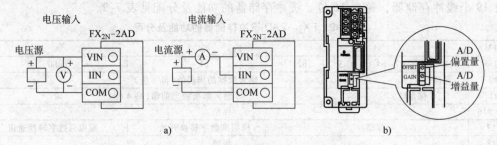

图 7-6　FX$_{2N}$-2AD 增益和偏置调整

a）偏置和增益调整电路　b）调整电位器位置

① 调整增益/偏置时，按先调节增益后调节偏置的顺序进行。

② 对于 CH1 和 CH2 的增益调整和偏置调整是同时完成的。当调整了一个通道的增益值/偏置值时，另一个通道的值也会自动调整。

③ 反复交替调整增益值和偏置值，直到获得稳定的数值。

④ 对模拟输入电路来说，每个通道都是相同的，通道之间几乎没有差别。但是，为获得最大的精度，应分别检查每个通道。

⑤ 当数字值不稳定时，使用"（5）程序实例的 2）计算平均值数据程序"调整偏置值/增益值。

3）增益的调整。增益值可设置为任意数值，但是，为了得到最大的分辨率，将可使用的 12 位数字范围设定为 0~4000，如图 7-7 所示。图 7-7a 为 FX$_{2N}$-2AD 出厂时设定的电压 I/O 特性（DC 0~10V），对应 DC 10V 的模拟输入值，数字值调整到 4000。图 7-7b 为调整后的 DC 0~5V 的电压 I/O 特性，对应 DC 5V 的模拟输入值，数字值调整到 4000。图 7-7c 为 FX$_{2N}$-2AD 出厂时设定的电流 I/O 特性（DC 4~20mA），对应 DC 20mA 的模拟输入值，数字值调整到 4000。

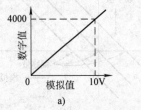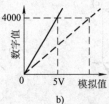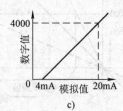

图 7-7　FX$_{2N}$-2AD 增益的调整

a）出厂设定的电压 I/O 特性（DC 0~10V）　b）调整后的电压 I/O 特性（DC 0~5V）

c）出厂设定的电流 I/O 特性（DC 4~20mA）

4）偏置的调整。增益调整后，再根据预设范围对偏置进行调整。偏置值可设置为任意数值，但为了调整方便，建议取整数。对于 FX$_{2N}$-2AD，电压输入时，偏置值为 0V；电流输入时，偏置值为 4mA。例如，当模拟输入范围为 DC 0~10V，数字值设定为 0~40000 时，100mV 的模拟输入对应的数字值应为 40（40×10V/4000）。偏置的调整如图 7-8 所示。

（5）程序实例

下述程序中 FX$_{2N}$-2AD 特殊模块的单元编号为 No.0。

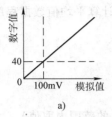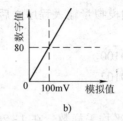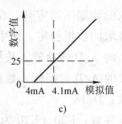

图 7-8 FX$_{2N}$-2AD 偏置的调整

a) 出厂设定的电压 I/O 特性（DC 0~10V）　b) 调整后的电压 I/O 特性（DC 0~5V）

c) 出厂设定的电流 I/O 特性（DC 4~20mA）

1）FX$_{2N}$-2AD 模拟量输入程序。FX$_{2N}$-2AD 模拟量输入程序如图 7-9 所示。图中：

图 7-9　FX$_{2N}$-2AD 模拟量输入程序

通道 1 的输入执行模拟到数字的转换：X000。

通道 2 的输入执行模拟到数字的转换：X001。

通道 1 的 A/D 输入数据：D100（用 M100~M115 暂存。只分配一次这些号码）

通道 2 的 A/D 输入数据：D101（用 M100~M115 暂存。只分配一次这些号码）

处理时间：从 X000 或 X001 打开，至模拟到数字转换值存储到主单元的数据寄存器之间的时间 2.5ms/通道。

2）计算平均值数据程序。计算平均值数据程序如图 7-10 所示。

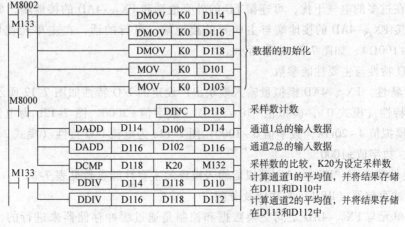

图 7-10　计算平均值数据程序

当读取的数据不稳定时，在上例模拟量输入程序之后添加计算平均值数据程序，使用平均值以使读取的数据稳定。图中：

通道 1 的 A/D 转换输入数据：D100。

通道 2 的 A/D 转换输入数据：D102。

采样数：D118。

平均采样数：K20（K20 为设定平均采样数，在 1~262144 的范围内取值）。

采样数和设定平均采样数的一致性标志：M133。

通道 1 的平均值：D111，D110。

通道 2 的平均值：D113，D112。

2. FX$_{2N}$-4AD 模拟量输入模块

FX$_{2N}$-4AD 模拟量输入模块有四个输入通道（CH1~CH4），输入通道将模拟量（电压输入、电流输入）转换成 12 位的数字值，并将这个值输入到 PLC 的主单元中。各通道可以用 TO 指令来分别设置输入模式，但必须与输入接线相匹配。各通道输入范围为 DC −10~+10V、DC 4~20mA、DC −20~+20mA。四个通道的 I/O 特性相同，其 I/O 特性可以通过程序进行调整。

（1）输入端子的接线

FX$_{2N}$-4AD 模拟量输入模块输入端子的接线如图 7-11 所示。其输入模式可根据接线方式选择电压输入或电流输入。

当输入模式选择电流输入时，应将 V+和 I+端子短接，如图 7-11 中①所示。

当电压输入存在波动或外部接线中有大量干扰时，可连接一个 0.1~0.47μF/25V 的滤波电容器，如图 7-11 中②所示。

模拟输入通过双绞屏蔽电缆来连接，电缆的敷设应远离电源线或其他可能产生电气干扰的电线，如图 7-11 中③所示。

特殊模块也可以使用 PLC 主单元提供的 DC 24V 内置电源，如图 7-11 中④所示。

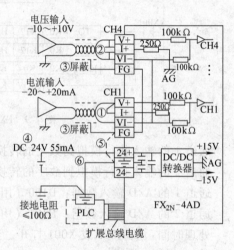

图 7-11　FX$_{2N}$-4AD 模拟量
输入模块接线图

如果存在过多的电气干扰，可连接 FG 的外壳地端和 FX$_{2N}$-4AD 的接地端，如图 7-11 中⑤所示。连接 FX$_{2N}$-4AD 的接地端与主单元的接地端，可行的话，在主单元使用三级接地（接地电阻≤100Ω），如图 7-11 中⑥所示。

（2）I/O 特性与主要性能参数

1）I/O 特性。FX$_{2N}$-4AD 模拟量输入模块出厂设定的 I/O 特性如图 7-12 所示。图7-12a 为电压 I/O 特性（模式 0），模拟值−10~+10V，数字值±2000。图 7-12b 为电流 I/O 特性（模式 1），模拟值 4~20mA，数字值 0~1000。图 7-12c 为电流 I/O 特性（模式 2），模拟值−20~+20mA，数字值±1000。

2）主要性能参数。FX$_{2N}$-4AD 模拟量输入模块的主要性能参数见表 7-3。

（3）缓冲存储器（BFM）的功能及分配

FX$_{2N}$ 主单元与 FX$_{2N}$-4AD 之间交换数据和控制是通过缓冲存储器来进行的，FX$_{2N}$-4AD 共有 32 个缓冲存储器，每个 16 位。缓冲存储器的功能及分配见表 7-4。

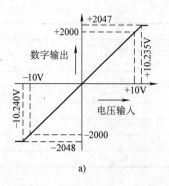 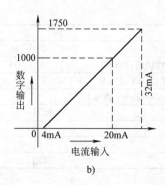 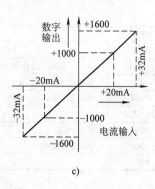

图 7-12 FX$_{2N}$-4AD 模拟量输入模块的 I/O 特性

a）模式 0：电压 I/O 特性 b）模式 1：电流 I/O 特性 c）模式 2：电流 I/O 特性

表 7-3 FX$_{2N}$-4AD 模拟量输入模块的主要性能参数

项目	电压输入	电流输入
模拟量输入范围	DC -10~+10V，（输入电阻 200kΩ） 绝对最大输入：±15V	DC 4~20mA，DC -20~+20mA（输入电阻 250Ω） 绝对最大输入：±32mA
数字输出	11 位二进制+1 位符号位	10 位二进制+1 位符号位
分辨率	5mV（10V/2000）	20μA（20mA/1000）
综合精度	±1%（满量程-10~+10V）	±1%（满量程-20~+20mA）
转换速度	15ms/一个通道（普通模式） 6ms/一个通道（高速模式）	
隔离方式	模拟与数字电路之间光电隔离，模块与 PLC 电源间用 DC/DC 转换器隔离，模拟通道之间无隔离	
电流消耗	模拟电路：DC 24V±2.4V 55mA（外部电源供电） 数字电路：DC 5V 30mA（PLC 内部电源供电）	
占用输入/输出点数	占用 8 点 PLC 的输入或输出（计算在输入或输出侧均可）	
适用 PLC	FX$_{1N}$、FX$_{2N}$、FX$_{2NC}$（需要 FX$_{2NC}$-CNV-IF）、FX$_{3U}$、FX$_{3UC}$	
质量	0.3kg	

表 7-4 FX$_{2N}$-4AD 缓冲存储器的功能及分配

BFM 编号	内　容									
	b15~b8	b7	b6	b5	b4	b3	b2	b1	b0	
＊#0E	CH1~CH4 的输入模式选择，默认值：H0000								
＊#1	通道 1	设置各通道采样数（1~4096），用于得到平均值 默认值：8，正常速度。高速操作可选择 1							
＊#2	通道 2									
＊#3	通道 3									
＊#4	通道 4									
#5	通道 1	各通道输入数据的平均值							
#6	通道 2									
#7	通道 3									
#8	通道 4									
#9	通道 1									
#10	通道 2									
#11	通道 3									
#12	通道 4									
#13~#14	保留								
＊#15	选择 A/D 转换速度，默认值：0，正常速度。如设为 1，高速								
#16~#19	保留								
＊#20（E）	初始化（复位到默认值和预设），默认值：0								
＊#21E	禁止调整偏移、增益值，默认值：(b1,b0)=(0,1)允许								

211

（续）

BFM	内　　容								
编号	b15~b8	b7	b6	b5	b4	b3	b2	b1	b0
* #22（E）	偏移、增益调整，默认值：H0000	G4	O4	G3	O3	G2	O2	G1	O1
* #23	偏移值，默认值：0　　　　单位：mV 或 μA								
* #24	增益值，默认值：5000　　　单位：mV 或 μA								
#25~#28	保留								
#29	错误状态								
#30	识别码：K2010								
#31	禁用								

BFM 说明：带（ * ）号的缓冲存储器可以使用 TO 指令从 PLC 写入数据，不带（ * ）号的缓冲存储器的数据可以使用 FROM 指令读入 PLC。

带 E 的缓冲存储器 BFM#0、#21 的值保存在 FX_{2N}-4AD 的 EEPROM 中。当使用增益/偏移调整命令带（E）的缓冲存储器 BFM#22 时，BFM#23、#24 的值才复制到 FX_{2N}-4AD 的 EEPROM 中。同样，带（E）的 BFM#20 会导致 EEPROM 的复位。EEPROM 的使用寿命大约是 10000 次（改写），因此不要使用程序频繁地修改这些缓冲存储器。

因为写入 EEPROM 需要时间，所以指令间需要 300ms 左右的延迟。因此，在第二次写入 EEPROM 之前，需要使用定时器。

在从特殊模块中读出数据之前，应确保带（ * ）号的缓冲存储器已经写入正确的设置，否则，将使用以前的设置或默认值。

1）输入模式选择（BFM#0）。输入模式由缓冲存储器 BFM#0 中的 4 位十六进制数 H○○○○ 控制。从低位到高位，每一位字符控制一个通道，即最低位控制 CH1，最高位控制 CH4。选定输入模式字后，由程序写入 BFM#0。

每位字符的设置方式和模式字的意义如下：

○=0：电压输入，输入范围 -10~+10V；○=1：电流输入，输入范围 4~20mA；

○=2：电流输入，输入范围 -20~+20mA；○=3：通道关闭。

例如，将 CH1 设置为模式 0，电压输入，输入范围 -10~+10V；将 CH2 设置为模式 1，电流输入，输入范围 4~20mA；CH3、CH4 关闭。则其模式字为

$$BFM\#0 = H3310$$

2）A/D 转换速度的改变（BFM#15）。在 FX_{2N}-4AD 的 BFM#15 中写入 0 或 1，就可以改变 A/D 转换的速度。不过要注意：

为保持高速转换率，尽可能少地使用 FROM/TO 指令。这是因为当改变了转换速度后，BFM#1~#4 将立即复位到默认值，这一操作将不考虑它们原有的数值。如果速度改变作为正常程序执行的一部分，记住这一点尤为必要。

3）调整增益和偏移值（BFM#20~BFM#24）。

① 当通过将 BFM#20 设为 K1 而将其激活后，特殊模块内的所有设置将初始化（复位成默认值或出厂设定值）。这是快速删除不希望的增益和偏移调整值的方法。

② 如果 BFM#21 的（b1，b0）设为（1，0），增益和偏移的调整将被禁止，以防止误改动。若需要改变增益和偏移，（b1，b0）必须设为（0，1）。默认值是（0，1）。

③ BFM#22 的低 8 位增益（Gain）-偏移（Offset），用于指定待调整的输入通道。BFM#23 和#24 用于暂存增益和偏移量。

例如，将 BFM#22 的位 G1 和 O1 设为 1（指定 CH1），当用 TO 指令写入 BFM#22 后，BFM#23 和#24 内的增益和偏移量就被传送进指定通道 1 的增益与偏移值 EEPROM 寄存器中。

对于具有相同增益和偏移量的通道，可以单独或一起调整（将相应的 G 和 O 位设为 1）。

④ BFM#23 或#24 中的增益和偏移量的单位是 mV 或 μA。限于单元的分辨率，实际的响应以 5mV 或 20μA 为最小刻度。

4）错误状态信息（BFM#29）。BFM#29 的错误状态信息见表 7-5。

表 7-5 BFM#29 的错误状态信息

BFM#29 的位	b=1(ON)		b=0(OFF)
b0:错误	b1~b3 中任何一个为 ON 时 如果 b1~b3 中任何一个为 ON,所有通道的 A/D 转换停止		无错误
b1:偏移/增益数据错误	EEPROM 中的偏移/增益数据不正常或调整错误时		偏移/增益数据正常
b2:电源故障	DC 24V 电源故障时		电源正常
b3:硬件故障	A/D 转换器或其他硬件故障时		硬件正常
b4~b9	保留		
b10:数字范围错误	数字输出值≥+2047 或≤−2048 时		数字输出值正常
b11:平均采样数错误	平均采样数≥4096 或≤0 时		平均值正常
b12:偏移/增益调整禁止	禁止:BFM#21 的(b1,b0)设为(1,0)时		允许:BFM#21 的(b1,b0)设为(0,1)
b13~b15	保留		

5）识别码（BFM#30）。PLC 中的用户程序可以使用 FROM 指令读出特殊模块的识别码（或 ID 号），以便在传送/接收数据之前确认此特殊模块。FX$_{2N}$-4AD 单元的识别码是 K2010。

（4）增益与偏置的调整

偏移和增益可以各通道独立或一起设置，合理的偏移范围是−5~+5V 或−20~+20mA，而合理的增益值是 1~15V 或 4~32mA（BFM#23 或#24 中的增益和偏移量的单位）。增益和偏移都可以用在 FX$_{2N}$ 主单元创建的程序调整。

调整增益/偏移时应注意：

1）BFM#21 的位（b1，b0）应设置为（0，1），以允许调整。一旦调整完毕，这些位元件应该设置为（1，0），以防止进一步的变化。

2）通道输入模式选择（BFM#0）应该设置到最接近的模式和范围。

（5）程序实例

下述程序中 FX$_{2N}$-4AD 特殊模块的单元编号为 No.0。

1）基本程序。FX$_{2N}$-4AD 通道输入模式和参数设置程序如图 7-13 所示，通道 CH1 和 CH2 用作电压输入，平均采样数设为 4，并且可编程序控制器的数据寄存器 D0 和 D1 可以接收输入数据的平均值。

2）通过软件设置调整偏移/增益量。通过在可编程序控制器中创建的程序，来调整 FX$_{2N}$-4AD 的偏移/增益量。如图 7-14 所示，输入通道 CH1 的偏移和增益值被分别调整为 0V 和 2.5V。

7.2.2 模拟量输出模块

FX$_{2N}$ 系列模拟量输出模块主要有 FX$_{2N}$-2DA、FX$_{2N}$-4DA 两种型号。

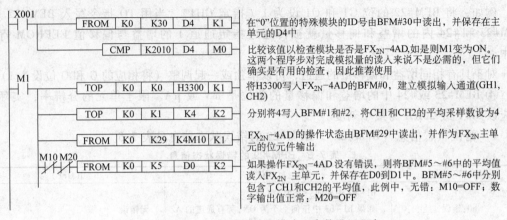

X001	FROM	K0	K30	D4	K1	在"0"位置的特殊模块的ID号由BFM#30中读出，并保存在主单元的D4中
	CMP	K2010	D4	M0		比较该值以检查模块是否是FX₂N-4AD,如是则M1变为ON。这两个程序步对完成模拟量的读入来说不是必需的，但它们确实是有用的检查，因此推荐使用
M1	TOP	K0	K0	H3300	K1	将H3300写入FX₂N-4AD的BFM#0，建立模拟输入通道(GH1,CH2)
	TOP	K0	K1	K4	K2	分别将4写入BFM#1和#2,将CH1和CH2的平均采样数设为4
	FROM	K0	K29	K4M10	K1	FX₂N-4AD的操作状态由BFM#29中读出，并作为FX₂N主单元的位元件输出
M10 M20	FROM	K0	K5	D0	K2	如果操作FX₂N-4AD没有错误，则将BFM#5~#6中的平均值读入FX₂N主单元，并保存在D0到D1中。BFM#5~#6中分别包含了CH1和CH2的平均值,此例中，无错:M10=OFF;数字输出值正常:M20=OFF

图 7-13 FX₂N-4AD 通道输入模式和参数设置程序

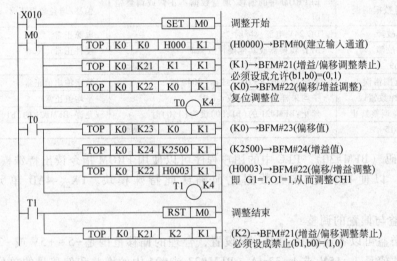

X010				SET	M0	调整开始
M0	TOP	K0	K0	H000	K1	(H0000)→BFM#0(建立输入通道)
	TOP	K0	K21	K1	K1	(K1)→BFM#21(增益/偏移调整禁止)必须设成允许(b1,b0)=(0,1)
	TOP	K0	K22	K0	K1	(K0)→BFM#22(偏移/增益调整)复位调整位
				T0	K4	
T0	TOP	K0	K23	K0	K1	(K0)→BFM#23(偏移值)
	TOP	K0	K24	K2500	K1	(K2500)→BFM#24(增益值)
	TOP	K0	K22	H0003	K1	(H0003)→BFM#22(偏移/增益调整)即 G1=1,O1=1,从而调整CH1
				T1	K4	
T1				RST	M0	调整结束
	TOP	K0	K21	K2	K1	(K2)→BFM#21(增益/偏移调整禁止)必须设成禁止(b1,b0)=(1,0)

图 7-14 通过软件设置调整 FX₂N-4AD 的偏移/增益量

1. FX₂N-2DA 模拟量输出模块

FX₂N-2DA 模拟量输出模块有两个输出通道（CH1、CH2），输出通道用于将 12 位的数字值转换成模拟量输出（电压输出或电流输出）。两个模拟输出通道的输出范围为 DC 0~10V、DC 0~5V，或 DC 4~20mA。两个通道的 I/O 特性可以通过 FX₂N-2DA 上的偏置和增益调整电位器分别进行调整。

（1）输出端子的接线

FX₂N-2DA 模拟量输出模块输出端子的接线如图 7-15 所示，其输出模式可根据接线方式分别选择电压输出或电流输出。

当输出模式选择电压输出时，应将 IOUT 和 COM 端子短接，如图 7-15 中①所示。

当电压输出存在波动或外部接线中有大量干扰时，可在图 7-15 中②所示位置之间连接一个 0.1~0.47μF/25V 的滤波电容器。

模拟输出通过双绞屏蔽电缆来连接，电缆的敷设应远离电源线或其他可能产生电气干扰的电线，如图 7-15 中③所示。

（2）I/O 特性与主要性能参数

1）I/O 特性。FX₂N-2DA 模拟量输出模块出厂设定的 I/O 特性如图 7-16 所示，两个通

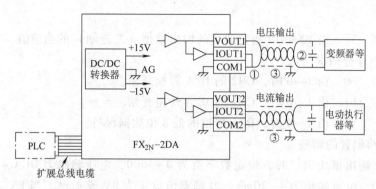

图 7-15　FX_{2N}-2DA 模拟量输出模块外形图

道的 I/O 特性都相同。也可分别对两个通道的 I/O 特性进行调整。图 7-16a 为电压 I/O 特性，设定值：模拟值 0~10V，数字值 0~4000。图 7-16b 为电流 I/O 特性，设定值：模拟值 4~20mA，数字值 0~4000。

2）主要性能参数。FX_{2N}-2DA 模拟量输出模块的主要性能参数见表 7-6。

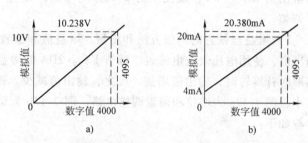

图 7-16　FX_{2N}-2DA 模拟量输出模块的 I/O 特性

a）电压 I/O 特性　b）电流 I/O 特性

表 7-6　FX_{2N}-2DA 模拟量输出模块的主要性能参数

项目	电压输出	电流输出
模拟量输出范围	DC 0~10V,0~5V(外部负载电阻 2kΩ~1MΩ)	DC 4~20mA(外部负载电阻≤400Ω)
数字输入	12 位二进制	
分辨率	2.5mV(10V×1/4000) 1.25mV(5V×1/4000)	4μA(20mA×1/4000)
综合精度	±1%(满量程 0~10V)	±1%(满量程 4~20mA)
转换速度	4ms/一个通道(与顺控程序同步动作)	
隔离方式	模拟与数字电路之间光电隔离,模块与 PLC 电源间用 DC/DC 转换器隔离,模拟通道之间无隔离	
电流消耗	模拟电路:DC 24V±2.4V,85mA(PLC 内部电源供电) 数字电路:DC 5V,30mA(PLC 内部电源供电)	
占用输入/输出点数	占用 8 点 PLC 的输入或输出(计算在输入或输出侧均可)	
适用 PLC	FX_{1N}、FX_{2N}、FX_{2NC}(需要 FX_{2NC}-CNV-IF)、FX_{3U}、FX_{3UC}	
质量	0.2kg	

（3）缓冲存储器（BFM）的功能及分配

FX_{2N} 主单元与 FX_{2N}-2DA 之间交换数据和控制是通过缓冲存储器来进行的，FX_{2N}-2DA 共有 19 个缓冲存储器，每个 16 位。缓冲存储器的功能及分配见表 7-7。

表 7-7　FX_{2N}-2DA 缓冲存储器的功能及分配

BFM 编号	内　　容				
	b15~b8	b7~b3	b2	b1	b0
#0~#15	保留				
#16	保留	输出数据的当前值(8 位)			
#17	保留		D/A 低 8 位 数据保持	通道 1 D/A 转换开始	通道 2 D/A 转换开始
#18	保留				

215

说明：

1）BFM#16：写入由 BFM#17 指定通道的输出数据（二进制）的当前值，并以低 8 位和高 4 位数据的顺序分两次写入。

2）BFM#17：b0　由 1→0 时，CH2 的 D/A 转换开始。

　　　　　　b1　由 1→0 时，CH1 的 D/A 转换开始。

　　　　　　b2　由 1→0 时，D/A 转换的低 8 位数据保持。

（4）增益与偏置的调整

FX$_{2N}$-2DA 输出模块出厂时，设定数字值为 0~4000，电压输出为 DC 0~10V；设定数字值为 0~4000，电流输出为 4~20mA。其偏置值设定为 0V 或 4mA。当 FX$_{2N}$-2DA 用于电压输出为 DC 0~5V，或使用的 I/O 特性与出厂设置不同时，就必须对偏置值和增益值进行调整。

1）增益与偏置的调整方法和步骤。增益值和偏置值的调整是对数字值设定实际的模拟输出值，使用电压表或电流表，调节 FX$_{2N}$-2DA 的增益和偏置调整电位器进行调整。将电位器顺时针旋转时，输出值增加，反之，输出值减少。图 7-17 所示为增益和偏置调整示意图。其中，图 7-17a 为增益和偏置调整电路，图 7-17b 为调整电位器位置图。增益与偏置的调整步骤如下：

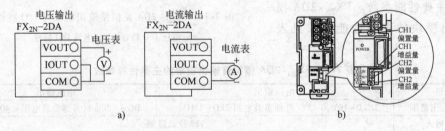

图 7-17　FX$_{2N}$-2DA 增益和偏置调整

a）增益和偏置调整电路　b）调整电位器位置

① 调整增益/偏置时，按先调节增益后调节偏置的顺序进行。

② 对于 CH1、CH2 的增益与偏置的调整是分别完成的。

③ 反复交替调整增益值和偏置值，直到获得稳定的数值。

2）增益的调整。增益值可设置为任意数值，但为了得到最大的分辨率，将可使用的 12 位数字范围设定为 0~4000，如图 7-18 所示。图 7-18a 为 FX$_{2N}$-2DA 出厂时设定的电压 I/O 特性（DC 0~10V），对应数字值 4000，模拟输出值调整到 DC 10V。图 7-18b 为调整后的 DC 0~5V 的电压 I/O 特性，对应数字值 4000，模拟输出值调整到 DC 5V。图 7-18c 为 FX$_{2N}$-2DA 出厂时设定的电流 I/O 特性（DC 4~20mA），对应数字值 4000，模拟输出值调整到 DC 20mA。

3）偏置的调整。增益调整后，再根据预设范围对偏置进行调整。偏置值可设置为任意数值，但为了调整方便，建议取整数。对于 FX$_{2N}$-2DA，电压输出时，偏置值为 0V；电流输出时，偏置值为 4mA。例如，使用的数字范围为 0~4000，模拟输出范围为 DC 0~10V，当数字值为 40 时，模拟输出值为 100mV（40×10V/4000）。如使用的数字范围为 0~4000，模拟输出范围为 DC 4~20mA，当数字值为 0 时，模拟输出值为 4mA。

偏置的调整如图 7-19 所示。

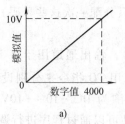 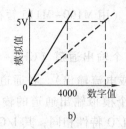 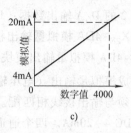

图 7-18　FX$_{2N}$-2DA 增益的调整

a) 出厂设定的电压 I/O 特性（DC 0~10V）　b) 调整后的电压 I/O 特性（DC 0~5V）
c) 出厂设定的电流 I/O 特性（DC 4~20mA）

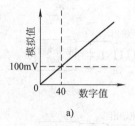 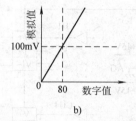 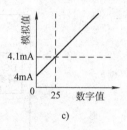

图 7-19　FX$_{2N}$-2DA 偏置的调整

a) 出厂设定的电压 I/O 特性（DC 0~10V）　b) 调整后的电压 I/O 特性（DC 0~5V）
c) 出厂设定的电流 I/O 特性（DC 4~20mA）

（5）程序实例

下述程序中 FX$_{2N}$-2DA 特殊模块的单元编号为 No.0。

FX$_{2N}$-2DA 模拟输出程序如图 7-20 所示。图中：

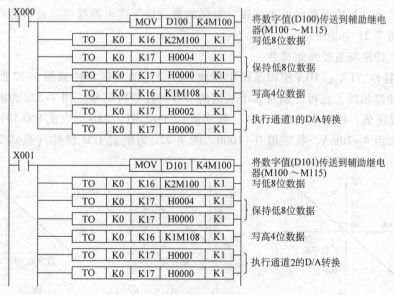

图 7-20　FX$_{2N}$-2DA 模拟输出程序

通道 1 执行输入数字到模拟的转换：X000。

通道 2 执行输入数字到模拟的转换：X001。

通道 1 的 D/A 输出数据：D100（用 M100~M115 暂存。只分配一次这些号码）

217

通道2的D/A输出数据：D101（用M100~M115暂存。只分配一次这些号码）

2. FX~2N~-4DA模拟量输出模块

FX~2N~-4DA模拟量输出模块有四个输出通道（CH1~CH4），输出通道用于将12位的数字值转换成模拟量输出（电压输出或电流输出）。各通道可以用TO指令来分别设置输出模式，但必须与输出接线相匹配。四个模拟输出通道的输出范围为DC −10~+10V，DC 0~20mA或DC 4~20mA。四个通道的I/O特性相同，其I/O特性可以通过程序进行调整。

（1）输出端子的接线

FX~2N~-4DA模拟量输出模块输出端子的接线如图7-21所示。其输出模式可根据接线方式分别选择电压输出或电流输出。

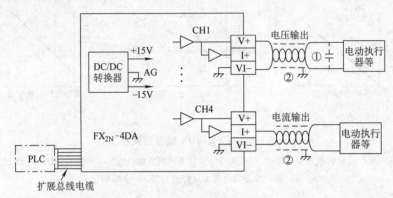

图7-21 FX~2N~-4DA模拟量输出模块接线图

当电压输出存在波动或外部接线中有大量干扰时，可在图7-21中①所示位置之间连接一个0.1~0.47μF/25V的滤波电容器。

模拟输出通过双绞屏蔽电缆来连接，电缆的敷设应远离电源线或其他可能产生电气干扰的电线，如图7-21中②所示。

（2）I/O特性与主要性能参数

1）I/O特性。FX~2N~-4DA模拟量输出模块出厂设定的I/O特性如图7-22所示，四个通道的I/O特性都相同。也可分别对四个通道的I/O特性进行调整。图7-22a为电压I/O特性（模式0），设定值：模拟值−10~+10V，数字值±2000。图7-22b为电流I/O特性（模式1），设定值：模拟值4~20mA，数字值0~1000。图7-22c为电流I/O特性（模式2），设定值：模拟值0~20mA，数字值0~1000。

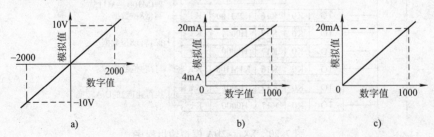

图7-22 FX~2N~-4DA模拟量输出模块的I/O特性

a）电压I/O特性（模式0） b）电流I/O特性（模式1） c）电流I/O特性（模式2）

2）主要性能参数。FX~2N~-4DA模拟量输出模块的主要性能参数见表7-8。

表 7-8 FX_{2N}-4DA 模拟量输出模块的主要性能参数

项目	电压输出	电流输出
模拟量输出范围	DC-10~+10V(外部负载电阻 2kΩ~1MΩ)	DC 4~20mA,0~20mA(外部负载电阻≤500Ω)
数字输入	11 位二进制+1 位符号位	10 位二进制
分辨率	5mV(10V×1/2000)	20μA(20mA×1/1000)
综合精度	±1%(满量程 20V)	±1%(满量程 0~20mA)
转换速度	2.1ms/4 个通道(与使用的通道数无关)	
隔离方式	模拟与数字电路之间光电隔离,模块与 PLC 电源间用 DC/DC 转换器隔离,模拟通道之间无隔离	
电流消耗	模拟电路:DC 24V±2.4V,200mA(外部电源供电) 数字电路:DC 5V,30mA(PLC 内部电源供电)	
占用输入/输出点数	占用 8 点 PLC 的输入或输出(计算在输入或输出侧均可)	
适用 PLC	FX_{1N}、FX_{2N}、FX_{2NC}(需要 FX_{2NC}-CNV-IF)、FX_{3U}、FX_{3UC}	
质量	0.3kg	

（3）缓冲存储器（BFM）的功能及分配

FX_{2N} 主单元与 FX_{2N}-4DA 之间交换数据和控制是通过缓冲存储器来进行的，FX_{2N}-4DA 共有 32 个缓冲存储器，每个 16 位。缓冲存储器的功能及分配见表 7-9。

表 7-9 FX_{2N}-4DA 缓冲存储器的功能及分配

BFM 编号	内 容		初始值（默认值）
*#0E	指定 CH1~CH4 的输出模式		出厂设置 H0000
*#1	通道 1		0
*#2	通道 2	输出数据的当前值	0
*#3	通道 3		0
*#4	通道 4		0
*#5E	数据保持模式		出厂设置 H0000
#6~#7	保留		
*#8(E)	CH1、CH2 的偏移/增益设定命令		H0000
*#9(E)	CH3、CH4 的偏移/增益设定命令		H0000
*#10	CH1 偏移数据		0
*#11	CH1 增益数据		+5000
*#12	CH2 偏移数据		0
*#13	CH2 增益数据	单位:mV 或 μA	+5000
*#14	CH3 偏移数据	输出模式 0	0
*#15	CH3 增益数据		+5000
*#16	CH4 偏移数据		0
*#17	CH4 增益数据		+5000
#18~#19	保留		
*#20(E)	初始化		0
*#21E	禁止调整 I/O 特性		1
#22~#28	保留		K3020
#29	错误状态		
#30	识别码		
#31	保留		

BFM 说明：带（＊）号的缓冲存储器可以使用 TO 指令从 PLC 写入数据，不带（＊）号的缓冲存储器的数据可以使用 FROM 指令读入 PLC。

带 E 的缓冲存储器 BFM#0、#5 和#21 的值保存在 FX_{2N}-4DA 的 EEPROM 中。当使用增益/偏移设定命令带（E）的缓冲存储器 BFM#8、#9 时，BFM#10~#17 中的值才复制到 FX_{2N}-4DA 的 EEPROM 中。同样，带（E）的缓冲存储器 BFM#20 会导致 EEPROM 的复位。

EEPROM 的使用寿命大约是 10000 次（改写），因此不要使用程序频繁地修改这些缓冲存储器。

BFM#0 的模式变化会自动导致对应的偏移和增益值的变化。因为向 EEPROM 写入需要时间，所以在改变 BFM#0 的指令与写对应的 BFM#10～#17 的指令间需要约 3s 的延迟。因此，需要使用定时器。

在从特殊模块中读出数据之前，应确保带（∗）号的缓冲存储器已经写入正确的设置，否则，将使用以前的设置或默认值。

1）输出模式选择（BFM#0）。输出模式由缓冲存储器 BFM#0 中的 4 位十六进制数 H○○○○控制。从低位到高位，每一位字符控制一个通道，即最低位控制 CH1，最高位控制 CH4。选定输出模式字后，由程序写入 BFM#0。

每位字符的设置方式和模式字的意义如下：

○=0：电压输出，输出范围−10～+10V；○=1：电流输出，输出范围 4～20mA；

○=2：电流输出，输出范围 0～20mA。

例如，将 CH1 设置为模式 0，电压输出（−10～+10V）；CH2 设置为模式 1，电流输出（4～20mA）；CH3 设置为模式 1，电流输出（4～20mA）；CH4 设置为模式 2，电流输出（0～20mA）。则其模式字为

$$BFM\#0 = H2110$$

2）数据保持模式（BFM#5）。当 PLC 处于停止（STOP）状态时，运行（RUN）状态下的最后输出值将被保持。要复位这些值以使其成为偏移值，可使用数据保持功能。数据保持模式由缓冲存储器 BFM#5 中的 4 位十六进制数 H○○○○控制。从低位到高位，每一位字符控制一个通道，即最低位控制 CH1，最高位控制 CH4。选定控制字后，由程序写入 BFM#5。

每位字符的设置方式和控制字的意义如下：

○=0：保持输出；○=1：复位到偏移值。

例如，H0011，CH1、CH2 复位到偏移值，CH3、CH4 保持输出。

3）偏移/增益设定命令（BFM#8 和 BFM#9）。偏移/增益设定命令由 BFM#8 和 BFM#9 中的 4 位十六进制数 H○○○○表示，当○=0 时，不做改变；当○=1 时，改变偏移或增益值。

偏移/增益设定命令字对应控制 CH1～CH4 的关系见表 7-10。

表 7-10 偏移/增益设定命令字 BFM#8、BFM#9 的对应控制关系

BFM 编号	4 位十六进制数（H○$_4$○$_3$○$_2$○$_1$）			
	○$_4$	○$_3$	○$_2$	○$_1$
BFM#8	G2	O2	G1	O1
BFM#9	G4	O4	G3	O3

表 7-10 中，BFM#8 控制 CH1、CH2，BFM#9 控制 CH3、CH4。例如，O1 为 CH1 的偏置（Offset），G1 为 CH1 的增益（Gain），以此类推。

在 BFM#8 或 #9 相应的十六进制数据位中写入 1，则 BFM#10～#17 中的数据写入 FX$_{2N}$-4DA 的 EEPROM 中，以改变相应通道的偏移和增益值。只有此命令输出后，BFM#10～#17 中的值才会有效。

4）偏移/增益数据（BFM#10～#17）。将新数据写入 BFM#10～#17，可以改变偏移和增益值。写入数据的单位是 mV 或 μA。数据写入后 BFM#8 和 BFM#9 做相应的设置。要注意

的是数据可能被四舍五入成以 5mV 或 20μA 为单位的最近值。

5）初始化（BFM#20）。当 K1 写入 BFM#20 时，所有的值将被初始化成出厂设定。需要注意的是，BFM#20 的数据会覆盖 BFM#2l 的数据。这个初始化功能提供了一种撤销错误调整的便捷方式。

6）禁止调整 I/O 特性（BFM#21）。设置 BFM#21 为 K2，会禁止用户对 I/O 特性的疏忽性调整。一旦设置了禁止调整功能，该功能将一直有效，直到设置了允许命令（BFM#21 = 1），初始值是 1（允许）。所设定的值即使关闭电源也会得到保持。

7）错误状态（BFM#29）。当出现错误时，BFM#29 的相应位置"1"。BFM#29 的错误状态信息见表 7-11。

8）识别码（BFM#30）。PLC 中的用户程序可以使用 FROM 指令读出特殊模块的识别码（或 ID 号），以便在传送/接收数据之前确认此特殊模块。FX$_{2N}$-4DA 单元的识别码是 K3020。

表 7- 11　BFM#29 的错误状态信息

BFM#29 的位	b=1(ON)	b=0(OFF)
b0:错误	b1~b3 中任何一个为 ON 时	无错误
b1:O/G 数据错误	EEPROM 中的偏移/增益数据不正常或设置错误时	O/G 数据正常
b2:电源故障	DC 24V 电源故障时	电源正常
b3:硬件故障	D/A 转换器或其他硬件故障时	硬件正常
b4~b9	保留	
b10:数字范围错误	数字输出值≥+2047 或≤-2048 时	数字输出值正常
b11	保留	
b12:O/G 调整禁止	禁止:BFM#21 的(b1,b0)设为(1,0)时	允许:BFM#21 的(b1,b0)设为(0,1)
b13~b15	保留	

（4）增益与偏置的调整

偏移和增益可以各通道独立或一起设置（在 BFM#10~#17 中）。增益和偏移都可以用在 FX$_{2N}$ 主单元创建的程序调整。

调整增益/偏移时应注意：

1）BFM#21 的位（b1，b0）应设置为（0，1），以允许调整。一旦调整完毕，这些位元件应该设置为（1，0），以防止进一步的变化。

2）通道输入模式选择（BFM#0）应该设置到最接近的模式和范围。

（5）程序实例

下述程序中 FX$_{2N}$-4DA 特殊模块的单元编号为 No. 1。

1）基本程序（通道输出模式和参数设置程序）。FX$_{2N}$-4DA 的 CH1 和 CH2 用作电压输出通道，CH3 作为电流输出通道（4~20mA），CH4 作为电流输出通道（0~20mA），当 PLC 主单元处于 STOP 状态时，输出保持，并使用状态信息，如图 7-23 所示。

2）调整 I/O 特性（偏移/增益量）。通过在可编程序控制器中创建的程序，来调整 FX$_{2N}$-4DA 的偏移/增益量。输出通道 CH2 的偏移和增益值分别调整为 7mA 和 20mA，输出通道 CH1、CH3、CH4 仍为出厂设定的标准电压输出模式，如图 7-24 所示。

7.2.3　温度模块

温度模块的作用是把温度传感器传送的模拟信号转换成 PLC 能处理的若干位数字信号

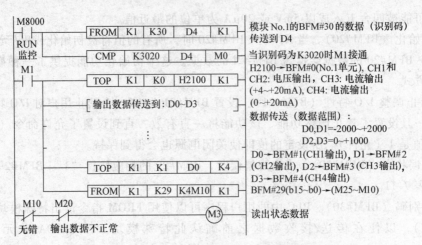

图 7-23 FX$_{2N}$-4DA 通道输出模式和参数设置程序

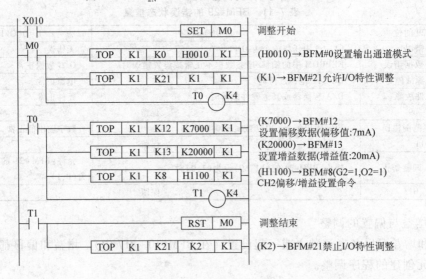

图 7-24 通过程序调整 FX$_{2N}$-4DA 的 I/O 特性

（A/D 转换）。三菱 FX$_{2N}$ 系列温度模块主要有 FX$_{2N}$-4AD-PT、FX$_{2N}$-4AD-TC、FX$_{2N}$-2LC 及 FX$_{2N}$-8AD 四种型号。其中，FX$_{2N}$-4AD-PT 和 FX$_{2N}$-4AD-TC 两种用于将温度传感器传送的模拟信号进行 A/D 转换，称为温度输入模块；FX$_{2N}$-2LC 可独立进行温度的控制和调节，称为温度控制模块；FX$_{2N}$-8AD 则是用于多种模拟量（电流、电压、温度）输入信号的 A/D 转换。下面对前两种型号进行介绍。

1. FX$_{2N}$-4AD-PT 温度输入模块

FX$_{2N}$-4AD-PT 温度输入模块有四个输入通道，将来自铂电阻温度传感器（Pt100，3 线，100Ω）的模拟量输入信号放大，并将模拟量转换成 12 位的数字值存储在 PLC 主单元中。温度单位可使用摄氏度或华氏度，使用 TO/FROM 指令来完成所有的数据传输和参数设置。

（1）输入端子的接线

FX$_{2N}$-4AD-PT 温度输入模块输入端子的接线如图 7-25 所示。Pt100 传感器的连接应使用专用电缆或双绞屏蔽电缆，并且和电源线或其他可能产生电气干扰的电线隔开。三线制配线方法以压降补偿的方式来提高测量精度，如图 7-25 中①所示。

如果存在电气干扰，将外壳接地端子（FG）连接 FX_{2N}-4AD-PT 的接地端与主单元的接地端，主单元接地电阻应 $\leq 100\Omega$，如图 7-25 中 ② 所示。

FX_{2N}-4AD-PT 也可使用 PLC 主单元提供的 DC 24V 内置电源。

（2）I/O 特性与主要性能参数

1）I/O 特性。FX_{2N}-4AD-PT 温度输入模块的 I/O 特性如图 7-26 所示，四个通道的 I/O 特性都相同，I/O 特性不能进行调整。图 7-26a 为摄氏温度的 I/O 特性，设定值：模拟值 $-100 \sim +600℃$，数字值 $-1000 \sim +6000$。图 7-26b 为华氏温度的 I/O 特性，设定值：模拟值 $-148 \sim +1112℉$，数字值 $-1480 \sim +11120$。

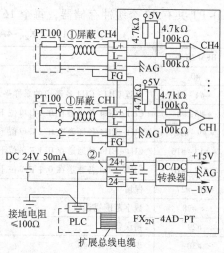

图 7-25 FX_{2N}-4AD-PT 温度输入模块接线图

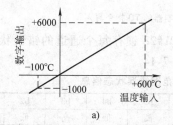 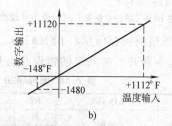

图 7-26 FX_{2N}-4AD-PT 温度输入模块的 I/O 特性

a）摄氏温度的 I/O 特性　b）华氏温度的 I/O 特性

2）主要性能参数。FX_{2N}-4AD-PT 温度输入模块的主要性能参数见表 7-12。

表 7-12 FX_{2N}-4AD-PT 温度输入模块的主要性能参数

项目	摄氏度（℃）	华氏度（℉）
	通过读取适当的缓冲区，可以得到℃和℉两种数据	
模拟输入信号	铂电阻（Pt100，3 线，100Ω）温度传感器，4 通道。Pt100 3850×10^{-6}/℃（DIN43760，JIS C1604—1989）或 JPt100 3916×10^{-6}/℃（JIS C1604—1981）	
传感器电流	1mA（定电流方式）	
额定温度范围	$-100 \sim +600℃$	$-148 \sim +1112℉$
有效数字输出	$-1000 \sim +6000$	$-1480 \sim +11120$
	12 位转换（11 位数据位 +1 位符号位）	
分辨率	$0.2 \sim 0.3℃$	$0.36 \sim 0.54℉$
综合精度	±1%（满量程）	
转换速度	15ms×4 通道	
隔离方式	模拟与数字电路之间光电隔离，模块与 PLC 电源间用 DC/DC 转换器隔离，模拟通道之间无隔离	
电流消耗	模拟电路：DC 24V±2.4V，50mA（外部电源供电） 数字电路：DC 5V,30mA（PLC 内部电源供电）	
占用输入/输出点数	占用 8 点 PLC 的输入或输出（计算在输入或输出侧均可）	
适用 PLC	FX_{1N}、FX_{2N}、FX_{2NC}（需要 FX_{2NC}-CNV-IF）、FX_{3U}、FX_{3UC}	
质量	0.3kg	

（3）缓冲存储器（BFM）的功能及分配

FX_{2N} 主单元与 FX_{2N}-4AD-PT 之间交换数据和控制是通过缓冲存储器来进行的，FX_{2N}-

4AD-PT 共有 32 个缓冲存储器，每个 16 位。缓冲存储器的功能及分配见表 7-13。

表 7-13　FX$_{2N}$-4AD-PT 缓冲存储器的功能及分配

BFM 编号	内容	默认值
#0	保留	
* #1 ~ #4	设置 CH1~CH4 各通道的采样平均数（1~4096）	K8
* #5 ~ #8	CH1~CH4 各通道在 0.1℃ 单位下的平均温度（采样平均值）	0
* #9 ~ #12	CH1~CH4 各通道在 0.1℃ 单位下的当前温度	0
* #13 ~ #16	CH1~CH4 各通道在 0.1℉ 单位下的平均温度（采样平均值）	0
* #17 ~ #20	CH1~CH4 各通道在 0.1℉ 单位下的当前温度	0
#21 ~ #27	保留	
* #28	数字范围错误锁存	0
#29	错误状态	0
#30	识别号：K2040	K2040
#31	保留	

注：1. BFM#5~#20 保存输入数据的采样平均值和当前值，这些值以 0.1℃ 和 0.1℉ 为单位，但可用的分辨率只有 0.2~0.3℃ 和 0.36~0.54℉。

　　2. 带 * 号的 BFM（缓冲存储器）可以使用可编程序控制器的 TO 指令写入。

1）数字范围错误锁存信息（BFM#28）。BFM#28 锁存每个通道的错误状态，并且可用于检查铂电阻是否断开。各通道的错误状态见表 7-14。

表 7-14　BFM#28 数字范围错误状态信息

BFM#28 的位	b15 ~ b8	b7	b6	b5	b4	b3	b2	b1	b0
错误状态	未用	高	低	高	低	高	低	高	低
通道		CH4		CH3		CH2		CH1	

注：1. 低：当温度测量值下降，并低于最低可测量温度极限时，锁存 ON。

　　2. 高：当温度测量值升高，并高过最高可测量温度极限，或者铂电阻断开时，锁存 ON。

BFM#29 的 b10（数字范围错误）用以判断测量温度是否在单元允许范围内。如果出现错误，则在错误出现之前的温度数据被锁存。如果测量值返回到有效范围内，则温度数据返回正常状态运行，但错误仍然被锁存在 BFM#28 中。用 TO 指令向 BFM#28 写入 K0 或者关闭电源，可清除错误。

2）错误状态信息（BFM#29）。当出现错误时，BFM#29 的相应位置"1"。BFM#29 的错误状态信息见表 7-15。

表 7-15　BFM#29 的错误状态信息

BFM#29 的位	b=1(ON)	b=0(OFF)
b0:错误	b2~b3 中任何一个为 ON 时	无错误
b1	保留	
b2:电源故障	DC 24V 电源故障时	电源正常
b3:硬件故障	A/D 转换器或其他硬件故障时	硬件正常
b4~b9	保留	
b10:数字范围错误	数字输出/模拟输入值超出指定范围	数字输出值正常
b11:平均数错误	所选采样平均数超出指定范围（1~4096）	平均数正常
b12~b15	保留	

（4）程序实例

下述程序中，FX$_{2N}$-4AD-PT 占用特殊模块 2 的位置（第三个紧靠可编程序控制器的单元），采样平均数为 4。输入通道 CH1~CH4 以℃表示的平均温度值分别保存在 PLC 主单元的数据寄存器 D0~D3 中，以℃表示的当前温度值分别保存在数据寄存器 D4~D7 中。另外，对错误状态和测量温度超限进行监控，如图 7-27 所示。

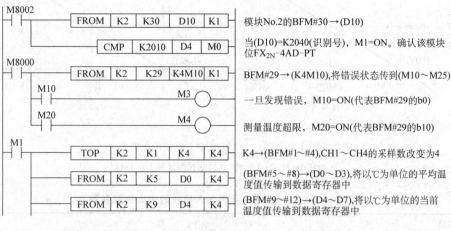

图 7-27　FX$_{2N}$-4AD-PT 温度输入模块程序例

2. FX$_{2N}$-4AD-TC 温度输入模块

FX$_{2N}$-4AD-TC 温度输入特殊模块有四个输入通道，将来自热电偶温度传感器（K 型或 J 型）的模拟量输入信号放大，并将模拟量转换成 12 位的数字值存储在 PLC 主单元中。温度单位可使用摄氏度或华氏度，使用 TO/FROM 指令来完成所有的数据传输和参数设置。

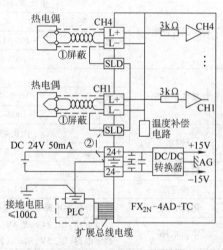

图 7-28　FX$_{2N}$-4AD-TC 温度输入模块接线图

（1）输入端子的接线

FX$_{2N}$-4AD-TC 温度输入模块输入端子的接线如图 7-28 所示。与热电偶连接的温度补偿电缆有如下型号，类型 K：DX-G、KX-GS、KX-H、KX-HS、WX-G、WX-H、VX-G；类型 J：JX-G、JX-H。对于每 10Ω 的线阻抗，补偿电缆标示出它比实际温度高出 0.12℃，使用前检查线阻抗。长的补偿电缆容易受到噪声的干扰，补偿电缆使用长度应小于 100m。

不使用的通道应将正负端子之间短接，以防止在这个通道上检测到错误，如图 7-28 中①所示。

如果存在电气干扰，将（SLD）端子连接 FX$_{2N}$-4AD-TC 的接地端与主单元的接地端，主单元接地电阻应≤100Ω，如图 7-28 中②所示。

FX$_{2N}$-4AD-TC 也可使用 PLC 主单元提供的 DC 24V 内置电源。

（2）I/O 特性与主要性能参数

1）I/O 特性。FX$_{2N}$-4AD-TC 温度输入模块的 I/O 特性如图 7-29 所示，四个通道的 I/O 特性都相同，I/O 特性不能进行调整。图 7-29a 为摄氏温度的 I/O 特性。图 7-29b 为华氏温度的 I/O 特性。

2）主要性能参数。FX$_{2N}$-4AD-TC 温度输入模块的主要性能参数见表 7-16。

225

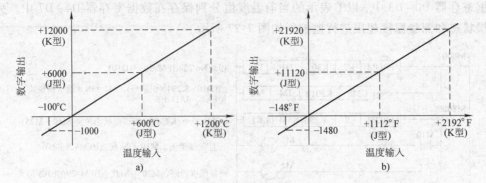

图 7-29 FX$_{2N}$-4AD-TC 温度输入模块的 I/O 特性

a）摄氏温度的 I/O 特性 b）华氏温度的 I/O 特性

表 7-16 FX$_{2N}$-4AD-TC 温度输入模块的主要性能参数

项目	内 容			
模拟输入信号	热电偶：K 型或 J 型（每个通道两种都可用），JIS 1602—1995			
额定温度范围	摄氏度（℃）		华氏度（℉）	
	通过读取适当的缓冲区，可以得到℃和℉两种数据			
	K 型	−100~1200℃	K 型	−148~2192℉
	J 型	−100~600℃	J 型	−148~1112℉
有效数字输出	12 位转换（11 位数据位+1 位符号位）			
	K 型	−1000~12000	K 型	−1480~21920
	J 型	−1000~6000	J 型	−1480~11120
分辨率	K 型	0.4℃	K 型	0.72℉
	J 型	0.3℃	J 型	0.54℉
综合精度	±0.5%（满量程）			
转换速度	（240（1±2%）ms）×使用的通道数（不使用的通道不进行转换）			
隔离方式	模拟与数字电路之间光电隔离，模块与 PLC 电源间用 DC/DC 转换器隔离，模拟通道之间无隔离			
电流消耗	模拟电路：DC 24V±2.4V,50mA（外部电源供电） 数字电路：DC 5V,30mA（PLC 内部电源供电）			
占用输入/输出点数	占用 8 点 PLC 的输入或输出（计算在输入或输出侧均可）			
适用 PLC	FX$_{1N}$、FX$_{2N}$、FX$_{2NC}$（需要 FX$_{2NC}$-CNV-IF）、FX$_{3U}$、FX$_{3UC}$			
质量	0.3kg			

（3）缓冲存储器（BFM）的功能及分配

FX$_{2N}$主单元与 FX$_{2N}$-4AD-TC 之间交换数据和控制是通过缓冲存储器来进行的，FX$_{2N}$-4AD-TC 共有 32 个缓冲存储器，每个 16 位。缓冲存储器的功能及分配见表 7-17。

1）热电偶类型（K 或 J）模式选择（BFM#0）。热电偶类型模式由缓冲存储器 BFM#0 中的 4 位十六进制数 H○○○○控制。从低位到高位，每一位字符控制一个通道，即最低位控制 CH1，最高位控制 CH4。选定模式后，由程序写入 BFM#0。

每位字符的设置方式和模式字的意义如下：

○=0：K 型；○=1：J 型；○=3：不使用。

例如，将 CH1 设置为 K 型，CH2 设置为 J 型，CH3、CH4 不使用。则其模式字为

BFM#0 = H3310

表 7-17　FX$_{2N}$-4AD-TC 缓冲存储器的功能及分配

BFM 编号	内　容	默认值
＊#0	热电偶类型（K 或 J）模式选择	H0000
＊#1~#4	设置 CH1~CH4 各通道的采样平均数（1~256）	K8
＊#5~#8	CH1~CH4 各通道在 0.1℃ 单位下的平均温度（采样平均值）	0
＊#9~#12	CH1~CH4 各通道在 0.1℃ 单位下的当前温度	0
＊#13~#16	CH1~CH4 各通道在 0.1℉ 单位下的平均温度（采样平均值）	0
＊#17~#20	CH1~CH4 各通道在 0.1℉ 单位下的当前温度	0
#21~#27	保留	
＊#28	数字范围错误锁存	0
#29	错误状态	0
#30	识别号：K2030	K2030
#31	保留	

注：1. BFM#5~#20 保存输入数据的采样平均值和当前值，这些值以 0.1℃ 和 0.1℉ 为单位，但可用的分辨率对于 K 型热电偶只有 0.4℃ 或 0.72℉，对于 J 型热电偶只有 0.3℃ 或 0.54℉。

2. 带＊号的 BFM（缓冲存储器）可以使用可编程序控制器的 TO 指令写入。

2）数字范围错误锁存信息（BFM#28）。BFM#28 锁存每个通道的错误状态，并且可用于检查热电偶是否断开。各通道的错误状态见表 7-18。

表 7-18　BFM#28 数字范围错误状态信息

BFM#28 的位	b15~b8	b7	b6	b5	b4	b3	b2	b1	b0
错误状态	未用	高	低	高	低	高	低	高	低
通道		CH4		CH3		CH2		CH1	

注：1. 低：当温度测量值下降，并低于最低可测量温度极限时，锁存 ON。

2. 高：当温度测量值升高，并高过最高可测量温度极限，或者热电偶断开时，锁存 ON。

BFM#29 的 b10（数字范围错误）用以判断测量温度是否在单元允许范围内。如果出现错误，则在错误出现之前的温度数据被锁存。如果测量值返回到有效范围内，则温度数据返回正常状态运行，但错误仍然被锁存在 BFM#28 中。用 TO 指令向 BFM#28 写入 K0 或者关闭电源，可清除错误。

3）错误状态信息（BFM#29）。当出现错误时，BFM#29 的相应位置"1"。BFM#29 的错误状态信息见表 7-19。

表 7-19　BFM#29 的错误状态信息

BFM#29 的位	b=1（ON）	b=0（OFF）
b0：错误	b2~b3 中任何一个为 ON 时	无错误
b1	保留	
b2：电源故障	DC 24V 电源故障时	电源正常
b3：硬件故障	A/D 转换器或其他硬件故障时	硬件正常
b4~b9	保留	
b10：数字范围错误	数字输出/模拟输入值超出指定范围	数字输出值正常
b11：平均数错误	所选采样平均数超出指定范围（1~256）	平均数正常
b12~b15	保留	

（4）程序实例

下述程序中，FX$_{2N}$-4AD-TC 占用特殊模块 2 的位置（第三个紧靠可编程序控制器的单元），CH1 使用 K 型热电偶，CH2 使用 J 型热电偶，CH3、CH4 不使用，采样平均数为 4。输入通道 CH1 和 CH2 以℃表示的平均温度值分别保存在 PLC 主单元的数据寄存器 D0 和 D1 中，以℃表示的当前温度值分别保存在数据寄存器 D2~D3 中。另外，对错误状态和测量温度超限进行监控，如图 7-30 所示。

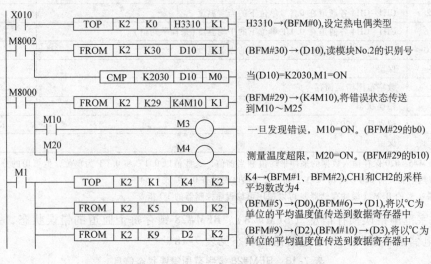

图 7-30　FX$_{2N}$-4AD-TC 温度输入模块程序例

7.3　高速计数器模块

FX$_{2N}$-1HC 硬件高速计数器模块是 2 相 50Hz 的高速计数器，其计数速度比 PLC 的内置高速计数器（2 相 30Hz，1 相 60Hz）的计数速度高，而且它可直接进行比较和输出。

FX$_{2N}$-1HC 的各种计数模式（1 相或 2 相，16 位或 32 位）可用 PLC 的 TO 指令进行选择。只有这些模式参数设定之后，FX$_{2N}$-1HC 单元才能运行。FX$_{2N}$-1HC 的输入信号源必须是 1 或 2 相编码器，可使用 5V、12V 或 24V 电源。FX$_{2N}$-1HC 有两个输出。当计数值与输出比较值一致时，输出为 ON。输出晶体管被单独隔离，以允许漏型或源型负载连接方法。

FX$_{2N}$-1HC 与 PLC 之间的数据传输是通过缓冲存储器进行的。FX$_{2N}$-1HC 有 32 个缓冲存储器（每个为 16 位）。

7.3.1　输入/输出端子的接线

FX$_{2N}$-1HC 高速计数器模块输入/输出端子的接线图如图 7-31 所示。如果使用 NPN 输出编码器，要注意端子极性与 FX$_{2N}$-1HC 的端子极性匹配。输入应采用双绞屏蔽电缆来连接，电缆的敷设应远离电源线或其他可能产生电气干扰的电线，根据需要在主单元一侧连接接地端子，主单元使用三级接地（接地电阻≤100Ω），如图 7-31 中①所示。

7.3.2　输入/输出特性与主要性能参数

FX$_{2N}$-1HC 的输入/输出特性与主要性能参数见表 7-20。

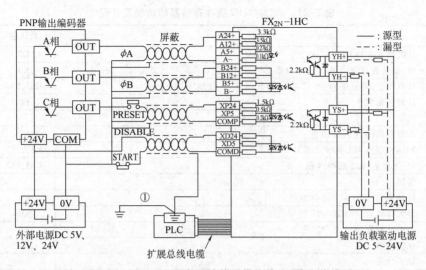

图 7-31　FX$_{2N}$-1HC 高速计数器模块输入/输出接线图

表 7-20　FX$_{2N}$-1HC 的输入/输出特性与主要性能参数

项目	内　　容
信号电平	可通过连接端子选择 DC 5V、12V、24V,差动输出型连接在 DC 5V 端子上
频率	单相单输入:50kHz 以下; 单相双输入:各 50kHz 以下; 双相双输入:50kHz 以下/1 倍增、25kHz 以下/2 倍增、12.5kHz 以下/4 倍增
计数范围	带符号的二进制 32 位(-2,147,483,648~+2,147,483,647),或者无符号的二进制 16 位(0~65,535)
计数模式	自动加/减计数(单相双输入或者双相输入时),或者选择加/减计数(单相单输入时)
一致输出	YH:通过硬件比较回路判断一致输出 YS:通过软件比较回路判断一致输出(最大 300μs 延迟)
输出形式	NPN 开集电极输出 2 点各 DC 5~24V,0.5A
附加功能	由 PLC 通过参数进行模式设定及比较数据的设定 可以通过 PLC 监控当前值、比较结果、出错状态
输入/输出占用点数	占用可编程序控制器的 8 点输入或者输出(可计算在输入或者输出侧)
消耗电流	DC 5V,90mA(由 PLC 供电)
使用的 PLC	FX$_{1N}$、FX$_{2N}$、FX$_{3U}$、FX$_{2NC}$(需要 FX$_{2NC}$-CNV-IF)、FX$_{3UC}$(需要 FX$_{2NC}$-CNV-IF 或者 FX$_{3UC}$-1PS-5V)PLC
质量	0.3kg

7.3.3　缓冲存储器（BFM）的功能及分配

FX$_{2N}$ 主单元与 FX$_{2N}$-1HC 之间交换数据和控制是通过缓冲存储器来进行的,FX$_{2N}$-1HC 共有 32 个缓冲存储器,每个 16 位。缓冲存储器的功能及分配见表 7-21。

1. 计数模式选择 BFM#0（K0~K11）

计数模式由缓冲存储器 BFM#0 中的值控制。模式控制字（K0~K11）由 PLC 写入缓冲存储器 BFM#0。设置这些值时,要使用 TOP（脉冲）指令,或使用 M8002（初始脉冲）来驱动 TO 指令,不允许有连续指令。当有数据写到 BFM#0 时,BFM#1~BFM#31 的值重新复位为默认值。BFM#0 计数模式字见表 7-22。

229

表 7-21 FX$_{2N}$-1HC 缓冲存储器的功能及分配

BFM 编号	内　容	默认值	备注
#0	计数模式 K0~K11	K0	
#1	加/减计数命令（1 相 1 输入模式）	K0	
#3,#2	计数长度(环长度)(#3 高/#2 低)范围:K2~K65536	K65,536	
#4	计数控制命令	K0	W
#5~#9	保留		
#11,#10	预置数据(#11 高/#10 低)	K0	
#13,#12	YH 比较值(#13 高/#12 低)	K32,767	
#15,#14	YS 比较值(#15 高/#14 低)	K32,767	
#16~19	保留		
#21,#20	计数器当前值(#21 高/#20 低)	K0	
#23,#22	最大计数值(#23 高/#22 低)	K0	W/R
#25,#24	最小计数值(#25 高/#24 低)	K0	
#26	比较结果		R
#27	端子状态		
#28	保留		
#29	错误状态		R
#30	模块识别码 K4010	K4010	
#31	保留		

表 7-22 BFM#0 计数模式字

计数模式		32 位	16 位
2 相输入(相位差脉冲)	1 边沿计数	K0	K1
	2 边沿计数	K2	K3
	4 边沿计数	K4	K5
1 相 2 输入(加/减脉冲)		K6	K7
1 相 1 输入	硬件加/减计数	K8	K9
	软件加/减计数	K10	K11

2. UP/DOWN 计数方向命令 BFM#1

BFM#1（UP/DOWN）加/减计数命令仅对 1 相 1 输入软件加/减计数模式有效。BFM#1 UP/DOWN 计数方向字见表 7-23 所示。

（1）32 位计数器模式

表 7-23 BFM#1 UP/DOWN 计数方向字

内　容	计数方向
（BFM#1）= K0	加计数
（BFM#1）= K1	减计数

当发生溢出时，进行加、减计数的 32 位二进制计数器将由下限改变成上限，或由上限改变成下限。上限和下限都是固定值，上限值为 +2、147、483、647，下限值为 -2、147、483、648。

（2）16 位计数器模式

16 位计数器只处理 0~65535 的正数。当发生溢出时，它由上限改变成 0，或由 0 改变成上限，上限值由 BFM#3 和#2 决定。

（3）1 相 1 输入计数器 BFM#0（K8~K11）

1）1 相 1 输入硬件加/减计数器（K8、K9）的计数方向由 A 相输入的高、低电平决定。当 A 相输入为低电平（OFF）时，为加计数；当 A 相输入为高电平（ON）时，为减计数，如

图 7-32a 所示。

2) 1 相 1 输入软件加/减计数器（K10、K11）的计数方向由 BFM#1 的内容决定。当（BFM#1）= K0 时，为加计数；当（BFM#1）= K1 时，为减计数，如图 7-32b 所示。

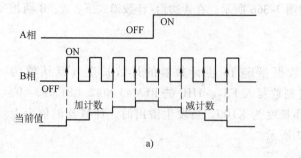 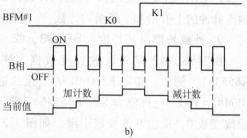

图 7-32　1 相 1 输入计数器
a）硬件加/减计数　b）软件加/减计数

（4）1 相 2 输入计数器 BFM#0（K6、K7）

1 相 2 输入计数器的计数方向由脉冲输入端口决定（加/减脉冲）。当 B 相输入时为加计数，A 相输入时为减计数。如果 A 相和 B 相同时输入，计数器的值不变，如图 7-33 所示。

（5）2 相输入计数器 BFM#0（K0~K5）

2 相输入计数器的计数方向由 2 相输入脉冲的相位差决定。

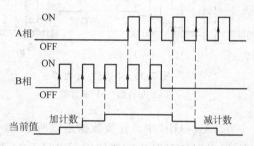

图 7-33　1 相 2 输入计数器

1) 1 边沿-计数器 BFM#0（K0、K1）如图 7-34 所示。当 A 相超前 90°时为加计数，即当 A 相输入为高电平时，B 相由低电平变成高电平的上升沿加 1，如图 7-34a 所示。当 B 相超前 90°时为减计数，即当 A 相输入为高电平时，B 相由高电平变成低电平的下降沿减 1，如图 7-34b 所示。

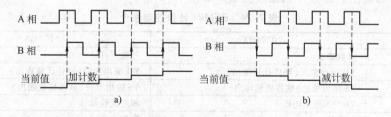

图 7-34　1 边沿-计数器
a）加计数　b）减计数

2) 2 边沿-计数器 BFM#0（K2、K3）如图 7-35 所示。当 A 相超前 90°时为加计数，即当 A 相输入为 ON 时，B 相由 OFF 变成 ON 的上升沿加 1；当 A 相输入为 OFF 时，B 相由 ON 变成 OFF 的下降沿加 1，如图 7-35a 所示。当 B 相超前 90°时为减计数，即当 A 相

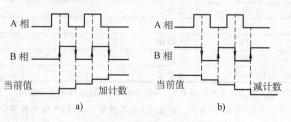

图 7-35　2 边沿-计数器
a）加计数　b）减计数

输入为 ON 时，B 相由 ON 变成 OFF 的下降沿减 1；当 A 相输入为 OFF 时，B 相由 OFF 变成 ON 的上升沿减 1，如图 7-35b 所示。

3) 4 边沿-计数器 BFM#0（K4、K5）如图 7-36 所示。当 A 相超前 90°时为加计数，如图 7-36a 所示。当 B 相超前 90°时为减计数，如图 7-36b 所示。在 4 边沿-计数模式下，A、B 两相输入脉冲的上升沿和下降沿均计数。

3. 计数长度（环长度）BFM#3、#2

BFM#3、#2 存储计数长度数据，该数据指定 16 位计数器的计数长度（默认值为 K65536）。例如，指定 K100 作为 32 位二进制数写入 FX$_{2N}$-1HC 的 BFM#3 和#2（BFM#3 = 0，BFM#2 = 100。允许值为 K2~K65536），即环长度为 K100。当发生溢出时，计数器的值由上限改变成 0，或由 0 改变成上限，如图 7-37 所示。

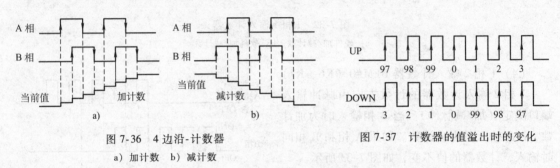

图 7-36 4 边沿-计数器
a）加计数 b）减计数

图 7-37 计数器的值溢出时的变化

在 FX$_{2N}$-1HC 中，计数数据是以两个 16 位寄存器组成寄存器对来处理的。存储在 PLC 中的 16 位的 2 的补码不能使用，当写入 16 位计数器的数据为 K32768~K65535 之间的正数时，也将作为 32 位数处理。因此，即使是对 16 位计数器进行读/写，也要使用（D）FROM/（D）TO 指令的 32 位格式。

4. 计数控制命令 BFM#4

计数器的各种功能由 BFM#4 的位控制，只有正确设置了相关的计数控制命令，计数器才能正常工作和输出。计数控制命令见表 7-24。

表 7-24 BFM#4 计数控制命令

BFM#4	"0"（OFF）	"1"（ON）
b0	计数禁止	计数允许
b1	YH 输出禁止（硬件比较输出）	YH 输出允许（硬件比较输出）
b2	YS 输出禁止（软件比较输出）	YS 输出允许（软件比较输出）
b3	YH/YS 独立动作	相互复位动作
b4	预置禁止	预置允许
b5~b7	未定义	
b8	无动作	错误标志复位
b9	无动作	YH 输出复位
b10	无动作	YS 输出复位
b11	无动作	YH 输出置位
b12	无动作	YS 输出置位
b13~b15	未定义	

注：1. 当 b0 置位为 ON，并且 DISABLE 输入端子为 OFF 时，计数器被允许开始计数。

2. 当 b3 = ON 时，如果 YH 输出被置位，则 YS 输出被复位；而如果 YS 输出被置位，则 YH 输出被复位。当 b3 = OFF 时，YH 和 YS 输出独立动作，不相互复位。

3. 当 b4 = OFF 时，PRESET 输入端子的预置功能失去作用。

5. 预置数据 BFM#11、#10

计数器的默认值为 0。通过向 BFM#11 和 #10 中写数据，预置值可被改变。当计数器开始计数时，预置数据可作为其初始值。当 BFM#4 的 b4 位设置为 ON，而且 PRESET 输入端子由 OFF 变成 ON 时，预置数据有效。

计数器的初始值也可通过直接向 BFM#20 和 #21（计数器的当前值）中写数据进行设置

6. YH 输出的比较值 BFM#13、#12，YS 输出的比较值 BFM#15、#14

当计数器的当前值与 BFM#13、#12，BFM#15、#14 中的值进行比较后，FX$_{2N}$-1HC 中的硬件和软件比较器输出比较结果。

如果使用 PRESET 或 TO 指令设置计数器的值等于比较值，YH、YS 输出不会变成 ON。只有当输入脉冲计数值（当前值）等于比较值时，且 BFM#4 的 b1 和 b2 为 ON 时，YH、YS 输出才会 ON。一旦有了输出，将一直保持下去，直到由 BFM#4 的 b9 和 b10 进行复位，输出才会 OFF。如果 BFM#4 的 b3 为 ON，当 YH（YS）输出被置位时，YS（YH）输出就被复位。

YS 比较操作需要大约 300μs 的时间，如果当前值等于比较值，输出变成 ON。

7. 计数器当前值 BFM#21、20

计数器的当前值可通过 PLC 进行读操作，由于存在通信延迟，在高速运行时，它并不是准确的值。计数器的当前值可通过 PLC，将一个 32 位的数值写入适当的 BFM# 而强行改变。

8. 最大计数值 BFM#23、#22

BFM#23、#22 存储计数器所能达到的最大值和最小值。如果掉电，存储的数据被清除。

9. 比较状态 BFM#26

BFM#26 为只读存储器，PLC 的写命令对其不起作用。BFM#26 的比较状态信息见表 7-25。

表 7-25　BFM#26 的比较状态信息

BFM#26 的位		"0"（OFF）	"1"（ON）	BFM#26 的位		"0"（OFF）	"1"（ON）
YH	b0	设定值≤当前值	设定值>当前值	YS	b3	设定值≤当前值	设定值>当前值
	b1	设定值≠当前值	设定值=当前值		b4	设定值≠当前值	设定值=当前值
	b2	设定值≥当前值	设定值<当前值		b5	设定值≥当前值	设定值<当前值
b6~b15		未定义					

10. 端子状态 BFM#27

BFM#27 提供了 FX$_{2N}$-1HC 各端子（PRESET、DISABLE、YH、YS）的状态。各端子的状态信息见表 7-26。

表 7-26　BFM#27 的端子状态信息

BFM#27	"0"（OFF）	"1"（ON）	BFM#27	"0"（OFF）	"1"（ON）
b0	预置输入为 OFF	预置输入为 ON	b2	YH 输出为 OFF	YH 输出为 ON
b1	计数禁止输入为 OFF	计数禁止输入为 ON	b3	YS 输出为 OFF	YS 输出为 ON
b4~b15	未定义				

11. 错误状态 BFM#29

FX$_{2N}$-1HC 中的错误状态可通过将 BFM#29（b0~b7）的内容读到 PLC 的辅助继电器中来进行检查。错误标志可由 BFM#4 的 b8 进行复位。BFM#29 的错误状态信息见表 7-27。

233

表 7-27 BFM#29 的错误状态信息

BFM#29	错误状态	
b0	b1~b7 中的任何一个为 ON 时,置 ON	
b1	环长度值写错时(不是 K2~K65536),置 ON	
b2	预置值写错时,置 ON	在 16 位计数器模式下,当数据值>环长度时
b3	比较值写错时,置 ON	
b4	当前值写错时,置 ON	
b5	计数器超出上限时,置 ON	当超出 32 位计数器的上限或下限时
b6	计数器超出下限时,置 ON	
b7	FROM/TO 指令使用不准确时,置 ON	
b8	计数器模式(BFM#0)写错时,置 ON	当超出 K0~K11 时
b9	BFM 号写错时,置 ON	当超出 K0~K31 时
b10~b15	未定义	

7.3.4 程序实例

FX$_{2N}$-1HC 特殊模块的单元编号为 No.2。计数模式为 1 相 1 输入计数器,计数长度为 K1234,软件计数方向为减计数,YH 输出的比较值为 K1000,YS 输出的比较值为 K900。

只有当下述数据:如计数模式(由脉冲命令设置)、命令和比较值等被正确指定时,计数器才能正常工作。要对计数允许(BFM#4 b0)、预设置(BFM#4 b4)和输出禁止(BFM#4 b2,b1)进行初始化。在启动前,要对 YH/YS 和错误标志进行复位。程序如图 7-38 所示。

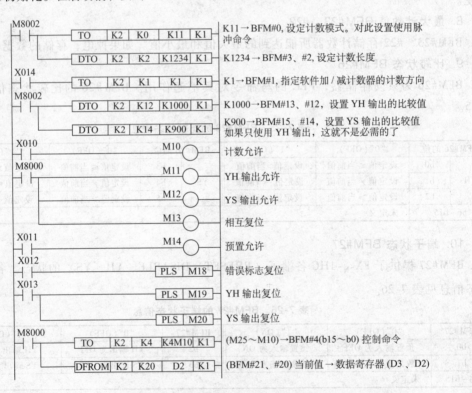

图 7-38 FX$_{2N}$-1HC 高速计数器程序例

图 7-38 中,只有当计数禁止为 ON 时,才可能进行计数。而且,如果相关的输出禁止命令设置在命令寄存器(BFM#4)中,输出将完全不能由计数过程控制。启动前,要复位

YH/YS 输出和错误标志。根据需要，可使用相互复位和预设置初始化命令，也可加入其他指令如计数器当前值、状态的读取等。

7.4 通信接口模块与功能扩展板

FX 系列各种通信模块、通信功能扩展板、通信特殊功能模块，支持在 FX 系列 PLC 间方便地构建简易数据连接和与 RS-232C、RS-485 设备的通信功能，还能够根据控制内容，以 FX 系列 PLC 为主站，构建 CC-Link 的高速现场总线网络。

本节介绍以 FX_{2N} 系列为主的通信模块、通信功能扩展板、通信特殊功能模块。

7.4.1 RS-232C 通信接口设备

1. FX_{2N}-232-BD 通信功能扩展板

FX_{2N}-232-BD（以下简称 232BD）通信功能扩展板（以下简称通信板）可安装于 FX_{2N} 系列 PLC 的基本单元中，用于 RS-232C 通信。

（1）特点

1）在 RS-232C 设备之间进行数据传输，如个人计算机、条形码阅读机和打印机。

2）在 RS-232C 设备之间使用专用协议进行数据传输。

3）连接编程工具。

当 232BD 用于上述 1）、2）应用时，通信格式包括波特率、奇偶性和数据长度，由参数或 FX_{2N} 可编程序控制器的特殊数据寄存器 D8120 进行设置。

（2）外形和端子

232BD 的外形和端子如图 7-39 所示。

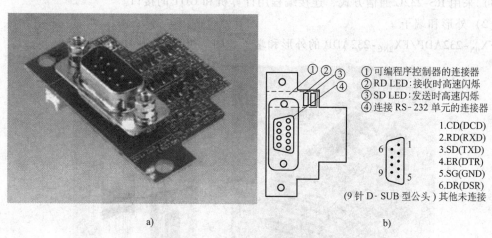

① 可编程序控制器的连接器
② RD LED：接收时高速闪烁
③ SD LED：发送时高速闪烁
④ 连接 RS-232 单元的连接器

1. CD(DCD)
2. RD(RXD)
3. SD(TXD)
4. ER(DTR)
5. SG(GND)
6. DR(DSR)

（9 针 D-SUB 型公头）其他未连接

a)　　　　　　　　　　　　　　b)

图 7-39　FX_{2N}-232-BD 通信板外形和端子

a）外形　b）端子

（3）主要技术参数

FX_{2N}-232-BD 通信板的主要技术参数见表 7-28。

2. FX_{0N}-232ADP/FX_{2NC}-232ADP 通信模块

FX_{0N}-232ADP/FX_{2NC}-232ADP 通信模块是可与计算机通信的绝缘型特殊适配器，如与

235

FX$_{2N}$-CNV-BD 连接板一起使用，可与 FX$_{2N}$ 系列 PLC 连接，不占用输入/输出点数。

表 7-28　FX$_{2N}$-232-BD 通信板的主要技术参数

项　　目		规　　格
接口标准		RS-232C
绝缘方式		非绝缘
显示（LED）		RD、SD
传送距离		最大 15m
消耗电流		20mA/DC 5V（由 PLC 供电）
通信方式		全双工双向（FX$_{2N}$ 在 V2.0 版以下为半双工双向）
通信协议		无协议/专用协议（格式 1 或格式 4）/编程通信
通信格式	数据长度	7 位/8 位
	奇偶校验	没有/奇数/偶数
	停止位	1 位/2 位
	波特率	300/600/1200/2400/4800/9600/19200/38400bit/s
	标题	没有或任意数据
	控制线	无/硬件/调制解调器方式
	和校验	附加和码/不附加和码
	结束符	没有或任意数据

（1）特点

1）用于以计算机为主机的计算机链接（1∶1）专用协议通信用接口。

2）与计算机、条形码阅读机、打印机和测量仪表等配备 RS-232C 接口的设备进行1∶1 无协议通信的接口。

3）采用 RS-232C 通信方式，连接编程用计算机和 GOT 的接口。

（2）外形和端子

FX$_{0N}$-232ADP/FX$_{2NC}$-232ADP 的外形和端子如图 7-40 和图 7-41 所示。

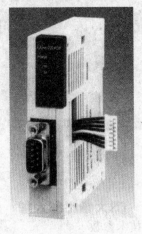

a)　　　　　　　　　　　　b)

图 7-40　FX$_{0N}$-232ADP/FX$_{2NC}$-232ADP 通信模块外形

a）FX$_{0N}$-232ADP　b）FX$_{2NC}$-232ADP

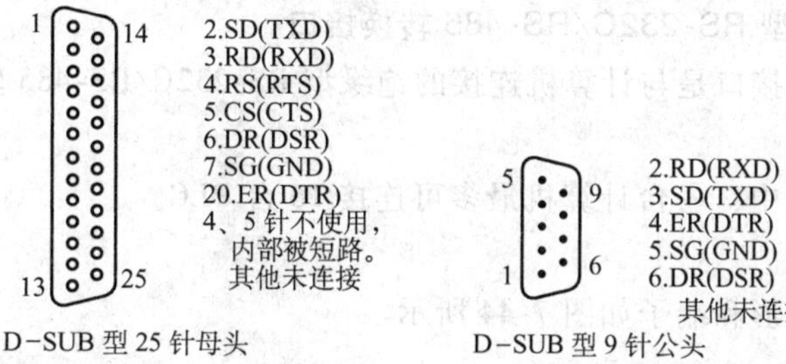

1　14
2.SD(TXD)
3.RD(RXD)
4.RS(RTS)
5.CS(CTS)
6.DR(DSR)
7.SG(GND)
20.ER(DTR)
4、5 针不使用，
内部被短路。
其他未连接
13　25

2.RD(RXD)
3.SD(TXD)
4.ER(DTR)
5.SG(GND)
6.DR(DSR)
其他未连接

D-SUB 型 25 针母头
a)

D-SUB 型 9 针公头
b)

图 7-41　FX$_{0N}$-232ADP/FX$_{2NC}$-232ADP 通信模块连接器端子

a) FX$_{0N}$-232ADP　b) FX$_{2NC}$-232ADP

（3）FX$_{2N}$-CNV-BD 连接板

FX$_{2N}$-CNV-BD 是将 FX 系列绝缘型特殊适配器连接到 FX$_{2N}$ 系列 PLC 上的连接用板。
FX$_{2N}$-CNV-BD（以下简称 CNVBD）的外形如图 7-42 所示。
FX$_{0N}$-232ADP/FX$_{2NC}$-232ADP 通信模块与 FX$_{2N}$ 系列 PLC 的连接如图 7-43 所示。

图 7-42　FX$_{2N}$-CNV-BD 外形

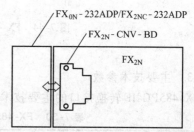

FX$_{0N}$-232ADP/FX$_{2NC}$-232ADP

FX$_{2N}$-CNV-BD

FX$_{2N}$

图 7-43　FX$_{0N}$-232ADP/FX$_{2NC}$-232ADP
通信模块安装图

（4）主要技术参数

FX$_{0N}$-232ADP/FX$_{2NC}$-232ADP 通信模块的主要技术参数见表 7-29。

表 7-29　FX$_{0N}$-232ADP/FX$_{2NC}$-232ADP 通信模块的主要技术参数

项　　目		规　　格	
		FX$_{0N}$-232ADP	FX$_{2NC}$-232ADP
接口标准		RS-232C	
绝缘方式		光电隔离	
显示（LED）		POWER、RD、SD	
传送距离		最大 15m	
消耗电流		200mA/DC 5V（由 PLC 供电）	100mA/DC 5V（由 PLC 供电）
通信方式		全双工双向（FX$_{2N}$ 在 V2.0 版以下为半双工双向）	
通信协议		无协议/专用协议（格式 1 或格式 4）/编程通信	
通信格式	数据长度	7 位/8 位	
	奇偶校验	没有/奇数/偶数	
	停止位	1 位/2 位	
	波特率	300/600/1200/2400/4800/9600/19200/38400bit/s	
	标题	没有或任意数据	
	控制线	无/硬件/调制解调器方式	
	和校验	附加和码/不附加和码	
	结束符	没有或任意数据	

3. FX-485PC-IF 型 RS-232C/RS-485 转换接口

FX-485PC-IF 转换接口是与计算机连接的绝缘型 RS-232C/RS-485 转换接口。

（1）特点

在计算机连接功能中，一台计算机最多可连接 16 台 PLC。

（2）外形和端子

FX-485PC-IF 的外形和端子如图 7-44 所示。

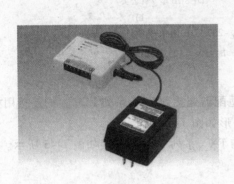
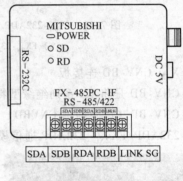

a)   b)

图 7-44   FX-485PC-IF 转换接口外形和端子

a）外形   b）端子

（3）主要技术参数

FX-485PC-IF 转换接口的主要技术参数见表 7-30。

表 7-30   FX-485PC-IF 转换接口的主要技术参数

项　　目		规　　格
接口标准		RS-232C/RS-485/RS-422
绝缘方式		RS-232C 信号与 RS-485/RS-422 信号间光电隔离以及变压器隔离
显示（LED）		POWER、SD、RD
通信方式		全双工双向
同期方式		调步同步
波特率		300/600/1200/2400/4800/9600/19200bit/s
传送距离	RS-485	最大 500m
	RS-232C	最大 15m
电源		DC 5V±0.25V
消耗电流		最大 260mA（由 FX-20P-PS 电源供电）

4. FX$_{2N}$-232IF 通信用特殊功能模块

FX$_{2N}$-232IF 通信用模块是可与计算机通信的特殊功能模块，通过总线电缆与 PLC 连接，最多可连接 8 台特殊模块，使用 FROM/TO 指令与 PLC 进行数据传输，占用输入/输出点数 8 点。

（1）特点

1）用于以计算机为主机的计算机链接（1：1）无协议通信用接口。

2）与计算机、条形码阅读机、打印机等配备 RS-232C 接口的设备进行 1：1 无协议通信的接口。

238

3）可以在收发信时在 HEX 和 ASCⅡ码之间自动转换。

4）可以指定最大 4 个字节的报头、报尾。

5）具有互联模式，可以连续接收超过接收缓存长度的数据。

6）可以指定带有 CR、LF 以及和校验的通信格式。

（2）主要技术参数

FX$_{2N}$-232IF 通信用特殊功能模块的主要技术参数见表 7-31。

表 7-31 FX$_{2N}$-232IF 通信用特殊功能模块的主要技术参数

项 目		规 格
接口标准		RS-232C
连接器		9 针 D-SUB 型公头
绝缘方式		光电隔离
显示（LED）		POWER、SD、RD
传送距离		最大 15m
通信方式		全双工双向
通信协议		无协议,互连模式
通信格式	数据长度	7 位/8 位
	奇偶校验	没有/奇数/偶数
	停止位	1 位/2 位
	波特率	300/600/1200/2400/4800/9600/19200bit/s
	标题	无或收信最大 4 字节
	结束符	无或收信最大 4 字节
与 PLC 的通信		使用 FROM/TO 指令访问缓存
占用输入/输出点数		8 点(计算在输入或输出侧均可)
控制电源		DC 5V±0.25V、40mA(由 PLC 供电)
驱动电源		DC 24V±2.4V、80mA(外部供电)

7.4.2 RS-485 通信接口设备

1. FX$_{2N}$-485-BD 通信功能扩展板

FX$_{2N}$-485-BD（以下简称 485BD）通信功能扩展板可安装于 FX$_{2N}$ 系列 PLC 的基本单元中，用于 RS-485 通信。

（1）特点

1）使用 $N:N$ 网络进行数据传输。通过 FX$_{2N}$ PLC，可在 $N:N$ 基础上进行数据传输。

2）使用并行连接进行数据传输。通过 FX$_{2N}$ PLC，可在 1∶1 基础上对 100 个辅助继电器和 10 个数据寄存器进行数据传输。

3）使用专用协议进行数据传输。使用专用协议，可在 1∶N 基础上通过 RS-485（422）进行数据传输。

4）使用无协议进行数据传输。使用无协议，通过 RS-485（422）转换器可在各种带有 RS-232C 单元的设备之间进行数据通信，如个人计算机、条形码阅读机和打印机。在这种应用中，数据的发送和接收是通过由 RS 指令指定的数据寄存器来进行的。

（2）外形和端子

485BD 的外形和端子如图 7-45 所示。

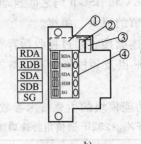

① 可编程序控制器的连接器
② SD LED: 发送时高速闪烁
③ RD LED: 接收时高速闪烁
④ 连接 RS - 485 单元的端子

a)　　　　　　　　　b)

图 7-45　FX$_{2N}$-485-BD 通信板外形和端子

a）外形　b）端子

（3）主要技术参数

FX$_{2N}$-485-BD 通信板的主要技术参数见表 7-32。

表 7-32　FX$_{2N}$-485-BD 通信板的主要技术参数

项　　目		规　　格
接口标准		RS-485/RS-422
显示（LED）		RD、SD
绝缘方式		非绝缘
传送距离		最大 50m
消耗电流		60mA/DC 5V（由 PLC 供电）
通信方式		半双工双向
通信协议		无协议/专用协议（格式 1 或格式 4）/N：N 网络/并行连接
波特率	无协议/专用协议	300/600/1200/2400/4800/9600/19200bit/s
	并行连接	19200bit/s
	N：N 网络	38400bit/s
通信格式	数据长度	7 位/8 位
	奇偶校验	没有/奇数/偶数
	停止位	1 位/2 位
	标题	没有或任意数据
	结束符	没有或任意数据

2. FX$_{0N}$-485ADP/FX$_{2NC}$-485ADP 通信模块

FX$_{0N}$-485ADP/FX$_{2NC}$-485ADP 通信模块是可与计算机通信的绝缘型特殊适配器，如与 FX$_{2N}$-CNV-BD 连接板一起使用，可与 FX$_{2N}$ 系列 PLC 连接，不占用输入/输出点数。

（1）特点

1）用于 PLC 之间 N：N 网络的接口。

2）用于并行连接（1：1）的接口。

3）以计算机为主机的计算机链接专用协议通信用接口。

4）与条形码阅读机、打印机和测量仪表等配备 RS-485 接口的设备进行 1：1 无协议通信的接口。

5）用于 N：N、并行连接时传输距离比用 485BD 功能扩展板时更长。

（2）端子

FX$_{0N}$-485ADP/FX$_{2NC}$-485ADP 的端子如图 7-46 所示。

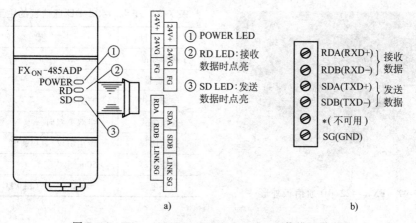

图 7-46　FX$_{0N}$-485ADP/FX$_{2NC}$-485ADP 通信模块端子

a) FX$_{0N}$-485ADP　b) FX$_{2NC}$-485ADP

（3）主要技术参数

FX$_{0N}$-485ADP/FX$_{2NC}$-485ADP 通信模块的主要技术参数见表 7-33。

表 7-33　FX$_{0N}$-485ADP/FX$_{2NC}$-485ADP 通信模块的主要技术参数

项　　目		规　　格	
		FX$_{0N}$-485ADP	FX$_{2NC}$-485ADP
接口标准		RS-485/RS-422	
显示（LED）		POWER、RD、SD	
绝缘方式		光电隔离	
传送距离		最大 500m	
消耗电流		60mA/DC 5V（由 PLC 供电）	150mA/DC 5V（由 PLC 供电）
通信方式		半双工双向	
通信协议		无协议/专用协议（格式 1 或格式 4）/N:N 网络/并行连接	
波特率	无协议/专用协议	300/600/1200/2400/4800/9600/19200bit/s	
	并行连接	19200bit/s	
	N:N 网络	38400bit/s	
通信格式	数据长度	7 位/8 位	
	奇偶校验	没有/奇数/偶数	
	停止位	1 位/2 位	
	标题	没有或任意数据	
	结束符	没有或任意数据	

7.4.3　RS-422 通信接口设备

FX$_{2N}$-422-BD 通信功能扩展板

FX$_{2N}$-422-BD（以下简称 422BD）通信功能扩展板可安装于 FX$_{2N}$ 系列 PLC 的基本单元中，用于 RS-422 通信。

（1）特点

可连接 PLC 用外部设备以及数据存取单元（DU）、人机界面（GOT）等。

（2）外形

FX$_{2N}$-422-BD 的外形如图 7-47 所示。

（3）主要技术参数

FX$_{2N}$-422-BD 通信板的主要技术参数见表 7-34。

241

图 7-47 FX$_{2N}$-422-BD 通信板外形

表 7-34 FX$_{2N}$-422-BD 通信板的主要技术参数

项 目	规 格
接口标准	RS-422
连接器	MINI DIN 8 针
绝缘方式	非绝缘
通信方式	半双工双向
通信协议	专用协议/编程通信
传送距离	50m
消耗电流	30mA/DC 5V(由 PLC 供电)

7.4.4 CC-Link 网络连接设备

以下介绍以 FX 系列 PLC 为 CC-Link 主站的主站模块和以 FX 系列 PLC 为 CC-Link 远程设备站的接口模块。

1. FX$_{2N}$-16CCL-M 型 CC-Link 系统主站模块

FX$_{2N}$-16CCL-M 型 CC-Link 系统主站模块是特殊功能模块,它将 FX 系列 PLC 分配为 CC-Link 中的主站,并通过 PLC 的 CPU 来控制该模块,使用 FROM/TO 指令与 FX$_{2N}$-16CCL-M 的缓存区进行数据交换,占用 PLC 的 I/O 点数 8 点。

(1)特点

1)将 FX 系列 PLC 作为 CC-Link 主站。

2)在主站上最多可连接 8 个远程设备站和 7 个远程 I/O 站。

3)使用 FX$_{2N}$-32CCL 型 CC-Link 接口模块可以将 FX 系列 PLC 作为 CC-Link 远程设备站来连接。

4)通过连接各种 CC-Link I/O 设备,可用于各种用途的系统,最适用于生产线等设备的控制。

(2)主要技术参数

FX$_{2N}$-16CCL-M 主站模块的主要技术参数见表 7-35。

表 7-35 FX$_{2N}$-16CCL-M 主站模块的主要技术参数

项 目	规 格
功能	主站功能(无本地站、备用主站功能)
CC-Link 版本	V.1.10
站号	0 号站
传输速度	156kbit/s/625kbit/s/2.5Mbit/s/5Mbit/s/10Mbit/s 可选
最大传输距离	电缆最大总延长距离:1200m(因传输速度而异)
最多连接台数	远程 I/O 站:最多 7 个站(连接在 FX$_{1N}$、FX$_{1NC}$、FX$_{2N}$、FX$_{2NC}$、FX$_{3UC}$ PLC 上时,每个站实际占用 PLC 的输入/输出 32 点) 远程设备站:最多 8 个站(满足以下条件时) $(1 \times a) + (2 \times b) + (3 \times c) + (4 \times d) \leqslant 8$ a:占用 1 个站的远程设备站的台数;b:占用 2 个站的远程设备站的台数; c:占用 3 个站的远程设备站的台数;d:占用 4 个站的远程设备站的台数 远程 I/O 站+远程设备站≤15 站。此外需满足"每个系统的最大输入/输出点数"

（续）

项　目	规　格
每个系统的最大输入/输出点数	FX_{1N}、FX_{1NC}、FX_{2N}、FX_{2NC}、FX_{3UC}（V.2.20 以下）PLC： （PLC 的实际 I/O 点数）+（特殊模块和主站模块占用点数）+（32×远程 I/O 站台数）≤256 点 （FX_{2N}、FX_{2NC}、FX_{3UC}）、128 点（FX_{1N}、FX_{1NC}） FX_{3U}、FX_{3UC}（V.2.20 以上）PLC： ①（PLC 的实际 I/O 点数）+（特殊模块和主站模块占用点数）≤256 点 ②（32×远程 I/O 站台数）≤224 点 以上①+②的合计≤384 点
每个站的连接点数	远程 I/O 站：远程输入/输出（RX、RY）32 点 远程设备站：远程输入/输出（RX、RY）32 点 　　　　　　　远程寄存器写入区（RWw）4 点（主站→远程设备站） 　　　　　　　远程寄存器读出区（RWr）4 点（远程设备站→主站）
RAS 功能	自动恢复功能，子站分离功能，通过连接特殊继电器、特殊寄存器的错误检测功能
占用 I/O 点数	占用输入/输出点数 8 点（计算在输入/输出侧均可）
与 PLC 的通信	使用 FROM/TO 指令访问缓存
控制电源	DC 5V（自供电）
驱动电源	DC 24V、150mA（由外部终端模块供电）

注：1. 主站　控制数据连接系统的站。
　　2. 远程 I/O 站　仅处理位信息的远程站。
　　3. 远程设备站　处理包括位信息和字信息的远程站。

2. FX_{2N}-32CCL 型 CC-Link 系统接口模块

FX_{2N}-32CCL 型 CC-Link 接口模块是特殊功能模块，用于将 FX 系列 PLC 连接到 CC-Link 系统作为远程设备站，并通过 PLC 的 CPU 来控制该模块，使用 FROM/TO 指令与 FX_{2N}-32CCL 的缓存区进行数据交换，占用 PLC 的 I/O 点数 8 点。

（1）特点

1）可以将 FX 系列 PLC 作为 CC-Link 系统的远程设备站。

2）与 FX_{2N}-16CCL-M 主站模块一起，使用 FX 系列 PLC 就可以构建 CC-Link 系统。

（2）主要技术参数

FX_{2N}-32CCL 接口模块的主要技术参数见表 7-36。

表 7-36　FX_{2N}-32CCL 接口模块的主要技术参数

项　目	规　格
功能	远程设备站
CC-Link 版本	V.1.00
站号	1~64 号站（用旋转开关设定）
站数	1~4 个站（用旋转开关设定）
传输速度	156 kbit/s/625kbit/s/2.5Mbit/s/5Mbit/s/10Mbit/s（用旋转开关设定）
最大传输距离	电缆最大总延长距离：1 200m（因传输速度而异）
绝缘方式	网络总线与内部电源光电隔离
远程输入/输出点数	每个站的远程输入 32 点、输出 32 点，但最后一个站的高 16 点被 CC-Link 系统作为系统区域占用
远程寄存器点数	每个站的远程寄存器写入区（RWw）4 点，读出区（RWr）4 点
占用 I/O 点数	占用输入/输出点数 8 点（计算在输入/输出侧均可）
与 PLC 的通信	使用 FROM/TO 指令访问缓存
控制电源	DC 5V、130 mA（由 PLC 供电）
驱动电源	DC 24V ±2.4V、50mA（由外部端子供电）

7.5 人机界面 GOT

　　人机界面（GOT）技术的不断迅速发展，使其具有了基于 IT（信息技术）快速开发的先进手段，以及从操作到维护的 FA 设备集成和满足各种现场需求的柔性系统构造。HMI 从数据存取终端（DU）到图形、数据显示操作终端（以下简称"图形操作终端"），能满足人们的各种不同需求。

　　图形操作终端（Graphic Operation Terminal，GOT）按安装方式分为装置式（见图 7-48a）和手持式（见图 7-48b）两类，装置式安装在控制面板或操作面板上，手持式吊装在操作现场。通过 GOT 画面可以监视设备的各种运行情况并改变 PLC 的数据。GOT 内置了几个画面（系统画面），可以提供各种功能，用户还可以创建用户定义画面。本节简要介绍三菱公司的 GOT1000 系列中的部分 15 系列装置式图形操作终端。

a)　　　　　　　　　　　　　　　　　b)

图 7-48　GOT 外形

a）装置式 GOT　b）手持式 GOT

7.5.1　GOT 的连接配置

1. GOT 的连接配置与基本规格

GOT 除与 PLC 连接外，还可根据需要连接其他外部设备。

1）GOT 与 PLC 连接：RS-422 或 RS-232C 通信。

2）GOT 与计算机连接：RS-232C 通信。用绘图软件创建用户画面。

3）GOT 与打印机、条形码阅读机连接：RS-232C 通信。打印采样数据、报警历史、报警消息和画面硬拷贝。

4）GOT 与 EPROM 写入器的连接：扩展接口。保存用户画面。

2. GOT 的基本规格

GT1000 系列中 15 系列部分 GOT 的主要性能规格见表 7-37。

表 7-37　GT1000 系列部分 GOT 主要性能规格

项目		GT1595-XTBA	GT1585-STBA	GT1575-STBA	GT1565-VTBA	GT1555-VTBD
显示部分	类型	TFT 彩色液晶（高亮度、宽视角）				
	尺寸	15 英寸	12.1 英寸	10.4 英寸	8.4 英寸	5.7 英寸
	分辨率	XGA1024×768	SVG800×600	VGA640×480	VGA640×480	VGA640×480
	显示颜色	65536 色				
	显示文字数（全角）	16 点标准字体：64 字×48 行　12 点标准字体：85 字×64 行	16 点标准字体：50 字×37 行　12 点标准字体：66 字×50 行		16 点标准字体：40 字×30 行　12 点标准字体：53 字×40 行	
	寿命	约 41000~52000h（使用环境温度为 25℃）				
背光	类型	冷阴极管				
	寿命	约 40000~75000h 以上（使用环境温度为 25℃，亮度为 50%）				
摸触	类型	矩阵阻抗模式	模拟阻抗模式			
	触摸键数	3072 个/每画面（48 行×64 列）	1900 个/每画面（38 行×50 列）		1200 个/每画面（30 行×40 列）	
	寿命	100 万次以上（操作 0.98N 以下）				
存储器		内置闪存 9MB				
内置接口	RS-232	1CH,9 针 D 形公接口,传送速度:115200/57600/38400/19200/9600/4800bit/s				
	USB	1CH,传送速度:12Mbit/s				
	CF 卡	1CH				
	选项功能板	1CH				
	扩展模块	2CH,通信模块/选项模块安装用				
对应软件包		绘图软件:GT Designer2 Version2.60N 以上版本				
		仿真软件:GT Simulator2 Version2.60N 以上版本				

7.5.2　GOT 的基本功能

GOT 的功能分为六个模式,通过选择相应模式可使用各个功能。

1. 用户画面模式

在用户画面模式下,显示用户创建的画面,并且还显示报警信息。在一个显示画面上,可以显示字符、直线、长方形、圆等,这些对象根据其功能分类可组合显示。如果有两个或更多用户画面,则可以用 GOT 上的操作键或 PLC 切换这些画面(用户可以设置要切换画面的条件和随后要显示的画面)。用户画面模式下的功能概要见表 7-38。

表 7-38　用户画面模式下的功能概要

功能	功能概要
字符显示	显示字母和数字
绘图	显示直线、圆和长方形
灯显示	在屏幕上指定区域根据 PLC 中位元件的 ON/OFF 状态反转（明暗）显示
图形显示	可以棒图、线形图和仪表面板的形式显示 PLC 中字元件的设定值和当前值
数据显示	可以数字的形式显示 PLC 中字元件的设定值和当前值
数据改变	可以改变 PLC 中字元件的当前值和设定值
开关功能	控制 PLC 中位元件的 ON/OFF 状态。控制的形式可以是瞬时、交替和置位/复位
画面切换	可以用 PLC 或触摸键切换显示画面
数据成批传送	GOT 中存储的数据可以被成批传送到 PLC
安全功能	只有在输入正确密码以后才能显示画面(本功能在系统画面中也可以使用)

2. HPP 模式

在 HPP（Handy Programming Panel）模式下，用户可将 GOT 用作手持式编程器。HPP 模式下的功能概要见表 7-39。

表 7-39 HPP 模式下的功能概要

功 能	功 能 概 要
程序清单	可以指令表的形式读、写和监视程序
参数	可以读写程序容量、锁存寄存器范围的参数
BFM 监视	可以监视特殊模块的缓冲存储器（BFM），也可以改变它们的设定值
元件监视	可以用元件编号和注释表达式监测位元件的 ON/OFF 状态以及字元件的当前值和设定值
当前值/设定值改变	可以用元件编号和注释表达式改变字元件的当前值和设定值
强制 ON/OFF	PLC 中的位元件可以强制变为 ON 或 OFF
状态监视	处于 ON 状态的状态继电器（S）编号被自动显示用于监视
PLC 诊断	读取和显示 PLC 的错误信息

3. 采样模式

在采样模式下，可以以固定的时间间隔（固定周期）或在满足位元件的 ON/OFF 条件（触发器）时获得连续改变的寄存器的内容。获得的数据可以以图形或列表的格式显示，也可以在 GOT 的"其他模式"下或用用户屏幕创建软件打印。采样模式可以用来管理机器操作速率和产品状态的数据。采样模式下的功能概要见表 7-40。

表 7-40 采样模式下的功能概要

功 能	功 能 概 要
条件设置	可设置多达四个要采样元件的条件，采样开始/停止时间等
结果显示	可以清单或图形形式显示采样结果
数据清除	清除采样结果

4. 报警模式

报警功能监控 PLC 中多达 256 个连续的位元件。如果画面创建软件设置的报警元件变成 ON，则在用户画面模式和报警模式（系统画面时）中可以显示相应的报警信息并输出到打印机。

报警功能可以显示报警信息和当前报警清单，可以存储报警历史，监控机器状态并使排除故障更加容易。报警模式下的功能概要见表 7-41。

表 7-41 报警模式下的功能概要

功 能	功 能 概 要
清单（状态显示）	在清单中以发生的顺序显示当前报警
历史	报警历史和事件时间（以时间顺序）一起被存储在清单中
频率	存储每个报警的事件数量
历史清除	删除报警历史

5. 测试模式

在测试模式中可以显示用户画面清单，可以编辑数据文件，还可以执行调试以确认键操作。测试模式下的功能概要见表 7-42。

表 7-42 测试模式下的功能概要

功 能	功 能 概 要
画面清单	以画面编号的顺序显示用户画面
数据文件	可以改变在配方功能（数据文件传送功能）中使用的数据
调试操作	检测用户画面上触摸键操作、画面切换操作等是否被正确执行
通讯监视	监测与之连接的 PLC 的通信状态

6. 其他模式

在其他模式中提供了时间开关、数据传输、打印机输出和系统设定等方便功能。其他模式下的功能概要见表 7-43。

表 7-43　其他模式下的功能概要

功　能	功　能　概　要
时间开关	在指定时间将指定元件设为 ON/OFF
数据传送	可以在 GOT 和画面创建软件之间传送用户画面、采样数据和报警历史
打印机输出	可以将采样结果和报警历史输出到打印机
密码	可以登记进入密码保护 PLC 中的程序
环境设置	允许进行操作 GOT 所需要的系统设置，可以指定系统语言、连接的 PLC、串行通信参数、开机屏幕、主菜单调用、当前时间、背光灯熄灭时间、蜂鸣音量、LCD 对比度、画面数据清除等初始设置

7.5.3　GOT 编程软件

GOT 编程软件包 GT Works2 是用于整个 GOT1000 系列的绘图套装软件，并向下兼容。GT Works2 主要包含 GT Designer2 画面设计软件和 GT Simulator2 仿真软件。

1. 画面设计软件的主要特点

（1）工作树

GT Designer2 将一个工程内的设定项目分为"工程"、"系统"和"画面"三大类，并采用树状结构显示所有内容，可以迅速查找到相应项目。

属性表以列表的形式显示所选择的对象或图形的设置内容，可直接在属性表上设置颜色、软元件等，也可打开对话框设置。选择多个同种对象或者图形时，可以统一更改颜色及文字大小。

临时工作区用以存放暂时不用的对象，设计或更改画面时更加方便。

（2）工具栏

使用图标和文字显示绘图工具，并可记住上次选择的内容，提高绘图效率。例如，在制作位开关时，从菜单里选择位开关项后，显示位开关图标，下一次制作位开关时，直接从菜单中单击位开关项图标即可。

（3）元件库

以树状形式显示图库数据清单，方便查找。不仅可以根据"外观"、"功能"搜索，还可以从"最近使用的库"中进行选择。设计画面时，只需将选择的图库数据放置在编辑区即可。

登录在图库"收藏夹"中的图库数据可以显示在"收藏夹工具栏"上。登录时只需打开"收藏夹"文件夹，单击"登录"即可。使用显示在"收藏夹工具栏"上的图库数据，只需单击后放置即可。

（4）对话框

使用简明的用语和显示项目，设置过的标签上显示"＊"，指示灯、触摸开关等的 ON/OFF 状态以及范围全部显示，可以边预览边设置。

（5）编辑区

拖拽配置对象时，画面显示引导线，使用鼠标即可简单地对齐位置。可以用"连续复制"，按照指定方向、指定个数一次性复制多个对象。对于包含软元件的对象，可以通过设定增量数自动分配软元件编号。

用"成批更改"可以成批更改软元件、颜色、图形和通道号。用"坐标·尺寸"选择多个对象，输入宽度、高度、坐标值，可以成批进行尺寸调整及定位。

（6）与 GOT 的通信

可根据画面数据（工程）的内容，自动选择使用 GOT 时必须的 GOT 专用系统文件（OS），将画面数据传送到 GOT。

传送到 GOT 的方法根据不同的 GOT 型号有三种：

1）使用 UBS 电缆和 RS-232C 电缆；

2）使用 UBS 存储器传送；

3）使用 CF 卡传送。

图 7-49 为创建的用户画面（GOT1595，15 英寸）。

2. 仿真软件的主要特点

GT Simulator2 可在一台个人计算机上对 GOT 的画面进行仿真，以调试该画面。如果调试的结果认为必须修改画面，则此更改可用 GT Designer2 来完成，并可立即用 GT Simulator2 进行测试，这样可大幅度缩短调试时间。

图 7-49　创建的用户画面

（1）可在一台个人计算机上进行与实际图像类似的调试

在用 GT Simulator2 和 GX Simulator（梯形逻辑测试软件）创建的顺控程序的仿真过程中，可显示软元件值的更改。

GX Simulator 的软元件值更改功能可用于强制性地更改软元件值，并检查画面显示变化。

（2）用鼠标进行触摸开关输入仿真

通过用鼠标单击 GT Simulator2 上的触摸开关，可类比触摸开关的输入。

通过 GT Simulator2、GX Simulator 上的软元件监视画面，或 GX Developer 上的梯形图监视显示的变化，可确认触摸开关的输入结果。

（3）通过功能的改善，使用更方便

GT Simulator2 支援 MELSEC-A/Q/QnA/FX 系列的 CPU。另外，它还可类比配方功能。

思　考　题

7.1　FX_{2N} 系列特殊功能模块有何特点？怎样与 PLC 基本单元连接？其地址（编号）如何确定？

7.2　PLC 主单元是如何控制特殊功能模块和与特殊功能模块交换数据的？

7.3　模拟量输入/输出模块的主要性能参数有哪些？

7.4　FX_{2N}-2AD 的偏置和增益如何调整？FX_{2N}-4AD 的偏置和增益如何调整？

7.5　FX_{2N}-2DA 的偏置和增益如何调整？FX_{2N}-4DA 的偏置和增益如何调整？

7.6　模拟量输入/输出模块用于电压或电流输入/输出时，如何接线和设定？

7.7　使用铂电阻温度传感器和热电偶温度传感器时，各选用哪种温度输入特殊模块？

7.8　FX$_{2N}$-1HC 高速计数器的计数模式中，计数方向如何决定？

7.9　FX$_{2N}$-1HC 高速计数器的计数模式中，如何选择 2 相输入的边沿计数模式？

7.10　FX$_{2N}$系列的通信模块、通信功能扩展板、通信特殊功能模块中，哪一些不占用输入/输出点？

7.11　FX$_{2N}$系列 485 通信设备之间是如何进行数据链接的？

7.12　FX 系列 CC-Link 中的 PLC 是如何控制主站模块和接口模块，并与之交换数据的？

7.13　GOT 在用户画面模式下可对 PLC 进行哪些操作？

习　题

7.1　编写 FX$_{2N}$-2AD 特殊模块的模拟输入程序，单元编号为 No.3，程序中使用的软元件号自定。

7.2　编写 FX$_{2N}$-4AD 特殊模块的模拟输入程序和偏移/增益调整程序，单元编号为 No.2。CH1 为电压输出，输出范围−10~+10V；CH2 为电压输出，输出范围 0~+5V；CH3 为电流输出，输出范围 4~20mA；CH4 为电流输出，输出范围 0~20mA。采样平均数为 6。程序中使用的软元件号自定。

7.3　编写 FX$_{2N}$-4DA 通道输出模式和参数设置程序，单元编号为 No.0，CH1 为电流输出通道（4~20mA），CH2 为电流输出通道（0~20mA），CH3、CH4 用作电压输出通道（−10~+10V）。程序中使用的软元件号自定。

7.4　FX$_{2N}$-4AD-TC 特殊模块的单元编号为 No.4，CH1 使用 J 型热电偶，CH2、CH3 使用 K 型热电偶，CH4 不使用。采样平均数为 8。输入通道 CH1、CH2 和 CH3 以℃表示的平均温度值和以℃表示的当前温度值分别保存在 PLC 主单元的数据寄存器中。另外，对错误状态和测量温度超限进行监控，试编写程序。程序中使用的软元件号自定。

7.5　FX$_{2N}$-1HC 特殊模块的单元编号为 No.4，计数模式为 2 边沿-计数器，计数长度为 K500，YH 输出的比较值为 K200，YS 输出的比较值为 K300。当 YH 的设定值<当前值时，PLC 的 Y000 置 ON；当 YH 的设定值＝当前值时，PLC 的 Y001 置 ON 并保持；当 YH 的设定值>当前值时，PLC 的 Y002 置 ON。试编写程序。

第 8 章

可编程序控制器控制系统的设计与应用

学习 PLC 的目的就是要将它应用于实际的工业控制系统中。面对市场上种类繁多、型号不一的 PLC 及其配套的各种模块、元器件，初学者往往不知所措，无从下手。本章从工程实际出发，介绍如何应用前面所学的知识设计出经济实用的 PLC 控制系统。

8.1 可编程序控制器应用系统设计

如前所述，PLC 的结构和工作方式与通用微型计算机不完全相同，因此，基于 PLC 的自动控制系统的设计与微机控制系统的开发过程也不完全一样，需要根据 PLC 的特点进行系统设计。此外，PLC 与继电器控制系统也存在本质区别，硬件设计和软件设计可分开进行就是 PLC 控制的一大特点。

PLC 应用系统设计包含了许多内容和步骤。本节从实用的角度对其进行介绍。

8.1.1 PLC 应用系统设计的内容和步骤

1. 设计的原则

任何一个电气控制系统都应满足被控对象的工艺要求，提高劳动生产效率和产品质量。在设计 PLC 应用系统时，应遵循如下原则：

1）系统应最大限度地满足被控设备或生产过程的控制要求。

2）在满足控制要求的前提下，应力求使系统简单、经济，操作方便。

3）保证控制系统工作安全可靠。

4）考虑到生产发展和生产工艺改进，在确定 PLC 容量时，应适当留有裕量，使系统有扩展余地。

2. 设计的内容

1）拟定控制系统设计的技术条件。技术条件一般以设计任务书的形式，由机械和电气设计人员共同确定，它是整个设计的依据。

2）确定电气传动控制方案和电动机、电磁阀等执行机构。

3）选择 PLC 的型号。

4）编制 PLC 输入、输出端子分配表。

5）绘制输入、输出端子接线图。

6）根据系统控制要求，用相应的编程语言（常用梯形图）设计程序。

7）设计操作台、电气柜及非标准电气元件。

8）编写设计说明书和使用操作说明书。

以上各项设计内容，可根据控制对象的具体要求进行适当调整。

3. 设计的主要步骤

设计 PLC 应用系统及调试的主要步骤，可用图 8-1 所示的流程图表示。

（1）分析被控对象的控制要求，确定控制任务

要应用 PLC，先要详细分析被控对象的工艺条件、控制过程与控制要求，列出控制系统中所有的功能和指标要求，明确控制任务。也就是说，明确 PLC 在控制系统中要做哪些工作。

（2）选择和确定用户 I/O 设备

根据系统控制要求，选用合适的用户输入、输出设备。常用的输入设备有按钮、行程开关、选择开关、传感器等，输出设备有接触器、电磁阀、指示灯等。由此可初步估算所需的输入、输出点数。

（3）选择 PLC 的型号

根据已确定的用户输入、输出设备，统计所需的输入、输出点数，选择合适的 PLC 类型，包括机型的选择、容量的选择、I/O 模块的选择、电源模块的选择等。

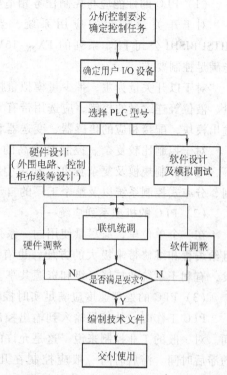

图 8-1　PLC 控制系统设计及调试的主要步骤

（4）系统的硬件、软件设计

1）首先要分配 PLC 的输入、输出点，编制输入/输出分配表，并绘出 PLC 的输入/输出端口接线图。

2）进行控制柜或操作台的设计和现场施工。

3）进行系统程序设计。这一步是整个应用系统设计的核心工作，要根据工作功能图表或状态流程图等设计出梯形图。

4）程序设计完成并输入 PLC 后，应进行模拟调试。因为在设计过程中，难免会有疏漏。在将 PLC 连接到现场设备上去之前，必须进行模拟测试，以排除程序中的错误，同时也为整体调试打下基础，缩短整体调试的周期。

（5）系统联机统调

在系统硬件、软件设计完成后，就可进行联机统调。如不满足要求，可修改和调整系统的硬件、软件，直到达到设计要求为止。经过试运行，证明系统性能稳定，工作可靠，就可把程序固化到 EPROM 或 EEPROM 芯片中。然后编制好技术文件，包括说明书、电气原理图、电器布置图、电气元件明细表、PLC 梯形图等文件资料。

8.1.2　PLC 应用系统的硬件设计

1. 机型的选择

选择 PLC 机型的基本原则：在满足控制要求的前提下，优先选用国产设备，保证工作可靠，使用维护方便，以获得最佳的性价比。选用时应考虑以下几个问题：

251

（1）PLC 的性能应与控制任务相适应

对于开关量控制的应用系统，当对控制速度要求不高时，选用小型 PLC（如MITSUBISHI 公司 FX_{2N} 系列的 FX_{2N}-16MR、FX_{2N}-32MR、FX_{2N}-48MR、FX_{2N}-64MR 等）就能满足控制要求。

对于以开关量为主，带少量模拟量控制的系统，如工业生产中常遇到的温度、压力、流量、液位等连续量的控制，应选用带有 A/D 转换的模拟量输入模块和带 D/A 转换的模拟量输出模块，配接相应的传感器、变送器和驱动装置，并且选用运算功能较强的小型 PLC。

对于控制比较复杂、控制要求高的系统，如要求实现 PID 运算、闭环控制、通信联网等，可视控制规模及复杂程度，选用中档或高档 PLC。其中高档机主要用于大规模过程控制、分布式控制系统以及整个工厂的自动化等。

（2）PLC 的机型系列应统一

在一个单位里，应尽量使用同一系列的 PLC。这不仅使模块通用性好，减少备件量，而且给编程和维修带来极大的方便，也有利于技术力量的培训、技术水平的提高和功能的开发，有利于系统的扩展升级和资源共享。

（3）PLC 的处理速度应满足实时控制的要求

PLC 工作时，从信号输入到输出控制存在滞后现象，一般有 1~2 个扫描周期的滞后时间。对一般的工业控制来说，这是允许的。但在一些实时性要求较高的场合，不允许有较大的滞后时间。滞后时间一般应控制在几十毫秒之内，应小于普通继电器的动作时间（约100ms）。通常为了提高 PLC 的处理速度，可采用以下几种方法：

1）选择 CPU 处理速度快的 PLC，使执行一条基本指令的时间不超过 $0.5\mu s$。

2）优化应用软件，缩短扫描周期。

3）采用高速响应模块。其响应时间可以不受 PLC 扫描周期的影响，只取决于硬件的延时。

（4）应考虑是否在线编程

PLC 的编程分为离线编程和在线编程两种。

离线编程的 PLC，主机和编程器共用一个 CPU。在编程器上有一个"编程/运行"选择开关，选择编程状态时，CPU 将失去对现场的控制，只为编程器服务，这就是所谓的"离线"编程。程序编好后，如选择"运行"状态，CPU 则去执行程序而对现场进行控制。由于节省了一个 CPU，价格比较便宜，中、小型 PLC 多采用离线编程。

在线编程的 PLC，主机和编程器各有一个 CPU。编程器的 CPU 随时处理由键盘输入的各种编程指令，主机的 CPU 则负责对现场的控制，并在一个扫描周期结束时和编程器通信，编程器把编好或修改好的程序发送给主机，在下一个扫描周期主机将按新送入的程序控制现场，这就是"在线"编程。由于增加了 CPU，故价格较高，大型 PLC 多采用在线编程。

是否采用在线编程，应根据被控设备工艺要求来选择。对于工艺不常变动的设备和产品定型的设备，应选用离线编程的 PLC；反之，可考虑选用在线编程的 PLC。

2. 容量的估算

PLC 容量的估算包括两个方面：一是 I/O 的点数，二是用户存储器的容量。

（1）I/O 点数的估算

I/O 点数是衡量 PLC 规模大小的重要指标，根据控制任务估算出所需 I/O 点数是硬件设计的重要内容。一般来说，输入点与输入信号、输出点与输出控制是一一对应的，个别情况下，也有两个信号共用一个输入点的。

表 8-1 列出了典型传动设备及电器元件所需 PLC I/O 点数。实际设计时，有许多节省 PLC I/O 点的方法和技巧，可减少实际使用的 I/O 点。

表 8-1　典型传动设备及电器元件所需 PLC I/O 点数

序号	电气设备、元件	输入点数	输出点数	I/O 总点数
1	Y-△起动的笼型电动机	4	3	7
2	单向运行的笼型电动机	4	1	5
3	可逆运行的笼型电动机	5	2	7
4	单向变极电动机	5	3	8
5	可逆变极电动机	6	4	10
6	单向运行的直流电动机	9	6	15
7	可逆运行的直流电动机	12	8	20
8	单向运行的绕线转子异步电动机	3	4	7
9	可逆运行的绕线转子异步电动机	4	5	9
10	单线圈电磁阀	2	1	3
11	双线圈电磁阀	3	2	5
12	比例阀	3	5	8
13	按钮	1		1
14	光电开关	2		2
15	拨码开关	4		4
16	三挡波段开关	3		3
17	行程开关	1		1
18	接近开关	1		1
19	位置开关	2		2
20	信号灯		1	1
21	抱闸		1	1
22	风机		1	1

估算出控制对象的 I/O 点数后，再加上 10% ~ 15% 的备用量，就可选择相应规模的 PLC。

（2）用户存储器容量的估算

PLC 用户程序所需内存容量一般与开关量输入/输出点数、模拟量输入/输出点数以及用户程序的编写质量等有关。对控制较复杂、数据处理量较大的系统，要求的存储器容量就要大些。对于同样的系统，不同用户编写的程序可能会使程序长度和执行时间差别很大。

PLC 用户程序存储器的容量可用下面的经验公式估算：

存储器字数 =（开关量 I/O 点数×10）+（模拟量通道数×150）

再考虑 25% 的余量，即为实际应取的用户存储器容量。

3. 输入、输出模块的选择

（1）开关量输入模块选择

开关量输入模块的任务是检测并转换来自现场设备（按钮、行程开关、接近开关、温控开关等）的高电平信号为机器内部电平信号。

输入模块的类型：按工作电压分，常用的有直流 5V、12V、24V、48V、60V，交流 110V、220V 等多种；按输入点数分，常用的有 8 点、12 点、16 点、32 点等；按外部接线方式分，有汇点输入、独立输入等。

选择输入模块时，主要考虑两个问题：一是现场输入信号与 PLC 输入模块距离的远近，一般 24V 以下属低电平，其传输距离不能太远，如 12V 电压模块一般不超过 10m，距离较远的设备应选用较高电压模块；二是对于高密度输入模块，能允许同时接通的点数取决于输入电压和环境温度，如 32 点输入模块，一般同时接通的点数不得超过总输入点数的 60%。

（2）开关量输出模块选择

开关量输出模块的任务是将 PLC 内部低电平信号转换为外部所需电平的输出信号，驱动外部负载。它有三种输出方式：晶闸管输出、晶体管输出、继电器输出。

晶闸管输出（交流）和晶体管输出（直流）都属于无触点开关输出，适用于开关频率高、电感性、低功率因数的负载。由于感性负载在断开瞬间会产生较高反压，必须采取抑制措施。

继电器输出模块价格便宜，使用电压范围广，导通压降小，承受瞬时过电压、过电流的能力较强，且有隔离作用。其缺点是寿命较短，响应速度较慢。

选择输出模块时必须注意：输出模块同时接通点数的电流累计值必须小于公共端所允许通过的电流值，输出模块的输出电流必须大于负载电流的额定值。如果负载电流较大，输出模块不能直接驱动，应增加中间放大环节。

（3）特殊功能模块选择

在工业控制中，除了开关量信号，还有温度、压力、流量等过程变量。模拟量输入、模拟量输出以及温度控制模块的作用就是将过程变量转换为 PLC 可以接受的数字信号以及将 PLC 内的数字信号转换成模拟信号输出。此外，还有位置控制、脉冲计数、联网通信、I/O 连接等多种功能模块，可根据控制需要选用。

4. 输入、输出点的分配

在分析控制对象，确定控制任务和选择好 PLC 的机型后，即可着手系统设计，画流程图，安排输入、输出配置，分配输入、输出地址。

在输入配置和地址分配时应注意：应尽量将同一类信号集中配置，地址号按顺序连续编排。如按钮、限位开关应归类分别集中配置；同类型的输入点应分在同一组内；输入点如果有多余，可将一个输入模块的输入点分配给一台设备或机器；对于有高噪声的输入信号模块，应插在远离 CPU 模块的插槽内。

在输出配置和地址分配时也应注意：同类型设备占用的输出点地址应集中在一起；按照不同类型的设备顺序指定输出点地址号；在输出点有富余的情况下，可将一个输出模块的输出点分配给一台设备或机器；对彼此相关的输出器件，如电动机正转、反转，电磁阀前进、后退等，其输出地址号应连写。

输入、输出地址分配确定后，即可画出 PLC 输入、输出端子接线图。

必须指出，在确定控制方式之后和进行 I/O 地址分配之前，必须进行外围电路的设计；在确定存储器容量之后和选择 I/O 模块之前，必须进行选择外部设备的工作；在选择 I/O 模块之后和进行控制回路设计之前，必须进行控制柜（盘）的设计。在整个设计过程中，这些工作穿插进行，实现硬件、软件设计的同步开展。

8.1.3 PLC 应用系统的软件设计

1. 软件设计步骤

PLC 应用系统的软件设计实际上就是编写用户程序，一般可按以下步骤进行。

（1）制定设备运行方案

根据生产工艺要求，分析各输入、输出与各种操作之间的逻辑关系，确定需要检测的量和控制的方法，设计出系统各设备的操作内容和操作顺序。

（2）设计控制系统流程图或状态转移图

对于较复杂的系统，需要设计控制系统流程图或状态转移图，用以清楚地表明动作的顺序和条件。对简单的控制系统，可以省去这一步。

（3）制定系统的抗干扰措施

PLC 本身的抗干扰能力很强，对一般生产机械控制，不需要采取特殊的抗干扰措施即可稳定工作。但在一些工作环境特别恶劣，或对抗干扰能力要求特强的场合，应从硬件和软件两个方面制定系统的抗干扰措施，如硬件上的电源隔离、信号滤波、科学接地，软件上的屏蔽、纠错、平均值滤波等。

（4）设计梯形图，写出对应的语句表

根据被控对象的输入、输出信号及所选定的 PLC，分配 PLC 的硬件资源和软件资源，再按照控制要求，用梯形图进行编程，并写出对应的语句表。

（5）程序输入及测试

用编程器或计算机将程序输入到 PLC 的用户存储器中，进行初步调试。

刚编好的程序难免有缺陷或错误，需要对程序进行离线测试，经调试、排错、修改及模拟运行后，方可正式投入运行。

2. 软件设计方法

在软件设计中，常用的方法有经验法、解析法、图解法及计算机辅助设计法。

（1）经验法

运用自己或别人的经验进行设计。设计前，选择与现在设计要求类似的成功例子，增删部分功能或运用其中部分程序。

（2）解析法

利用组合逻辑或时序逻辑的理论并采用相应的解析方法进行逻辑求解，根据其解编制程序。这种方法可使程序优化或算法优化，是较有效的方法。

（3）图解法

通过画图进行设计，常用的有梯形图法、波形图法、状态转移图法。梯形图法是基本方法，无论经验法还是解析法，一般都用梯形图法来实现。波形图法主要适用于时间控制电路，先画出信号波形，再依时间用逻辑关系组合，很容易将程序设计出来。

（4）计算机辅助设计

利用应用软件在微机上设计出梯形图，然后传送到 PLC 中，目前普遍采用此种方法。

8.2 可编程序控制器应用实例

本节以 MITSUBISHI 公司的 FX_{2N} 系列 PLC 为例，介绍其在一些常用电气控制线路和工业生产设备上的应用。

8.2.1 常用电气线路的 PLC 控制

1. 电动机正反转控制系统设计

按钮和接触器复合联锁的三相异步电动机正反转控制线路如图 8-2 所示。

线路原理在第 2 章中已做深入分析，利用 PLC 控制的设计步骤如下：

（1）分析控制要求

图 8-2 中，电动机 M 由接触器 KM₁、KM₂ 控制其正、反转。SB₁ 为正向起动按钮，SB₂ 为反向起动按钮，SB₃ 为停止按钮，KM₁ 为正转接触器，KM₂ 为反转接触器。

要求：必须保证在任何情况下，正、反转接触器不能同时接通。电路上采取将正、反向起动按钮 SB₁、SB₂ 互锁，接触器 KM₁、KM₂ 互锁的措施。

（2）统计输入、输出点数并选择 PLC 型号

输入信号有按钮 3 个，热继电器 FR 的保护触头如作为输入信号，要占 1 个输入点。从节省输入、输出点，降低成本出发，可放在输出

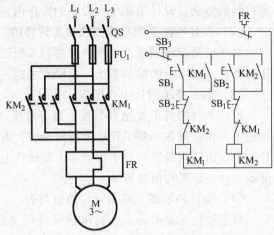

图 8-2 三相异步电动机正反转控制线路

电路中，不占输入点。因此，只有 3 个输入信号。考虑留 15% 的裕量，取整数 4，需 4 个输入点。

输出信号有接触器 2 个，占 2 个输出点，考虑留 15% 的备用点，最多需 3 个输出点。

可选用 FX₂ₙ-16MR 型 PLC，这是 FX₂ₙ 系列的最小型，有 8 个输入点、8 个输出点，完全满足本例要求。型号后面字母"R"表示该型 PLC 为继电器输出。

（3）分配 PLC 的输入、输出端子，设计 PLC 输入、输出接线图

本例中 PLC 输入、输出端子分配见表 8-2。

表 8-2 PLC 输入、输出端子分配表

输入设备	输入端子	输出设备	输出端子
正向起动按钮 SB₁	X000	正转接触器 KM₁	Y000
反向起动按钮 SB₂	X001	反转接触器 KM₂	Y001
停止按钮 SB₃	X002		

将热继电器 FR 的常闭触头串接到 KM₁、KM₂ 线圈供电回路中，保护功能不变，省了一个输入点。PLC 输入、输出端子接线如图 8-3 所示。

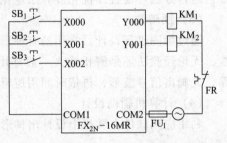

图 8-3 PLC 输入、输出端子接线图

（4）设计 PLC 控制程序（梯形图）

本例动作要求简单，可采用经验设计法。根据被控对象的控制要求，首先选择典型控制环节程序段。由于所选择的程序段通常并不能完全满足实际控制要求，故还应对这些程序段进行组合、修改，以满足本装置控制要求，得到图 8-4 所示的 PLC 控制梯形图，根据梯形图可写出指令表程序。

（5）问题讨论

PLC 采用的是周期循环扫描的工作方式，在一个扫描周期中，其输出刷新是集中进行的，即输出继电器 Y000、Y001 的状态变换是同时进行的。当电动机由正转切换到反转时，KM₁ 的断电和 KM₂ 的得电同时进行。因此，对于功率较大且为电感性的负载，有可能在 KM₁ 断开其触头，电弧尚未熄灭时，KM₂ 的触头已闭合，使电源相间瞬时短路。

解决办法是增加 2 个定时器，使正、反向切换时，被切断的接触器瞬时动作，被接通的接触器延时一段时间才动作，避免了 2 个接触器同时切换造成的电源相间短路。其梯形图和

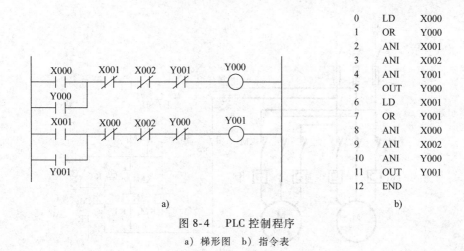

0	LD	X000
1	OR	Y000
2	ANI	X001
3	ANI	X002
4	ANI	Y001
5	OUT	Y000
6	LD	X001
7	OR	Y001
8	ANI	X000
9	ANI	X002
10	ANI	Y000
11	OUT	Y001
12	END	

图 8-4 PLC 控制程序
a）梯形图 b）指令表

指令表如图 8-5 所示。

上面程序解决了正反向切换时可能出现的电源相间短路问题，但也存在系统初次起动时，不论是按下正向起动按钮还是反向起动按钮，都需要经过一段延时，电动机才能起动。解决的办法是在程序中增加一个计数器，其梯形图程序如图 8-6 所示。

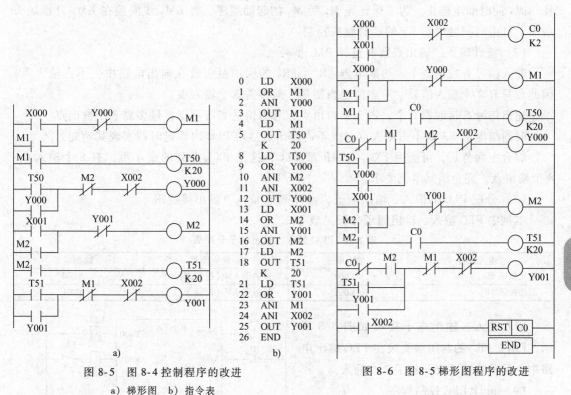

图 8-5 图 8-4 控制程序的改进
a）梯形图 b）指令表

图 8-6 图 8-5 梯形图程序的改进

说明：停止按钮 SB₃ 在继电器-接触器控制线路中一般使用常闭触头，在 PLC 控制线路中，可用常开触头，也可用常闭触头。如采用常开触头，梯形图中对应的输入继电器 X002 则要用常闭触头。

2. 两台电动机顺序起动控制系统设计

两台电动机顺序起动控制线路如图 8-7 所示。

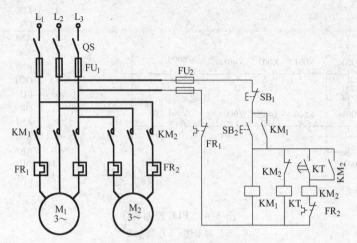

图 8-7 两台电动机顺序起动控制线路

（1）分析控制要求

这是一个两台电动机顺序起动，同时停止的控制线路。分析可知，在 M_1 起动之后，经过时间继电器 KT 的延时，M_2 自动起动。SB_2 为起动按钮，SB_1 为停止按钮。按下 SB_1，M_1、M_2 同时断电停止。为了保证先 M_1 后 M_2 的起动顺序，将 KM_2 线圈接在 KM_1 自锁触头后面，且由时间继电器 KT 的延时触头控制。

（2）统计输入、输出点数并选择 PLC 型号

输入信号有按钮 2 个，热继电器 FR_1、FR_2 的保护触头放在输出电路中，不占输入点。因此，只有 2 个输入信号。考虑留适当裕量，最多需 3 个输入点。

输出信号有接触器 2 个，占 2 个输出点，考虑留适当备用点，最多需 3 个输出点。

时间继电器 KT 既不占输入点，也不占输出点，由 PLC 内部定时器实现其功能。

综合上面分析，可选用 FX_{2N}-16MR 型 PLC，这是 FX_{2N} 系列的最小型，有 8 个输入点、8 个输出点，完全满足本例要求。

（3）分配 PLC 的输入、输出端子，设计 PLC 输入、输出接线图

本例中 PLC 输入、输出端子分配见表 8-3。

表 8-3　PLC 输入、输出端子分配表

输入设备	输入端子	输出设备	输出端子
停止按钮 SB_1	X000	接触器 KM_1（控制 M_1）	Y000
起动按钮 SB_2	X001	接触器 KM_2（控制 M_2）	Y001

PLC 输入、输出端子接线如图 8-8 所示。FR_1、FR_2 的常闭触头接在 PLC 输出电路中，保护功能不变，省了 2 个输入点。

（4）设计 PLC 控制程序

应用经验设计法设计本例控制程序。根据控制要求，选择典型控制环节程序段。通常，所选择的程序段不能完全满足实际控制要求，还应对这些程序段进行组合、修改，才能满足实际控制要求，得到图 8-9

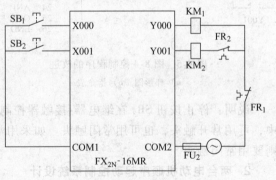

图 8-8　PLC 输入、输出端子接线图

所示的 PLC 控制梯形图，根据梯形图可写出指令程序。

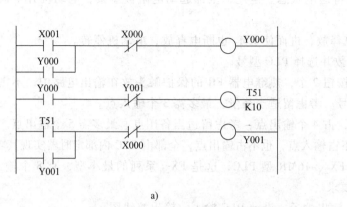

0	LD	X001
1	OR	Y000
2	ANI	X000
3	OUT	Y000
4	LD	Y000
5	ANI	Y001
6	OUT	T51
	K	10
9	LD	T51
10	OR	Y001
11	ANI	X000
12	OUT	Y001
13	END	

a) 　　　　　　　　　　　　　　b)

图 8-9　PLC 控制程序

a）梯形图　b）指令表

3. 绕线转子电动机转子串电阻起动控制系统设计

绕线转子电动机转子串电阻起动控制线路如图 8-10 所示。

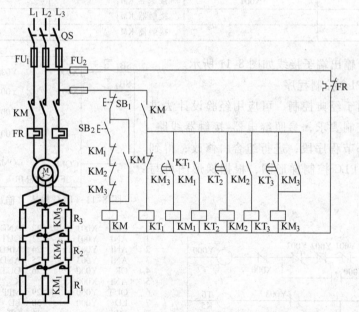

图 8-10　绕线转子电动机转子串电阻起动控制线路

（1）分析控制要求

这是一个按时间原则控制的转子串电阻起动控制线路，以限制电动机的起动电流。SB_2 是起动按钮，SB_1 是停止按钮。线路工作过程如下：

按下 SB_2，接触器 KM 得电吸合并自锁，电动机定子接通电源，转子串接全部电阻起动。与此同时，时间继电器 KT_1 线圈通电计时，延时时间到达设定值时，KT_1 常开触头闭合，KM_1 得电吸合，短接第一级起动电阻 R_1，电动机转速升高，并使 KT_2 线圈通电开始计时。经过延时，KT_2 常开触头闭合，接通 KM_2 线圈电源，其主触头闭合，短接第二级起动电阻 R_2，同时，KT_3 线圈通电计时，经过延时，KT_3 常开触头闭合，KM_3 得电吸合并自锁，短接第三级起动电阻 R_3，KM_3 的辅助常闭触头将 KT_1、KM_1、KT_2、KM_2、KT_3 线圈回路依次断开，只留 KM 和 KM_3 保持通电状态。至此，全部起动电阻被短接，电动机升至额定转速稳定运行。

按下 SB_1，KM 线圈断电释放，进而使 KM_3 也断电释放，电动机停转。

（2）统计输入、输出点数并选择 PLC 型号

分析可知，输入信号有按钮 2 个，热继电器 FR 的保护触头放在输出电路中，不占输入点。因此，只有 2 个输入信号。考虑留适当裕量，最多需 3 个输入点。

输出信号有接触器 4 个，占 4 个输出点，考虑留适当备用点，最多需 5 个输出点。

有 3 个时间继电器，既不占输入点，也不占输出点，全部由 PLC 内部定时器实现其功能。

综合上面分析，可选用 FX_{2N}-16MR 型 PLC，这是 FX_{2N} 系列的最小型，有 8 个输入点、8 个输出点，完全满足本例要求。

（3）分配 PLC 的输入、输出端子，设计 PLC 输入、输出接线图

本例中 PLC 输入、输出端子分配见表 8-4。

表 8-4 PLC 输入、输出端子分配表

输入设备	输入端子	输出设备	输出端子
停止按钮 SB_1	X000	接触器 KM	Y000
起动按钮 SB_2	X001	接触器 KM_1	Y001
		接触器 KM_2	Y002
		接触器 KM_3	Y003

PLC 输入、输出端子接线如图 8-11 所示。

（4）设计 PLC 控制程序

本例控制属于经典控制，可应用经验设计法进行设计。根据控制要求，参照继电器-接触器线路，选择典型控制环节程序段，进行组合、修改，得到图 8-12 所示的 PLC 控制梯形图，根据梯形图可写出指令表。

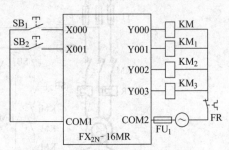

图 8-11 PLC 输入、输出端子接线图

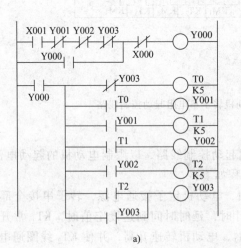

0	LD	X001
1	ANI	Y001
2	ANI	Y002
3	ANI	Y003
4	OR	Y000
5	ANI	X000
6	OUT	Y000
7	LD	Y000
8	MPS	
9	ANI	Y003
10	OUT	T0
	K	5
13	MRD	
14	AND	T0
15	OUT	Y001
16	MRD	
17	AND	Y001
18	OUT	T1
	K	5
21	MRD	
22	AND	T1
23	OUT	Y002
24	MRD	
25	AND	Y002
26	OUT	T2
	K	5
29	MPP	
30	LD	T2
31	OR	Y003
32	ANB	
33	OUT	Y003
34	END	

a)　　　　　　　　　　　　　b)

图 8-12 PLC 控制程序

a）梯形图 b）指令表

8.2.2　两级传送带的 PLC 控制

图 8-13 所示为某车间两条顺序相连的传送带，用来实现物料的自动传送。

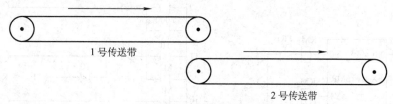

图 8-13　两条顺序相连的传送带

1. 工艺过程与控制要求

为避免运送的物料在 2 号传送带上堆积，按下起动按钮后，2 号传送带应开始运行，5s 后 1 号传送带自动起动。停机时，则是 1 号传送带先停止，10s 后 2 号传送带才停止。图 8-14 为其动作时序图。输入端 X000 接起动按钮，X001 接停止按钮；输出端 Y000 接 1 号传送带接触器，Y001 接 2 号传送带接触器。

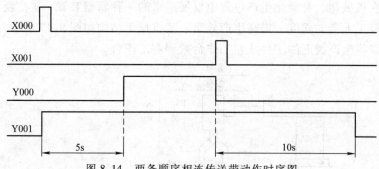

图 8-14　两条顺序相连传送带动作时序图

2. 用户 I/O 设备及所需 PLC 的 I/O 点

分析可知，SB_1 是 2 号传送带的起动按钮，1 号传送带在 2 号传送带起动 5s 后自行起动；SB_2 是 1 号传送带的停止按钮，1 号传送带停止 10s 后 2 号传送带自行停止。为了实现 PLC 控制，需要占用 2 个输入点（采用过载保护不占输入点的方式）、2 个输出点，另外还需要 2 个定时器。实际应用时，还应考虑留 15% 的余量。

综合上面分析，可选用 FX_{2N}-16MR 型 PLC。这种 PLC 有 8 个输入点和 8 个输出点，完全满足本例控制要求。

3. 分配 PLC 的输入、输出端子，设计 PLC 输入、输出接线图

本例中 PLC 输入、输出端子分配见表 8-5。

表 8-5　PLC 输入、输出端子分配表

输入设备	输入端子	输出设备	输出端子
起动按钮 SB_1	X000	接触器 KM_1	Y000
停止按钮 SB_2	X001	接触器 KM_2	Y001

根据 PLC 输入、输出端子分配表，画出 PLC 的接线图如图 8-15 所示。

4. 设计 PLC 控制程序

本例中起动按钮和停止按钮均采用常开触点，根据控制要求，参照典型控制环节程序段，通过组合、修改，即可设计出图 8-16 所示的 PLC 控制梯形图程序。

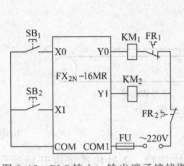

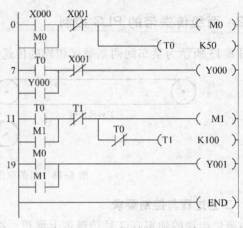

图 8-15 PLC 输入、输出端子接线图   图 8-16 PLC 控制梯形图程序

8.2.3 机械手运动的 PLC 控制

机械手是在机械化、自动化生产过程中发展起来的一种新型装置，被广泛运用于自动生产线中，以减轻工人劳动强度，提高生产效率。某机械手结构如图 8-17 所示，能实现水平/垂直位移，用来将生产线上的工件从左工作台搬到右工作台。

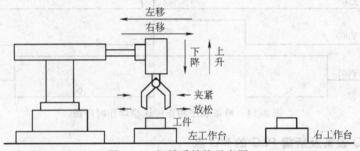

图 8-17 机械手结构示意图

1. 工艺过程与控制要求

机械手运动各检测元件、执行元件分布及动作过程如图 8-18 所示，全部动作由气缸驱动，而气缸又由相应的电磁阀控制。其中，上升/下降和左移/右移分别由双线圈二位电磁阀控制。例如，当下降电磁阀通电时，机械手下降；当下降电磁阀断电时，机械手停止下降，但保持现有的动作状态。只有在上升电磁阀通电时，机械手才上升。当上升电磁阀断电时，机械手停止上升。同样，左移/右移分别由左移电磁阀和右移电磁阀控制。机械手的放松/夹紧由一个单线圈二位电磁阀控制，该线圈通电时，机械手夹紧；该线圈断电时，机械手放松。

机械手右移到位并准备下降

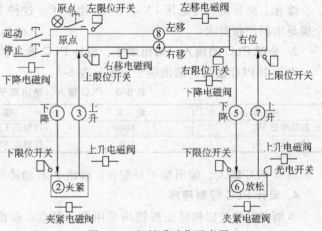

图 8-18 机械手动作示意图

时，必须对右工作台进行检查，确认上面无工件才允许机械手下降。通常采用光电开关进行无工件检测。

机械手的动作过程分为八步，即从原点开始，经下降、夹紧、上升、右移、下降、放松、上升、左移8个动作完成一个周期并回到原点。

开始时，机械手停在原位。按下起动按钮，下降电磁阀通电，机械手下降。下降到位时，碰到下限位开关，下降电磁阀断电，下降停止；同时接通夹紧电磁阀，机械手夹紧。夹紧后，上升电磁阀通电，机械手上升。上升到位时，碰到上限位开关，上升电磁阀断电，上升停止；同时接通右移电磁阀，机械手右移。右移到位时，碰到右限位开关，右移电磁阀断电，右移停止。若此时右工作台上无工件，则光电开关接通，下降电磁阀通电，机械手下降。下降到位时，碰到下限位开关，下降电磁阀断电，下降停止；同时夹紧电磁阀断电，机械手放松。放松后，上升电磁阀通电，机械手上升。上升到位时，碰到上限位开关，上升电磁阀断电，上升停止；同时接通左移电磁阀，机械手左移。左移到原点时，碰到左限位开关，左移电磁阀断电，左移停止，一个周期的动作循环结束。

机械手的控制分为手动操作和自动操作两种方式。手动操作分为手动和回原点两种操作方式；自动操作分为步进、单周期、连续操作方式。

手动：用按钮对机械手的每一步运动单独进行控制。例如，选择上/下运动时，按下起动按钮，机械手上升；按下停止按钮，机械手下降。当选择左/右运动时，按下起动按钮，机械手左移；按下停止按钮，机械手右移。其他类推。此操作方式主要用于维修。

回原点：在该方式下按动原点按钮时，机械手自动回归原点。

步进操作：每按一次起动按钮，机械手前进一个工步（或工序）即自动停止。

单周期操作：每按一次起动按钮，机械手从原点开始，自动完成一个周期的动作后停止。若在中途按动停止按钮，机械手停止运行；再按起动按钮，从断点处开始继续运行，回到原点自动停止。

连续操作：每按一次起动按钮，机械手从原点开始，自动地、连续不断地周期性循环。若按下停止按钮，机械手将完成正在进行的这个周期的动作，返回原点自动停止。

2. 用户 I/O 设备及所需 PLC 的 I/O 点数

分析可知，本控制需设工作方式选择开关1个，占5个输入点；手动时设运动选择开关1个，占3个输入点；上、下、左、右4个位置检测开关，占4个输入点；无工件检测开关1个，占1个输入点；原点、起动、停止3个按钮，占3个输入点。共需16个输入点，实际应用时，还要考虑15%的余量。

输出设备有上升/下降、左移/右移电磁阀，占4个输出点；夹紧/松开电磁阀，占1个输出点；设原点指示灯1个，占1个输出点。共需6个输出点，实际应用时，还要考虑15%的余量。

综合上面分析，可选用 FX_{2N}-32MR 型 PLC，这种 PLC 有 16 个输入点、16 个输出点，可满足本例控制要求，不足之处是输入点没有裕量。考虑工艺流程及控制要求变动对输入点的需要，可选 FX_{2N}-48MR 型 PLC，但设备成本大大增加。

机械手操作面板布置如图 8-19 所示。

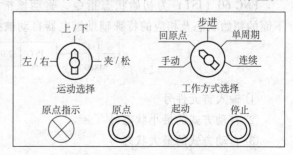

图 8-19　机械手操作面板布置图

263

3. 分配 PLC 的输入、输出端子，设计 PLC 输入、输出接线图

本例中 PLC 输入、输出端子分配见表 8-6。

表 8-6 PLC 输入、输出端子分配表

输入设备	输入端子	输出设备	输出端子
下限位开关 SQ_1	X000	下降电磁阀	Y000
上限位开关 SQ_2	X001	上升电磁阀	Y001
右限位开关 SQ_3	X002	夹紧电磁阀	Y002
左限位开关 SQ_4	X003	右行电磁阀	Y003
无工件检测开关 SQ_5	X004	左行电磁阀	Y004
左移/右移 SA_{1-1}	X005	原点指示灯	Y005
上升/下降 SA_{1-2}	X006		
夹紧/放松 SA_{1-3}	X007		
手动操作 SA_{2-1}	X010		
回原点操作 SA_{2-2}	X011		
步进操作 SA_{2-3}	X012		
单周期操作 SA_{2-4}	X013		
连续操作 SA_{2-5}	X014		
原点按钮 SB_1	X015		
起动按钮 SB_2	X016		
停止按钮 SB_3	X017		

PLC 输入、输出端子接线如图 8-20 所示。

4. 设计 PLC 控制程序

PLC 控制程序主要由手动操作和自动操作两部分组成，自动操作程序包括步进操作、单周期操作和连续操作程序。

使用功能指令 FNC 60（IST）能自动设定与各个运行方向相对应的初始状态，使程序简化。使用时，必须指定如下具有连续编号的输入点。如果无法指定连续编号，则要用辅助继电器 M 重新安排输入编号，在设置 FNC 60（IST）时，将 M 作为首输入元件号。

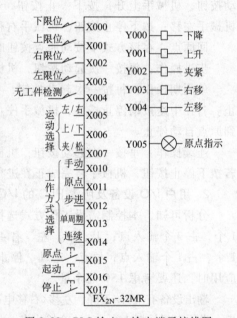

图 8-20 PLC 输入、输出端子接线图

X010：手动   X014：连续运行

X011：回归原点   X015：回原点起动

X012：步进   X016：起动

X013：单周期   X017：停止

FNC 60（IST）为初始状态指令，驱动该指令，下面的初始状态及相应的特殊辅助继电器自动被指定为如下功能：

① 输入首元件号

② 自动方式的最小状态号

③ 自动方式的最大状态号

指令程序：LD   M8000

FNC　60

X010

S20

S27

S0：手动初始状态

S1：回原点初始状态

S2：自动运行初始状态

M8040：禁止转移

M8041：开始转移

M8042：起动脉冲

M8047：STL 监控有效

根据驱动功能指令 FNC 60（IST）自动动作的特殊辅助继电器 M8040～M8042、M8047 的动作内容可用图 8-21 所示的等效电路表示。

各辅助继电器功能如下：

禁止转移（M8040）：该辅助继电器接通后，禁止所有的状态转移。在手

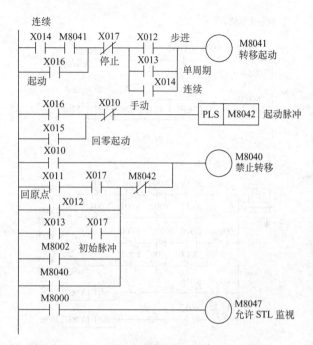

图 8-21　FNC 60（IST）作用于 M8040～M8042、M8047 的等效电路

动状态，M8040 总是接通；在回原点、单周期状态，按动停止按钮后一直到再按起动按钮期间，M8040 一直保持为 1；在步进状态，M8040 常通，但按动起动按钮时变为 OFF，使状态可以顺序转移一步；在单周期状态，PLC 在 STOP→RUN 切换时，M8040 保持接通，按动起动按钮后，M8040 断开。

转移开始（M8041）：它是从初始状态 S2 向另一状态转移的转移条件辅助继电器。在手动、回原点状态，不动作；在步进、单周期状态，仅在按动起动按钮时动作；在自动状态，按起动按钮后保持为 ON，按停止按钮后 OFF。

起动脉冲（M8042）：按下起动按钮的瞬间接通。

另有特殊辅助继电器 M8043（回原点结束）、M8044（原点条件）应由用户程序控制，在初始化电路和回原点电路中用到。

（1）初始化电路

初始化程序如图 8-22a 所示。由特殊辅助继电器 M8044 检测机械手是否在原点，M8044 由原点的各传感器驱动，它的 ON 状态作为自动方式时允许状态转移的条件；另由特殊辅助继电器 M8000 驱动功能指令 FNC 60（IST），设定初始状态。

（2）手动操作

手动操作程序如图 8-22b 所示。当工作方式选择开关 SA$_2$ 扳到"手动"位，运动选择开关 SA$_1$ 扳到所需运动方式，如"左/右"位时，按下起动按钮 SB$_2$，机械手左移；按下停止按钮 SB$_3$，机械手右移。同理，扳动 SA$_1$，操作 SB$_2$ 或 SB$_3$，可实现机械手的上升/下降、夹紧/放松运动。

（3）回原点初始状态

回原点操作的状态转移图如图 8-22c 所示。按下原点按钮 SB$_1$，通过状态器 S10～S12 做机械手的回零操作，在最后状态中在自我复位前将特殊辅助继电器 M8043 置 1，表示机械手返回原点。

初始化电路

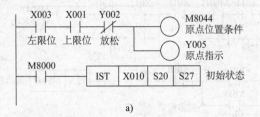

a)

手动方式初始状态

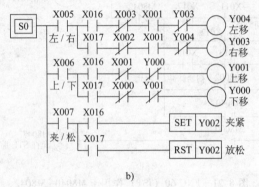

b)

回原点初始状态

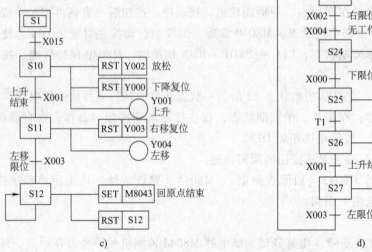

c)

自动运行

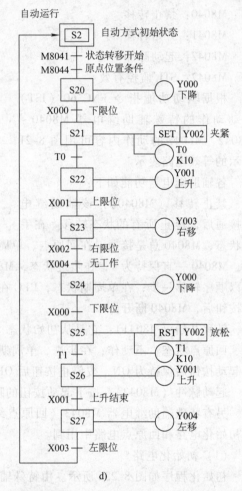

d)

图 8-22 PLC 控制程序（状态转移图）

a) 初始化程序 b) 手动操作程序 c) 回原点状态转移图 d) 自动运行状态转移图

（4）自动操作

自动运行的状态转移图如图 8-22d 所示。由于功能指令 FNC 60（IST）的支持，当工作方式选择开关 SA₂ 扳到"步进"、"单周期"、"连续"方式时，该程序能使机械手实现所需的工作运行。

以"单周期"为例，根据图 8-21、图 8-22d 的程序，可分析机械手的动作原理。

1）机械手下降。将工作方式选择开关 SA₂ 扳到"单周期"位，按动"起动"按钮 SB₂，M8041 瞬间接通，给出状态转移开始信号，禁止转移继电器 M8040 则不能接通。因机械手已处于原点位置，原点指示灯亮，M8044 接通，将状态器 S20 置 ON，输出继电器 Y000

线圈接通，下降电磁阀得电，执行下降动作。同时，因机械手离开原点，上限位开关断开，原点指示灯灭。

2）夹紧工件。当机械手下降到位时，下限位开关闭合，输入点 X000 接通，将状态器 S21 置 ON，S20 自动复位 OFF，下降电磁阀断电，下降停止；同时，输出继电器 Y002 置 ON，接通夹紧/放松电磁阀线圈，机械手执行夹紧动作，定时器 T0 通电计时。

3）机械手上升。定时器 T0 延时 1s 动作，转至状态 S22，使输出继电器 Y001 接通，上升电磁阀得电，机械手抓起工件上升。由于对 Y002 使用了置位指令，夹紧/放松电磁阀仍得电，保持夹紧工件动作。

4）机械手右移。机械手上升到位，上限开关闭合，输入继电器 X001 接通，上升停止。状态转移到 S23，接通输出继电器 Y003，右移电磁阀得电，机械手抓住工件右移。

5）机械手再次下降。机械手右移至右限位置，输入继电器 X002 接通，右移停止。若此时右工作台上无工件，则光电检测信号输入使 X004 接通，状态转移到 S24，接通输出继电器 Y000，下降电磁阀得电，机械手再次下降；若工作台上有工件，机械手暂时停止运动，待工件取走后，再执行下降动作。

6）放松工件。同上分析，当机械手下降到位时，X000 接通，下降停止。状态转移到 S25，输出继电器 Y002 复位，夹紧/放松电磁阀断电，将工件放松。同时，起动定时器 T1 计时。

7）机械手再次上升。T1 延时 1s 后，状态转移到 S26，接通输出继电器 Y001，上升电磁阀得电，机械手再次上升。

8）机械手左移。机械手上升到上限位置，X001 接通，上升停止。状态转移到 S27，输出继电器 Y004 接通，左移电磁阀得电，机械手执行左移动作。

9）回到原点。机械手左移到位，X003 接通，左移停止。同时，还有上限位信号、放松信号将 M8044 置 1，机械手完成一个周期动作回到原点。此时，由于状态转移继电器 M8041 断开，机械手停在原点待命。

若在机械手循环中途按动停止按钮 SB₃，就会接通禁止转移继电器 M8040，机械手停止运行；再按起动按钮 SB₂，起动脉冲继电器 M8042 将 M8040 断开，机械手从断点处开始继续运行，回到原点自动停止。

对于"连续"工作方式，由于按动起动按钮后，M8041 总是接通，M8040 总是断开，机械手能够实现连续自动循环；按动停止按钮后，M8041 和 M8040 均是断开的，机械手运动到原点才停止。

根据图 8-22 所示的 PLC 控制程序（状态转移图），很容易画出梯形图，也可直接写出指令表程序。

8.2.4　两工位组合机床的 PLC 控制

本设备为一台用于钻孔、攻螺纹的两工位组合机床，能自动完成工件的钻孔和攻螺纹加工。机床主要由床身、移动工作台、夹具、钻孔滑台、钻孔动力头、攻螺纹滑台、攻螺纹动力头、滑台移动控制凸轮和液压系统等组成。其结构如图 8-23 所示。

1. 工艺过程与控制要求

机床上有五台电动机：钻孔动力头电动机 M₁、攻螺纹动力头电动机 M₂、液压泵电动机 M₃、凸轮控制电动机 M₄、冷却泵电动机 M₅。机床工作台的左、右移动，夹具的夹紧、放

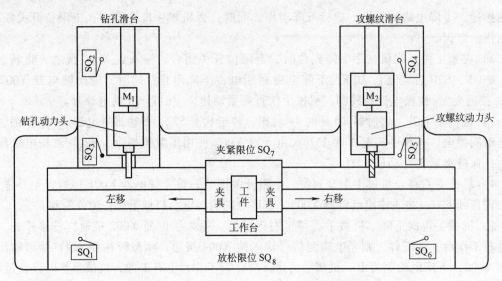

图 8-23 钻孔、攻螺纹两工位组合机床结构示意图

松，钻孔滑台和攻螺纹滑台的前、后移动，均由电气–液压联合控制。其中钻孔滑台和攻螺纹滑台移动的液压系统由滑台移动控制凸轮控制，工作台移动和夹具的夹紧、放松由电磁阀 $YV_1 \sim YV_4$ 控制，各电磁阀的动作见表 8-7。

表 8-7　电磁阀动作要求

	YV_1	YV_2	YV_3	YV_4
工件夹紧	+	−	−	−
工件放松	−	+	−	−
工作台左移	−	−	+	−
工作台右移	−	−	−	+

　　机床起动前，工作台处于钻孔工位，限位开关 SQ_1 动作；钻孔滑台和攻螺纹滑台也在原位，限位开关 SQ_2、SQ_4 均动作。在液压系统工作正常的情况下，机床加工的动作程序如下：

　　（1）工件夹紧

　　将工件放到工作台上，按下加工起动按钮，夹紧电磁阀 YV_1 得电，液压系统控制夹具将工件夹紧，由限位开关 SQ_7 检测其是否可靠夹紧。同时，控制凸轮电动机 M_4 起动运转。

　　（2）钻孔加工

　　工件夹紧后，起动钻孔动力头电动机 M_1，控制凸轮控制相应的液压阀使钻孔滑台前移，进行钻孔加工。当钻孔滑台到达终点时，SQ_3 动作，滑台后退回到原位停止，M_1 亦停止。

　　（3）工作台右移

　　钻孔滑台回到原位后，电磁阀 YV_4 得电，液压系统使工作台右移，到达攻螺纹位时，限位开关 SQ_6 动作，工作台停止。

　　（4）攻螺纹加工

　　起动攻螺纹动力头电动机 M_2（正转），攻螺纹滑台开始前移，进行攻螺纹加工。当攻螺纹滑台到达终点时，限位开关 SQ_5 动作，制动电磁铁得电，对攻螺纹动力头制动。延时 0.25s 后，攻螺纹动力头电动机 M_2 反转。同时，攻螺纹滑台在控制凸轮的控制下后退。当其后退到原位时，SQ_4 动作，滑台停止，M_2 停止。凸轮正好运转一个周期，M_4 亦停止。

　　（5）工作台左移（复位）

攻螺纹滑台退到原位，延时 3s 后，电磁阀 YV_3 得电，工作台左移，到钻孔工位时停止。电磁阀 YV_2 得电，夹具松开，限位开关 SQ_8 动作，表示工件已放松，取出工件，等待下一个循环。

2. 用户 I/O 设备及所需 PLC 的 I/O 点数

各电动机的控制：钻孔动力头电动机 M_1 由接触器 KM_1 控制；攻螺纹动力头电动机 M_2 由接触器 KM_2 控制其正转，KM_3 控制其反转；液压泵电动机 M_3 由接触器 KM_4 控制；凸轮控制电动机 M_4 由接触器 KM_5 控制；冷却泵电动机 M_5 由接触器 KM_6 控制。为了便于生产加工和维修、调整，设置了工作方式选择开关 SA。当开关置于"自动"位时，工件从装入夹具定位夹紧到加工完毕，工作台返回钻孔工位夹具松开，全部自动进行；置于"手动"位时，通过按钮 $SB_4 \sim SB_{13}$ 对钻孔动力头、攻螺纹动力头、液压泵、凸轮控制、冷却泵等电动机和机床的各动作流程进行点动控制。当动力头工作到中途因停电或自动控制系统发生故障时，可点动复位。为了使系统工作稳定，设置压力继电器 SP 检测液压系统油压，只有在油压达到一定值时，系统才能工作。限位开关 $SQ_1 \sim SQ_8$ 用于检测工作台、钻孔滑台、攻螺纹滑台的位置以及工件的夹紧、放松状态，并对系统实施控制。其中 SQ_1、SQ_6 检测工作台是在钻孔，还是攻螺纹工位；SQ_2、SQ_3 检测钻孔滑台是在原位，还是终点；SQ_4、SQ_5 检测攻螺纹滑台是在原位，还是终点；SQ_7、SQ_8 检测工件在夹具内是夹紧，还是放松。

分析可知，本控制需设工作方式选择开关 1 个，占 2 个输入点；起动、停止、加工起动 3 个按钮，占 3 个输入点；液压压力检测开关 1 个，占 1 个输入点；限位开关 8 个，占 8 个输入点；手动控制按钮 10 个，占 10 个输入点。统计共需 24 个输入点。实际应用时，从节省输入点考虑，在编程时略施小计，工作方式选择开关可只占 1 个输入点。这样，实际需要的输入点缩减到 23 个。当然，还要考虑一定的裕量。

在输出端，五台电动机的控制，占 6 个输出点；攻螺纹动力头制动电磁铁的控制，占 1 个输出点；工件夹紧/放松、工作台左移/右移，共 4 个电磁阀，占 4 个输出点；各种工作状态指示灯 10 个，占 10 个输出点。共需 21 个输出点，实际应用时，还要留有一定的余量。

综合上面分析，可选用 FX_{2N}-48MR 型 PLC，这种 PLC 有 24 个输入点、24 个输出点，可满足本例控制要求，不足之处是输入点只有 1 个点的裕量，扩展空间不大。但选用点数多的 FX_{2N}-64MR 型 PLC，设备成本会大大增加，很不经济。

3. 分配 PLC 的输入、输出端子，设计 PLC 输入、输出接线图

本例中 PLC 输入、输出端子分配见表 8-8。

表 8-8　PLC 输入、输出端子分配表

输入设备	输入端子	输出设备	输出端子
起动按钮 SB_1	X000	钻孔动力头控制 KM_1	Y000
停止按钮 SB_2	X001	攻螺纹动力头(正)控制 KM_2	Y001
液压压力检测 SP	X002	攻螺纹动力头(反)控制 KM_3	Y002
钻孔工位 SQ_1	X003	液压电动机控制 KM_4	Y003
钻孔滑台原位 SQ_2	X004	凸轮电动机控制 KM_5	Y004
钻孔滑台终点 SQ_3	X005	冷却电动机控制 KM_6	Y005
攻螺纹滑台原位 SQ_4	X006	攻螺纹动力头制动 DL	Y006
攻螺纹滑台终点 SQ_5	X007	工件夹紧电磁阀 YV_1	Y007
攻螺纹工位 SQ_6	X010	工件放松电磁阀 YV_2	Y010
夹紧限位 SQ_7	X011	工作台左移电磁阀 YV_3	Y011
放松限位 SQ_8	X012	工作台右移电磁阀 YV_4	Y012
加工起动 SB_3	X013	液压指示 HL_1	Y013
自动/手动选择 SA	X014	原位指示 HL_2	Y014

（续）

输入设备	输入端子	输出设备	输出端子
钻孔手动 SB$_4$	X015	自动指示 HL$_3$	Y015
攻螺纹手动（正）SB$_5$	X016	手动指示 HL$_4$	Y016
攻螺纹手动（反）SB$_6$	X017	夹紧指示 HL$_5$	Y017
液压泵手动 SB$_7$	X020	放松指示 HL$_6$	Y020
凸轮控制手动 SB$_8$	X021	钻孔指示 HL$_7$	Y021
冷却泵手动 SB$_9$	X022	攻螺纹（正）指示 HL$_8$	Y022
夹紧手动 SB$_{10}$	X023	攻螺纹（反）指示 HL$_9$	Y023
放松手动 SB$_{11}$	X024	凸轮控制指示 HL$_{10}$	Y024
左移手动 SB$_{12}$	X025		
右移手动 SB$_{13}$	X026		

两工位组合机床 PLC 输入、输出端子接线如图 8-24 所示。

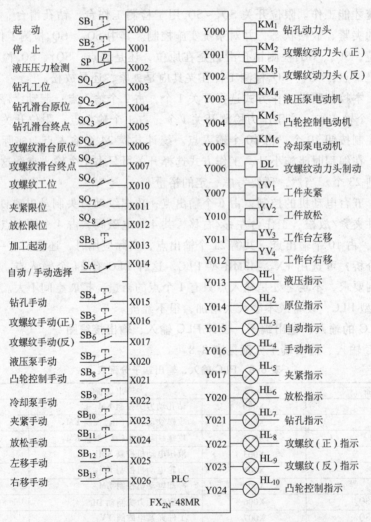

图 8-24　两工位组合机床 PLC 输入、输出端子接线图

机床运行分二级控制。第一级由 SB$_1$、SB$_2$ 分别控制系统的起、停。按下 SB$_1$，系统起动，由"自动/手动"选择开关决定其工作方式；第二级由 SB$_3$ 起动自动方式下的加工过程，由 SB$_4$ ~ SB$_{13}$ 控制手动方式下机床各动作的点动。设置液压压力指示灯 HL$_1$、原位指示

灯 HL_2，工作方式指示灯 $HL_3 \sim HL_{10}$，指示设备的工作状态。

4. 设计 PLC 控制程序

设备有"自动/手动"两种工作方式，其控制程序可分为公共程序、自动控制程序、手动控制程序三个模块。各模块程序分开编写，结构简单，思路清晰，便于调试和修改。公共程序是系统共用程序，包含系统的起、停控制和执行"自动"、"手动"程序的跳转控制。手动控制程序用于实现机床的点动控制和状态指示。这两段程序均较简单，因此将其梯形图合并于图 8-25 中。

分析机床的加工工艺可知，在"自动"工作方式下，其控制过程为顺序循环控制，采用步进顺控指令对其编程，可使程序简化，提高编程效率，为程序的调试、试运行带来许多方便。当一个工件完成钻孔、攻螺纹加工时，工作台、钻孔滑台、攻螺纹滑台均返回原位，夹具处于放松状态，为下一个工件的加工循环做好准备。控制系统由 SB_3 发出加工起动指令，进入下一轮循环。系统的自动控制状态转移图如图 8-26 所示。

根据梯形图和状态转移图，读者可自行写出相应的指令表程序。

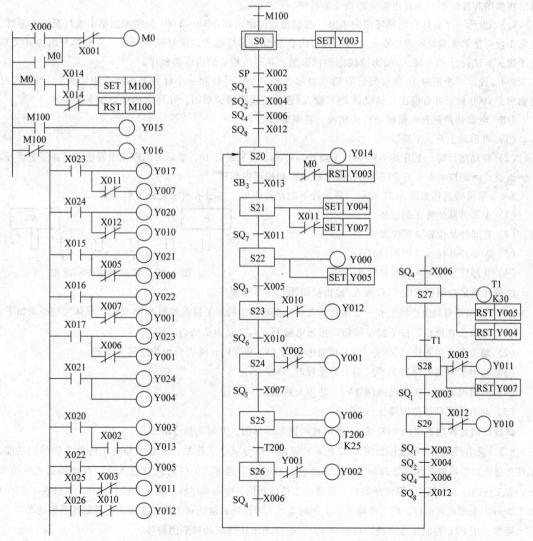

图 8-25 公共及手动控制程序　　　　　图 8-26 自动控制状态转移图

思 考 题

8.1 PLC 应用系统设计包括哪些内容？

8.2 设计 PLC 应用系统的主要步骤有哪些？

8.3 选择 PLC 应考虑哪些问题？

8.4 如何估算确定 PLC 的容量？

8.5 PLC 的软件设计分为哪几个步骤？

8.6 设计 PLC 软件常用哪些方法？

习 题

8.1 用 PLC 控制一台电动机，要求：按下起动按钮后，运行 5s，停止 5s，重复执行 5 次后停止。试设计其 PLC 输入/输出接线图和梯形图，并写出相应的指令表程序。

8.2 有 4 台电动机，采用 PLC 控制，要求：按 $M_1 \sim M_4$ 的顺序起动，即前级电动机不起动，后级电动机不能起动。前级电动机停止时，后级电动机也停止。如 M_2 停止时，$M_3 \sim M_4$ 也停止。试设计 PLC 输入/输出接线图和梯形图，并写出相应的指令表程序。

8.3 设计一个彩灯自动循环控制电路。假定用输出继电器 Y000～Y007 分别控制第 1 盏灯至第 8 盏灯，按第 1 盏灯至第 8 盏灯的顺序点亮，后一盏灯闪亮后前一盏灯熄灭，反复循环下去，只有断开电源开关彩灯才熄灭。试设计 PLC 输入/输出接线图和梯形图，并写出相应的指令表程序。

8.4 设计一个定时 5h 的长延时电路（提示：用一个定时器和一个计数器的组合来实现），当定时时间到后，Y000 接通并有输出。试设计 PLC 输入/输出接线图和梯形图，并写出相应的指令表程序。

8.5 电动葫芦起升机构的动负荷实验，控制要求如下：

（1）可手动上升、下降。

（2）自动运行时，上升 6s→停 9s→下降 6s→停 9s，反复运行 1h，然后发出声光报警信号，并停止运行。试设计满足控制要求的 PLC 输入/输出接线图和梯形图程序。

8.6 某机械动作如图 8-27 所示。要求按下起动按钮后，按图示顺序完成下列动作：

（1）A 部件从位置 1 到位置 2；

（2）B 部件从位置 3 到位置 4；

（3）A 部件从位置 2 回到位置 1；

（4）B 部件从位置 4 回到位置 3。

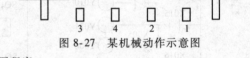

图 8-27 某机械动作示意图

试设计满足控制要求的 PLC 输入/输出接线图和梯形图程序。

8.7 冷加工自动生产线上有一个钻孔动力头，该动力头的加工过程如图 8-28 所示。具体控制要求如下：

（1）动力头在原位，按下起动按钮，接通电磁阀 YV_1，动力头快进。

（2）动力头碰到限位开关 SQ_1 后，接通电磁阀 YV_1 和 YV_2，动力头由快进转为工进。

（3）动力头碰到限位开关 SQ_2 后，开始延时 10s。

（4）延时时间到，接通电磁阀 YV_3，动力头快退。

（5）动力头回到原位即停止。

试设计满足控制要求的 PLC 输入/输出接线图和梯形图，并写出指令表程序。

8.8 某生产线工作示意图如图 8-29 所示。该生产线分三个工作站，有自动输送工件至工作站的功能，工件在每个工作站加工时间为 2min。生产线由电动机驱动输送带，工件由入口进入，即自动输送到输送带上。若工件到达工作站 1，限位开关 SQ_1 检测出工件已到位，电动机停转，输送带停止运动，工件在工作站 1 加工 2min，电动机再运行，将工件输送到工作站 2 加工，然后再输送到工作站 3 加工，最后送至搬运车。

要求：用 PLC 控制该生产线，设计出 PLC 输入/输出接线图和梯形图程序。

8.9 冲床机械手运动的示意图如图 8-30 所示。初始状态时机械手在最左边，X004 为 ON；冲头在最

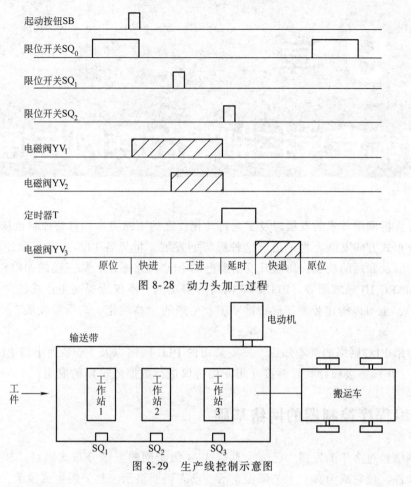

图 8-28 动力头加工过程

图 8-29 生产线控制示意图

上面，X003 为 ON；机械手松开，Y000 为 OFF。按下起动按钮 X000，Y000 变为 ON，工件被夹紧并保持，2s 后 Y001 被置位，机械手右行，直到碰到 X001，以后将顺序完成以下动作：冲头下行，冲头上行，机械手左行，机械手松开，延时 1s 后，系统返回初始状态，各限位开关和定时器提供的信号是各步之间的转移条件。

试设计 PLC 控制系统输入/输出接线图和状态转移图。

8.10 图 8-31 为某剪板机工作示意图。初始状态时，压钳和剪刀在上限位置，X000 和 X001 为 ON 状态。按下起动按钮 X010，工作过程如下：首先板料右行（Y000 为 ON 状态）至限位开关 X003 为 ON 状态，然后压钳下行（Y001 为 ON 状态并保持）。压紧板料后，压力继电器 X004 为 ON 状态，压钳保持压紧，剪刀开始下行（Y002 为 ON 状态）。剪断板料后，X002 变为 ON 状态，压钳和剪刀同时上行（Y003 和 Y004 为 ON 状态，Y001 和 Y002 为 OFF 状态），它们分别碰到限位开关 X000 和 X001 后，停止上行，均停止后，又开始下一周期的工作，剪完 5 块料后停止工作并停在初始状态。

试设计 PLC 控制系统输入/输出接线图和状态转移图。

图 8-30 冲床机械手运动示意图

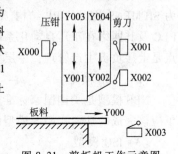

图 8-31 剪板机工作示意图

第 **9** 章

可编程序控制器的联网与通信

随着计算机网络技术的发展以及工业自动化程度的不断提高，自动控制也从传统的集中式向多级分布式方向发展。为了适应这种形势的发展，世界各 PLC 生产厂家纷纷为自己的产品增加通信及联网的功能，研制开发出自己的 PLC 网络系统，如三菱的 MELSEC NET 网、西门子的 SINEC HI 局域网等。PLC 的联网与通信功能，不仅能提高生产线的"自动化、智能化"水平，也可以构建智能工厂，推动工业生产的"高端化、高质量发展"，打造先进的制造业。

本章介绍 PLC 网络的基本知识、三菱公司的 PLC 网络以及 FX 系列小型 PLC 网络中的 $N:N$ 链接、并行链接和计算机链接（用专用协议进行数据传输）的应用。

9.1 可编程序控制器的网络基础

PLC 网络经过多年的发展，已成为具有 3~4 级子网的多级分布式网络。加上配置强有力的工具软件，使它成为具有工艺流程显示、动态画面显示、趋势图生成显示、各类报表制作等多种功能的系统。在 MAP 规范的带动下，可以方便地与其他网络互联，所有这一切使 PLC 网络成为 CIMS 系统非常重要的组成部分之一。

PLC 网络与其他工业控制局域网相比，具有高性价比、高可靠性等主要特点。

9.1.1 PLC 网络的拓扑结构及各级子网通信协议配置原则

1. PP 结构、NBS 模型、ISO 模型

（1）PP 结构

可编程序控制器制造厂家常用金字塔 PP（Productivity Pyramid）结构来描述它的产品所提供的功能。图 9-1a 为 A-B 公司的 PP 结构，图 9-1b 为 MODICON 公司的 PP 结构，图 9-1c 为 SIEMENS 公司的 PP 结构。虽然它们的层数不同，各层的功能有所差别，但它们都表明 PLC 及其网络在工厂自动化系统中，由上到下在各层中均发挥作用。这些 PP 结构的共同特点是上层负责生产管理，中层负责生产过程的监控，下层负责现场控制与测量。

（2）NBS 模型

NBS 模型是美国国家标准局为工厂计算机控制系统而提出的，它共有 6 级，每级都规定了应该完成的功能，NBS 模型已得到国际认可，如图 9-2 所示。

（3）ISO 模型

ISO 模型是国际标准化组织（ISO）为企业自动化系统建立的模型，同 NBS 模型一样，

管理
资讯层
主控中心层
分散控制层
独立工作层
现场机电层
a)
中央层
区域层
组间层
现场层
b)
公司
管理级
工厂与过
程管理级
过程监控级
过程测量与控制级
c)

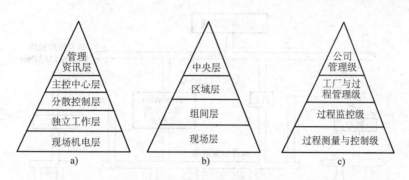

图 9-1　各公司 PP 结构示意图

a) A-B 公司的 PP 结构　b) MODICON 公司的 PP 结构　c) SIEMENS 公司的 PP 结构

它也是 6 级，低 3 级主要负责现场任务的生产控制与监控，高 3 级负责经营管理，如图 9-3 所示。

Corporate(公司级)
Plant(工厂级)
Area(区间级)
Cell/Supervisory(单元/监控级)
Equipment(设备级)
Device(装置级)

图 9-2　NBS 模型

对比 PP 结构、NBS 模型、ISO 模型，尽管它们在各级（层）的内涵有所差别，但它们的本质是一样的。

2. PLC 网络的拓扑结构

PLC 网络发展到今天，已经能实现 NBS 模型（或 ISO 模型）的大部分功能，至少可实现 4 级以下的功能。当然要实现这些功能，仅采用单层子网显然是不可能的。因为不同的层所要实现的功能不同，所承担的任务性质不同，导致它们对通信的要求也就不同。在高层中，主要传送的是生产管理信息，通信报文长，每次传输的信息量大，要求通信的范围也比较广，但对通信的实时性要求不高。而在底层传送的主要是过程数据及控制命令，通信报文较短，每次通信的信息量不大，传输的距离相对较近，但对实时性、传输可靠性要求较高。中间层对通信的要求正好居于两者之间。

第6级
企业长期生产经营决策规划
第5级
企业短期生产计划及业务经营
第4级
车间在线作业管理
第3级
过程控制与监督
第2级
设备控制
第1级
参数检测与执行器驱动
管理
控制

图 9-3　ISO 模型

由于各层对通信的要求相差甚远，若采用单级子网，只配置一种通信协议，势必顾此失彼，无法满足所有各层对通信的要求。故只有采用多级通信子网，构成复合型拓扑结构，在不同的子网中配置不同的通信协议，才能满足各层对通信的不同要求。

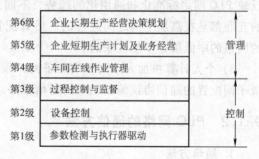

PLC 网络的分级与 PP 结构的分层不是一一对应关系。相邻几层的功能，若对通信要求相近，则可以合并，并由同一级子网去实现。采用多级复合结构，不仅使网络通信具有适应性，而且使网络具有良好的可扩展性，用户可以根据投资情况及生产发展状况，从单台 PLC 到网络，从底层到高层逐步扩展。

不同的公司，其 PLC 网络有所不同。图 9-4 所示为典型的三级复合型拓扑结构，最高层为信息管理网络，选用 Ethernet（以太网）或 MAP 网；中间层为高速数据通道，它负责过程监控，一般配置令牌总线通信协议；底层为远程 I/O 链路，负责现场控制功能，配置周期 I/O 通信机制。

3. PLC 网络各级子网通信协议配置的规律

通过典型 PLC 网络的介绍，可以看出 PLC 网络各子网通信协议配置的规律如下：

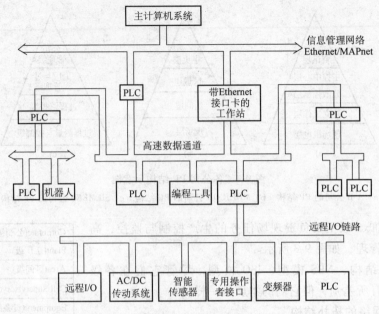

图 9-4 三级复合拓扑结构的 PLC 网络

1）PLC 网络通过采用 3 级或 4 级子网构成复合型拓扑结构，各级子网中配置不同的通信协议，以适应不同的通信要求。

2）PLC 网络中配置的通信协议分两类：一类是通用协议，另一类是公司的专用协议。前者主要配置在 PLC 网络的高层子网中，通常采用的协议是 Ethernet 协议或 MAP 协议，这反映 PLC 网络标准化和通用化的趋势，不同 PLC 网络之间的互联，PLC 网络与不同局域网的互联都是在高层子网之间进行的。后者配置在 PLC 网络的中、低层子网中，故不同 PLC 的网络的中低层是不能互联的。

3）个人计算机加入不同级别的子网，须按所接入的子网配置通信模块或板卡，并按该级子网配置的通信协议编制相应的通信程序。

9.1.2 PLC 网络的通信方法

1. 通信方法

PLC 网络的通信一般都采用串行方式，每级子网都根据其不同的功能配置不同的协议，其中大部分是各公司的专用通信协议。不同公司的专用协议，从协议的规定、帧格式等表面形式看，有明显的区别。但是它们关于如何实现通信的思路却极为相似，这就是"通信方法"。

PLC 网络的各级子网络无论采用何种结构（总线结构、环形结构等），它们的通信介质是共享资源。挂在共享介质上的各站要想通信，首先要解决共享通信介质使用权的分配问题，即存取控制或访问控制。

一个站取得了通信介质使用权后，接下来的任务应是完成数据的传输。如何传送数据，包含传送数据时是否要先建立一种逻辑连接，然后再传送？所采用的数据传送方式发给对方的数据是否要对方应答？发出去的数据是由一个站接收，还是多个站接收，或是全部站接收？这些问题就是数据传送方式。

这里的通信方法等于存取控制方式+数据传送方式。存取控制方式与数据传送方式都是通信协议有关层次的内容，用它们来描述一种通信过程与人们传统意义上有关通信的概念非常接近。对于局域网而言，存取控制方式与数据传送方式是其通信协议最核心的内容。

2. PLC 网络的实时性与其约束条件

（1）实时性

实时性通常是用"响应时间"来定量描述的。响应时间是指某一系统对输入做出响应的时间，以 ms、s、min、h 为计量单位。响应时间越短，意味着该系统实时性越好。

PLC 网络中，各级子网对实时性的要求不同，通常愈靠近底层的子网对实时性的要求愈高，愈靠近上层的子网对实时性的要求愈低。相同子层上的各个站点对通信实时性的要求也不太相同，一个站的实时性要求是指该站提出所有通信任务在指定的时限内都能获得响应。整个通信子网的实时性满足要求是指，分布在子网上所有站点的每项通信任务的实时性均得到保证。

（2）约束条件

保证 PLC 网络的实时性必须满足下列三个时间约束条件：

1）必须限定每个站点每次取得通信权的时间上限值，以防某一站长期霸占子网而导致其他各站点的实时性恶化。

2）应当保证在某一固定的时间周期内通信子网上的每个站都有机会取得通信权，这将为每个站提供基本实时性。

3）对于重要的站可以优先服务，对于某项紧急通信任务，应当给予优先处理。

（3）提高 PLC 网络实时性的途径

1）选用合适的存取控制方式。

2）尽量减少通信协议的层数。

3）选用适当的数据传送方式。如发送数据时，是否要对方应答，有应答实时性就受影响。

3. PLC 控制网络与 PLC 通信网络

PLC 控制网络与 PLC 通信网络是两个不同的概念。PLC 网络包括 PLC 控制网络与 PLC 通信网络两种。

（1）PLC 控制网络

PLC 控制网络是只传送 ON/OFF 开关量，且一次传送的数据量较少，但对实时性要求高的网络。例如，PLC 的远程 I/O 链路、通过 LINK 区交换数据的 PLC 同位链接系统。这种网络的特点是尽管要传送的开关量远离 PLC，但 PLC 对它们的操作，就像直接对自己的 I/O 区操作那样简单、方便、迅速。

（2）PLC 通信网络

PLC 通信网络又称高速数据公路，该类网络既可以传送开关量，又可以传送数字量，一次通信传送的数据较大。这类网络的工作类似于普通局域网，比如 A-B 公司的 DH+网、三菱公司的 MELSECNET/H 网、西门子的 SINECHI 网等都属于 PLC 通信网络。

开关量与数字量本身并没有界限，多位开关量并在一起就是数字量。这两种 PLC 网的本质区别在于：前者的一个工作过程就像 PLC 对自己的 I/O 区操作一样，后者的一个工作过程类似于普通局域网的工作过程。随着通信技术的发展，多类型自动化控制系统（顺序、运动、过程、信息）的集成，PLC 控制网络只传送开关量不传送数字量的限制正在被打破，如三菱公司的 CC-Link（控制与通信）现场总线等。

4. PLC 网络中常用的通信方式

(1) 周期 I/O 方式通信

可编程序控制器的远程 I/O 链路就是一种 PLC 控制网络，在远程 I/O 链路中，采用"周期 I/O 方式"交换数据。远程 I/O 链路按主从方式工作，可编程序控制器带的远程 I/O 主单元在远程 I/O 链路中担任主站，其他远程 I/O 单元均为从站。在主站中设立一个"远程 I/O 缓冲区"，采用信箱结构，划分为几个分箱与每个从站一一对应，每个分箱再分为两格，一格管发送，另一格管接收。主站中负责通信的处理器采用周期扫描方式，按顺序与各从站交换数据，把与其对应的分箱中发送分格的数据送给从站，从从站中读取数据放入与其对应的分箱的接收分格中。这样周而复始，使主站中的"远程 I/O 缓冲区"得到周期性的刷新。

这种通信方式要占用 PLC 的 I/O 区，因此，只适用于少量数据的通信。从表面看来，远程 I/O 链路的通信就好像是 PLC 直接对远程 I/O 单元进行读写操作，因此，操作简单、迅速、方便。

(2) 全局 I/O 方式通信

全局 I/O 方式是一种串行共享存储区通信方式，它主要用于带有链接区的 PLC 之间的通信。其工作原理是在 PLC 网络上的每台 PLC 的 I/O 区中各划出一块作为链接区，每个链接区都采用邮箱结构。相同编号的发送区与接收区大小相同，占用相同的地址段，一个为发送区，其他均为接收区。采用广播方式通信。

这里的共享存储区与并行总线的共享存储区在结构上有些差别，它把物理上分布在各站的链接区，通过等值化通信使其好像重叠在一起，在逻辑上变成一个存储区，大小与一个链接区一样。这种共享存储区称为串行共享存储区。

在这种方式下，PLC 直接用读/写指令对链接区进行读/写操作，简单、方便、快速，但应注意在一台 PLC 中对某地址的写操作时，在其他 PLC 中对同一地址只能进行读操作。与周期 I/O 方式一样，全局 I/O 方式也要占用 PLC 的 I/O 区，因而只适用于少量数据的通信。

(3) 主从总线 1 : N 通信方式

主从总线通信又称为 1 : N 通信方式，这是在 PLC 通信网络上采用的一种通信方式。在总线结构的 PLC 子网上有 N 个站，其中只有 1 个主站，其他均为从站。因此，主从总线通信方式又称为 1 : N 通信方式。

(4) 令牌总线 N : N 通信方式

令牌总线通信方式又称为 N : N 通信方式。在总线结构上的 PLC 子网上有 N 个站，它们地位平等，没有主站与从站之分，也可以说 N 个站都是主站，所以称为 N : N 通信方式。

(5) 浮动主站 N : M 通信方式

浮动主站通信方式又称为 N : M 通信方式，它适用于总线结构的 PLC 通信网络。设在总线上有 M 个站，其中 N 个为主站，其余为从站（N<M），故称为 N : M 通信方式。

(6) 令牌环通信方式

有少量的 PLC 网络采用环形拓扑结构，其存取控制采用令牌法，具有较好的实时性。

(7) CSMA/CD 通信方式

CSMA/CD 通信方式是一种随机通信方式，适用于总线结构的 PLC 网络，总线上各站地位平等，没有主从之分。可采用 CSMA/CD 存取控制方式。

CSMA/CD 存取控制方式是一种不能保证实时性的存取控制方式。但是它采用随机方式，方法本身简单，而且见缝插针，只要总线空闲就抢着上网，通信资源利用率高，因而在 PLC 网络中，CSMA/CD 通信方式适合用于上层生产管理子网。

（8）多种通信方式的集成

在新近推出的一些现场总线中，常常把多种通信方式集成配置在某一级子网上。从通信方法上看，都是一些原来常用的。但如何自动地从一种通信方式切换到另一种，如何按优先级调度，则成为多种通信方式集成的关键。

9.1.3　计算机与 PLC 网络的联网通信

计算机具有很强的数据处理、图像处理能力，并配有多种高级语言，若选择适当的操作系统，则可提供优良的软件平台，开发各种应用系统，特别是能为用户提供诸如工艺流程图显示、动态数据画面显示、报表编制、趋势图生成、报警显示及生产管理等功能。

1. 计算机在 PLC 网络中的作用

计算机在 PLC 网络中的作用可分为下列四个方面：

1）构成以计算机为上位机，数台 PLC 为下位机的小型集散系统，用个人计算机实现操作站功能。

2）在 PLC 网络中，把计算机开发成简易工作站或工业终端，实现集中显示、集中报警功能。

3）把计算机开发成 PLC 编程终端，通过编程器接口接入 PLC 网络，进行编程、调试及监控。

4）把计算机开发成网间连接器，进行协议转换，实现 PLC 网络与其他计算机网络的互联。图 9-5 为通过计算机把局域网（NT 网）与专用的 PLC 网互联的结构图，此处计算机主要起网间连接器的作用。

2. 计算机与 PLC 网络联网通信分类

计算机与 PLC 网络联网通信通常分为专用通信与公用通信两类。

（1）专用通信

在计算机上配上某个 PLC 制造公司的专用通信板卡（PCI 卡）及专用通信软件，应用人员只需按要求对通信板卡

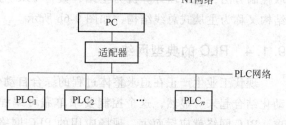

图 9-5　计算机作为网间连接器

进行初始化，即可进行通信。该类通信方便、可靠、快捷。它的主要缺点是价格高。

（2）通用通信

利用计算机已配有的异步串行通信适配器，加上应用人员自己开发编写的通信程序把计算机与 PLC 网络互联，此种通信方式称为通用通信。该类通信最大的特点是价格低廉，适用于在中小型企业中应用。

编写计算机通用通信程序可用 VB、VC、C++等可视化编程软件编程，也可用 Windows 的通信 API 函数、Basic 语言、汇编语言等编程。用编程软件编程只适合计算机编程人员。

编写计算机通用通信程序还可用可视化组态软件，如 Internation 公司的 FIX、iFIX，西门子公司的 SIMATIC WINCC，AB 公司的 RSView32，北京世纪佳诺科技有限公司的"世纪星"，北京昆仑通态自动化软件科技有限公司的 MCGS 等组态软件。组态软件具有易学、易

开发等特点，较适合系统控制工程师。

3. 计算机与 PLC 网络联网通用通信的条件

计算机与 PLC 网络联网采用通用通信并不一定都能连得通，说明计算机与 PLC 及其网络通信不满足它们联网应具备的条件。在这种情况下，只能采用专用通信，即配专用网卡及专用通信软件才能实现计算机与 PLC 及其网络的互联。

计算机与 PLC 及其网络联网通用通信的条件如下：

1）带有异步串行通信接口的 PLC 及采用异步串行方式通信的 PLC 网络才有可能与带异步串行通信适配器的计算机互联。仅此还不行，还要求双方采用的总线标准一致，都是 RS-232C，或者都是 RS-422A（或 RS-485），或者都是 20mA 电流环，否则要通过"总线标准变换单元"变换后才能互联。

2）要通过对双方的初始化，使波特率、数据位数、停止位数、奇偶校验都相同。

3）应用人员必须熟悉互联的 PLC 及 PLC 网络采用的通信协议。严格按该通信协议编写计算机通信程序。而 PLC 一方则不需开发人员编写通信协议，只需设置通信参数。

4. 计算机与 PLC 联网的结构形式

计算机与 PLC 互联时，一般采用如图 9-6 所示的两种结构形式。

（1）点对点结构

点对点结构即计算机的 COM 口与 PLC 的 PG（编程）口之间实现点对点链接，如图 9-6a 所示。

（2）多点结构

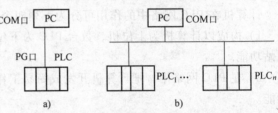

图 9-6 计算机与 PLC 联网的一般结构
a) 点对点结构 b) 多点结构

多点结构即多台 PLC 共同连在一条串行总线上与计算机相连。多点结构采用主从式存取控制方法，通常以计算机为主站，数台 PLC 为从站，通过周期轮询进行通信管理，多点结构又称为主从式总线结构，如图 9-6b 所示。

9.1.4 PLC 的典型网络

现代工业生产正在追求整体过程的综合自动化，即要求把过程控制自动化和信息管理自动化结合起来。显然，这个控制要求单靠可编程序控制器是做不到的。面对复杂的控制要求，PLC 网络就应运而生，现场应用的 PLC 网络很多，下面初步介绍下位连接系统、同位连接系统、上位连接系统、复合型 PLC 网络等几种典型的 PLC 网络。

1. 下位连接系统

下位连接系统是 PLC 主机通过串行通信连接远程 I/O 单元，实现远距离的分散检测与控制的系统。不同型号 PLC 可以连接的远程 I/O 单元的数量是不一样的，应该根据实际应用要求进行选择。系统中的主机和远程 I/O 单元是制造厂商配套提供的。主机与远程 I/O 单元的链接主要有连接电缆或光缆，相应的通信接口是 RS-485（或 RS-422A）或光纤接口。当采用光纤系统传输数据时，可以实现数据通信的远距离、高速度和高可靠性。系统的连接形式一般为树形结构，如图 9-7 所示。

图 9-7 下位连接系统示意图

PLC 主机是系统的集中控制单元，它

负责整个系统的数据通信，进行信息处理和协调各个远程 I/O 单元的操作。远程 I/O 单元是系统的分散控制单元，它们在主机的统一管理下，完成各自的输入/输出任务。远程 I/O 单元有两种类型：一种是非智能型的，它是主机扩展形式的远程 I/O 单元，它的输入/输出任务完全受主机控制；另一种是智能型的，它是主机终端形式的远程 I/O 单元，用户可以对它编写自己的应程序，它的输入/输出任务受内部的用户程序和外部的主机信息共同控制。

　　系统的通信控制程序由生产厂商编制，并安装在主机和远程 I/O 单元中。用户只要根据系统要求，设置远程 I/O 单元的地址和编制用户的应用程序即可使系统运行。

　　由于远程 I/O 单元可以就近安装在被测和被控对象的附近，从而大大缩短了输入/输出信号的连接电缆。因此，下位连接系统特别适合于地理位置比较分散的控制系统，如生产流水线上的各工序的控制。

2. 同位连接系统

　　同位连接系统是 PLC 通过串行通信接口相互接起来的系统。系统中的 PLC 是并行运行的，并通过数据传递相互联系，以适应大规模控制的要求。同位连接系统常采用总线型结构，如图 9-8 所示。

图 9-8　同位连接系统示意图

　　在同位连接系统中，各个 PLC 之间的通信一般采用 RS-485（或 RS-422A）接口。互联的 PLC 最大允许数量随 PLC 的类型不同而不同。系统所用的 PLC 一般是同一厂商的同一系列的产品。系统内的每个 PLC 都有一个唯一的系统识别单元号（站号），号码从 0 开始顺序设置。在各个 PLC 内部都设置了一个公共数据区（信箱），用作通信数据的缓冲区。PLC 系统程序中的通信程序把公共数据区中的发送区数据发送到通信接口上，并且把通信接口上接收到的数据放入公共数据区中的接收区。对用户来讲，这个过程是透明的，自动进行的，不需要用户应用程序干预。用户应用程序中只需编制把发送的数据送入公共数据区中的发送区，以及从公共数据区中的接收区读取接收数据的程序，即可实现 PLC 之间的相互信息传递，完成整个系统的数据通信，如图 9-9 所示。

3. 上位连接系统

　　上位连接系统是一种自动化综合管理系统。上位计算机通过串行通信接口与 PLC 的串行通信接口相连，对 PLC 进行集中监视和管理，从而构成集中管理、分散控制的分布式多级控制系统。在整个系统中，PLC 是直接控制级，它负责现场过程的检测与控

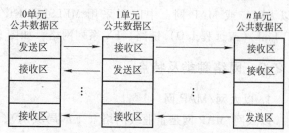

图 9-9　同位连接系统的数据传送

制，同时接收上位计算机的信息和向上位计算机发送现场控制信息。上位计算机是协调管理级，它要与三个方面，即下位直接控制级、自身的人机界面和上级信息管理级进行信息交换。它是过程控制与信息管理的结合点和转换点，是信息管理与过程控制联系的桥梁，如图9-10 所示。

　　上位计算机与 PLC 的通信一般采用 RS-232C 或 RS-422A（或 RS-485）接口。当用 RS-232C 通信接口时，一个上位计算机只能连接一台 PLC。若连接多台 PLC，则需要增加 RS-232C/RS-422A 或 RS-485 转换装置。

　　上位计算机与 PLC 的数据通信格式目前还没有统一的标准，不同厂商的 PLC 都有自己

的通信格式。通常，PLC上的通信程序由制造商编制好，并作为系统程序按控制和通信的要求提供。对于上位计算机中的通信软件，有的以通信驱动程序的形式提供，用户只要在上位计算机应用软件平台调用，即可完成与直接控制级的通信（专用通信）。

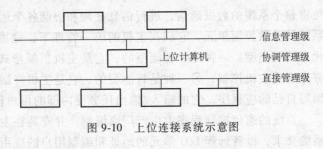

图 9-10 上位连接系统示意图

有的则提供通信格式说明文件的形式，用户应根据它的内容编制相应的通信程序，并嵌入用户的应用软件平台（通用通信）。

上位计算机与信息管理计算机的通信一般采用局域网。上位计算机通过通信网卡与信息管理级的其他计算机进行信息交换。网络管理软件是产品软件，上位计算机只要在应用软件平台中调用它，即可完成网络的数据通信。

4. 复合型 PLC 网络

在工厂自动化系统中，常把下位连接系统、同位连接系统、上位连接系统混合在同一层一起使用，构成复合型 PLC 网络，以实现工厂自动化系统要求的多级功能。

在复合型 PLC 网络中，下位连接系统位于最下层，主要负责现场信号的采集及执行元件的驱动。同位连接系统居于中间，负责控制。上位连接系统处在最高层，负责整个系统的监控优化。

9.2 三菱公司的可编程序控制器网络

9.2.1 网络结构

三菱公司的 MELSECNET PLC 网络主结构为三级复合型拓扑结构，最高层选用 Ethernet（以太网）或 MAP 网，中间层采用 MELSECNET/10 网（或 MELSECNET/H 网），底层为 CC-Link（或远程 I/O）链路、FX 系列网络，如图 9-11 所示。

9.2.2 网络种类及特点

1. 以太网/MAP 网

以太网/MAP 网是企业级网络（工厂局域网），提供 100/10Mbit/s 的传输速度，用于工厂各部门之间的通信。

2. MELSECNET/10 网（令牌网）

MELSECNET/10 网是控制级网络（控制层），使用大、中型 PLC，提供 10Mbit/s 的传输速度，网络总距离可达 30km，有光缆或同轴电缆两类网络系统。光缆系统具有不受环境噪声影响和传输距离长等优点，同轴电缆系统则具有低成本的优点。

光缆系统的双环网拓扑结构提供传输光缆的冗余。如果一根光缆突然断裂或发生连接故障，系统仍可继续运行。除光缆冗余之外，MELSECNET/10 网的令牌通信方法提供一种浮动主站功能，用此功能，当一个主 PLC 站停止运行时，网络系统仍能让所有挂网的 PLC 继续正常运行。MELSECNET/10 网采用不同的网络组件可构成令牌环形网或令牌总线网。

MELSECNET/10 网具有较高的灵活性，一个单 A2AS PLC 系统最多可插装 4 个

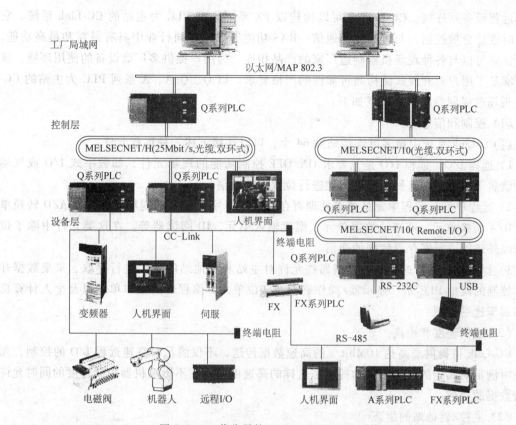

图 9-11 三菱公司的 MELSECNET PLC 网络

MELSECNET/10 网络组件，光缆或同轴电缆可以任意混合使用。作为一个大型的网络系统最多可挂连 255 个网区，每个网区的最大 PLC 数可达 64 台（一个主站及 63 个从站）。在这些网络中的任何节点均可传送/接收任何数据。MELSECNET/10 网中可供网络全局通信使用的位软元件和字软元件各有 8192 点（位元件 b0~b1FFF，字元件 W0~W1FFF）。

MELSECNET/10 网具有自诊断功能，由于网络分散安装在一个很大的区域内，因此在选择网络形式时很重要的一个因素是易于查寻故障，MELSECNET/10 系统的网络监控功能可提供所有为查寻故障所需的必要信息。

3. MELSECNET/H 网（令牌网）

MELSECNET/H 网是控制级网络（控制层），是大型 QCPU 系列 PLC 用网络（当 QnA、AnU 和 ACPU 系列 PLC 存在于同一网络上时，可选择与 MELSECNET/H 兼容的 MELSECNET/10 模式），提供 25/10Mbit/s 的传输速度，网络总距离可达 30km，可任意选择光缆或同轴电缆，双环网或总线网。采用不同的网络组件可构成令牌环形网、令牌总线网和远程 I/O 网。一个大型网络，最多可挂 239 个网区，每个网区可有一个主站及 63 个从站。提供浮动主站及网络监控功能，具有比 MELSECNET/10 网扩展了的 RAS 功能。MELSECNET/H 网中可供网络全局通信使用的位软元件和字软元件各有 16、384 点。

4. CC-Link 现场总线网络

CC-Link 是设备级网络（设备层），CC-Link（Control & Communication Link）是三菱公司新近开发的现场总线网络，采用屏蔽双绞线组成总线网，RS-485 串行接口。CC-Link 不仅可以构建以 Q、QnA、A 系列大、中型 PLC 为主站的 CC-Link 系统，FX 系列小型 PLC 可作

283

为其远程设备站连接。CC-Link 还可以构建以 FX 系列小型 PLC 为主站的 CC-Link 系统。它在实时性、分散控制、与智能机器通信、RAS 功能等方面在同行业中具有最新和最高功能。同时，它可以与各种现场机器制造厂家的产品相连，为用户提供多厂商设备的使用环境。该网络满足了用户对开放式结构与可靠性的严格要求。以 Q、QnA、A 系列 PLC 为主站的 CC-Link 现场总线网络的主要特点如下：

（1）控制和信息

在 CC-Link 系统中最多可连接站数 64 个，可以连接下述三种远程元件：

1）远程 I/O。远程 I/O 是只要求 ON/OFF 控制功能的现场元件，如数字式 I/O 或气动阀等就属于这类。在这种类型里只能进行位数据的通信。

2）远程单元。远程单元是要求处理寄存器数据（字数据）的现场元件，如 A/D 转换单元、D/A 转换单元、高速计数器单元、温度输入单元、ID 阅读器等。在这类元件中除了位数据以外还能进行寄存器数据的通信。

3）智能化远程。这类元件是指那些允许对主站和其他站的动作进行存取、采集数据并进行控制的就地 PLC 站。显示器/操作终端、定位单元、编程器的接口单元以及个人计算机等都属于这一类型。

（2）通信速度和距离

CC-Link 可提供最高达 10Mbit/s 的高速数据传送，不仅满足对高速远程 I/O 的控制，而且还可满足对高速的现场信息的控制。这样的高速度可以在不影响机器控制速度的同时允许大量数据的通信。

（3）主控/就地站的组态

CC-link 除了能进行主控与远程站的配置还能进行主控与就地站的配置。一台就地 PLC 能与主控 PLC 及其他远程工作站进行通信。

可以在主控 PLC 与本地 PLC 之间进行 $N : N$ 的循环传送，简易地构成分散的 PLC 系统。

（4）主控单元/后备主控单元的组态

一个在 CC-link 系统中的就地 PLC 可以作为一个带 PLC 冗余的后备主控 PLC。由于文件数据的重要性不断提高，当主控单元停机故障时这些数据不会丢失。CC-Link 的该功能为冗余系统提供了简单经济的解决方法。

（5）多种厂商产品的连接

许多厂家生产的传感器和传动装置可以直接与 CC-Link 网络连接，如气动阀、ID 控制器、条形码读出器、机器人、显示器终端、温控器及测量传感器等。多厂商的开放性网络具有高度的安全性。

（6）完善的 RAS 功能

RAS 功能表示可靠性、有效性、易维护性，是非常容易使用的综合性自动化工具。CC-Link 现场总线网络具备自动在线恢复功能、待机主控功能、切断从站功能、确认链接状态功能及测试和诊断功能，可以构成具有高度可靠性的网络。

（7）在线 I/O 的更换

双层端子排结构形式的远程 I/O 模块允许在不影响其他远程 I/O 控制的情况下，进行在线 I/O 更换。

5. FX 系列网络

FX 系列小型 PLC 网络是设备级网络（设备层），主要有以下几种类型。

（1）CC-Link 网络

FX 系列 CC-Link 网络系统是以 FX 系列 PLC 为主站，通过总线电缆将分散的 I/O 模块、特殊功能模块等连接起来，并且通过 PLC 的 CPU 来控制这些相应模块的系统。网络总距离可达 1200m，可连接远程 I/O 站 7 台，远程设备站 8 台。该网络用于生产线的分散控制和集中管理，与上位网络之间的数据交换等。可用于该网络的 FX 系列 PLC 有 FX_{1N}（V.1.10）、FX_{1NC}、FX_{2N}（V.2.20）、FX_{2NC}（V.2.20）、FX_{3U}、FX_{3UC}。其主要特点如下：

1）将每个模块分散到生产线和机械等设备中，能够实现整个系统的省配线。

2）使用处理远程 I/O 位数据 ON/OFF 或者字数据的模块，能够实现简单的高速通信。

3）可以和其他厂商的各种不同的设备进行连接，使得系统更具灵活性。

FX 系列 CC-Link 网络结构如图 9-12 所示。

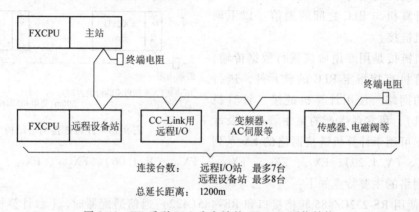

图 9-12   FX 系列 PLC 为主站的 CC-Link 网络结构

（2）$N : N$ 网络

$N : N$ 网络是通过 RS-485 通信设备，最多可连接 8 台 FX 系列 PLC（站号 0~7），在这些 PLC 之间自动执行数据交换的网络。在这个网络中，通过由刷新范围决定的软元件在各 PLC 之间执行数据通信，并且可以在所有的 PLC 中监控这些软元件。该网络可以实现小规模系统的数据链接以及机械之间的信息交换，即实现生产线的分散控制和集中管理等。可用于 $N : N$ 网络的 FX 系列 PLC 有 FX_{0N}（V.2.00）、FX_{1S}、FX_{1N}、FX_{1NC}、FX_{2N}（V.2.00）、FX_{2NC}、FX_{3U}、FX_{3UC}。$N : N$ 网络的主要特点如下：

1）根据要链接的软元件点数，有三种模式可以选择（FX_{1S}、FX_{0N} 除外）。

2）数据的链接在各 PLC 之间自动更新。

3）全部使用 485ADP 时总延长距离最大可达 500m，混合使用 485BD 时 50m。

$N : N$ 网络结构如图 9-13 所示。

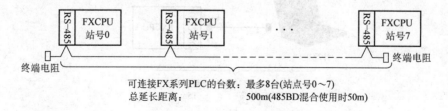

图 9-13 $N : N$ 网络结构

（3）并行链接

并行链接（又称并联链接）是通过 RS-485 通信设备连接，在 FX 系列 PLC 1:1 之间，通过位软元件 M（0~100 点）和数据寄存器 D（2~10 点）进行自动数据交换的网络。该网络可以执行 2 台 FXPLC 之间的信息交换，即实现生产线的分散控制和集中管理等。可用于并行链接网络的 FX 系列 PLC 有 FX$_{0N}$（V. 1. 20）、FX$_{1S}$、FX$_{1N}$、FX$_{1NC}$、FX$_{2N}$（V. 1. 04）、FX$_{2NC}$、FX$_{3U}$、FX$_{3UC}$。并行链接网络的主要特点如下：

1）根据要链接的软元件点数，可以选择普通模式和高速模式。

2）数据的链接在 2 台 PLC 之间自动更新。

3）全部使用 485ADP 时总延长距离最大可达 500m，混合使用 485BD 时 50m。

4）便于扩展（扩展为 N:N 网络）。

并行链接网络结构如图 9-14 所示。

（4）计算机与 PLC 之间的通信（以下简称为计算机链接）

计算机链接是用专用协议进行数据传输，并可从计算机直接指定 PLC 的软元件，进行数据交换的网络。使用计算机链接（计算机作为上位机），可实现生产的集中管理以及库存管理等。可用于计算机链接网络的 FX 系列

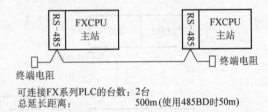

可连接FX系列PLC的台数：2台
总延长距离： 500m(使用485BD时50m)

图 9-14 并行链接网络结构

PLC 有 FX$_{0N}$（V. 1. 20）、FX$_{1S}$、FX$_{1N}$、FX$_{1NC}$、FX$_{2N}$（V. 1. 06）、FX$_{2NC}$、FX$_{3U}$、FX$_{3UC}$。计算机链接网络的主要特点如下：

1）当使用 RS-232C/485 转换接口和 RS-485(422) 通信适配器时，1 台计算机最多可链接 16 台（1:N 链接）FX 系列 PLC。

2）当使用 RS-232C 通信适配器时，1 台计算机最多可连接 1 台（1:1 链接）FX 系列 PLC。

计算机链接网络结构如图 9-15 所示。

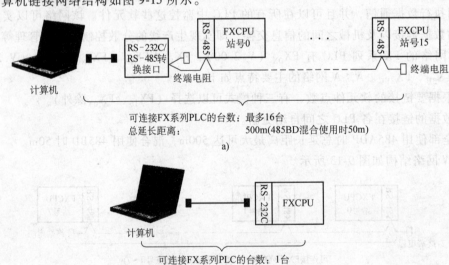

图 9-15 计算机链接网络结构
a) 1:N 链接（RS-485） b) 1:1 链接（RS-232C）

9.3 FX 系列可编程序控制器网络的应用

本节以 FX_{2N} 小型 PLC 为例，介绍 FX 系列小型 PLC 网络中的 $N:N$ 网络、并行链接和计算机链接的应用。

9.3.1 PLC 与 PLC 之间的通信

PLC 与 PLC 之间有两种类型的通信网络，即 $N:N$ 网络和并行链接。它们是在 PLC 基本单元上增加 RS-485 通信设备后构成的。

1. $N:N$ 网络

（1）$N:N$ 网络的系统配置

$N:N$ 网络的系统配置如图 9-16 所示。

（2）接线

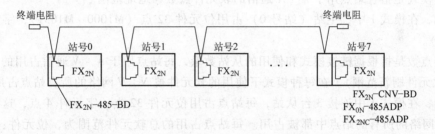

图 9-16 $N:N$ 链接系统配置

RS-485 的连接导线使用屏蔽双绞线，连线可以是一对或两对导线。$N:N$ 网络只能采用一对导线连接，如图 9-17 所示。图中：

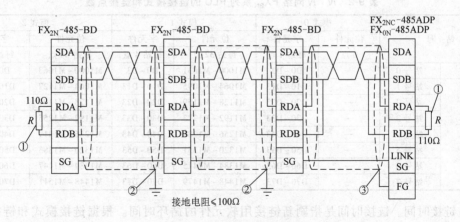

图 9-17 $N:N$ 网络接线图

1）终端电阻（110Ω、1/2W）连接在端子 RDA 和 RDB 间，如图 9-17 中①所示。

2）双绞线屏蔽层一端接地，接地电阻≤100Ω，如图 9-17 中②所示。

3）双绞线屏蔽层一端接端子 FG，将端子 FG 连接到 PLC 主机上的接地端子，主机接地电阻≤100Ω，如图 9-17 中③所示。

（3）通信规格和链接规格

1）通信规格。$N:N$ 网络的通信按照表 9-1 的规格（固定）执行，不能更改。

表 9-1 $N:N$ 网络的通信规格

项 目	规 格
接口标准	RS-485
连接台数	最多 8 台
最大传送距离	全部使用 FX_{0N}-485ADP/FX_{2NC}-485ADP 时：500m；与 485BD 混合使用时：50m
协议形式	$N:N$ 网络
波特率	38400bit/s
通信方式	半双工双向
通信格式	固定

2）链接规格。

① 链接模式和链接点数。在 $N:N$ 网络的每个站点，位软元件 M（0～64 点）和字软元件 D（4～8 点）被自动数据链接，通过被分配到各站点的软元件地址，在其中的任一站点可以知道其他各站点的 ON/OFF 状态和数据寄存器中的数据。

链接模式是指各站点用于 $N:N$ 通信的软元件点数和地址范围。

例如，在模式 1 中，主站（站号 0）占用位元件 32 点（M1000～M1031），字元件 4 点（D0～D3）。

链接点数是指根据链接模式和使用的从站数量，每站点用于 $N:N$ 通信占用的总软元件点数（软元件刷新范围）。在每种模式下使用的软元件被 $N:N$ 网络的所有站点占用。

例如，在模式 1 中连接 3 台从站，每站点占用位元件 32 点，字元件 4 点，这些软元件在 $N:N$ 网络的所有的站点中都被占用。每站点占用的总软元件范围为，位元件：M1000～M1223，字元件：D0～D33。这一范围的软元件不能做其他用。考虑以后从站数量可能增加，没有连接从站的软元件应事先空出。

链接模式和链接点数见表 9-2。

表 9-2 $N:N$ 网络 FX_{2N} 系列 PLC 的链接模式和链接点数

站 号		模式 0		模式 1		模式 2	
		位元件	字元件	位元件	字元件	位元件	字元件
		0 点	每站 4 点	每站 32 点	每站 4 点	每站 64 点	每站 8 点
主站	站号 0	—	D0～D3	M1000～M1031	D0～D3	M1000～M1063	D0～D7
从 站	站号 1	—	D10～D13	M1064～M1095	D10～D13	M1064～M1127	D10～D17
	站号 2	—	D20～D23	M1128～M1159	D20～D23	M1128～M1191	D20～D27
	站号 3	—	D30～D33	M1192～M1223	D30～D33	M1192～M1255	D30～D37
	站号 4	—	D40～D43	M1256～M1287	D40～D43	M1256～M1319	D40～D47
	站号 5	—	D50～D53	M1320～M1351	D50～D53	M1320～M1383	D50～D57
	站号 6	—	D60～D63	M1384～M1415	D60～D63	M1384～M1447	D60～D67
	站号 7	—	D70～D73	M1448～M1479	D70～D73	M1448～M1511	D70～D77

② 链接时间。链接时间是指刷新链接用软元件的循环时间。根据链接模式和链接台数（主站+从站），以及链接软元件的数量，链接时间见表 9-3。

表 9-3 $N:N$ 网络的链接时间

链接台数	链接时间/ms		
	模式 0	模式 1	模式 2
	位元件 0 点，字元件 4 点	位元件 32 点，字元件 4 点	位元件 64 点，字元件 8 点
2	18	22	34
3	26	32	50

（续）

链接台数	链接时间/ms		
	模式 0	模式 1	模式 2
	位元件 0 点,字元件 4 点	位元件 32 点,字元件 4 点	位元件 64 点,字元件 8 点
4	33	42	66
5	41	52	83
6	49	62	99
7	57	72	115
8	65	82	131

（4）相关标志和特殊数据寄存器

1）特殊辅助继电器。用于 $N:N$ 网络标志的特殊辅助继电器见表 9-4。

表 9-4 FX$_{2N}$ 系列 PLC $N:N$ 网络标志用特殊辅助继电器

软元件编号	名称	内容	响应类型	R/W
M8038	通信参数设定	用于通信参数的设定	M,L	R
M8183	主站通信错误	当主站产生通信错误时 ON	L	R
M8184~M8190	从站通信错误	当从站产生通信错误时 ON	M,L	R
M8191	正在执行数据通信	当与其他站点通信时 ON	M,L	R

注：1. M：主站（站号 0）。2. L：从站（站号 1~7）。3. R：只读，W：只写。4：M8184~M8190 对应从站 1~从站 7,
本站出错时，本站的标志不会 ON。

2）特殊数据寄存器。用于 $N:N$ 网络参数设定、参数设定确认和通信状态（数值和代码）存储的特殊数据寄存器见表 9-5。

表 9-5 FX$_{2N}$ 系列 PLC $N:N$ 网络参数用特殊数据寄存器

软元件编号	名称	内容	默认值	响应类型	R/W
D8173	站点号	存储本站的站点号	—	M,L	R
D8174	从站点总数	存储从站点的总数	—	M,L	R
D8175	刷新范围	存储刷新范围	—	M,L	R
D8176	站点号设置	设置本站的站点号	0	M,L	W
D8177	总从站点数设置	设置从站点的总数	7	M	W
D8178	刷新范围设置	设置刷新范围	0	M	W
D8179	重试次数设置	设置重试次数	3	M	R/W
D8180	通信超时设置	设置通信超时	5	M	R/W
D8201	当前网络扫描时间	存储当前网络扫描时间	—	M,L	R
D8202	最大网络扫描时间	存储最大网络扫描时间	—	M,L	R
D8203	主站点的通信错误数目	主站点发生通信错误的次数	—	L	R
D8204~D8210	从站点的通信错误数目	从站点发生通信错误的次数	—	M,L	R
D8211	主站点的通信错误代码	存储主站点通信错误的代码	—	L	R
D8212~D8218	从站点的通信错误代码	存储从站点通信错误的代码	—	M,L	R

注：1. M：主站（站号 0）。2. L：从站（站号 1~7）。3. R：只读，W：只写。4：D8204~M8210 对应从站 1~从站 7。
5. D8212~D8218 对应于从站 1~从站 7。

（5）参数设置

1）站号设定（D8176）。在主站及各从站的特殊数据寄存器 D8176 中设定 0~7 的数值（默认值：0）。站号的设定值应连续，如有重复或空号，系统不能正常链接。主站及各从站的对应值见表 9-6。

表 9-6　站号设定值（D8176）

站号	主站 0	从站 1	从站 2	从站 3	从站 4	从站 5	从站 6	从站 7
设定值	0	1	2	3	4	5	6	7

2）从站总数设定（D8177）。在主站（从站不需设定）的特殊数据寄存器 D8177 中设定 1~7 的数值（默认值：7），对应值见表 9-7。

表 9-7　从站总数设定值（D8177）

从站数	1 台从站	2 台从站	3 台从站	4 台从站	5 台从站	6 台从站	7 台从站
设定值	1	2	3	4	5	6	7

3）刷新范围设定（D8178）。在主站（从站不需设定）的特殊数据寄存器 D8178 中设定 0~2 的数值（默认值：0），对应值见表 9-8。

表 9-8　刷新范围设定值（D8178）

项　　目	刷　新　范　围		
模式	模式 0	模式 1	模式 2
设定值	0	1	2

4）重试次数设定（D8179）。在主站（从站不需设定）的特殊数据寄存器 D8179 中设定 0~10 的数值（默认值：3）。

5）通信超时设定（D8180）。在主站（从站不需设定）的特殊数据寄存器 D8180 中设定 5~255 的数值（默认值：5）。此值乘以 10（ms）就是通信超时的持续时间。

6）用于进行设置的程序。$N:N$ 网络的参数设定程序必须从第 0 步开始，用 M8038（驱动触点）编写，否则 $N:N$ 网络的功能无法执行。参数设定程序不需要执行，当把它从第 0 步开始写入时，参数设定自动变为有效，不能用程序或编程工具使 M8038 置 ON。参数设定程序示例如图 9-18 所示。

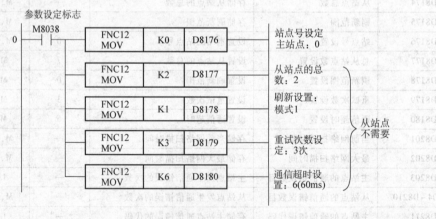

图 9-18　参数设定程序示例

（6）编程实例

1）系统配置。系统由一台主站、二台从站组成，如图 9-19 所示。

系统参数设置：

① 刷新范围：模式 1。

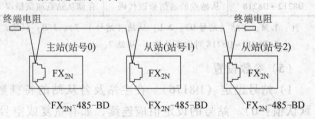

图 9-19　$N:N$ 网络三台 PLC 链接系统配置

② 重试次数：3次。

③ 通信超时：5（50ms）。

2）操作任务。在图 9-19 所示的系统配置下完成以下操作任务：

① 将主站点的输入 X000～X003（M1000～M1003）传送到从站 1 和从站 2 的输出 Y010～Y013。

② 将从站 1 的输入 X000～X003（M1064～M1067）传送到主站点和从站 2 的输出 Y014～Y017。

③ 将从站 2 的输入 X000～X003（M1128～M1131）传送到主站点和从站 1 的输出 Y020～Y023。

④ 将主站点中的数据寄存器 D1 指定为从站 1 中的计数器 C1 的设定值寄存器。

将计数器 C1 的触点（M1070）的状态（ON/OFF）传送到各站点的输出 Y005 上。

⑤ 将主站点中的数据寄存器 D2 指定为从站 2 中的计数器 C2 的设定值寄存器。

将计数器 C2 的触点（M1140）的状态（ON/OFF）传送到各站点的输出 Y006 上。

⑥ 将从站 1 中数据寄存器 D10 的值与从站 2 中数据寄存器 D20 的值相加，并存入主站点的数据寄存器 D3 中。

⑦ 将主站点中数据寄存器 D0 的值与从站 2 中数据寄存器 D20 的值相加，并存入从站 1 的数据寄存器 D11 中。

⑧ 将主站点中数据寄存器 D0 的值与从站 1 中数据寄存器 D10 的值相加，并存入从站 2 的数据寄存器 D21 中。

3）程序编写。下面将程序分为"参数设定程序部分"、"出错显示程序部分"和"动作程序部分"三部分进行说明。

① 主站程序的编写。主站参数设定程序部分如图 9-20 所示。

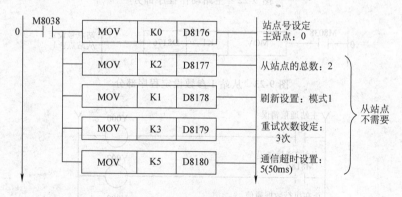

图 9-20　主站参数设定程序部分

主站出错显示程序部分如图 9-21 所示。由于本站出错时，本站的标志不会 ON，所以不需要对本站的出错编程。

主站动作程序部分如图 9-22 所示。

② 从站 1 程序的编写。对于从站，只需设定站号。从站 1 参数设定程序部分如图 9-23 所示。

从站 1 出错显示程序部分如图 9-24 所

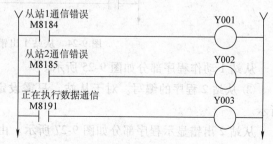

图 9-21　主站出错显示程序部分

示。由于本站出错时，本站的标志不会 ON，所以不需要对本站的出错编程。

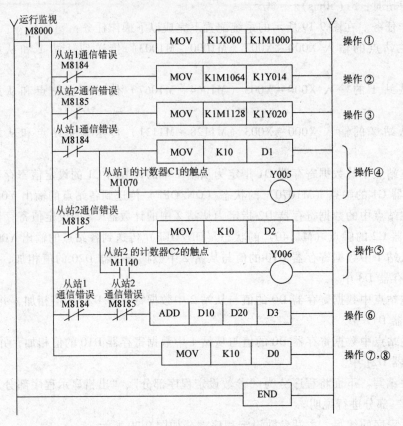

图 9-22　主站动作程序部分

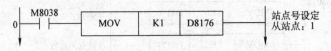

图 9-23　从站 1 参数设定程序部分

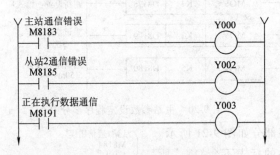

图 9-24　从站 1 出错显示程序部分

从站 1 动作程序部分如图 9-25 所示。

③ 从站 2 程序的编写。对于从站，只需设定站号。从站 2 参数设定程序部分如图 9-26 所示。

从站 2 出错显示程序部分如图 9-27 所示。由于本站出错时，本站的标志不会 ON，所以不需要对本站的出错编程。

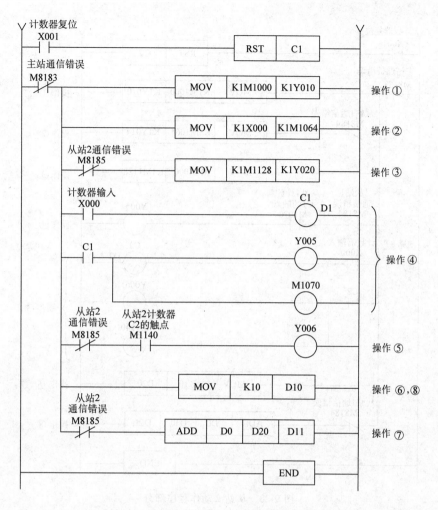

图 9-25　从站 1 动作程序部分

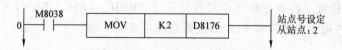

图 9-26　从站 2 参数设定程序部分

从站 2 动作程序部分如图 9-28 所示。

（7）故障诊断

1）通过 LED 显示确认通信状态。正常通信时，$N:N$ 网络的每个通信设备（485BD 或 485ADP）上的两个 LED（RD 和 SD）都应清晰地闪烁。

当 LED 不闪烁时，应检查接线是否正确，站点编号、从站数目、主站及各从站的参数设定是否正确。

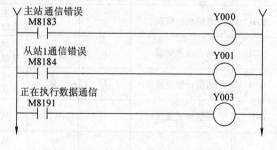

图 9-27　从站 2 出错显示程序部分

2）通过错误代码诊断。确认每个站点的通信错误标志（M8183～M8190）没有 ON，并且数据通信标志（M8191）没有 OFF。如果某个通信错误标志 ON 或数据通信标志 OFF，应

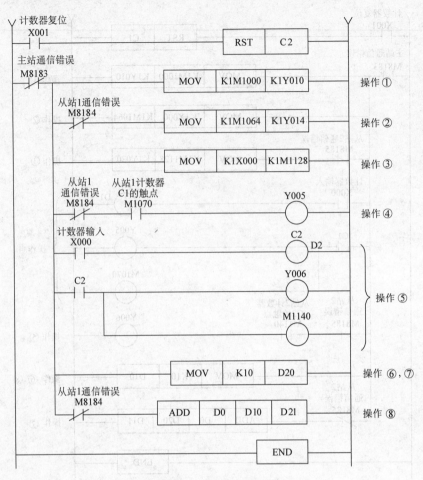

图 9-28 从站 2 动作程序部分

检查特殊数据寄存器（FX_{2N}系列：D8211～D8218）的错误代码。错误代码见表 9-9。

3）用户程序检查。检查在程序中是否使用了 VRRD、VRSC、RS、EXTR 指令。如果使用了，先删除这些指令，然后将 PLC 的电源断开再重新上电。

表 9-9 FX_{2N} 系列 PLC 通信错误代码

代码	代码含义	错误站点	检查站点	说明	检查点
01H	通信超时错误	L	M	主站发送请求从站后，响应时间超过通信超时时间	接线、电源、RUN/STOP 状态（应在 RUN 状态）
02H	站点编号错误	L	M	站点编号不符合主站和从站之间的关系	接线
03H	通信计数器错误	L	M	通信计数器不符合主站和从站之间的关系	接线
04H	通信格式错误	L	M、L	从站的通信格式不正确	接线、电源、RUN/STOP 状态、站号设定
11H	通信超时错误	M	L	从站发送应答给主站后，主站不再将请求发送到下一个从站	接线、电源、RUN/STOP 状态
14H	通信格式错误	M	L	主站的通信格式不正确	接线、电源、RUN/STOP 状态、站号设定
21H	无从站错误	L	L＊1	站点编号不正确	站号设定

（续）

代码	代码含义	错误站点	检查站点	说明	检查点
22H	站点编号错误	L	L＊1	站点编号不符合主站和从站之间的关系	接线
23H	通信计数器错误	L	L＊1	通信计数器不符合主站和从站之间的关系	接线
31H	无接收通信参数错误	L	L＊2	从站在通信参数设置之前就从主站接收请求	接线、电源、RUN/STOP 状态

注：M—主站；L—从站；＊1—另外一个从站；＊2—本从站。

2. 并行链接

（1）并行链接的系统配置

FX$_{2N}$系列 PLC 系统配置如图 9-29 所示。图 9-29a 为使用 485 BD，图 9-29b 为使用 485 BD 和 485ADP，也可都使用 485ADP。

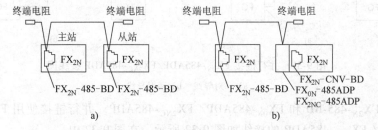

图 9-29　并行链接系统配置

（2）接线

RS-485 的连接导线使用可屏蔽双绞线，连线可以是一对或两对导线。并行链接可采用一对导线连接（推荐），也可采用两对导线连接。

1）使用 FX$_{2N}$-485-BD。并行链接使用 FX$_{2N}$-485-BD 的接线如图 9-30 所示。在图9-30中：

① 终端电阻（110Ω、1/2W），连接在端子 RDA 和 RDB 间，如图 9-30 中①所示。

② 终端电阻（330Ω、1/4W），连接在端子 SDA 和 SDB 间，如图 9-30 中②所示。

③ 双绞线屏蔽层一端接地，接地电阻≤100Ω，如图 9-30 中③所示。

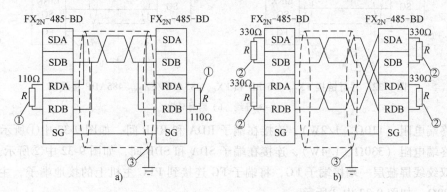

图 9-30　并行链接 FX$_{2N}$-485-BD 接线图

a）一对导线　b）两对导线

2）使用 FX$_{0N}$-485ADP/FX$_{2NC}$-485ADP。并行链接使用 FX$_{0N}$-485ADP/FX$_{2NC}$-485ADP 的接线如图 9-31 所示。在图 9-31 中：

① 终端电阻（110Ω、1/2W），连接在端子 RDA 和 RDB 间，如图 9-31 中①所示。

② 终端电阻（330Ω、1/4W），连接在端子 SDA 和 SDB 间，如图 9-31 中②所示。

③ 双绞线屏蔽层一端接端子 FG，将端子 FG 连接到 PLC 主机上的接地端子，主机接地电阻≤100Ω，如图 9-31 中③所示。

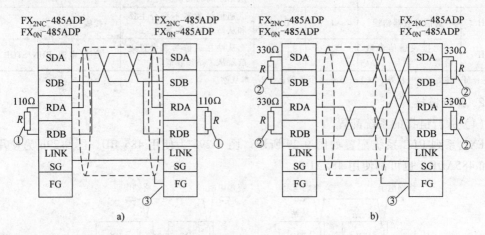

图 9-31 并行链接 FX_{0N}-485ADP/FX_{2NC}-485ADP 接线图

a）一对导线 b）两对导线

3）使用 FX_{2N}-485-BD 和 FX_{0N}-485ADP/ FX_{2NC}-485ADP。并行链接使用 FX_{2N}-485-BD 和 FX_{0N}-485ADP/ FX_{2NC}-485ADP 的接线如图 9-32 所示。在图 9-32 中：

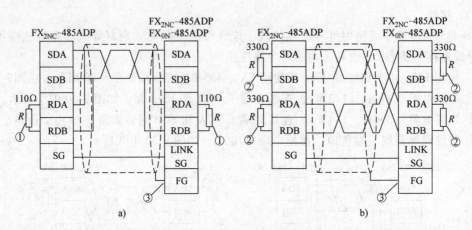

图 9-32 并行链接 FX_{2N}-485-BD 和 FX_{0N}-485ADP/FX_{2NC}-485ADP 接线图

a）一对导线 b）两对导线

① 终端电阻（110Ω、1/2W），连接在端子 RDA 和 RDB 间，如图 9-32 中①所示。

② 终端电阻（330Ω、1/4W），连接在端子 SDA 和 SDB 间，如图 9-32 中②所示。

③ 双绞线屏蔽层一端接端子 FG，将端子 FG 连接到 PLC 主机上的接地端子，主机接地电阻≤100Ω，如图 9-32 中③所示。

（3）通信规格和链接规格

1）通信规格。并行链接通信按照表 9-10 所列的规格（固定）执行，不能更改。

2）链接规格。

① 链接模式和链接点数。并行链接模式是指两台 PLC 之间用于 1∶1 通信的软元件类型、

点数和地址范围。并行链接模式分为普通模式和高速模式两种（FX$_{2N}$系列 V.1.04 以上）。

表 9-10　并行链接的通信规格

项　　目	规　　格
接口标准	RS-485
链接台数	最多 2 台(1 : 1)
最大传送距离	全部使用 FX$_{0N}$-485ADP 时 : 500m ; 与 485BD 混合使用时 : 50m
协议形式	并行链接
波特率	19200bit/s
通信方式	半双工双向
通信格式	固定

　　并行链接点数是指各种模式下主站和从站所占用的软元件总数。这一范围内的软元件不能作为其他用。

　　如在普通并行链接模式下，主站和从站各占用的软元件为，位元件：M800～M999，字元件：D490～D509。

　　链接模式和链接点数见表 9-11。

表 9-11　FX$_{2N}$系列 PLC 的并行链接模式

站号	普通模式		高速模式	
	位元件(M)	字元件(D)	位元件(M)	字元件(D)
	每站 100 点	每站 10 点	0 点	每站 2 点
主站	M800～M899	D490～D499	—	D490～D491
从站	M900～M999	D500～D509	—	D500～D501

　　在普通并行链接模式下主站和从站各占用的软元件范围和数据传送方向如图 9-33a 所示，在高速并行链接模式下主站和从站各占用的软元件范围和数据传送方向如图 9-33b 所示。

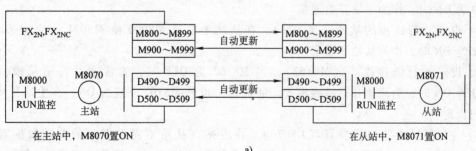

a)

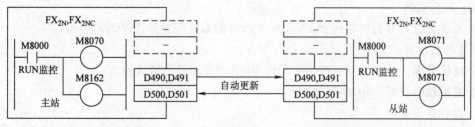

b)

图 9-33　并行链接模式

a) 普通模式　b) 高速模式

② 链接时间。链接时间是指刷新链接用软元件的循环时间。根据链接模式，链接时间见表 9-12。

表 9-12 FX$_{2N}$ 系列 PLC 的并行链接时间

链接模式	链接时间/ms
普通并行链接模式	70+主站的运算周期+从站的运算周期
高速并行链接模式	20+主站的运算周期+从站的运算周期

（4）相关标志和特殊数据寄存器

1）特殊辅助继电器。用于并行链接通信标志的特殊辅助继电器见表 9-13。

2）特殊数据寄存器。用于并行链接通信参数设定、参数设定确认和通信状态（数值和代码）存储的特殊数据寄存器见表 9-14。

表 9-13 FX$_{2N}$ 系列 PLC 并行链接通信标志用特殊辅助继电器

软元件编号	名　称	内　容	响应类型	R/W
M8070	并行链接主站设定	置 ON 时作为主站链接	M	W
M8071	并行链接从站设定	置 ON 时作为从站链接	L	W
M8162	并行链接模式设定	置 ON 时为高速并行链接模式	M，L	W
M8072	正在执行数据通信	当并行链接正在运行时 ON	M，L	R
M8073	并行链接设定异常	当主站或从站设定有误时 ON	M，L	R

注：M—主站；L—从站；R—只读；W—只写。

表 9-14 FX$_{2N}$ 系列 PLC 并行链接通信参数用特殊数据寄存器

软元件编号	名　称	内　容	默认值	响应类型	R/W
D8070	并行链接通信超时设置	设置并行链接通信超时时间	500（ms）	M，L	W

注：M—主站；L—从站；R—只读；W—只写。

（5）参数设置

1）设定并行链接的主站（M8070）。在主站中通过 M8000 使 M8070 一直为 ON。当 M8070 为 ON 时，作为主站开始通信。

2）设定并行链接的从站（M8071）。在从站中通过 M8000 使 M8071 一直为 ON。当 M8071 为 ON 时，作为从站开始通信。

3）设定并行链接模式（M8162）。当 M8162 为 OFF 时，为普通并行链接模式；当 M8162 为 ON 时，为高速并行链接模式。通过 M8000 使 M8162 一直为 ON，在主站和从站中应同时设定。

4）并行链接通信超时设置（D8070）。在主站（从站不需设定）的特殊数据寄存器 D8180 中设定 5~255 的数值（默认值：50），此值乘以 10（ms）就是通信超时的持续时间。

（6）编程实例

1）系统配置。并行链接两台 FX$_{2N}$ 系列 PLC 的系统配置如图 9-29a 所示。

系统参数设置：

① 链接范围：位元件 100 点，字元件 10 点（普通并行链接模式）。

② 通信超时设置：500ms。

2）操作任务。

① 将主站的输入 X000~X007 的 ON/OFF 状态输出到从站的 Y000~Y007 中。

② 若主站的计算结果（D0+D2）的值小于 100，则从站的 Y010 置 ON。

③ 将从站的 M0~M7 的 ON/OFF 状态输出到主站的 Y000~Y007 中。

④ 将从站的 D10 的值作为主站的定时器（T0）的设定值。

3）程序编写。

① 主站程序编写。并行链接主站程序如图 9-34 所示。

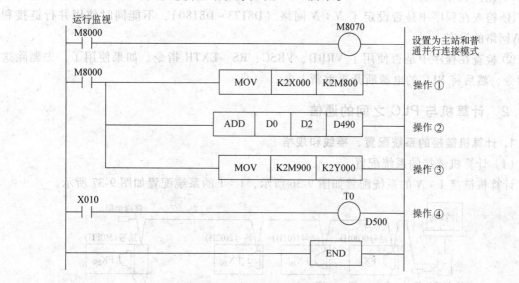

图 9-34 并行链接主站程序

② 从站程序编写。并行链接从站程序如图 9-35 所示。

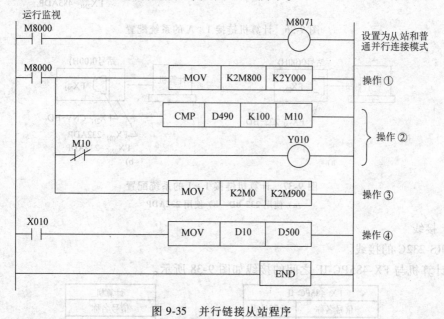

图 9-35 并行链接从站程序

（7）故障诊断

1）通过 LED 显示确认通信状态。正常通信时，并行链接的每个通信设备（485BD 或 485ADP）上的两个 LED（RD 和 SD）都应清晰地闪烁。

当 LED 不闪烁时，应检查接线是否正确，主站及从站的参数设定是否正确，主站及从站使用的软元件是否正确。

2）通过确认通信状态软元件诊断。

① 当 M8072 为 ON 时，表示并行链接正在运行。

② 当 M8072 为 OFF 时，表示并行链接的设定或者是通信中出现错误。

③ 当 M8073 为 ON 时，应检查用户程序中主站和从站的设定是否正确。

3）用户程序检查。

① 检查在程序中是否设定了 $N:N$ 网络（D8173~D8180），不能同时使用并行链接和 $N:N$ 网络的设定。

② 检查在程序中是否使用了 VRRD、VRSC、RS、EXTR 指令。如果使用了，先删除这些指令，然后将 PLC 的电源断开再重新上电。

9.3.2 计算机与 PLC 之间的通信

1. 计算机链接的系统配置、接线和规格

（1）计算机链接的系统配置

计算机链接 $1:N$ 的系统配置如图 9-36 所示，$1:1$ 的系统配置如图 9-37 所示。

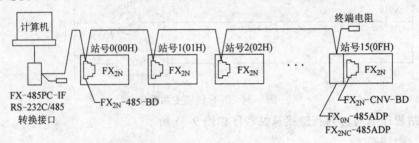

图 9-36 计算机链接 $1:N$ 的系统配置

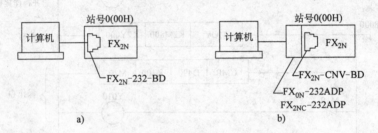

a)   b)

图 9-37 计算机链接 $1:1$ 的系统配置

a）使用 232 BD   b）使用 232ADP

（2）接线

1）RS-232C 的接线。

① 计算机与 FX-485PC-IF 之间的接线如图 9-38 所示。

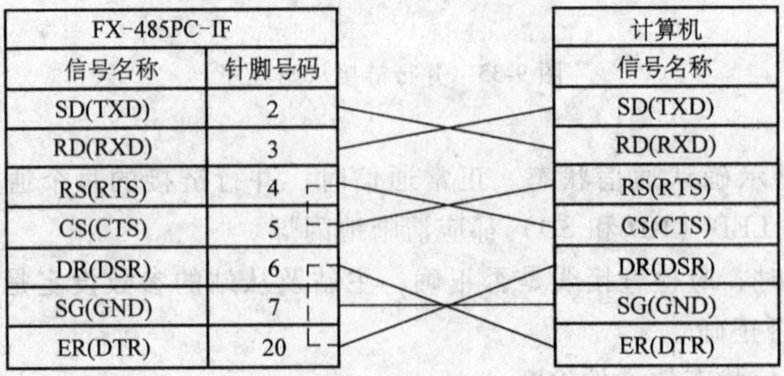

FX-485PC-IF		计算机
信号名称	针脚号码	信号名称
SD(TXD)	2	SD(TXD)
RD(RXD)	3	RD(RXD)
RS(RTS)	4	RS(RTS)
CS(CTS)	5	CS(CTS)
DR(DSR)	6	DR(DSR)
SG(GND)	7	SG(GND)
ER(DTR)	20	ER(DTR)

图 9-38 计算机与 FX-485PC-IF 之间的接线图

② 计算机与 232 BD、232ADP 之间的接线如图 9-39 所示。

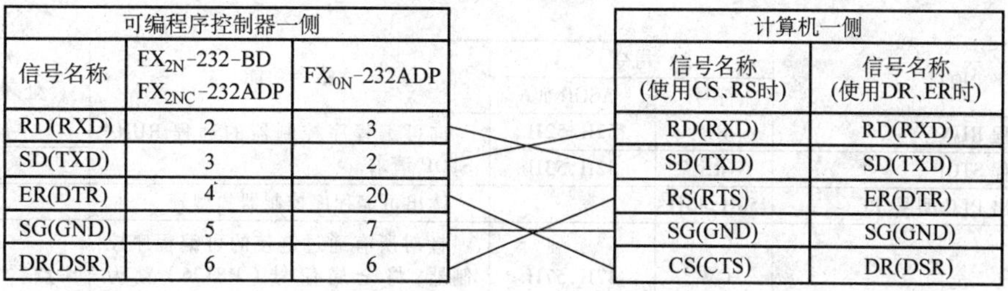

可编程序控制器一侧			计算机一侧	
信号名称	FX$_{2N}$-232-BD FX$_{2NC}$-232ADP	FX$_{0N}$-232ADP	信号名称 (使用CS、RS时)	信号名称 (使用DR、ER时)
RD(RXD)	2	3	RD(RXD)	RD(RXD)
SD(TXD)	3	2	SD(TXD)	SD(TXD)
ER(DTR)	4	20	RS(RTS)	ER(DTR)
SG(GND)	5	7	SG(GND)	SG(GND)
DR(DSR)	6	6	CS(CTS)	DR(DSR)

图 9-39　计算机与 232 BD、232ADP 之间的接线图

2）RS-485/RS-422 的接线。使用 RS-485/RS-422 时，FX-485PC-IF 与可编程序控制器之间的接线参见图 9-17、图 9-30～图 9-32。

（3）通信规格和链接规格

1）通信规格。计算机链接的通信规格见表 9-15。

表 9-15　计算机链接的通信规格

项　目		规　格
连接台数	1：N链接	最24多16台
	1：1链接	最多1台
接口标准		RS-485/RS—232C
最大传送距离		RS-485：全部使用 485ADP 时 500m，与 485BD 混合使用时 50m
		RS-232C：15m
协议格式 控制协议		计算机链接（专用协议格式 1/格式 4）
通信方式		半双工双向
波特率		300/600/1200/2400/4800/9600/19600bit/s
通信格式	起始位	固定
	数据位	7 位/8 位
	奇偶校验	无/奇校验/偶校验
	停止位	1 位/2 位
	报头（标题）	固定
	报尾（终止符）	固定
	控制线	固定
	和校验	无/有

2）链接规格。

① 可处理的指令和元件点数见表 9-16。

表 9-16　可处理的指令和元件点数（FX$_{2N}$系列）

项目			指令		指令功能	一次更新可 处理的点数
			符号	ASCII 码		
软元件	成批 读出	位单位	BR	42H,52H	以 1 点为单位读出位软元件	256 点
		字单位	WR	57H,52H	以 16 点为单位读出位软元件	32 个字,512 点
					以 1 点为单位读出字软元件	64 点[①]
	成批 写入	位单位	BW	42H,57H	以 1 点为单位写入位软元件	160 点
		字单位	WW	57H,57H	以 16 点为单位写入位软元件	10 个字,160 点
					以 1 点为单位写入字软元件	64 点[①]
	测试 （随机 写入）	位单位	BT	42H,54H	以 1 点为单位随机指定位软元件， 执行置位/复位	20 点
		字单位	WT	57H,54H	以 16 点为单位随机指定位软元 件,执行置位/复位	10 个字 160 点
					以 1 点为单位随机指定字软元件， 执行写入	10 点[②]

（续）

项目		指令		指令功能	一次更新可处理的点数
		符号	ASCII 码		
P L C	远程 RUN	RR	52H,52H	向可编程序控制器的远程 RUN/STOP 请求	
	远程 STOP	RS	52H,53H		
	读出 PLC 型号 PC		50H,43H	读出可编程序控制器的型号	
全局		GW	47H,57H	针对所有通过链接的可编程序控制器，将全局信号（M8126）置为 ON/OFF	1 点
下位请求通信				由可编程序控制器发出请求，但仅限于系统构成为 1:1 时	64 点
环路回送测试		TT	54H,54H	将从计算机接收到的字符原样返回给计算机	254 个字符

① 指定 32 位计数器（C200~C255）时为 32 点。

② 不能指定 32 位计数器（C200~C255）。

② 可用软元件范围。在访问软元件存储器时，每一软元件由 5 个字符组成（见表 9-17）：

$$软元件代号 + 软元件编号 = 5 个字符$$

式中：软元件代号 1 个字符，定时器、计数器为 2 个字符；

软元件编号 4 个字符，定时器、计数器为 3 个字符。

可用位软元件范围见表 9-17，可用字软元件范围见表 9-18。

表 9-17　可用位软元件范围（FX_{2N} 系列）

软元件	元件号范围	十进制/八进制表示	可使用的命令	
			BR,BW,BT	WR,WW,WT
输入继电器（X）	X0000~X0337	八进制	可用	可用
输出继电器（Y）	Y0000~Y0337			
辅助继电器（M）	M0000~M3071	十进制		
状态继电器（S）	S0000~S0999			
特殊辅助继电器（M）	M8000~M8255			
定时器触点（T）	TS000~TS255			不可用
计数器触点（C）	CS000~CS255			

表 9-18　可用字软元件范围（FX_{2N} 系列）

软元件	元件号范围	十进制/八进制表示	可使用的命令		
			BR,BW,BT	WR,WW	WT
定时器当前值（T）	TN000~TN255	十进制	不可用	可用	可用
计数器当前值（C）	CN000~CN255				可用（*）
数据寄存器（D）	D0000~D7999				可用
特殊数据寄存器（D）	D8000~D8255				

注：* 只有 C000~C199 可用，不能使用 32 位计数器或高速计数器（C200~C255）。

在以字为单位的指令（WR、WW、WT）中使用位元件时，起始元件的编号必须为 8 的倍数，或一个八进制元件以 0 结尾的编号，如 M24、X030。

特殊辅助继电器与特殊数据寄存器分为只读、只写和系统应用。在不允许写入的范围内写入时，可编程序控制器有可能出错。

3）链接时间。

① 数据通信时间。每个站中连续的字元件的读出时间 =（21+4×读出点数）×每个字符的发送接收时间+间隔时间+可编程序控制器的最大扫描时间×3+报文等待时间

每个站中连续的字元件的写入时间=（20+4×写入点数）×每个字符的发送接收时间+间隔时间+可编程序控制器的最大扫描时间+报文等待时间

② 每一个字符的发送接收时间。当设定起始位1位、数据长度7位、奇偶性1位，停止位1位时，时间见表9-19。

（4）相关标志和特殊数据寄存器

1）特殊辅助继电器。用于计算机链接通信标志的特殊辅助继电器见表9-20。

表 9-19 每一个字符的发送接收时间

传送速度（波特率）/（bit/s）	一个字符的发送接收时间/ms	传送速度（波特率）/（bit/s）	一个字符的发送接收时间/ms
300	33.34	4800	2.08
600	16.67	9600	1.04
1200	8.34	19200	0.52
2400	4.17		

表 9-20 FX$_{2N}$系列 PLC 计算机链接通信标志用特殊辅助继电器

软元件编号	名 称	内 容	响应类型	R/W
M8063	串行通信出错	当串行通信出错时置 ON	M,L	R
M8126	全局 ON	收到计算机发出的全局指令 GW 时置 ON	M,L	R
M8127	下位请求通信发送中	下位请求通信正在执行时为 ON 下位请求通信发送结束为 OFF	M,L	R
M8128	下位请求通信出错	下位请求通信的数据发送用的指定值中出错时为 ON	M,L	R
M8129	下位请求通信字/字节切换	指定下位请求通信数据的字/字节单位，为 ON 时：字节单位（8位），为 OFF 时：字单位（16位）	M,L	R/W

注：M—主站；L—从站；R—只读；W—只写。

2）特殊数据寄存器。用于计算机链接通信参数设定、参数设定确认和通信状态（数值和代码）存储的特殊数据寄存器见表9-21。

表 9-21 FX$_{2N}$系列 PLC 计算机链接通信参数用特殊数据寄存器

软元件编号	名 称	内 容	响应类型	R/W
D8063	串行通信出错代码	当串行通信出错时保存出错代码	M,L	R
D8120	通信格式设定	设定通信格式	M,L	R/W
D8121	站号设定	设定计算机链接的站号	M,L	R/W
D8127	指定下位请求通信的首地址号	通过用户程序设定要发送数据的数据寄存器的起始编号	M,L	R/W
D8128	指定下位请求通信的数据数目	通过用户程序设定要发送数据的数据寄存器点数，当指定字单位时：数据数=发送用数据寄存器点数，当指定字节单位时：2个数据数=1个发送用数据寄存器	M,L	R/W
D8129	超时时间设定	设定计算机接收数据的超时时间	M,L	R/W

注：M—主站；L—从站；R—只读；W—只写。

2. FX$_{2N}$系列 PLC 与计算机之间的通信协议及通信参数的设定

计算机链接的专用通信协议包括通信格式、数据格式和控制协议等。

（1）通信格式

通信格式决定计算机链接间的通信设置（数据长度、奇偶校验和波特率等）。通信格式由可编程序控制器中的特殊数据寄存器 D8120 来设置，见表9-22。

（2）控制协议的基本格式和控制顺序图

1）控制协议的基本格式。在专用协议的控制顺序（传送数据的基本格式）中没有附加 CR、LF 的为协议格式1，附加的为协议格式4。传送数据的基本格式如图9-40所示。

表 9-22 计算机链接专用协议的通信格式（D8120）

位编号	名称	内 容		
		0（位=OFF）		1（位=ON）
b0	数据长度	7 位		8 位
b1 b2	奇偶校验	b2,b1 (0,0):无 (0,1):奇校验(ODD) (1,1):偶校验(EVEN)		
b3	停止位	1 位		2 位
b4 b5 b6 b7	波特率/ (bit/s)	b7,b6,b5,b4 (0,0,1,1):300 (0,1,0,0):600 (0,1,0,1):1,200 (0,1,1,0):2,400		b7,b6,b5,b4 (0,1,1,1):4,800 (1,0,0,0):9,600 (1,0,0,1):19,200
B8	报头	无		有(D8124) 默认值:STX(02H)
b9	报尾	无		有(D8125) 默认值:ETX(03H)
b10 b11	控制线	计算机 链接	b11,b10 (0,0):RS-485/RS-422 接口 (1,0):RS-232C 接口	
b12	不可以使用			
b13	和校验	不附加		附加
b14	协议	无协议		专用协议
b15	控制顺序	协议格式 1		协议格式 4

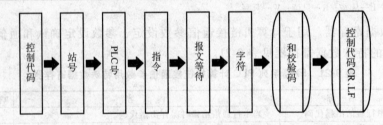

图 9-40 传送数据的基本格式

2）控制顺序（协议）图。控制顺序图说明数据格式、传送顺序和传送方向，如图 9-41 所示。

① 当计算机从 PLC 读取数据时（计算机←PLC），如图 9-41a 所示。A、C 部分表示从计算机向 PLC 的传送，B 部分表示从 PLC 向计算机的传送。

② 当从计算机向 PLC 写入数据时（计算机→PLC），如图 9-41b 所示。A 部分表示从计算机向 PLC 的传送，B 部分表示从 PLC 向计算机的传送。

编写计算机的程序时要按照各数据从左向右依次传送的方式。作为整体编程而言，对于图 9-41a，要按照 A→B→C 的顺序进行数据通信。对于图 9-41b，要按照从 A→B 的顺序进行数据通信。例如，A 部分从 ENQ 开始依次向右传送数据。

（3）控制协议

1）控制协议格式 1。控制协议格式 1 的控制顺序见表 9-23。

2）控制协议格式 4。控制协议格式 4 的控制顺序见表 9-24。

（4）控制顺序（协议）中各设定项目的内容

1）控制代码。控制协议中的控制代码见表 9-25。

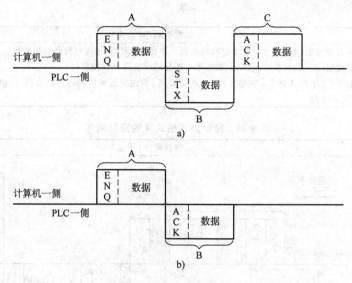

图 9-41 控制顺序图

a) 计算机从 PLC 读取数据 b) 计算机向 PLC 写入数据

当 PLC 接收到 ENQ、ACK 其中一个时，对传送序列进行初始化，然后开始接收。

一旦接收到 EOT、CL 代码时，PLC 就对传送序列进行初始化，此时 PLC 不会给出任何响应。

表 9-23 控制协议格式 1 的控制顺序

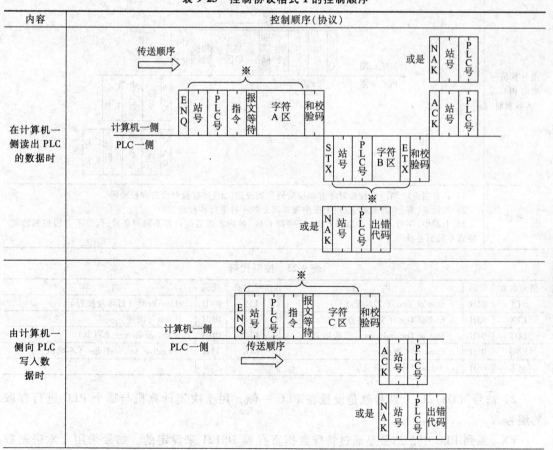

（续）

内容	控制顺序（协议）
备注	1）只有当设定[有]和校验时才有和校验码。当设定[无]和校验时没有和校验码 2）当设定[有]和校验时，仅对上图中带※部分的字符进行和校验 3）上图中[字符A区]、[字符B区]、[字符C区]的内容因通信内容不同而各异，但是不会因控制协议格式不同而各异

表 9-24 控制协议格式 4 的控制顺序

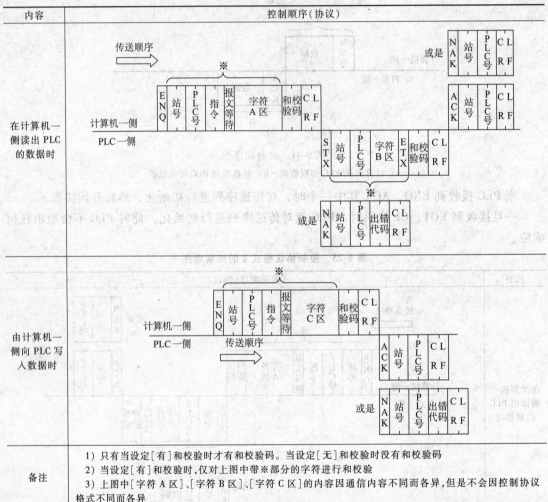

内容	控制顺序（协议）
备注	1）只有当设定[有]和校验时才有和校验码。当设定[无]和校验时没有和校验码 2）当设定[有]和校验时，仅对上图中带※部分的字符进行和校验 3）上图中[字符A区]、[字符B区]、[字符C区]的内容因通信内容不同而各异，但是不会因控制协议格式不同而各异

表 9-25 控制代码

信号名称	代码	内容	信号名称	代码	内容
STX	02H	Start of Text（文本起点）	LF	0AH	Line Feed（打印及换行）
ETX	03H	End of Text（文本终点）	CL	0CH	Clear（清除）
EOT	04H	End of Transmission（传送结束）	CR	0DH	Carriage Return（回车）
ENQ	05H	Enquiry（查询）	NAK	15H	Negative Acknowledge（不确认）
ACK	06H	Acknowledge（确认）			

2）站号（D8121）。站号就是设置在 PLC 一侧，用于决定计算机与哪个 PLC 进行存取的编号。

FX$_{2N}$ 系列 PLC 中，站号是通过特殊数据寄存器 D8121 来设定的。站号采用十六进制数进行设定，设定范围为 00H~0FH。

3）PLC 号。PLC 号是在 A 系列可编程序控制器 MELSECNET（II）或 MELSECNET/B 与计算机链接混合使用时，用于识别与哪一个 PLC 之间进行通信的编号。

FX 系列可编程序控制器的 PLC 号固定为"FFH"，转换成两位数的 ASCⅡ码后使用。当使用下位请求通信功能时，PLC 会将 PLC 号自动设置为"FEH"，以区别上位机通信。

4）指令。指令就是指定计算机对相应的 PLC 进行要求的操作，如读出、写入等。指令转换成两位数的 ASCⅡ码后使用。

5）报文等待。由于计算机发送信息后，到变为接收状态为止需要一定时间，报文等待就是规定这个时间。

报文等待时间决定了 PLC 在从计算机接收到一个消息之后到它发送数据之前的最小延迟量。报文等待时间应根据计算机和计算机链接的具体情况设定。如 1 : N 系统使用一对导线连接时，报文等待时间应在 70ms 以上。此外，还应考虑 PLC 的扫描时间。

报文等待时间可以在 0~150ms 之间设定（以 10ms 为单位），将 0H~FH（0~15）转换成 1 位数的 ASCII 码后使用。

6）和校验码。和校验代码用来确定报文中的数据是否受到破坏。它是将需要和校验的区域中的 ASCII 码作为十六进制数据进行加法运算，并将其结果（求和值）的低位 1 个字节（8 位）转换成 2 位数的 ASCII 码。

FX$_{2N}$ 系列 PLC 在特殊数据寄存器 D8120（通信格式）中的 b13 可以设定是否要在报文中附加和校验代码。

7）超时时间（D8129）。从计算机接收数据出现中断时，如果在这个设定时间内未能重新开始接收数据，则 PLC 中会出现超时出错，将传送序列进行初始化。

FX$_{2N}$ 系列 PLC 可以用参数设定，或是在用户程序中向 D8129 写入超时判定时间。

超时时间的设定范围（用参数设定与用用户程序设定的设定范围不同）如下（以 10ms 为单位）：

用参数设定：1~255（10~2550ms）。

用用户程序设定：1~3276（10~32760ms）。

（5）通信格式和参数的设定

1）采用参数方法设定

采用参数方法设定，就是使用编程软件进行通信格式和参数设定后，再传送至 PLC。可用参数方式进行设定的软件有基于 Windows 的 GX Developer 和 FXGP/WIN 两种编程软件。GX Developer 支持三菱全系列 PLC，FXGP/WIN 仅用于 FX 系列 PLC。就数据（字数据和位数据）传送而言，GX Developer 和 FXGP/WIN 不仅可以对 PLC 编程和通信（程序的读/写），还可进行网络参数设定，并具有检测（强制 I/O，改变 PLC 字元件的当前值）和元件监控（字元件和位元件数据的读出和显示）等专用通信功能。

图 9-42 所示为使用 FXGP/WIN 编程软件进行参数设定的对话框。设置内容为数据长度、奇偶校验、停止位、波特率、协议、数目校验、传送控制过程、设置站点号、剩余时间（超时时间）等。

设置的内容被设置在参数表中，在运行 PLC 时，数据被复制到特殊数据寄存器 D8120、D8121、D8129 中。

2）采用用户程序设定。采用用户程序设定，就是在用户程序中将通信格式和参数等设

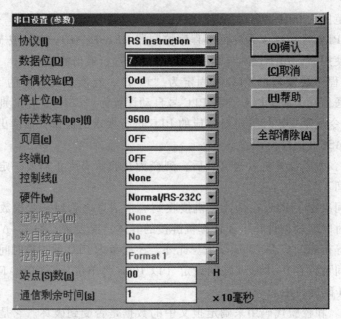

图 9-42 使用 FXGP/WIN 编程软件进行参数设定的对话框

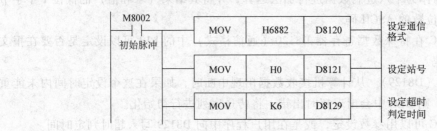

图 9-43 通信设定程序例

定值传送到 D8120、D8121、D8129 中。图 9-43 为采用用户程序设定通信的例子。其设定内容如下：

通信格式：数据长度 7 位，奇校验，停止位 1 位，波特率 9600bit/s，报头无，报尾无，RS-232C 接口，附加和校验，专用协议，控制顺序格式 1。

站号：0。

超时判定时间：60ms。

3. 计算机链接专用协议指令

计算机链接时使用的专用协议指令（指令功能参见表 9-16）的指定方法和指定实例如下（指定实例中，均以控制协议格式 1 说明。站号、PLC 号、软元件点数、和校验码、报文等待时间等，都以十六进制表示）：

（1）位软元件的成批读出（BR 指令）

1）指定方法。BR 指令的指定方法如图 9-44 所示。

指定位软元件的点数和范围应符合以下条件：

$$1 \leqslant 位软元件点数 \leqslant 256（256 点用 00H 设定）$$

起始软元件编号 + 位软元件点数 - 1 ≤ 最大软元件编号

2）指定实例。读出站号为 "5" 的可编程序控制器 X040～X044 共 5 点的内容，报文等待时间 100ms，如图 9-45 所示。（在 X040～X044 中，X040 和 X043 为 OFF，其他都为 ON 的

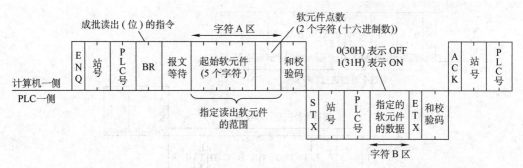

图 9-44　BR 指令的指定方法

时候）

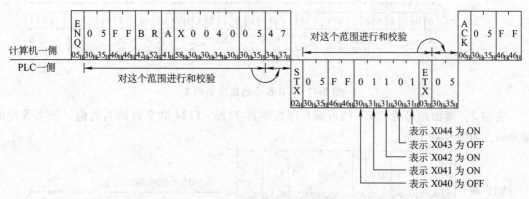

图 9-45　BR 指令的指定实例

（2）字软元件的成批读出（WR 指令）

1）指定方法。WR 指令的指定方法如图 9-46 所示。

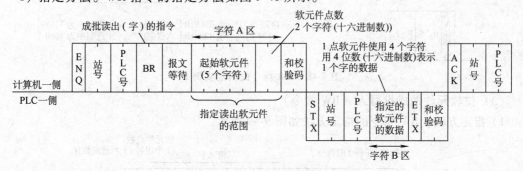

图 9-46　WR 指令的指定方法

指定字软元件的点数和范围应符合以下条件：

$$1 \leqslant 字软元件点数 \leqslant 64（位软元件点数为 32 点）$$

起始软元件编号+字软元件点数（位软元件时为软元件点数×16）-1≤最大软元件编号

读出 32 位的软元件（C200～C255）时，每一点软元件为 2 个字的数据，因此位软元件的点数为 32 点。

2）指定实例。

实例 1：读出站号为"5"的可编程序控制器 X040～X077 共 32 点的内容，报文等待时间 0ms，如图 9-47 所示。WR 指令是以字为单位，软元件点数指定为"02H"（位软元件 16 点为 1 个字）。

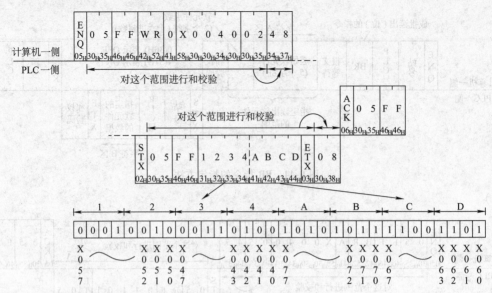

图 9-47 WR 指令的指定实例 1

实例 2：读出站号为 "5" 的可编程序控制器 T123~T124 共 2 点的当前值，报文等待时间 0ms，如图 9-48 所示。

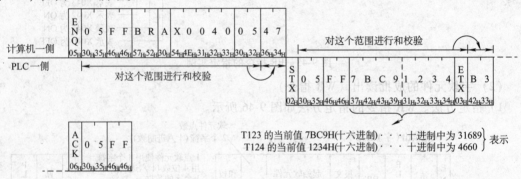

图 9-48 WR 指令的指定实例 2

（3）位软元件的成批写入（BW 指令）

1）指定方法。BW 指令的指定方法如图 9-49 所示。

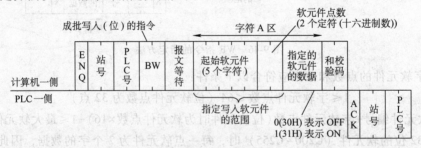

图 9-49 BW 指令的指定方法

指定位软元件的点数和范围应符合以下条件：

$$1 \leqslant 位软元件点数 \leqslant 160$$

$$起始软元件编号 + 位软元件点数 - 1 \leqslant 最大软元件编号$$

2）指定实例。向站号为 "0" 的可编程序控制器 M903~M907 共 5 点中写入数据，报文等待时间 0ms，如图 9-50 所示。

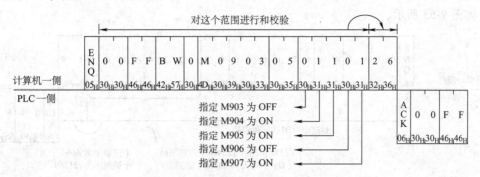

图 9-50　BW 指令的指定实例

（4）字软元件的成批写入（WW 指令）

1）指定方法。WW 指令的指定方法如图 9-51 所示。

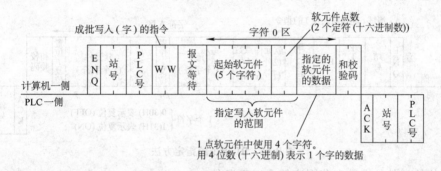

图 9-51　WW 指令的指定方法

指定字软元件的点数和范围应符合以下条件：

$$1 \leqslant 字软元件点数 \leqslant 64（位软元件点数为 10 点）$$

起始软元件编号+字软元件点数（位软元件时为软元件点数×16）-1 ≤ 最大软元件编号

2）指定实例。

实例 1：向站号为"0"的可编程序控制器 M640～M671 共 32 点中写入数据，报文等待时间 0ms，如图 9-52 所示。WW 指令是以字为单位，软元件点数指定为"02H"（位软元件 16 点为 1 个字）。

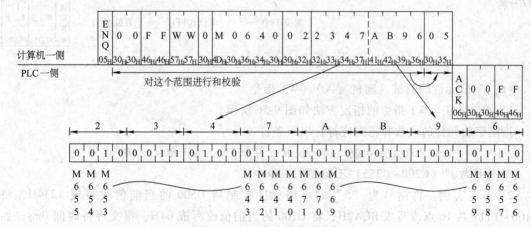

图 9-52　WW 指令的指定实例 1

实例 2：向站号为"0"的可编程序控制器 D0 ~ D1 共 2 点中写入数据，报文等待时间 0ms，如图 9-53 所示。

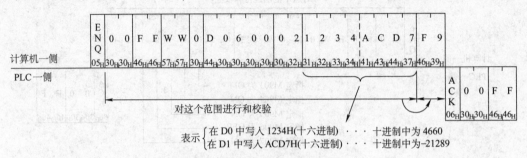

图 9-53　WW 指令的指定实例 2

（5）位软元件的测试（随机写入）（BT 指令）

1）指定方法。BT 指令的指定方法如图 9-54 所示。

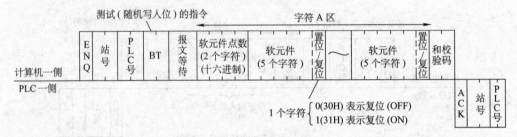

图 9-54　BT 指令的指定方法

指定位软元件的点数和范围应符合以下条件：

$$1 \leqslant 位软元件点数 \leqslant 20$$

2）指定实例。向站号为"5"的可编程序控制器 M50 中写入 ON，向 S100 中写入 OFF，向 Y001 中写入 ON，报文等待时间 0ms，如图 9-55 所示。

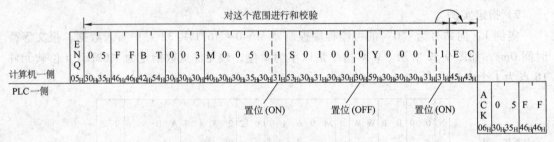

图 9-55　BT 指令的指定实例

（6）字软元件的测试（随机写入）（WT 指令）

1）指定方法。WT 指令的指定方法如图 9-56 所示。

指定字软元件的点数和范围应符合以下条件：

$$1 \leqslant 字软元件点数 \leqslant 10（位软元件以 16 点为 1 单位，160 点）$$

32 位计数器（C200 ~ C255）不能使用该指令。

2）指定实例。将站号为"5"的可编程序控制器 D500 的当前值改写成 1234H，将 Y100 ~ Y117 共 16 点改写成 BCA9H，将 C100 的当前值改写成 64H，报文等待时间 0ms，如图 9-57 所示。

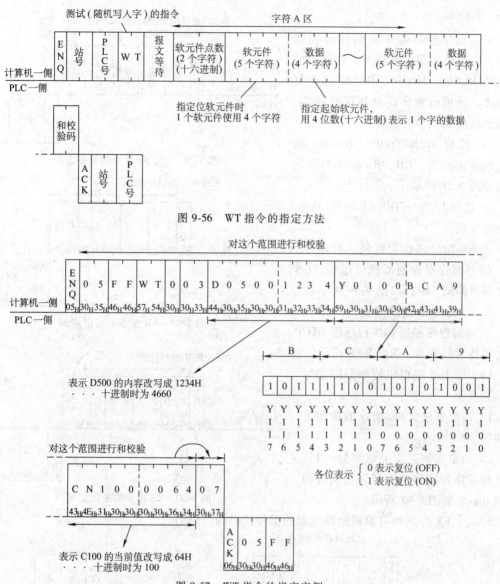

图 9-56 WT 指令的指定方法

图 9-57 WT 指令的指定实例

（7）远程运行/停止（RR/RS 指令）

1）远程 RUN/STOP 的控制内容。在计算机中执行远程 RUN/STOP 时，可编程序控制器一侧为强制运行模式，并对特殊辅助继电器 M8035、M8036、M8037 做如下控制。

① 远程运行。在计算机中执行远程 RUN（RR 指令）后，可编程序控制器一侧的 M8035 和 M8036 置位，强制 RUN 模式动作，可编程序控制器转为 RUN。

在可编程序控制器已处于运行状态时，如果执行远程 RUN，状态不会改变，并会将远程错误代码（18H）返回计算机。

② 远程停止。在计算机中执行远程 STOP（RS 指令）后，可编程序控制器一侧的 M8037 置位，M8035 和 M8036 复位，强制 STOP 模式动作，可编程序控制器转为 STOP。

在可编程序控制器已处于停止状态时，如果执行远程 STOP，状态不会改变，并会将远程错误代码（18H）返回计算机。

2）有效执行远程 RUN/STOP 的条件。可编程序控制器处于停止状态（内置的 RUN/

STOP 开关处于 STOP 一侧）。

可编程序控制器在强制运行模式时，若电源被关闭后再打开，特殊辅助继电器 M8035、M8036、M8037 都会复位到关，且可编程序控制器保持停止，强制运行模式不会被恢复。

3）远程 RUN/STOP（RR/RS 指令）的指定方法。RR、RS 指令的指定方法如图 9-58 所示。

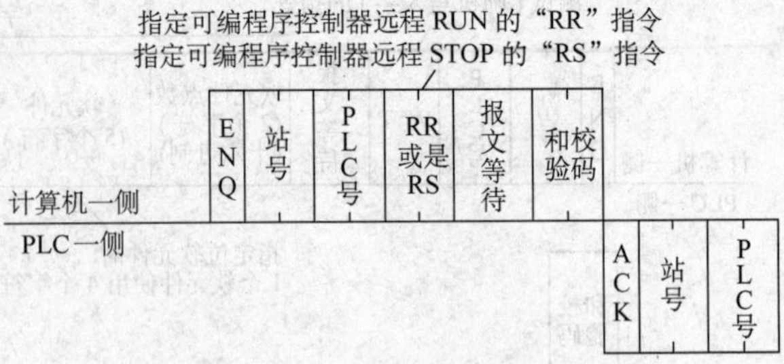

4）远程 RUN/STOP（RR/RS 指令）的指定实例。

① RR 指令的指定实例。对站号为"5"的可编程序控制器执行远程 RUN，报文等待时间 0ms，如图 9-59 所示。

② RS 指令的指定实例。对站号为"0"的可编程序控制器执行远程 STOP，报文等待时间 0ms，如图 9-60 所示。

（8）读出可编程序控制器的型号（PC 指令）

1）指定方法。PC 指令的指定方法如图 9-61 所示。

2）指定实例。读出站号为"15"的可编程序控制器的型号，报文等待时间 0ms，如图 9-62 所示。

FX_{2N}、FX_{2NC} 系列可编程序控制器的型号代码为"9DH"。

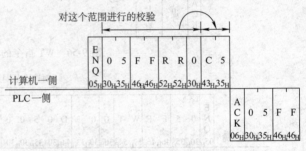

图 9-58　RR/RS 指令的指定方法

图 9-59　RR 指令的指定实例

图 9-60　RS 指令的指定实例

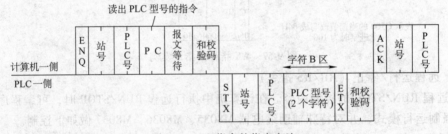

图 9-61　PC 指令的指定方法

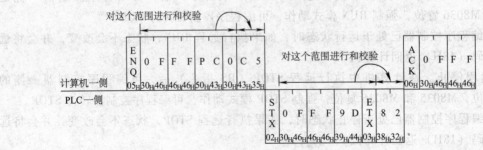

图 9-62　PC 指令的指定实例

（9）全局功能（GW 指令）

全局功能就是指通过计算机，对与之链接的所有站点的 FX 系列可编程序控制器的特殊辅助继电器 M8126（全局操作标志）执行 ON/OFF 操作。该功能可用于所有站点的可编程序控制器的初始化、复位或同步起动/停止。

1）全局功能的控制内容。

① 由于控制协议中指定的站号是针对所有站点的，所以要指定为 FFH。如果指定了 FFH 以外的站号（"00H"～"0FH"），那么只有指定站号的可编程序控制器的 M8126 执行 ON/OFF。

② 全局功能是从计算机发出指令，对此可编程序控制器不给出响应。

③ 当可编程序控制器的电源断开，或是可编程序控制器处于停止状态时，特殊辅助继电器 N8126 也断开，全局功能的处理请求会被清除。

2）全局功能的指定方法。GW 指令的指定方法如图 9-63 所示。

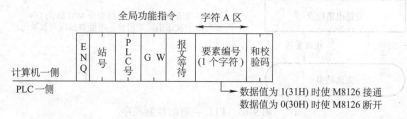

图 9-63　GW 指令的指定方法

3）全局功能的指定实例。使所有站点的 FX 可编程序控制器的全局操作标志 M8126 为 ON，报文等待时间 0ms，如图 9-64 所示。

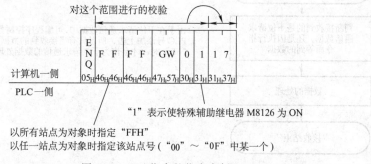

图 9-64　GW 指令的指定实例

（10）下位请求通信功能

计算机与 PLC 之间的数据传送，通常仅从计算机一侧启动数据传送。

如果要从 PLC 向计算机发送数据，可以指定保存发送数据的数据寄存器的区域，并从 PLC 一侧启动发送功能，这就称为下位请求通信功能。

在下位请求通信发送中，PLC 不能接收从计算机发送的指令。

下位请求通信功能仅用于计算机与 PLC 为 1：1 的链接时。

1）下位请求通信功能中使用的特殊软元件。在下位请求通信功能中使用的特殊辅助继电器 M8127、M8128、M8129 和特殊数据寄存器 D8127、D8128 见表 9-20 和表 9-21。

2）下位请求通信功能的控制顺序。

① PLC 一侧的控制顺序如图 9-65 所示。

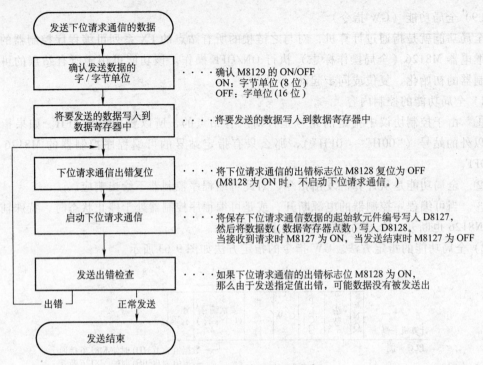

图 9-65　PLC 一侧的控制顺序

② 计算机一侧的控制顺序如图 9-66 所示。

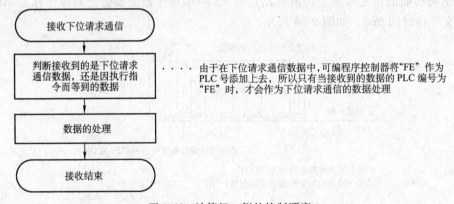

图 9-66　计算机一侧的控制顺序

3）下位请求通信功能的指定方法。下位请求通信功能的指定方法如图 9-67 所示。

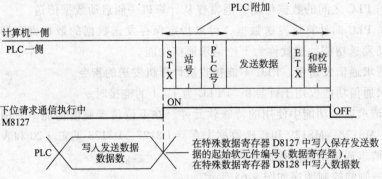

图 9-67　下位请求通信功能的指定方法

向特殊数据寄存器 D8127 中写入保存发送数据的数据寄存器的起始软元件编号和向 D8128 中写入数据数后，就启动了下位通信请求，下位请求通信执行信号 M8127 立即为 ON。如果计算机正在发送数据，下位请求通信数据的发送必须要等到接收完计算机发出的指令数据为止。

指定数据数的范围应符合以下条件：

数据数≤40H（64 个）

可编程序控制器自动附加"FE"为 PLC 号。

4）下位请求通信功能的指定实例。

实例 1：从用户程序中启动并以字为单位发送保存在数据寄存器 D100、D101 中的数据，PLC 的站号为"0"，如图 9-68 所示。

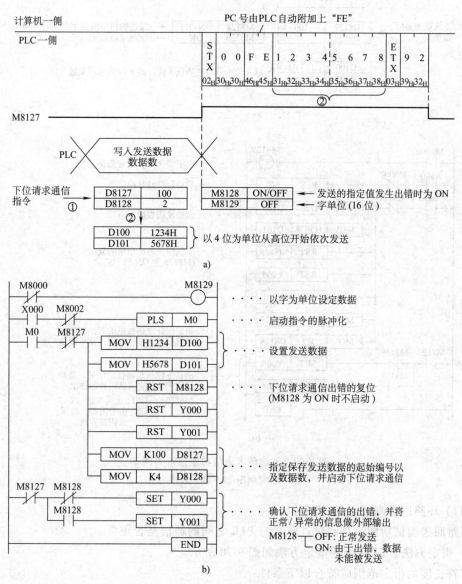

图 9-68 下位请求通信功能指定实例 1

a）控制顺序 b）用户程序

实例2：从用户程序中启动并以字节为单位发送保存在数据寄存器 D100、D101 中的数据，PLC 的站号为"0"，如图 9-69 所示。

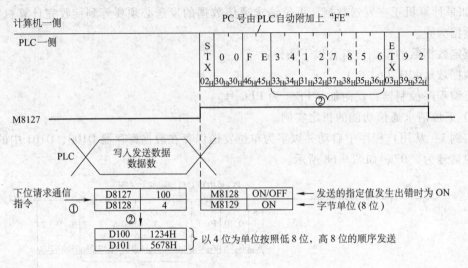

a)

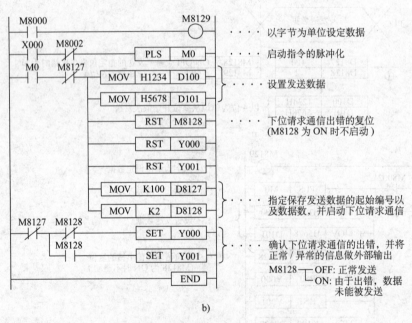

b)

图 9-69 下位请求通信功能指定实例 2

a) 控制顺序　b) 用户程序

（11）环路回送测试（TT 指令）

环路回送测试功能就是测试计算机与 PLC 之间的通信是否正常。

1) 指定方法。TT 指令的指定方法如图 9-70 所示。

字符长度的指定范围应符合以下条件：

$$1 \leqslant 字符长度 \leqslant 254$$

PLC 自动附加"FE"为 PLC 号。

图 9-70　TT 指令的指定方法

2）指定实例。在站号"0"中，用数据"ABCDE"进行环路回送测试，报文等待时间 0ms，如图 9-71 所示。

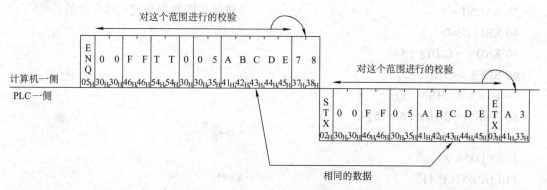

图 9-71　TT 指令的指定实例

4. 计算机程序实例

在三菱公司的《FX 通信用户手册》中，有一个计算机链接通信的环路回送测试计算机程序，该程序用 Basic 语言（使用 Nippon 电气公司的 N88BASIC）编写，转引如下，供参考。

系统配置（1∶1）：个人计算机，FX$_{2N}$系列 PLC，485PC-IF，485ADP。

对站号"0"，用数据"ABCD"进行环路回送测试，报文等待时间 20ms。

（1）设置通信参数

1）计算机一侧。计算机一侧的通信参数设置见表 9-26。

表 9-26　计算机一侧的通信参数设置

项　　目		内　　容
通信方法		半双工双向
同步方法		起、止同步方法
波特率		9600bit/s
数据格式	起始位	1 位
	数据长度	7 位
	奇偶位	无
	停止位	1 位
和校验		使用和校验
站号		0
协议格式		格式 1

2）PLC 一侧。根据计算机一侧的设置，PLC 一侧的设置如下：

D8120 = H6080

D8121 = H0000

D8129 = K0

3）环路回送测试传送的数据。环路回送测试传送的数据如图9-72所示。

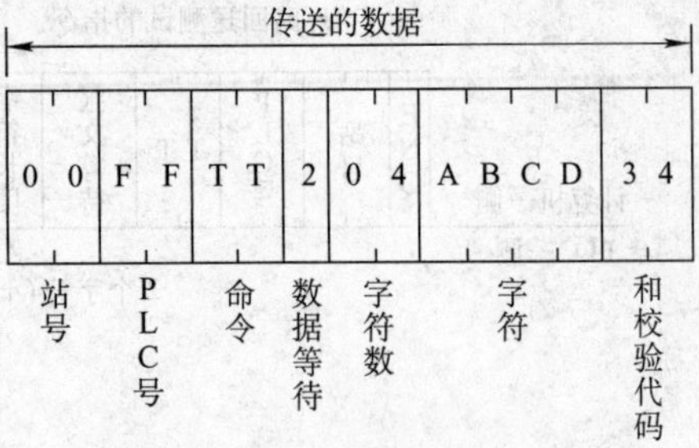

图9-72 环路回送测试传送的数据

（2）程序示例

```
10 T0 = 3000                          :'接收等待计数器(根据计算机速度调整)
20 STCNT = 15                         :'正常数据长度
30 NACNT = 7                          :'错误代码数据长度(NAK 说明)
40 ERFLG = 0
50 ENQ$ = CHR$(5)
60 STX$ = CHR$(2)
70 ETX$ = CHR$(3)
80 NAK$ = CHR$(&H15)
90 *DATASEND                          :'数据传送
100 CLOSE #1
110 OPEN"COM1""                       :AS#1
120 SENDDATA$ = "00FFTT204ABCD34"     :'传送的数据
130 PRINT #1,ENQ$;SENDDATA$;
140 *REC0
150 RVCNT = 1
160 GOSUB *RECWAIT
170 IF ERFLG = 99 THEN GOTO *ERRORFIN1
180 BUF$ = RCV$
190 HED$ = LEFT$(BUF$ .1)
200 IF HED$ = STX$ OR HED$ = NAK$ THEN GOTO *REC1 ELSE GOTO *REC0
210 *REC1                             :'接收剩余数据
220 IF HED$ = STX$ THEN RVCNT = STCNT-1
230 IF HED$ = NAK$ THEN RVCNT = NACNT-1
240 GOSUB *RECWAIT
250 IF ERFLG = 99 THEN GOTO *ERRORFIN1
260 BUF$ = BUF$ +RCV$
270 *PRINTRDATA                       :'显示接收到的数据
280 PRINT "Received data"
290 PRINT "HEX ASCII"
300 FOR I = 1 TO LEN(BUF$)
310 PRT1$ = MID$(BUF$,I,1)
320 PRT1$ = HEX$(ASC(PRT1$))
```

330 IF PRT2$ ="2"THEN PRINT " ";"02";" ";"STX" : GOTO 370

340 IF PRT2$ ="3"THEN PRINT " ";"03";" ";"ETX" : GOTO 370

350 IF PRT2$ ="15"THEN PRINT " ";"15";" ";"NAK" : GOTO 370

360 PRINT " ";PRT2$;" "CHR$ (&H22);PRT1$;CHR$ (&H22)

370 NEXT I

380 IF HED$ =NAK$ THEN GOTO ∗ERRORFIN2

390 ∗DATACHECK   :'检查接收到的数据

400 DDATA$ =STX$ +"00FF04ABCD"+ETX$ +"5D"

                                  :'正常数据

410 FOR J=1 TO LEN(BUF$)

420 RDATA$ =MID$ (BUF$,J,1)

430 ODATA$ =MID$ (DDATA$,J,1)

440 IF RDATA$ <> ODATA$ THEN GOTO ∗ERRORFIN3

450 NEXT J

460 PRINT "Received data is normal"

470 PRINT "Loopback test complete" : GOTO ∗FIN

480 ∗ERRORFIN1

490 PRINT "Data is not received at all or data content is insufficient. "

500 GOTO ∗FIN

510 ∗ERRORFIN2

520 ERRORCODE$ =MID$ (BUF$,6,2)

530 PRINT "Error code" ;ERRORCODE$; "H is received. "

540 GOTO ∗FIN

550 ∗ERRORFIN3

560 PRINT "Received data is abnormal. (";J;"-th character)"

570 ∗FIN

580 CLOSE #1

590 END

600 ∗RECWAIT   :'等待接收

610 FOR I=1 TO T0

620 RCV$ =""

630 IF LOC(1) = > RVCNT THEN GOTO ∗BUFIN

640 NEXT

650 IF RCV$ ="" THEN ERFLG=99

660 RETURN

670 ∗BUFIN   :'读接收到的数据

680 RCV$ =INPUT$ (RVCNT,#1)

690 RETURN

（3）操作

1）启动计算机程序。

2）从计算机向 PLC 发送四个字符"ABCD"。

3）PLC 向计算机返回四个字符。

4）计算机将从 PLC 接收到的数据与原始发送的数据进行比较，并显示结果信息。

（4）结果信息列表

结果信息见表 9-27。

表 9-27　结果信息

信　　息	补救方法
收到的数据正常	数据的发送与接收正常
未收到数据或数据内容不够	重新检查写、站号、传送规格与传送协议
收到错误代码○○H	参见错误代码列表
收到异常字符（O-th 字符）	检查写错误，遵守写的注意事项

5. 故障诊断

（1）通过 LED 显示确认通信状态

正常执行计算机链接时，通信设备上的两个 LED 灯（RD、SD）都应清晰地闪烁。当 LED 灯不闪烁时，应检查接线、站号或是通信的设定情况。

（2）用户程序的确认

1）用户程序中的通信设定。

① 确认是否进行了并联链接或是 $N:N$ 网络的设定。

② 请确认通信格式（D8120）的设定是否正确；更改了各设定时，务必将 PLC 的电源断开后重新上电。

2）参数设定的通信设定。确认采用参数进行的通信设定是否符合使用用途。不符合使用用途时，不能正确执行通信。

3）使用 RS、EXTR 指令。确认在程序中是否使用了 RS、EXTR 指令。在使用的情况下，删除指令后，将 PLC 的电源断开后重新上电。

（3）出错代码的确认

1）NAK 响应时的出错代码。在计算机与 PLC 的通信中，发送 NAK 时的出错代码、出错内容见表 9-28。出错代码以 2 位数的 ASCII 码（十六进制）00H～FFH 表示。

同时发生多个错误时，优先发送号码小的出错代码；此外，发生出错时，传送序列全部被初始化。

表 9-28　出错代码一览表

出错代码（十六进制）	出错项目	出错内容	解决方法
02H	和校验出错	接收数据中的和校验码与从已经接收到的数据中成的和校验码不一致	检查计算机发送出的数据以及和校验的内容，更改其中之一后再次通信
03H	协议出错	通信协议不正常；通信中使用的控制顺序与用参数设定的控制顺序不同，或是一部分与指定的控制顺序不同，或是控制顺序中指定的指令不存在	1）检查参数的内容和控制顺序的内容，更改其中之一后再次通信；2）参考表 9-16 指令，修改指定的指令，等以后再次通信
06H	字符区出错	字符 A、B、C 区中出错，或是已指定的指令不存在：1）用参数设定的控制顺序不同；2）指定了 PLC 中不存在的软元件编号；3）在指定字符数目（5 个字符，或 7 个字符）中没有指定软元件编号	1）检查并修改字符 B、C 区的内容后，再次通信；2）请参考"2.2.2 可以使用的软元件范围"修改软元件编号的指定字符数后，再次通信

（续）

出错代码 （十六进制）	出错项目	出错内容	解决方法
07H	字符出错	在软元件中写入的数据不是十六进制的 ASCII 码	确认软元件中写入的数据,修改后再次通信
10H	PLC 号出错	不存在该 PLC 号的站点	检查报文中的 PLC 号,修改后再次通信
18H	远程出错	不能执行远程 RUN/STOP 在 PLC 的硬件中决定了 RUN 或是 STOP, （如使用了 RUN/STOP 开关等）	使用强制运行模式,运行/停止 PLC

2）可编程序控制器一侧的出错代码。在计算机与可编程序控制器的通信中,计算机发出的报文中有错误时,可编程序控制器一侧会报出错。发生这样的错误时,串行通信出错（M8063）会为 ON,并在 D8063 中保存出错代码。出错代码见表9-29。

表 9-29 出错代码（D8063）一览表

出错代码	出错项目	出错内容	解决方法
6301	奇偶、溢出、 帧出错	传送数据不正常	检查在参数中设定的传送规格后,再次通信
6305	指令异常	站号为 FF 时接收到"GW"以外的指令	检查指定的指令,修改后再次通信
6306	监视时 间超出	接收到的报文不够。即使超过了超时判定 时间,仍未接收到正常的报文,所以将传送序 列初始化了	检查计算机一侧的传送程序,修改后再次 通信

解决了通信出错后,只有将 PLC 从停止切换到运行时,出错代码才会被清除。

附表：ASCII 代码表

十六进制	0	1	2	3	4	5	6	7	8	9
0		DLE	SP	0	@	P	`	p		
1	SOH	DC1	!	1	A	Q	a	q		
2	STX	DC2	"	2	B	R	b	r		
3	ETX	DC3	#	3	C	S	c	s		
4	EOT	DC4	$	4	D	T	d	t		
5	ENQ	NAK	%	5	E	U	e	u		
6	ACK	SYN	&	6	F	V	f	v		
7	BEL	ETB	'	7	G	W	g	w		
8	BS	CAN	(	8	H	X	h	x		
9	HT	EM	)	9	I	Y	i	y		
A	LF	SUB	*	:	J	Z	j	z		
B	VT	ESC	+	;	K	[	k	{		
C	FF	FS	,	<	L	\	l	|		
D	CR	GS	-	=	M	]	m	}		
E	SO	RS	.	>	N	^	n	~		
F	SI	US	/	?	O	_	o	DEL		

思 考 题

9.1 计算机在 PLC 网络中起什么作用?

9.2 在复合型 PLC 网络中,下位连接系统、同位连接系统、上位连接系统各起什么作用?

9.3 什么是 PLC 通信?通信系统由哪几部分组成?

9.4 什么是 $N:N$ 网络?$N:N$ 网络由哪些部分组成?最多可连接多少台 FX 系列 PLC?

9.5 $N:N$ 网络的功能和用途是什么?

9.6 在 $N:N$ 网络的参数设置中，从站总数和刷新范围是否各站均须设定？

9.7 什么是并行链接？并行链接网络由哪些部分组成？最多可连接多少台 FX 系列 PLC？

9.8 并行链接网络的功能和用途是什么？

9.9 设定并行链接模式时，主站和从站是否均须设定？

9.10 什么是计算机链接？$1:N$ 系统由哪些部分组成？最多可连接多少台 FX 系列 PLC？$1:1$ 系统由哪些部分组成？最多可连接多少台 FX 系列 PLC？

9.11 计算机链接的功能和用途是什么？

9.12 计算机链接的专用通信协议包括哪些内容？

9.13 计算机链接的控制协议有几种？有何区别？

9.14 计算机链接的通信格式的设定有几种方法？

习 题

9.1 $N:N$ 网络的链接模式有几种？在模式 2 中连接 5 台从站，其链接点数和链接范围是多少？

9.2 并行链接的链接模式有几种？在普通并行链接模式下，其链接点数和链接范围是多少？

9.3 并行链接 2 台 FX_{2N} 系列 PLC 的系统配置如图 9-29a 所示。试根据如下参数和操作任务编写程序。

系统参数如下：

链接模式：普通模式；通信超时设置：500ms。

操作任务：

1) 当主站计数器 C0 的值小于 10，则从站的 Y000 置 ON。若 C0 的值等于 10，则从站的 Y001 置 ON，Y000 置 OFF。若 C0 的值等于 20，则从站的 Y002 置 ON，Y001 置 OFF。当 C0 的值为 10 的倍数时，依次置 Y003、Y004……为 ON。

2) 当从站的 Y007 为 ON 时，主站计数器 C0 清 0。

9.4 在计算机链接的参数设定中，若 D8120 的内容为 H6892，其通信格式是什么？

9.5 采用用户程序设定计算机链接的参数。通信格式：数据长度 7 位，奇校验，停止位 1 位，波特率 19200bit/s，报头无，报尾无，RS-232C 接口，附加和校验，专用协议，控制顺序格式 1，站号为 8，超时判定时间为 200ms。

9.6 试用可视化编程软件或组态软件编写环路回送测试程序，用数据"ABCDE"进行环路回送测试，报文等待时间 100ms。

第 ⑩ 章

FX₃ᵤ系列可编程序控制器介绍

FX₃系列可编程序控制器是三菱公司第三代高功能小型可编程序控制器，FX₃系列可编程序控制器有以下三种机型：

简易型：FX₃S、FX₃SA。该系列机型机身小巧，控制点数 10~30 点，适用于需要模拟量、Ethernet 及 MODBUS 通信等扩展功能的基础型小规模控制系统。

基本型：FX₃G、FX₃GA、FX₃GE、FX₃GC。该系列机型机身紧凑，具有强化的内置功能、扩展功能和高灵活性，具有基本控制所需功能，控制点数 128 点，连接 CC-Link 时（包括远程 I/O）最大输入、输出控制点数达 256 点，适用于高性价比的各种小规模控制系统。

高端型（通用型）：FX₃ᵤ、FX₃ᵤC。该系列机型外形尺寸与 FX₂N 系列相同，仅比 FX₂N 系列薄 1mm。FX₃ᵤ系列机型支持高速处理、CC-Link 通信、网络通信、模拟量控制及高级定位控制，控制点数 256 点，连接 CC-Link 时（包括远程 I/O）最大输入、输出控制点数达 384 点，可适用于各种现场需求。运用该系列机型灵活的扩展性可扩大其应用范围。

FX₃ᵤ系列机型在 FX₂N 系列应用指令的基础上增加了 83 条应用指令，此外，FX₃ᵤ系列机型使用了 FX₂N 系列的大部分扩展模块、扩展单元和特殊功能模块，其与基本单元的连接方式、编号分配、地址分配与 FX₂N 系列相同（参见图 7-1）。FX₃系列主要型号 FX₃ᵤ的 I/O 采用接线端子连接，FX₃ᵤC 的 I/O 采用连接器连接。本章以 FX₃ᵤ为例简要介绍其新增功能和应用指令。

FX₃ᵤ系列 PLC 可广泛应用于各种生产领域，推动这些领域的"网络化、智能化、绿色化发展"，建设"高质量发展"的先进生产、制造集群。

10.1 FX₃ᵤ系列可编程序控制器的性能、规格与系统构成

10.1.1 FX₃ᵤ系列可编程序控制器的性能、规格

FX₃ᵤ系列基本单元的 I/O 点数为 16、32、48、64、80、128 点，控制规模为 16~256 点（使用 CC-Link 远程 I/O 时为 384 点）。其性能、规格见表 10-1。

10.1.2 FX₃ᵤ系列可编程序控制器的系统构成

FX₃ᵤ系列可编程序控制器与 FX 其他系列可编程序控制器一样，其基本单元配以相应的扩展部件，即可灵活构成各种控制系统，广泛应用于工业、工程、食品、建筑、楼宇等各种领域。FX₃ᵤ系列可编程序控制器的系统构成如图 10-1 所示。

表 10-1 FX_{3U}系列基本单元的性能、规格

	项 目	主 要 参 数
规格	电源	AC 电源型：AC 100～240V，DC 电源型：DC 24V
	输入	DC 24V，5～7mA（无触点、漏型输入时：NPN 集电极开路晶体管输入，源型输入时：PNP 集电极开路晶体管输入）
	输出	继电器输出型：2A/1 点、8A/4 点 COM、8A/8 点 COM，AC 250V 晶体管输出型：0.5A/1 点、0.8A/4 点、1.6A/8 点 COM，DC 5～30V
	输入/输出扩展	可连接 FX_{2N}系列用的扩展设备
	对应数据通信	RS-232C、RS-485、RS-422
	对应网络链接	N:N 网络、并联链接、计算机链接、CC-Link、CC-Link/LT、MELSEC-I/O 链接、AS-i 网络
性能	程序内存	内置 64000 步 RAM（电池支持） 选件：64000 步内存存储盒（带程序传送功能/不带程序传送功能），16000 步闪存存储盒
	时钟功能	内置实时时钟（有闰年修正功能），月差±45s/25℃
	指令	基本指令 27 个、步进梯形图指令 2 条、应用指令 209 种
	运算处理速度	基本指令：0.065μs/指令，应用指令：0.642～数百 μs/指令
	高速处理	有输入/输出刷新指令、输入滤波调整指令、输入中断功能、定时中断功能、高速计数中断功能、脉冲捕捉功能
	最大输入/输出点数	384 点（基本单元、扩展设备的 I/O 点数以及远程 I/O 点数的合计）
	辅助继电器、定时器	辅助继电器：7680 点，定时器：512 点
	计数器	16 位计数器：200 点，32 位计数器：35 点；高速用 32 位计数器：[1 相]100kHz/6 点、10kHz/2 点，[2 相]50kHz/2 点（可设定 4 倍）；使用高速输入适配器时：[1 相]200kHz，[2 相]100kHz
	数据寄存器	一般用 8000 点、扩展寄存器 32768 点、扩展文件寄存器（需安装存储盒）32768 点、变址用 16 点

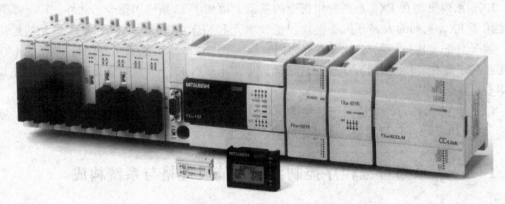

图 10-1 FX_{3U}系列可编程序控制器的系统构成

　　构成 FX_{3U}系列可编程序控制器控制系统的可选扩展部件有功能扩展板、特殊适配器、扩展模块、扩展单元、外围设备和选件等。以下介绍 FX_{3U}系列基本单元和扩展部件的型号、规格。

1. FX_{3U}系列可编程序控制器基本单元

FX_{3U}系列可编程序控制器基本单元的型号、规格如下所示。

FX_{3U}-○○M□/□ 其中：FX_{3U}-系列名称；○○-其中的数字表示输入/输出合计点数；M-基本单元；□/□-电源、输入/输出方式、连接方式为端子排，其表示方式见表 10-2。

表 10-2　FX_{3U}系列基本单元的电源、输入/输出方式、连接方式的表示

□/□	电源	输入方式	输出方式	连接方式
R/ES	AC 电源	DC 24V(漏型/源型)输入	继电器输出	
T/ES	AC 电源	DC 24V(漏型/源型)输入	晶体管(漏型)输出	
T/ESS	AC 电源	DC 24V(漏型/源型)输入	晶体管(源型)输出	
S/ES	AC 电源	DC 24V(漏型/源型)输入	晶闸管(SSR)输出	端子排
R/DS	DC 电源	DC 24V(漏型/源型)输入	继电器输出	
T/DS	DC 电源	DC 24V(漏型/源型)输入	晶体管(漏型)输出	
T/DSS	DC 电源	DC 24V(漏型/源型)输入	晶体管(源型)输出	
R/DUI	AC 电源	AC 100V 输入	继电器输出	

例如，型号 FX_{3U}-48MT/ESS 表示的意义为基本单元、输入 24 点、输出 24 点、晶体管（源型）输出、工作电源为 AC 电源。

2. FX_{3U}系列可编程序控制器的扩展部件

（1）功能扩展板

FX_{3U}系列可编程序控制器功能扩展板的型号、规格、用途见表 10-3。

表 10-3　FX_{3U}系列基本单元的功能扩展板

项目	型号	功　　能
功能扩展板	FX_{3U}-232-BD	RS-232C 通信用
	FX_{3U}-422-BD	RS-422 通信用 （与基本单元中内置的连接外围设备用的连接口功能相同）
	FX_{3U}-485-BD	RS-485 通信用
	FX_{3U}-USB-BD	USB 通信用(编程用)
	FX_{3U}-8AV-BD	8 个模拟量旋钮用
连接板	FX_{3U}-CNV-BD	安装特殊适配器用的连接转换器

（2）扩展模块

1）输入/输出扩展模块。输入/输出扩展模块是以 8、16 点为单位用于扩展 PLC 输入/输出的部件。由于电源是由基本单元提供的，因此输入/输出扩展模块无需重新准备电源。输入/输出扩展模块中，按照输入形式、输出形式、连接形式的不同，各自有相应的型号规格。其型号规格表示如下：

FX_{2N}-○○E□-□/□　其中：FX_{2N}-系列名称；○○-其中的数字表示输入/输出合计点数；E-输入/输出扩展；□-□-输入/输出方式、连接方式为端子排或连接器；□-区分，若为无则尚无符合规格的部件，若为 UL 则符合规格的部件。表示输入/输出方式、连接方式的字母代号意义见表 10-4。

表 10-4　输入/输出方式、连接方式的字母代号意义

□-□	输入方式	输出方式	连接方式
R	DC 24V(漏型)输入	继电器输出	端子排
R-ES	DC 24V(漏型/源型)输入通用	继电器输出	端子排
X	DC 24V(漏型)输入		端子排
X-C	DC 24V(漏型)输入		连接器
X-ES	DC 24V(漏型/源型)输入		端子排
XL-C	DC 5V 输入		连接器
X-UA1	AC 100V 输入		端子排
YR		继电器输出	端子排
YR-ES		继电器输出	端子排
YT		晶体管(漏型)输出	端子排

（续）

□-□	输入方式	输出方式	连接方式
YT-H		晶体管（漏型）输出	端子排
YT-C		晶体管（漏型）输出	连接器
YT-ESS		晶体管（源型）输出	端子排
YS		晶闸管（SSR）输出	端子排

① 输入扩展模块的型号、规格见表10-5。

表 10-5 输入扩展模块的型号、规格

型号	输入类型	点数	连接方式
FX$_{2N}$-8EX-ES/UL	DC 24V 漏型/源型通用	8	端子排
FX$_{2N}$-16EX-ES/UL	DC 24V 漏型/源型通用	16	端子排
FX$_{2N}$-8EX	DC 24V 漏型	8	端子排
FX$_{2N}$-16EX	DC 24V 漏型	16	端子排
FX$_{2N}$-16EX-C	DC 24V 漏型	16	连接器
FX$_{2N}$-16EXL-C	DC 5V 漏型	16	连接器
FX$_{2N}$-8EX-UA1/UL	AC 100V	8	端子排

② 输入/输出扩展模块的型号、规格见表10-6。

表 10-6 输入/输出扩展模块的型号、规格

型号	输入		输出		连接方式	注：*
	输入类型	点数	输出类型	点数		
FX$_{2N}$-8ER-ES/UL	DC 24V 漏型/源型通用	4(8)*	继电器	4(8)*	端子排	输入4点、输出4点作为空号被占用
FX$_{2N}$-8ER	DC 24V 漏型	4(8)*	继电器	4(8)*	端子排	

③ 输出扩展模块的型号、规格见表10-7。

表 10-7 输出扩展模块的型号、规格

型号	输出类型	点数	连接方式
FX$_{2N}$-8EYR-ES/UL	继电器	8	端子排
FX$_{2N}$-8EYR-S-ES/UL	继电器	8	端子排
FX$_{2N}$-8EYR	继电器	8	端子排
FX$_{2N}$-16EYR-ES/UL	继电器	16	端子排
FX$_{2N}$-16EYR	继电器	16	端子排
FX$_{2N}$-8EYT	晶体管（漏型）输出	8	端子排
FX$_{2N}$-8EYT-H	晶体管（漏型）输出	8	端子排
FX$_{2N}$-16EYT	晶体管（漏型）输出	16	端子排
FX$_{2N}$-16EYT-C	晶体管（漏型）输出	16	连接器
FX$_{2N}$-16EYS	晶闸管（SSR）输出（漏型）	16	端子排
FX$_{2N}$-8EYT-ESS/UL	晶体管（源型）输出	8	端子排
FX$_{2N}$-16EYT-ESS/UL	晶体管（源型）输出	16	端子排

2）特殊功能模块。

① 模拟量输入/输出、控制模块的型号、规格见表10-8。

表 10-8 模拟量输入/输出、控制模块的型号、规格

项目	型号	通道数	输入/输出类型
模拟量输入（A-D 转换）	FX$_{3U}$-4AD	4 通道	电压/电流输入
	FX$_{2N}$-2AD	2 通道	电压/电流输入
	FX$_{2N}$-4AD	4 通道	电压/电流输入
	FX$_{2N}$-8AD	8 通道	电压/电流/温度（热电偶）输入
	FX$_{2N}$-4AD-PT	4 通道	温度（热电阻）输入
	FX$_{2N}$-4AD-TC	4 通道	温度（热电偶）输入

（续）

项目	型号	通道数	输入/输出类型
模拟量输出（D-A 转换）	FX₃ᵤ-4DA	4 通道	电压/电流输出
	FX₂ₙ-2DA	2 通道	电压/电流输出
	FX₂ₙ-4DA	4 通道	电压/电流输出
模拟量输入/输出混合	FX₀ₙ-3A	2 入 1 出	电压/电流输入/输出
	FX₂ₙ-5A	4 入 1 出	电压/电流输入/输出
温度调节	FX₃ᵤ-4LC	4 个回路	温度调节（热电阻/热电偶/低电压）输入
	FX₂ₙ-2LC	2 个回路	温度调节（热电阻/热电偶）输入

② 高速计数器、脉冲输出、定位控制模块的型号、规格见表 10-9。

表 10-9　高速计数器、脉冲输出、定位控制模块的型号、规格

项目	型号	功　能
高速计数器	FX₃ᵤ-2HC	2 通道　高速计数器
	FX₂ₙ-1HC	1 通道　高速计数器
脉冲输出 定位控制	FX₂ₙ-1PG	单独控制 1 轴用的脉冲输出（100kHz 晶体管输出）
	FX₂ₙ-10PG	单独控制 1 轴用的脉冲输出（1MHz 差动输出）
	FX₃ᵤ-20SSC-H	同时控制 2 轴（独立 2 轴、支持 SSCNET Ⅲ）支持直线插补和圆弧插补
	FX₂ₙ-10GM	单独控制 1 轴用的脉冲输出（200kHz 晶体管输出）
	FX₂ₙ-20GM	同时控制 2 轴（独立 2 轴）用的脉冲输出（200kHz 晶体管输出）支持直线插补和圆弧插补
	FX₂ₙ-1RM-SET	1 轴　可编程凸轮开关

③ 网络/通信模块的型号、规格见表 10-10。

表 10-10　网络/通信模块的型号、规格

型号	功　能
FX₂ₙ-232IF	1 通道 RS-232C 无协议通信
FX₃ᵤ-ENET-L	以太网通信用
FX₂ₙ-16CCL-M	CC-Link 用主站　允许连接的远程 I/O 站：7 个站；允许连接的远程设备站：8 个站
FX₃ᵤ-64CCL	CC-Link 接口（智能设备站）［占用 1~4 个站］
FX₂ₙ-32CCL	CC-Link 接口（远程设备站）［占用 1~4 个站］
FX₂ₙ-64CL-M	CC-Link/LT 用主站
FX₂ₙ-16LNK-M	MELSEC I/O LINK 用主站
FX₂ₙ-32ASI-M	AS-i 系统用主站

（3）扩展单元

1）输入/输出扩展单元。输入/输出扩展单元是内置了电源回路和用于扩展输入/输出的单元，可以给连接在其后的扩展设备供电。输入/输出扩展单元的型号、规格的表示方法与输入/输出扩展模块相同，见表 10-4。输入/输出扩展单元的输入/输出合计点数为 32 点和 48 点两种。

2）扩展电源单元。当基本单元或扩展单元的电源容量不足时，需增加扩展电源单元。扩展电源单元的型号为 FX₃ᵤ-1PSU-5V，输入电压为 AC 100~240V，输出为 DC 5V、1A。

（4）特殊适配器

特殊适配器的种类有模拟量功能、通信功能、高速输入/输出功能和 CF 卡功能等。特殊适配器的型号、规格见表 10-11。

特殊适配器需使用功能扩展板安装在基本单元的左侧，不占 I/O 点数。一台 FX₃ᵤ系列可编程序控制器基本单元最多可扩展的特殊适配器台数如下：

表 10-11 特殊适配器的型号、规格

项目	型号	功能
模拟量功能	FX$_{3U}$-4AD-ADP	4通道 电压输入/电流输入
	FX$_{3U}$-4DA-ADP	4通道 电压输出/电流输出
	FX$_{3U}$-3A-ADP	2通道 电压输入/电流输入 1通道 电压输出/电流输出
	FX$_{3U}$-4AD-PT-ADP	4通道 Pt100温度传感器输入（-50~+250℃）
	FX$_{3U}$-4AD-PTW-ADP	4通道 Pt100温度传感器输入（-100~+600℃）
	FX$_{3U}$-4AD-PNK-ADP	4通道 电阻温度传感器输入（Pt1000/Ni1000）
	FX$_{3U}$-4AD-TC-ADP	4通道 热电偶（K、J型）温度传感器输入
通信功能	FX$_{3U}$-232ADP-MB	RS-232C通信（MODBUS通信用）
	FX$_{3U}$-485ADP-MB	RS-485通信（MODBUS通信用）
	FX$_{3U}$-232ADP	RS-232C通信
	FX$_{3U}$-485ADP	RS-485通信
高速输入/输出功能	FX$_{3U}$-4HSX-ADP	4通道 差动线性驱动输入（高速计数器用）
	FX$_{3U}$-2HSY-ADP	2轴 差动线性驱动输出（定位输出用）
CF卡功能	FX$_{3U}$-CF-ADP	CF卡特殊适配器

1）模拟量特殊适配器4台，编号从右至左依次为第1台、第2台……第4台。模拟量特殊适配器与基本单元的D8260~D8299自动交换数据。

2）通信特殊适配器2台，编号从右至左依次为通道1、通道2。包括基本单元内置的RS-422编程口，最多三通道可同时使用。

3）高速输入/输出特殊适配器各2台，可4轴定位（无插补），编号从右至左依次为第1台、第2台……第4台。高速输入/输出特殊适配器应比其他特殊适配器更靠近基本单元一侧。

（5）外围设备

外围设备包括人机界面（图形操作终端）、手持式编程器、连接计算机用的转换器等。

（6）选件

选件包括存储盒、显示模块及附件等。

FX$_{3U}$系列特殊适配器的安装如图10-2所示。

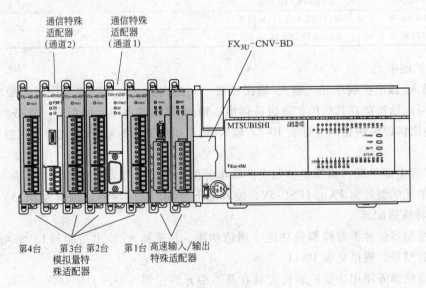

图 10-2 FX$_{3U}$系列特殊适配器的安装

10.2 FX₃ᵤ系列可编程序控制器新增软元件

FX₃ᵤ系列可编程序控制器在 FX₂ₙ系列基础上，增加了其基本单元存储器的容量，从而增加了软元件的数量。

10.2.1 输入、输出继电器 X、Y

输入继电器、输出继电器的编号是由基本单元的固定编号和针对扩展设备连接顺序分配的编号组成的。

1. 输入继电器 （X000~X367）

FX₃ᵤ系列可编程序控制器带扩展时输入最多 248 点，比 FX₂ₙ系列增加了 64 点。

2. 输出继电器 （Y000~Y367）

FX₃ᵤ系列可编程序控制器带扩展时输出最多 248 点，比 FX₂ₙ系列增加了 64 点。

输入继电器、输出继电器的编号为八进制编号，输入/输出合计为 256 点。

10.2.2 辅助继电器 M

辅助继电器分为通用（一般用）、停电保持用（电池保持，根据设定的参数可以更改为非停电保持）、停电保持专用（电池保持）和特殊用四类。FX₃ᵤ系列可编程序控制器比 FX₂ₙ系列增加了停电保持专用和特殊用两类辅助继电器的数量。

1. 停电保持专用辅助继电器

停电保持专用辅助继电器的编号为 M1024~M7679，共 6656 点，增加了 4608 点。

2. 特殊用辅助继电器

特殊用辅助继电器的编号为 M8000~M8511，共 512 点，增加了 356 点，其种类和功能见表 10-12。

表 10-12　FX₃ᵤ系列可编程序控制器新增特殊辅助继电器的种类和功能

分类	编号	说　　明	对应特殊软元件	备注
PLC 模式	[M]8038	通信参数设定的标志位 （设定简易 PC 之间的链接用）	D8176~ D8180	详见通信控制手册
标志位	[M]8090	BKCMP（FNC 194~199）指令块比较信号		
	M8091	COMRD（FNC 182）、BINDA（FNC 261）指令输出字符数切换信号		
内存信息	[M]8105	在存储器盒写入时接通		
	[M]8107	软元件注释登录的确认	D8107	
高速计数器比较	[M]8138	HSCT（FNC 280）指令 指令执行结束标志位	D8138	
	[M]8139	HSCS（FNC 53）、HSCR（FNC 54）、HSZ（FNC 55）、HSCT（FNC 280）指令 高速计数器比较指令执行中	D8139	
变频器通信	[M]8151	变频器通信中[通道1]	D8151	详见通信控制手册
	[M]8152	变频器通信错误[通道1]	D8152	
	[M]8153	变频器通信错误的锁定[通道1]	D8153	
	[M]8154	IVBWR（FNC 274）指令错误[通道1]	D8154	
	[M]8156	变频器通信中[通道2]	D8156	
	[M]8157	变频器通信错误[通道2]	D8157	
	[M]8158	变频器通信错误的锁存[通道2]	D8158	
	[M]8159	IVBWR（FNC 274）指令错误[通道2]	D8159	

（续）

分类	编号	说 明	对应特殊软元件	备注
扩展功能	M8165	SORT2（FNC 149）指令 降序排列		从 RUN→STOP 时清除
	M8167	HKY（FNC 71）指令 处理 HEX 数据的功能		
	M8168	SMOV（FNC 13）指令 处理 HEX 数据的功能		
脉冲捕捉	M8176	输入 X006 脉冲捕捉		
	M8177	输入 X007 脉冲捕捉		
通信设定	M8178	并联链接 通道切换（OFF：通道 1,ON：通道 2）		
	M8179	简易 PC 间链接 通道切换		
简易 PC 间链接	[M]8183	数据传送顺控错误（主站）	D8201~D8218	详见通信控制手册
	[M]8184	数据传送顺控错误（1 号站）		
	[M]8185	数据传送顺控错误（2 号站）		
	[M]8186	数据传送顺控错误（3 号站）		
	[M]8187	数据传送顺控错误（4 号站）		
	[M]8188	数据传送顺控错误（5 号站）		
	[M]8189	数据传送顺控错误（6 号站）		
	[M]8190	数据传送顺控错误（7 号站）		
	[M]8191	数据传送顺控的执行中		
高速计数器倍增	M8198	C251、C252、C254 用 1 倍/4 倍的切换		
	M8199	C253、C255、C253（OP）用 1 倍/4 倍的切换		
	M8245	M8□□□动作后，与其对应的 C□□□变为递减模式 • ON：减计数动作 • OFF：增计数动作	D8245	
模拟量特殊适配器	M8260~M8269	第 1 台特殊适配器		从基本单元左侧计算连接的模拟量特殊适配器的台数
	M8270~M8279	第 2 台特殊适配器		
	M8280~M8289	第 3 台特殊适配器		
	M8290~M8299	第 4 台特殊适配器		
标志位	[M]8304	乘除运算结果为 0 时,置 ON		详见编程手册
	[M]8306	除法运算结果溢出时,置 ON		
	[M]8316	I/O 非实际安装指定错误	D8316 D8317	
	[M]8318	BFM 的初始化失败从 STOP→RUN 时,对于用 BFM 初始化功能指定的特殊扩展模块/单元,发生针对其的 FROM/TO 错误时接通,发生错误的单元号被保存在 D8318 中,BFM 号被保存在 D8319 中	D8318 D8319	
	[M]8328	指令不执行		
	[M]8329	指令执行异常结束		
定时时钟	[M]8330	DUTY（FNC 186）指令 定时时钟的输出 1	D8330	
	[M]8331	DUTY（FNC 186）指令 定时时钟的输出 2	D8331	
	[M]8332	DUTY（FNC 186）指令 定时时钟的输出 3	D8332	
	[M]8333	DUTY（FNC 186）指令 定时时钟的输出 4	D8333	
	[M]8334	DUTY（FNC 186）指令 定时时钟的输出 5	D8334	
定位控制	M8336	DVIT（FNC 151）指令 中断输入指定功能有效	D8336	详见定位控制手册
	M8338	PLSV（FNC 157）指令 加减速动作		
	[M]8340	[Y000] 脉冲输出中监控（ON：BUSY/OFF：READY）		
	M8341	[Y000] 清除信号输出功能有效		
	M8342	[Y000] 指定原点回归方向		

（续）

分类	编号	说　明	对应特殊软元件	备注
定位控制	M8343	［Y000］正转限位		详见定位控制手册
	M8344	［Y000］反转限位		
	M8345	［Y000］近点 DOG 信号逻辑反转		
	M8346	［Y000］零点信号逻辑反转		
	M8347	［Y000］中断信号逻辑反转		
	［M］8348	［Y000］定位指令驱动中		
	M8349	［Y000］脉冲输出停止指令		
	［M］8350	［Y000］脉冲输出中监控（ON：BUSY/OFF：READY）		
	M8351	［Y001］清除信号输出功能有效		
	M8352	［Y001］指定原点回归方向		
	M8353	［Y001］正转限位		
	M8354	［Y001］反转限位		
	M8355	［Y001］近点 DOG 信号逻辑反转		
	M8356	［Y001］零点信号逻辑反转		
	M8357	［Y001］中断信号逻辑反转		
	［M］8358	［Y001］定位指令驱动中		
	M8359	［Y001］脉冲输出停止指令		
	［M］8360	［Y002］脉冲输出中监控（ON：BUSY/OFF：READY）		
	M8361	［Y002］清除信号输出功能有效		
	M8362	［Y002］指定原点回归方向		
	M8363	［Y002］正转限位		
	M8364	［Y002］反转限位		
	M8365	［Y002］近点 DOG 信号逻辑反转		
	M8366	［Y002］零点信号逻辑反转		
	M8367	［Y002］中断信号逻辑反转		
	［M］8368	［Y002］定位指令驱动中		
	M8369	［Y002］脉冲输出停止指令		
	［M］8370	［Y003］脉冲输出中监控（ON：BUSY/OFF：READY）		
	M8371	［Y003］清除信号输出功能有效		
	M8372	［Y003］指定原点回归方向		
	M8373	［Y003］正转限位		
	M8374	［Y003］反转限位		
	M8375	［Y003］近点 DOG 信号逻辑反转		
	M8376	［Y003］零点信号逻辑反转		
	M8377	［Y003］中断信号逻辑反转		
	［M］8378	［Y003］定位指令驱动中		
	M8379	［Y003］脉冲输出停止指令		
高速计数器功能	［M］8380	C235、C241、C244、C246、C247、C249、C251、C252、C254 的动作状态		从 STOP→RUN 时清除
	［M］8381	C236 的动作状态		
	［M］8382	C237、C242、C245 的动作状态		
	［M］8383	C238、C248、C248（OP）、C250、C253、C255 的动作状态		
	［M］8384	C239、C243 的动作状态		
	［M］8385	C240 的动作状态		
	［M］8386	C244（OP）的动作状态		
	［M］8387	C245（OP）的动作状态		
	［M］8388	高速计数器的功能变更用触点		
	M8389	外部复位输入的逻辑切换		
	M8390	C244 用功能切换		
	M8391	C245 用功能切换		
	M8392	C248、C253 用功能切换		

（续）

分类	编号	说　明	对应特殊软元件	备注
中断程序	[M]8393	设定延迟时间用的触点	D8393	
	[M]8394	HCMOV(FNC 189)中断程序用驱动触点		
环形计数器	[M]8398	1ms 的环形计数(32 位)动作	D8398，D8399	
RS2 (FNC 87) [通道 1]	[M]8401	RS2(FNC 87)[通道 1]发送待机标志位		详见通信控制手册
	M8402	RS2(FNC 87)[通道 1]发送请求	D8402	
	M8403	RS2(FNC 87)[通道 1]接收结束标志位	D8403	
	[M]8404	RS2(FNC 87)[通道 1]载波检测标志位		
	[M]8405	RS2(FNC 87)[通道 1]数据设定准备就绪(DSR)标志位		
	M8409	RS2(FNC 87)[通道 1]判断超时的标志位		
RS2 (FNC 87) [通道 2] 计算机链接 [通道 2]	[M]8421	RS2(FNC 87)[通道 2]发送待机标志位		详见通信控制手册
	M8422	RS2(FNC 87)[通道 2]发送请求	D8422	
	M8423	RS2(FNC 87)[通道 2]接收结束标志位	D8423	
	[M]8424	RS2(FNC 87)[通道 2]载波检测标志位		
	[M]8425	RS2(FNC 87)[通道 2]数据设定准备就绪(DSR)标志位		
	[M]8426	计算机链接[通道 2]全局 ON		
	[M]8427	计算机链接[通道 2]下位通信请求(On Demand)发送中	D8427	
	M8428	计算机链接[通道 2]下位通信请求(On Demand)错误标志位	D8428	
	M8429	计算机链接[通道 2]下位通信请求(On Demand)字/字节的切换　RS2(FNC 87)[通道 2]判断超时的标志位	D8429	
错误检测	M8438	串行通信错误 2[通道 2]	D8438	
	[M]8449	特殊模块错误标志位	D8449	
定位控制	M8460	DVIT(FNC 151)指令[Y000]用户中断输入指令	D8336	详见定位控制手册
	M8461	DVIT(FNC 151)指令[Y001]用户中断输入指令	D8336	
	M8462	DVIT(FNC 151)指令[Y002]用户中断输入指令	D8336	
	M8463	DVIT(FNC 151)指令[Y003]用户中断输入指令	D8336	
	M8464	DSZR(FNC 150)指令、ZRN(FNC 156)指令 [Y000]清除信号软元件指定功能有效	D8464	
	M8465	DSZR(FNC 150)指令、ZRN(FNC 156)指令 [Y001]清除信号软元件指定功能有效	D8465	
	M8466	DSZR(FNC 150)指令、ZRN(FNC 156)指令 [Y002]清除信号软元件指定功能有效	D8466	
	M8467	DSZR(FNC 150)指令、ZRN(FNC 156)指令 [Y003]清除信号软元件指定功能有效	D8467	

10.2.3　状态继电器 S

状态继电器分为初始状态用一般用 、停电保持用、停电保持专用、信号报警器用（电池保持）五类。FX_{3U} 系列增加了停电保持专用状态继电器，编号为 S1000 ~ S4095，共 3096 点。

10.2.4　定时器 T

FX_{3U} 系列可编程序控制器增加了 1ms 型定时器，定时范围为 0.001 ~ 32.767s，编号为 T256 ~ T511，共 256 点。

10.2.5 数据寄存器、文件寄存器 D

数据寄存器就是保存数值数据用的软元件，文件寄存器是处理这种数据寄存器的初始值的软元件。将 2 个数据寄存器、文件寄存器组合后可以保存 32 位的数值数据。

数据寄存器分为一般用、停电保持用、停电保持专用和特殊用四类，其种类和功能见附录 B。

FX$_{3U}$系列可编程序控制器增加了特殊用数据寄存器，编号为 D8000~D8511，共 512 点，其种类和功能见表 10-13。

表 10-13　FX$_{3U}$系列可编程序控制器新增特殊数据寄存器的种类和功能

分类	编号	说　明	对应特殊软元件	备注
内存信息	[D]8108	特殊模块的连接台数		
高速表格	[D]8138	HSCT(FNC 280)指令 表格计数器	M8138	
	[D]8139	HSCS(FNC 53)、HSCR(FNC 54)、HSZ(FNC 55)、HSCT(FNC 280)指令 执行中的指令数	M8139	
变频器通信功能	D8150	变频器通信的响应等待时间[通道 1]		详见通信控制手册
	[D]8151	变频器通信的通信中的步编号[通道 1]初始值:-1	M8151	
	[D]8152	变频器通信的错误代码[通道 1]	M8152	从 STOP→RUN 时清除
	[D]8153	变频器通信的错误步的锁存[通道 1]初始值:-1	M8153	
	[D]8154	IVBWR(FNC 274)指令中发生错误的参数编号[通道 1]初始值:-1	M8154	详见通信控制手册
	D8155	变频器通信的响应等待时间[通道 2]	—	
	[D]8156	变频器通信的通信中的步编号[通道 2]初始值:-1	M8156	
	[D]8157	变频器通信的错误代码[通道 2]	M8157	
	[D]8158	变频器通信的错误步的锁存[通道 2]初始值:-1	M8158	
	[D]8159	IVBWR(FNC 274)指令中发生错误的参数编号[通道 2]初始值:-1	M8159	从 STOP→RUN 时清除
扩展功能	[D]8169	限制存取的状态		
简易 PC 间链接（设定）	[D]8173	相应的站号的设定状态		详见通信控制手册
	[D]8174	通信子站的设定状态		
	[D]8175	刷新范围的设定状态		
	D8176	设定相应站号	M8038	
	D8177	设定通信的子站数		
	D8178	设定刷新范围		
	D8179	重试的次数		
	D8180	监视时间		
简易 PC 间链接（控制）	[D]8201	当前的链接扫描时间		详见通信控制手册
	[D]8202	最大的链接扫描时间		
	[D]8203	数据传送顺控错误计数数(主站)		
	[D]8204	数据传送顺控错误计数数(站 1)		
	[D]8205	数据传送顺控错误计数数(站 2)	M8183~M8191	
	[D]8206	数据传送顺控错误计数数(站 3)		
	[D]8207	数据传送顺控错误计数数(站 4)		
	[D]8208	数据传送顺控错误计数数(站 5)		
	[D]8209	数据传送顺控错误计数数(站 6)		
	[D]8210	数据传送顺控错误计数数(站 7)		
	[D]8211	数据传送错误代码(主站)		
	[D]8212	数据传送错误代码(站 1)		

（续）

分类	编号	说 明		对应特殊软元件	备注
简易PC间链接（控制）	[D]8213	数据传送错误代码（站2）			详见通信控制手册
	[D]8214	数据传送错误代码（站3）			
	[D]8215	数据传送错误代码（站4）		M8183~	
	[D]8216	数据传送错误代码（站5）		M8191	
	[D]8217	数据传送错误代码（站6）			
	[D]8218	数据传送错误代码（站7）			
模拟量特殊适配器	D8260~ D8269	第1台特殊适配器			从基本单元左侧计算连接的模拟量特殊适配器的台数
	D8270~ D8279	第2台特殊适配器		详见编程手册	
	D8280~ D8289	第3台特殊适配器			
	D8290~ D8299	第4台特殊适配器			
显示模块	D8300	显示模块用 控制软元件（D）初始值：K-1			
	D8301	显示模块用 控制软元件（M）初始值：K-1			
	[D]8302	设定显示语言 日语：K0 英语：K0以外			停电保持
	[D]8303	LCD对比度设定值 初始值：K0			
随机数	[D]8310	低位	RND（FNC 184）生成随机数用的数据		
	[D]8311	高位	初始值：K1		
语法·回路·运算·I/O错误步编号	D8312	低位	发生运算错误的步编号的锁存（32bit）	M8068	
	D8313	高位			
	[D]8314	低位	M8065~M8067的错误步编号（32bit）	M8065~ M8067	从STOP→RUN时清除
	[D]8315	高位			
	[D]8316	低位	指定（直接/通过变址的间接指定）了未安装的I/O编号的指令的步编号	M8316	
	[D]8317	高位			
	[D]8318	BFM初始化功能发生错误的单元号		M8318	
	[D]8319	BFM初始化功能 发生错误的BFM号		M8318	
定时时钟	[D]8330	DUTY（FNC 186）指令 定时时钟输出1用扫描数的计数器		M8330	
	[D]8331	DUTY（FNC 186）指令 定时时钟输出2用扫描数的计数器		M8331	
	[D]8332	DUTY（FNC 186）指令 定时时钟输出3用扫描数的计数器		M8332	
	[D]8333	DUTY（FNC 186）指令 定时时钟输出4用扫描数的计数器		M8333	
	[D]8334	DUTY（FNC 186）指令 定时时钟输出5用扫描数的计数器		M8334	
中断定位	D8336	DVIT（FNC 151）用中断输入的指定初始值：—		M8336	
定位控制	D8340	低位	[Y000]当前值寄存器		详见定位控制手册
	D8341	高位	初始值：0		
	D8342	[Y000]偏差速度初始值：0			
	D8343	低位	[Y000]最高速度		
	D8344	高位	初始值：100000		
	D8345	[Y000]爬行速度初始值：1000			
	D8346	低位	[Y000]原点回归速度		
	D8347	高位	初始值：50000		
	D8348	[Y000]加速时间初始值：100			
	D8349	[Y000]减速时间初始值：100			
	D8350	低位	[Y001]当前值寄存器		
	D8351	高位	初始值：0		
	D8352	[Y001]偏差速度初始值：0			
	D8353	低位	[Y001]最高速度		
	D8354	高位	初始值：100000		

（续）

分类	编号	说　明		对应特殊 软元件	备注
	D8355	［Y001］爬行速度初始值:1000			
	D8356	低位	［Y001］原点回归速度		
	D8357	高位	初始值:50000		
	D8358	［Y001］加速时间初始值:100			
	D8359	［Y001］减速时间初始值:100			
	D8360	低位	［Y002］当前值寄存器		
	D8361	高位	初始值:0		
	D8362	［Y002］偏差速度初始值:0			
	D8363	低位	［Y002］最高速度		
	D8364	高位	初始值:100000		
	D8365	［Y002］爬行速度初始值:1000			
定位控制	D8366	低位	［Y002］原点回归速度		详见定位 控制手册
	D8367	高位	初始值:50000		
	D8368	［Y002］加速时间初始值:100			
	D8369	［Y002］减速时间初始值:100			
	D8370	低位	［Y003］当前值寄存器		
	D8371	高位	初始值:0		
	D8372	［Y003］偏差速度初始值:0			
	D8373	低位	［Y003］最高速度		
	D8374	高位	初始值:100000		
	D8375	［Y003］爬行速度初始值:1000			
	D8376	低位	［Y003］原点回归速度		
	D8377	高位	初始值:50000		
	D8378	［Y003］加速时间初始值:100			
	D8379	［Y003］减速时间初始值:100			
中断程序	D8393	延迟时间		M8393	
环形 计数器	D8398	低位	0~2 147 483 647（1ms 单位）的递增动作的环形计数	M8398	详见编 程手册
	D8399	高位			
	D8400	RS2（FNC 87）［通道1］设定通信格式			
	［D］8402	RS2（FNC 87）［通道1］发送数据的剩余点数		M8402	从 RUN→
	［D］8403	RS2（FNC 87）［通道1］接收点数的监控		M8403	STOP 时清除
	［D］8405	显示通信参数［通道1］			
	D8409	RS2（FNC 87）［通道1］设定超时时间			
RS2	D8410	RS2（FNC 87）［通道1］报头 1,2<初始值:STX>			
（FNC 87）	D8411	RS2（FNC 87）［通道1］报头 3,4			
［通道1］	D8412	RS2（FNC 87）［通道1］报尾 1,2<初始值:ETX>			详见通信 控制手册
	D8413	RS2（FNC 87）［通道1］报尾 3,4			
	［D］8414	RS2（FNC 87）［通道1］接收求和（接收数据）			
	［D］8415	RS2（FNC 87）［通道1］接收求和（计算结果）			
	［D］8416	RS2（FNC 87）［通道1］发送求和			
	［D］8419	显示动作模式［通道1］			
	D8420	RS2（FNC 87）［通道2］设定通信格式			
RS2	D8421	计算机链接［通道2］设定站号			
（FNC 87）	［D］8422	RS2（FNC 87）［通道2］发送数据的剩余点数		M8422	从 RUN→
［通道2］	［D］8423	RS2（FNC 87）［通道2］接收点数的监控		M8423	STOP 时清除
计算机链接 ［通道2］	［D］8425	显示通信参数［通道2］			详见通信 控制手册

（续）

分类	编号	说　明	对应特殊软元件	备注
RS2 (FNC 87) [通道2] 计算机链接 [通道2]	D8427	计算机链接[通道2]指定下位通信请求(On Demand)的起始编号	M8426~ M8429	详见通信控制手册
	D8428	计算机链接[通道2]指定下位通信请求(On Demand)的数据数		
	D8429	RS2(FNC 87)[通道2]计算机链接[通道2]设定超时时间		
	D8430	RS2(FNC 87)[通道2]报头1,2<初始值:STX>		
	D8431	RS2(FNC 87)[通道2]报头3,4		
	D8432	RS2(FNC 87)[通道2]报尾1,2<初始值:ETX>		
	D8433	RS2(FNC 87)[通道2]报尾3,4		
	[D]8434	RS2(FNC 87)[通道2]接收求和(接收数据)		
	[D]8435	RS2(FNC 87)[通道2]接收求和(计算结果)		
	[D]8436	RS2(FNC 87)[通道2]发送求和		
	[D]8438	串行通信错误2[通道2]的错误代码编号	M8438	
	[D]8439	显示动作模式[通道2]		
错误检测	[D]8449	特殊模块错误代码	M8449	
定位控制	D8464	DSZR(FNC 150),ZRN(FNC 156)指令[Y000]指定清除信号软元件	M8464	详见定位控制手册
	D8465	DSZR(FNC 150),ZRN(FNC 156)指令[Y001]指定清除信号软元件	M8465	
	D8466	DSZR(FNC 150),ZRN(FNC 156)指令[Y002]指定清除信号软元件	M8466	
	D8467	DSZR(FNC 150),ZRN(FNC 156)指令[Y003]指定清除信号软元件	M8467	

10.2.6　扩展寄存器 R、扩展文件寄存器 ER

FX$_{3U}$系列可编程序控制器增加了扩展寄存器（R）和扩展文件寄存器（ER），扩展寄存器（R）是扩展数据寄存器（D）用的软元件。扩展寄存器（R）的内容也可以保存在扩展文件寄存器（ER）中。使用扩展文件寄存器（ER）时，需加装存储器盒（EEPROM）。

扩展寄存器和扩展文件寄存器的编号如下：

扩展寄存器（电池保持）：R0~R32767，共 32768 点；

扩展文件寄存器：ER0~ER32767，共 32768 点。

10.2.7　指针 P

FX$_{3U}$系列可编程序控制器增加了分支用指针，编号如下：

分支用：P0~P62、P64~P4095，共 4095 点；

跳转用：P63，1 点。

10.2.8　实数 E、字符串 " "

1. 实数 E

[E]是表示实数（浮点数数据）的符号，主要用于指定应用指令的操作数的数值，如 E1.234 或 E1.234+3

实数的指定范围为 $-1.0 \times 2^{128} \sim -1.0 \times 2^{-126}$、0、$1.0 \times 2^{-126} \sim 1.0 \times 2^{128}$。

在顺控程序中，实数可以指定"普通表示"和"指数表示"两种。

普通表示，就将设定的数值指定。例如，10.2345 就以 E10.2345 指定。

指数表示，设定的数值以（数值）$\times 10^n$ 指定。例如，1234 以 E1.234+3 指定，［+3］表示 10 的 n 次方（+3 为 10^3）。

2. 字符串"　"

字符串是顺控程序中直接指定字符串"　"的软元件。字符串中包括在应用指令的操作数中直接指定字符串的字符串常数和字符串数据。

（1）字符串常数"ABC"

字符串常数以"　"框起来的半角字符指定，如"ABCD1234"指定。字符串中可以使用 JIS8 代码。字符串最多可以指定 32 个字符。

（2）字符串数据

字符串的数据，从指定软元件开始到以 NUL 代码（00H）结束为止以字节为单位被视为一个字符串。

在指定位数的位软元件中体现（认识）字符串数据的时候，由于指令为 16 位长度，所以包含指示字符串数据结束的 NUL 代码（00H）的数据也需要是 16 位。

10.3　FX_{3U}系列可编程序控制器新增应用指令

FX_{3U}系列可编程序控制器的新增应用指令突出增加了数学运算、数据处理、变频器运行控制、高速处理和定位控制等功能，并提高了指令使用的便捷性。其特点如下：

在基本指令中，FX_{3U}系列可编程序控制器可使用对位软元件的变址寻址、字软元件的位指定等功能。

在应用指令中，可用数据运算、处理指令直接处理特殊模块/单元的数据，而不必使用 FROM/TO 指令；用一条数据块处理指令即可对连续的数据寄存器的数据进行加法、减法或比较运算。此外，增加了数据转换指令、强化了浮点数运算指令、简化了扩展文件寄存器的使用等，因此可减少程序步数。

应用指令的表示形式、指令格式与 FX_{2N}系列相同。FX_{3U}系列可编程序控制器的新增应用指令（仅适用于 FX_{3U}系列）见表 10-14。

表 10-14　FX_{3U}系列可编程序控制器新增应用指令

分类	指令编号 FNC	指令助记符	功　能	D 指令	P 指令	备注
外部设备 SER	87	RS2	串行数据传送 2	—	—	选件设备
数据传送 2	102	ZPUSH	变址寄存器的成批保存	—	○	
	103	ZPOP	变址寄存器的恢复	—	○	
浮点数运算	112	EMOV	二进制浮点数数据传送	○	○	
	116	ESTR	二进制浮点数→字符串的转换	○	○	
	117	EVAL	字符串→二进制浮点数的转换	○	○	
	124	EXP	二进制浮点数指数运算	○	○	
	125	LOGE	二进制浮点数自然对数运算	○	○	
	126	LOG10	二进制浮点数常用对数运算	○	○	
	128	ENEG	二进制浮点数符号翻转	○	○	
	133	ASIN	二进制浮点数 arcsin 运算	○	○	

（续）

分类	指令编号 FNC	指令助记符	功　能	D指令	P指令	备注
浮点数运算	134	ACOS	二进制浮点数 arccos 运算	○	○	
	135	ATAN	二进制浮点数 arctan 运算	○	○	
	136	RAD	二进制浮点数角度→弧度的转换	○	○	
	137	DEG	二进制浮点数弧度→角度的转换	○	○	
数据处理2	140	WSUM	算出数据合计值	○	○	
	141	WTOB	字节单位的数据分离	—	○	
	142	BTOW	字节单位的数据结合	—	○	
	143	UNI	16 数据位的 4 位结合	—	○	
	144	DIS	16 数据位的 4 位分离	—	○	
	149	SORT2	数据排序 2	○	—	
定位控制	150	DSZR	带 DOG 搜索的原点回归	—	—	
	151	DVIT	中断定位	○	—	
	152	TBL	表格设定定位	○	—	
	155	ABS	读出 ABS 当前值	○	—	
	156	ZRN	原点回归	○	—	
	157	PLSV	可变速脉冲输出	○	—	
	158	DRVI	相对定位	○	—	
	159	DRVA	绝对定位	○	—	
时钟运算	164	HTOS	时、分、秒数据的秒转换	○	○	
	165	STOH	秒数据的［时、分、秒］转换	○	○	
	169	HOUR	计时表	○	—	
外部设备	176	RD3A	模拟量模块的读出	—	○	模拟量模块的读写
	177	WR3A	模拟量模块的写入	—	○	
其他指令	182	COMRD	读出软元件的注释数据	—	○	
	184	RND	产生随机数	—	○	
	186	DUTY	产生定时脉冲	—	—	
	188	CRC	CRC 运算	—	○	
	189	HCMOV	高速计数器传送	○	—	
数据块处理	192	BK+	数据块的加法运算	○	○	
	193	BK-	数据块的减法运算	○	○	
	194	BKCMP=	数据块比较	○	○	
	195	BKCMP>	数据块比较	○	○	
	196	BKCMP<	数据块比较	○	○	
	197	BKCMP<>	数据块比较	○	○	
	198	BKCMP<=	数据块比较	○	○	
	199	BKCMP>=	数据块比较	○	○	
字符串控制	200	STR	BIN→字符串的转换	○	○	
	201	VAL	字符串→BIN 的转换	○	○	
	202	$ +	字符串的结合	—	○	
	203	LEN	检测出字符串的长度	—	○	
	204	RIGHT	从字符串的右侧开始取出	—	○	
	205	LEFT	从字符串的左侧开始取出	—	○	
	206	MIDR	从字符串中的任意位置取出	—	○	
	207	MIDW	字符串中的任意位置替换	—	○	
	208	INSTR	字符串的检索	—	○	
	209	$ MOV	字符串的传送	—	○	

（续）

分类	指令编号 FNC	指令助记符	功　能	D 指令	P 指令	备注
数据处理3	210	FDEL	数据表的数据删除	—	○	
	211	FINS	数据表的数据插入	—	○	
	212	POP	读取后入的数据［先入后出控制用］	—	○	
	213	SFR	16 位数据 n 位右移（带进位）	—	○	
	214	SFL	16 位数据 n 位左移（带进位）	—	○	
数据表处理	256	LIMIT	上下限限位控制	○	○	
	257	BAND	死区控制	○	○	
	258	ZONE	区域控制	○	○	
	259	SCL	定坐标（不同点坐标数据）	○	○	
	260	DABIN	十进制 ASCII→BIN 的转换	○	○	
	261	BINDA	BIN→十进制 ASCII 的转换	○	○	
	269	SCL2	定坐标2（X/Y 坐标数据）	○	○	
外部设备通信	270	IVCK	变频器的运转监视	—	—	变频器通信
	271	IVDR	变频器的运行控制	—	—	
	272	IVRD	读取变频器的参数	—	—	
	273	IVWR	写入变频器的参数	—	—	
	274	IVBWR	成批写入变频器的参数	—	—	
数据传送3	278	RBFM	BFM 分割读出	—	—	
	279	WBFM	BFM 分割写入	—	—	
高速处理2	280	HSCT	高速计数器表比较	○	—	
扩展文件寄存器控制	290	LOADR	读出扩展文件寄存器	—	—	
	291	SAVER	成批写入扩展文件寄存器	—	—	
	292	INITR	扩展寄存器的初始化	—	○	
	293	LOGR	登录到扩展寄存器	—	○	
	294	RWER	扩展文件寄存器的删除·写入	—	○	
	295	INITER	扩展文件寄存器的初始化	—	○	

注：“○”表示此指令功能“有”；“-”表示此指令功能“无”。

10.4　FX₃ᵤ系列可编程序控制器的功能与应用

FX₃ᵤ系列可编程序控制器的性能和功能在 FX₂ₙ系列的基础上有大幅强化与提升。其功能与应用如下：

10.4.1　模拟量控制

在 FA（工厂自动化）的过程控制中，传感器、变送器等将生产过程中的流量、流速、压力、温度、液位等信号变换成电流和电压模拟量信号，FX 系列可编程序控制器都具有将信号进行 A-D、D-A 转换、处理和控制的功能。由于 FX₃ᵤ系列可编程序控制器的基本单元与模拟量特殊适配器间可实现数据自动交换，因此通过简单编程即可实现对上述模拟量信号的处理与控制。一台 FX₃ᵤ系列可编程序控制器基本单元最多可扩展 4 台模拟量特殊适配器。

10.4.2　高速计数、脉冲输出及定位

在 FA 的运动控制中，旋转编码器将转轴的转速、转向、旋转位置和旋转量转换成二进制编码（脉冲信号）。FX 系列可编程序控制器的基本单元都具有内置高速计数及定位功能，

341

基本单元可实现单速定位、中断单速定位、中断双速定位。

FX_{3U}、FX_{3UC}系列可编程序控制器的基本单元具有独立 3 轴定位功能，通过连接多台特殊扩展设备，可实现多轴控制。

FX 系列可编程序控制器的基本单元可实现最高 100kHz（FX_{1NC}最高 10kHz）、最多 2 轴的简易定位，实现定长进给及重复往返等定位功能。

FX_{3U}、FX_{3UC}系列可编程序控制器的基本单元可实现最高 100kHz、最多 3 轴的简易定位（无插补功能）。如果连接高速输出适配器（差动输出），可支持最高 200kHz、最多 4 轴（连接 2 台时）的简易定位（无插补功能），而且只需使用表格设定定位指令 DTBL 编写简单的程序执行定位控制。

FX_{3U}、FX_{3UC}系列可编程序控制器的基本单元连接 FX_{2N}-20GM 脉冲输出定位控制特殊功能模块，编写连续的直线插补、圆弧插补程序，就可实现连续路径的高精度运行功能。

FX_{3U}、FX_{3UC}系列可编程序控制器的基本单元连接 FX_{3U}-20SSC-H（支持高速同步网络 SSCNETⅢ）定位控制特殊功能模块（FX_{3U}最多 8 台，FX_{3UC}最多 7 台），则可实现高速、高精度的各种定位控制及直线插补、圆弧插补功能。通过 FX Configurator-FP（参数设定、监控、测试用软件），在可编程序控制器侧即可方便地设定、处理、监控定位模块及 AC 伺服放大器的参数。

10.4.3 数据链接、通信功能

在可编程序控制器上安装通信功能扩展板或通信特殊适配器，即可在可编程序控制器之间以及与计算机之间执行数据链接或数据通信。

FX_{3U}、FX_{3UC}系列可编程序控制器扩展通信功能后，包括基本单元的内置编程口（连接编程工具、人机界面用），可同时使用 3 个通信端口。采用 RS-485 通信方式连接三菱变频器，使用变频器通信指令，FX_{3U}、FX_{3UC}系列可编程序控制器只需内置功能即可最多同时对 8 台变频器进行运行监控、参数变更等操作，FX_{2N}、FX_{2NC}系列则需要选件。

思 考 题

10.1 FX_{3U}系列机型与FX_{2N}系列机型相比，新增了哪些硬件、软件功能？

10.2 FX_{3U}系列机型新增功能侧重了哪些方面的应用？

10.3 在 FA 控制中，FX_{3U}系列机型与FX_{2N}系列机型相比，有何特点？

10.4 特殊适配器是否占用 I/O 点数？

习 题

10.1 怎样安装特殊适配器？怎样设定编号？

10.2 模拟量特殊适配器是如何与基本单元交换数据的？

10.3 FX_{3U}系列 PLC 的高速计数、脉冲输出及定位功能可实现哪些控制？

附　　录

附录 A　Y 系列三相异步电动机的型号及技术数据表

型号	额定功率/kW	满载时				堵转电流额定电流	堵转转矩额定转矩	最大转矩额定转矩	质量/kg
		电流/A	转速/(r/min)	效率(%)	功率因数				
Y801—2	0.75	1.8	2830	75	0.84	6.5	2.2	2.3	16
Y802—2	1.1	2.5	2830	77	0.86	7.0	2.2	2.3	17
Y90S—2	1.5	3.4	2840	78	0.85	7.0	2.2	2.3	22
Y90L—2	2.2	4.8	2840	80.5	0.86	7.0	2.2	2.3	25
Y100L—2	3.0	6.4	2880	82	0.87	7.0	2.2	2.3	33
Y112M—2	4.0	8.2	2890	85.5	0.87	7.0	2.2	2.3	45
Y132S1—2	5.5	11.1	2900	85.5	0.88	7.0	2.0	2.3	64
Y132S2—2	7.5	15	2900	86.2	0.88	7.0	2.0	2.3	70
Y160M1—2	11	21	2900	87.2	0.88	7.0	2.0	2.3	117
Y160M2—2	15	29.4	2930	88.2	0.88	7.0	2.0	2.3	125
Y160L—2	18.5	35.5	2930	89	0.89	7.0	2.0	2.2	147
Y180M—2	22	42.2	2940	89	0.89	7.0	2.0	2.2	180
Y200L1—2	30	56.9	2950	90	0.89	7.0	2.0	2.2	240
Y200L2—2	37	69.8	2950	90.5	0.89	7.0	2.0	2.2	255
Y225M—2	45	84	2970	91.5	0.89	7.0	2.0	2.2	309
Y250M—2	55	103	2970	91.5	0.89	7.0	2.0	2.2	403
Y280S—2	75	139	2970	92	0.89	7.0	2.0	2.2	544
Y280M—2	90	166	2970	92.5	0.89	7.0	2.0	2.2	620
Y315S—2	110	203	2980	92.5	0.89	6.8	1.8	2.2	980
Y315M—2	132	242	2980	93	0.89	6.8	1.8	2.2	1080
Y315L1—2	160	292	2980	93.5	0.89	6.8	1.8	2.2	1160
Y315L2—2	200	365	2980	93.5	0.89	6.8	1.8	2.2	1190
Y801—4	0.55	1.5	1390	73	0.76	6.0	2.0	2.3	17
Y802—4	0.75	2	1390	74.5	0.76	6.0	2.0	2.3	17
Y90S—4	1.1	2.7	1400	78	0.78	6.5	2.2	2.3	25
Y90L—4	1.5	3.7	1400	79	0.79	6.5	2.2	2.3	26
Y100L1—4	2.2	5	1430	81	0.82	7.0	2.2	2.3	34
Y100L2—4	3.0	6.8	1430	82.5	0.81	7.0	2.2	2.3	35
Y112M—4	4.0	8.8	1440	84.5	0.82	7.0	2.2	2.3	47
Y132S—4	5.5	11.6	1440	85.5	0.84	7.0	2.2	2.3	68
Y132M—4	7.5	15.4	1440	87	0.85	7.0	2.2	2.3	79
Y160M—4	11.0	22.6	1460	88	0.84	7.0	2.2	2.3	122
Y160L—4	15.0	30.3	1460	88.5	0.85	7.0	2.2	2.3	142
Y180M—4	18.5	35.9	1470	91	0.86	7.0	2.0	2.2	174
Y180L—4	22	42.5	1470	91.5	0.86	7.0	2.0	2.2	192
Y200L—4	30	56.8	1470	92.2	0.87	7.0	2.0	2.2	253
Y225S—4	37	70.4	1480	91.8	0.87	7.0	1.9	2.2	294
Y225M—4	45	84.2	1480	92.3	0.88	7.0	1.9	2.2	327
Y250M—4	55	103	1480	92.6	0.88	7.0	2.0	2.2	381
Y280S—4	75	140	1480	92.7	0.88	7.0	1.9	2.2	535

（续）

型号	额定功率/kW	满载时				堵转电流额定电流	堵转转矩额定转矩	最大转矩额定转矩	质量/kg
		电流/A	转速/(r/min)	效率(%)	功率因数				
Y280M—4	90	164	1480	93.5	0.89	7.0	1.9	2.2	634
Y315S—4	110	201	1480	93	0.89	6.8	1.8	2.2	912
Y315M—4	132	240	1480	94	0.89	6.8	1.8	2.2	1048
Y315L1—4	160	289	1480	94.5	0.89	6.8	1.8	2.2	1105
Y315L2—4	200	361	1480	94.5	0.89	6.8	1.8	2.2	1260
Y90S—6	0.75	2.3	910	72.5	0.70	5.5	2.0	2.2	21
Y90L—6	1.1	3.2	910	73.5	0.72	5.5	2.0	2.2	24
Y100L—6	1.5	4	940	77.5	0.74	6.0	2.0	2.2	35
Y112M—6	2.2	5.6	940	80.5	0.74	6.0	2.0	2.2	45
Y132S—6	3.0	7.2	960	83	0.76	6.5	2.0	2.2	66
Y132M1—6	4.0	9.4	960	84	0.77	6.5	2.0	2.2	75
Y132M2—6	5.5	12.6	960	85.3	0.78	6.5	2.0	2.2	85
Y160M—6	7.5	17	970	86	0.78	6.5	2.0	2.0	116
Y160L—6	11	24.6	970	87	0.78	6.5	2.0	2.0	139
Y180L—6	15	31.4	970	89.5	0.81	6.5	1.8	2.0	182
Y200L1—6	18.5	37.7	970	89.8	0.83	6.5	1.8	2.0	228
Y200L2—6	22	44.6	970	90.2	0.83	6.5	1.8	2.0	246
Y225M—6	30	59.5	980	90.2	0.85	6.5	1.7	2.0	294
Y250M—6	37	72	980	90.8	0.86	6.5	1.8	2.0	395
Y280S—6	45	85.4	980	92	0.87	6.5	1.8	2.0	505
Y280M—6	55	104	980	92	0.87	6.5	1.8	2.0	566
Y315S—6	75	141	980	92.8	0.87	6.5	1.6	2.0	850
Y315M—6	90	169	980	93.2	0.87	6.5	1.6	2.0	965
Y315L1—6	110	206	980	93.5	0.87	6.5	1.6	2.0	1028
Y315L2—6	132	246	980	93.8	0.87	6.5	1.6	2.0	1195
Y132S—8	2.2	5.8	710	80.5	0.71	5.5	2.0	2.0	66
Y132M—8	3	7.7	710	82	0.72	5.5	2.0	2.0	76
Y160M1—8	4	9.9	720	84	0.73	6.0	2.0	2.0	105
Y160M2—8	5.5	13.3	720	85	0.74	6.0	2.0	2.0	115
Y160L—8	7.5	17.7	720	86	0.75	5.5	2.0	2.0	140
Y180L—8	11	24.8	730	87.5	0.77	6.0	1.7	2.0	180
Y200L—8	15	34.1	730	88	0.76	6.0	1.8	2.0	228
Y225S—8	18.5	41.3	730	89.5	0.76	6.0	1.7	2.0	265
Y225M—8	22	47.6	730	90	0.78	6.0	1.8	2.0	296
Y250M—8	30	63	730	90.5	0.80	6.0	1.8	2.0	391
Y280S—8	37	78.7	740	91	0.79	6.0	1.8	2.0	500
Y280M—8	45	93.2	740	91.7	0.80	6.0	1.8	2.0	562
Y315S—8	55	114	740	92	0.80	6.5	1.6	2.0	875
Y315M—8	75	152	740	92.5	0.81	6.5	1.6	2.0	1008
Y315L1—8	90	179	740	93	0.82	6.5	1.6	2.0	1065
Y315L2—8	110	218	740	93.3	0.82	6.3	1.6	2.0	1195
Y315S—10	45	101	590	91.5	0.74	6.0	1.4	2.0	838
Y315M—10	55	123	590	92	0.74	6.0	1.4	2.0	960
Y315L2—10	75	164	590	92.5	0.75	6.0	1.4	2.0	1180

注：本系列产品为全国统一设计的基本系列，为一般用途的全封闭自扇冷式小型笼型三相异步电动机。其功率等级及安装尺寸符合国际电工委员会 IEC 标准。定子绕组为 B 级绝缘，电动机外壳防护等级为 IP44，广泛应用于驱动无特殊要求的各种机械设备，如鼓风机、水泵、机床、农业机械、矿山机械，也适用于某些对起动转矩要求较高的生产机械，如压缩机等。功率在 3kW 及以下的电动机，定子绕组为丫联结，4kW 及以上其定子为△联结。

附录 B　FX$_{2N}$系列可编程序控制器的特殊软元件

　　FX$_{2N}$系列可编程序控制器的特殊元件种类及其功能如下表所述。表中带有［　］记号的元件，如［M］、［D］，用户程序不能驱动，除非另有说明；D 中的数据通常用十进制表示。

　　PLC 状态（M8000～M8009，D8000～D8009）

编　号	说　明	备　注
［M］8000	RUN 监控,常开触点	RUN 时为 ON
［M］8001	RUN 监控,常闭触点	RUN 时为 OFF
［M］8002	初始脉冲,常开触点	RUN 后为 ON
［M］8003	初始脉冲,常闭触点	RUN 后为 OFF
［M］8004	出错	M8060～M8067 检测 *8
［M］8005	电池电压降低	锂电池电压下降
［M］8006	电池电压降低锁存	保持降低信号
［M］8007	瞬停检测	
［M］8008	停电检测	
［M］8009	DC 24V 降低	检测 24V 电源异常

编　号	说　明	备　注
D8000	监视定时器	初始值 200ms
［D］8001	PLC 型号和版本	*5
［D］8002	存储器容量	*6
［D］8003	存储器种类	*7
［D］8004	出错特 M 地址	M8060～M8067
［D］8005	电池电压	0.1V 单位
［D］8006	电池电压降低检测	3.0V(0.1V 单位)
［D］8007	瞬停次数	电源关闭清除
D8008	停电检测时间	初始值 10ms(1ms 单位)
［D］8009	下降单元编号	降低的起始输入信号

　　时钟（M8010～M8019，D8010～D8019）

编　号	说　明	备　注
［M］8010		
［M］8011	10ms 时钟	10ms 周期振荡
［M］8012	100ms 时钟	100ms 周期振荡
［M］8013	1s 时钟	1s 周期振荡
［M］8014	1min 时钟	1min 周期振荡
M8015	计时停止或预置	
M8016	时间显示停止	
M8017	±30s 修正	
［M］8018	内装 RTC 检测	常 ON
M8019	内装 RTC 出错	

编　号	说　明	备　注
［D］8010	扫描当前值	0.1ms 单位,包括常数扫描等待时间
［D］8011	最小扫描时间	
［D］8012	最大扫描时间	
D8013	秒 0～59 预置值或当前值	
D8014	分 0～59 预置值或当前值	
D8015	时 0～23 预置值或当前值	
D8016	日 1～31 预置值或当前值	
D8017	月 1～12 预置值或当前值	
D8018	公历 4 位预置值或当前值	
D8019	星期 0(一)～6(七)预置值或当前值	

　　标志（M8020～M8029,D8020～D8029）

编　号	说　明	备　注
［M］8020	零标记	应用命令运算标记
［M］8021	借位标记	
M8022	进位标记	
［M］8023		
M8024	BMOV 方向指定	
M8025	HSC 方式(FNC53～55)	
M8026	RAMP 方式(FNC67)	
M8027	PR 方式(FNC77)	
M8028	执行 FROM/TO 指令时允许中断	
［M］8029	执行指令结束标记	应用命令用

编　号	说　明	备　注
［D］8020	调整输入滤波器	初始值 10ms
［D］8021		
［D］8022		
［D］8023		
［D］8024		
［D］8025		
［D］8026		
［D］8027		
［D］8028	Z0(Z)寄存器内容	寻址寄存器 Z 的内容
［D］8029	V0(V)寄存器内容	寻址寄存器 V 的内容

PLC 方式(M8030~M8039,D8030~D8039)

编 号	说 明	备 注	编 号	说 明	备 注
M8030	电池关灯指令	关闭面板灯 *4	[D]8030		
M8031	非保存存储清除	清除元件的 ON/OFF 和当前值 *4	[D]8031		
M8032	保存存储清除		[D]8032		
M8033	存储保存停止	图像存储保持	[D]8033		
M8034	全输出禁止	外部输出均为 OFF *4	[D]8034		
M8035	强制 RUN 方式		[D]8035		
M8036	强制 RUN 指令	*1	[D]8036		
M8037	强制 STOP 指令		[D]8037		
[M]8038			[D]8038		
M8039	恒定扫描方式	定周期运作	D8039	常数扫描时间	初始值 0(1ms 单位)

步进顺控(M8040~M8049,D8040~D8049)

编 号	说 明	备 注	编 号	说 明	备 注
M8040	禁止转移	状态间禁止转移	[D]8040	ON 状态号 1 *4	
M8041	开始转移 *1		[D]8041	ON 状态号 2 *4	
M8042	起动脉冲		[D]8042	ON 状态号 3 *4	
M8043	回原点完成 *1	FNC60(IST)命令用	[D]8043	ON 状态号 4 *4	M8047 为 ON 时,将在 S0~S999 中工作的最小号存入 D8040,到以下 8 点都被存储
M8044	原点条件 *1		[D]8044	ON 状态号 5 *4	
M8045	禁止输出复位		[D]8045	ON 状态号 6 *4	
[M]8046	STL 状态工作 *4	S0~S899 工作检测	[D]8046	ON 状态号 7 *4	
M8047	STL 监视有效 *4	D8040~S8047 有效	[D]8047	ON 状态号 8 *4	
[M]8048	报警工作 *4	S900~S999 工作检测	[D]8048		
M8049	报警有效 *4	D8049 有效	[D]8049	ON 状态最小号 *4	S900~S999 最小 ON 号

中断禁止(M8050~M8059,D8050~D8059)

编 号	说 明	备 注	编 号	说 明	备 注
M8050	100□禁止		[D]8050		
M8051	110□禁止		[D]8051		
M8052	120□禁止		[D]8052		
M8053	130□禁止	输入中断禁止	[D]8053		
M8054	140□禁止		[D]8054		
M8055	150□禁止		[D]8055	未使用	
M8056	160□禁止		[D]8056		
M8057	170□禁止	定时中断禁止	[D]8057		
M8058	180□禁止		[D]8058		
M8059	1010~1060 全禁止	计数中断禁止	[D]8059		

出错检测（M8060~M8069，D8060~D8069）

编号	说明	备注
[M]8060	I/O 配置出错	PLC RUN 继续
[M]8061	PLC 硬件出错	PLC 停止
[M]8062	PC/PP 通信出错	PLC RUN 继续
[M]8063	并行连接	PLC RUN 继续
[M]8064	参数出错	PLC 停止
[M]8065	语法出错	PLC 停止
[M]8066	电路出错	PLC 停止
[M]8067	运算出错	PLC RUN 继续
M8068	运算出错锁存	M8067 保持
M8069	I/O 总线检查	总线检查开始

编号	说明	备注
[D]8060	出错的 I/O 起始号	
[D]8061	PLC 硬件出错代码	
[D]8062	PC/PP 通信出错代码	
[D]8063	连接通信出错代码	存储出错代码，参考出错代码表
[D]8064	参数出错代码	
[D]8065	语法出错代码	
[D]8066	电路出错代码	
[D]8067	运算出错代码	
D8068	运算出错产生的步	步编号保持
[D]8069	M8065-7 出错产生步号	*2

并行连接（M8070~M8073，D8070~D8073）

编号	说明	备注
M8070	并行连接主站说明	主站时为 ON *2
M8071	并行连接主站说明	从站时为 ON *2
M8072	并行连接运转中为 ON	运行中为 ON
M8073	主站/从站设置不良	M8070、8071 设计不良

编号	说明	备注
[D]8070	并行连接出错判定时间	初始值 500ms
[D]8071		
[D]8072		
[D]8073		

注意：
* 1：RUN→STOP 时清除；
* 2：STOP→RUN 时清除；
* 3：电池后备；
* 4：END 指令结束时处理；
* 5：24 $\frac{100}{}$
  ↑   ↑
  FX$_{2N}$ 版本 1.00
* 6：0002 = 2K 步，0004 = 4K 步

0008 = 8K 步
D8102 加在以上项目，0016 = 16K 步；
* 7：00H = FX-RAM8
01H = FX-EPRON-8
02H = FX-EEPROM-4,8,16(保护为 OFF)
0AH = FX-EEPROM-4,8,16(保护为 ON)
10H = PLC 的内置 RAM；
* 8：M8062 除外。

采样跟踪（M8074~M8079，D8074~D8089）

编号	说明	备注
[M]8074		
[M]8075	准备开始指令	
[M]8076	执行开始指令	
[M]8077	执行中监测	采样跟踪功能
[M]8078	执行结束监测	
[M]8079	跟踪 512 次以上	

编号	说明	备注
[D]8090	位元件号 No10	
[D]8091	位元件号 No11	
[D]8092	位元件号 No12	
[D]8093	位元件号 No13	
[D]8094	位元件号 No14	采样跟踪功能用
[D]8095	位元件号 No15	
[D]8096	字元件号 No0	
[D]8097	字元件号 No1	
[D]8098	字元件号 No2	

编号	说明	备注
[D]8074	采样剩余次数	
D8075	采样次数设定(1~512)	
D8076	采样周期	
D8077	指定触发器	
D8078	触发器条件元件号	
[D]8079	取样数据指针	
D8080	位元件号 No0	
D8081	位元件号 No1	采样跟踪功能用，详细请见编程手册
D8082	位元件号 No2	
D8083	位元件号 No3	
D8084	位元件号 No4	
D8085	位元件号 No5	
D8086	位元件号 No6	
D8087	位元件号 No7	
D8088	位元件号 No8	
D8089	位元件号 No9	

存储容量(D8102)

编　号	说　明	备　注
[D]8102	存储容量	

0002 = 2K 步,0004K = 4K 步
0008 = 8K 步,0016 = 16K 步

输出更换(M8109,D8109)

编　号	说　明	备　注
[M]8109	输出更换错误生成	

编　号	说　明	备　注
[D]8109	输出更换错误生成	0,10,20,…被存储

高速环形计数器(M8099,D8099)

编　号	说　明	备　注
[M]8099	高速环形计数器工作	允许计数器工作

编　号	说　明	备　注
D8099	0.1ms 环形计数器	0~32767 增序

特殊功能(M8120~M8129,D8120~D8129)

编　号	说　明	备　注
[M]8120		
[M]8121	RS-232C发送待机中 *2	
M8122	RS-232C发送标记 *2	
M8123	RS-232C发送完标记 *2	RS-232 通信用
[M]8124	RS-232C载波接收	
[M]8125		
[M]8126	全信号	
[M]8127	请求手动信号	
M8128	请求出错标记	RS-485通信用
M8129	请求字/位切换	

编　号	说　明	备　注
D8120	通信格式 *3	
D8121	设定局编号 *3	
[D]8122	发送数据余数 *2	
[D]8123	接收数据数 *2	
D8124	标题(STX)	
D8125	终结字符(ETX)	详见各通信适配器使用手册
[D]8126		
D8127	指定请求用起始号	
D8128	请求数据数的指定	
D8129	判定输出时间	

高速列表(M8130~M8133,D8130~D8143)

编　号	说　明	备　注
M8130	HSZ 表比较方式	
[M]8131	同上,执行完标记	
M8132	HSZ PLSY 速度图形	
[M]8133	同上,执行完标记	

编　号	说　明		备　注
[D]8140	输出给 PLSY,PLSR Y000 的脉冲数	下位	
[D]8141		上位	详见编程手册
[D]8142	输出给 PLSY,PLSR Y001 的脉冲数	下位	
[D]8143		上位	

编　号	说　明		备　注
[D]8130	HSZ 列表计数器		
[D]8131	HSZ PLSY 列表计数器		
[D]8132	速度图形频率	下位	
[D]8133	HSZ PLSY		
[D]8134	速度图形目标	下位	
[D]8135	脉冲数 HSZ PLSY	上位	详见编程手册
[D]8136	输出脉冲数	下位	
[D]8137	PLSY,PLSR	上位	
[D]8138			
[D]8139			

扩展功能（M8160～M8169）

编　号	说　明	备　注
M8160	XCH 的 SWAP 功能	同一元件内交换
M8161	8 位单位功换	16 位/8 位切换 * 8
M8162	高速并串联连接方式	
[M]8163		
[M]8164		
[M]8165		
[M]8166		
M8167	HKY 的 HEX 处理	
M8168	SMOV 的 HEX 处理	
[M]8169		

* 8：适用于 ASC、RS、HEX、CCD。

脉冲捕捉（M8170～M8179）

编　号	说　明	备　注
M8170	输入 X0 脉冲捕捉	
M8171	输入 X1 脉冲捕捉	
M8172	输入 X2 脉冲捕捉	
M8173	输入 X3 脉冲捕捉	
M8174	输入 X4 脉冲捕捉	
M8175	输入 X5 脉冲捕捉	详见编程手册 * 2
[M]8176		
[M]8177		
[M]8178		
[M]8179		

寻址寄存器当前值（D8180～D8199）

编　号	说　明	备　注
[D]8180		
[D]8181		
[D]8182	Z1 寄存器的数据	
[D]8183	V1 寄存器的数据	
[D]8184	Z2 寄存器的数据	
[D]8185	V2 寄存器的数据	寻址寄存器当前值
[D]8186	Z3 寄存器的数据	
[D]8187	V3 寄存器的数据	
[D]8188	Z4 寄存器的数据	
[D]8189	V4 寄存器的数据	

编　号	说　明	备　注
[D]8190	Z5 寄存器的数据	
[D]8191	V5 寄存器的数据	
[D]8192	Z6 寄存器的数据	
[D]8193	V6 寄存器的数据	寻址寄存器当前值
[D]8194	Z7 寄存器的数据	
[D]8195	V7 寄存器的数据	
[D]8196		
[D]8197		
[D]8198		
[D]8199		

内部增降序计数器（M8200～M8234）

编　号	说　明	备　注
M8200		
M8201	驱动 M8□□□时	
⋮	C□□□降序计数；M8□□□在不驱动时 C□□□增序计数（□□□为 200～234）	详见编程手册
M8233		
[M]8234		

高速计数器（M8235~M8244，M8246~M8255）

编号	说　明	备　注
M8235		
M8236		
M8237		
M8238		
M8239	M8□□□被驱动时，一相高速计数器C□□□为降序方式，不驱动时为增序方式（□□□为235~245）	详见编程手册
M8240		
M8241		
M8242		
M8243		
M8244		

编号	说　明	备　注
[M]8246		
[M]8247	根据一相2输入计数器□□□的增、降序，M8□□□为ON/OFF（□□□为246~250）	
[M]8248		
[M]8249		
[M]8250		详见编程手册
[M]8251		
[M]8252	根据二相计数器□□□的增、降序，M8□□□为ON/OFF（□□□为251~255）	
[M]8253		
[M]8254		
[M]8255		

参 考 文 献

[1] 中国标准出版社. 低压电器标准汇编 [M]. 北京：中国标准出版社，2007.

[2] 邓则名，等. 电器与可编程序控制器应用技术 [M]. 北京：机械工业出版社，2002.

[3] 陈建明. 电气控制与 PLC 应用 [M]. 北京：电子工业出版社，2006.

[4] 方承远. 工厂电气控制技术 [M]. 北京：机械工业出版社，2000.

[5] 陈少华. 机械设备电器控制 [M]. 广州：华南理工大学出版社，1998.

[6] 陈立定，等. 电气控制与可编程序控制器 [M]. 广州：华南理工大学出版社，2001.

[7] 张培志. 电气控制与可编程序控制器 [M]. 北京：化学工业出版社，2007.

[8] 熊幸明. 电工电子实训教程 [M]. 北京：清华大学出版社，2007.

[9] 熊幸明，等. 机床电路原理与维修 [M]. 北京：人民邮电出版社，2001.

[10] 熊幸明. 工厂电气控制技术 [M]. 2 版. 北京：清华大学出版社，2009.

[11] 余雷声. 电气控制与 PLC 应用 [M]. 北京：机械工业出版社，2007.

[12] 邢郁甫. 新编实用电工手册 [M]. 北京：地质出版社，1997.

[13] 王仁祥. 常用低压电器原理及其控制技术 [M]. 北京：机械工业出版社，2001.

[14] 瞿彩萍. PLC 应用技术（三菱）[M]. 北京：中国劳动社会保障出版社，2006.

[15] 郭宗仁，等. 可编程序控制器应用系统设计及通信网络技术 [M]. 北京：人民邮电出版社，2002.

[16] 皮壮行，等. 可编程序控制器的系统设计与应用实例 [M]. 北京：机械工业出版社，1994.

[17] 邱公伟. 可编程序控制器网络通信及应用 [M]. 北京：清华大学出版社，2000.

[18] 曹辉等. 可编程序控制器系统原理及应用 [M]. 北京：电子工业出版社，2005.

[19] 钟肇新，等. 可编程序控制器原理及应用 [M]. 4 版. 广州：华南理工大学出版社，2008.

[20] 钱晓龙，等. 智能电器与 MicroLogix 控制器 [M]. 北京：机械工业出版社，2005.

[21] FX$_{2N}$ 系列微型可编程序控制器使用手册. MITSUBISHI，1999.

[22] FX$_{3U}$ 系列微型可编程序控制器用户手册. 三菱电机，2010.